Las gramíneas forrajeras

Michel Gillet
Profesor de Investigación
Estación de mejora de plantas forrajeras
de Lusignan - I.N.R.A.

Las gramíneas forrajeras

Descripción, funcionamiento, aplicaciones al cultivo de la hierba

Traducido del francés por
Mª Carmen Alzueta Lusarreta
Dra. en Ciencias Biológicas
Profesora Adjunta del Departamento de
Agricultura y Economía Agraria
Facultad de Veterinaria
Universidad Complutense de Madrid

Editorial ACRIBIA
ZARAGOZA (España)

Título original: Les graminées fourragères
Description, fonctionnement,
applications à la culture de l'herbe
Autor: Michel Gillet
Editorial: Gauthier-Villars, Bordas

I.S.B.N.: 84-200-0525-8

IMPRESO EN ESPAÑA PRINTED IN SPAIN

Depósito legal: Z-1.710-83 Editorial ACRIBIA - Royo, 23 - Zaragoza-6

Imprime: Tipo Línea, S. A. - Isla de Mallorca, s/n. - Zaragoza, 1984

Indice de materias

Quinta parte:

APLICACIONES AL CULTIVO DE LA HIERBA

Sexta parte:

LAS PRIMERAS ESPECIES DE GRAMINEAS FORRAJERAS

Prefacio

¿Por qué no reconocerlo?. En un principio me incliné sobre el último tercio del libro, los consejos prácticos: ¿qué forma de pastoreo? ¿qué dosis de nitrógeno? ¿qué especies utilizar? vuelvo a este punto ahora mismo, pero es preciso comenzar por lo más apasionante.

Sigamos al autor en su proceder, ver – comprender – actuar. En principio él observa minuciosamente la gramínea que crece. Situado así sobre lo concreto, trata de comprender a continuación los mecanismos fisiológicos que gobiernan a la planta en sus diferentes edades, sumida en un medio constituido por luz y calor, agua y suelo, nitrógeno y otros elementos, y para complicarlo todavía más, la intervención de animales y máquinas.

Viejo combate del Hombre que sólo dirige la Naturaleza obedeciéndola, nos vuelve a decir oportunamente M. Gillet antes de desvelarnos un poco esta extraordinaria naturaleza que tenemos que conocer mejor para obedecerla más inteligentemente. Los conocimientos han progresado mucho desde hace dos decenios; si bien quedan algunos "vacios" por otro lado honestamente señalados en esta obra, los mecanismos, se conocen de manera incomparablemente más segura. Ya no estamos en el estadio de las aproximaciones, las analogías con los cereales, las hipótesis no comprobadas con los que hemos tenido que dar nuestros primeros y torpes pasos en la revolución forrajera.

El autor ha participado en este esfuerzo desde final de los años 1950 en el equipo de trabajo de la Station d'Amélioration des Plantes Fourragères de Lusignan y con el conjunto de equipos sobre vegetales del I.N.R.A.; ¡nosotros sabíamos que él era allí en su especialidad – la selección – un analista agudo, temible para los "incrédulos" de la festuca alta! Nadie se extrañará de encontrar en el texto de la sexta parte dos veces más de páginas dedicadas a ella que al ray-grass inglés, el dactilo o la festuca pratense; y tampoco de la nueva promesa de una siempre inminente variedad tierna (¡con, sin embargo, algunos granos más que Ludelle para poder reproducirla!), ¡elegante manera de atraer de nuevo la atención sobre la dureza de las hojas de más de cuatro semanas de esta incomparable falsa caña! pero ¿cómo ser seleccionador sin pasión?.

Sin embargo, M. Gillet nos ofrece hoy algo mucho más y mejor que una simple actualización de conocimientos. He aquí un hombre de síntesis con el gran mérito de haber reunido, seleccionado, ordenado, relacionado lo esencial para ofrecérnoslo en una exposición no solamente muy bien hecha y muy clara sino también – y esto es más raro – en un lenguaje accesible, agradable y con buenas ilustraciones. Nos encontramos ahora con las bases fisiológicas para comprender nuestras observaciones diarias en las praderas y no tendremos excusa para tratar la hierba al azar como un forestal que hiciera sus talas sin tener consideración que un roble nace y crece de forma muy distinta que un haya.

El ya muy grande el trabajo de síntesis, cuanto más difícil que la acumulación de páginas complicadas e inconexas, bastaría para responder a los que acusan, a veces a la ligera, a todos los investigadores de permanecer en su torre de marfil. Ahora bien, el anhelo de ser útil le ha conducido aún más lejos con las cien últimas páginas donde se extraen las conclusiones prácticas para mejor implantar, fertilizar y explotar las diferentes gramíneas.

Secretamente, esperaba coger ahí al autor en defecto en un terreno en el que yo me sentía más cómodo. Pero he quedado seducido por dos cualidades: el valor unido a la humildad. Si bien consciente de la insuficiencia de las experimentaciones, después de haber sopesado los pros y los contras, no nos deja en la imprecisión frente a nuestro problema práctico; se "moja" y preconiza siempre alguna cosa, una dosis de siembra, una cantidad de abonado, un estadio o edad de explotación. Consejos a adaptar a situaciones diversas pero que deberán aportar sentido común y evitar los errores groseros de partida. Algo que echamos de menos, la falta de ejemplos, así se nos hace la boca agua con la justa crítica de las cadenas de pastoreo excesivamente complicadas, sin embargo se nos niega el derecho a los primeros resultados del INRA utilizando solamente dos eslabones en la cadena. Tampoco nos dice nada de las variedades actualmente disponibles; ¡el Catálogo las proveerá y así la obra no perderá vigencia!.

Otra cualidad, la tolerancia hija de la modestia. Algunos esperarán una vigorosa condena de las sacrílegas mezclas de gramíneas, un soberbio desprecio hacia la pradera permanente, un rechazo del pastoreo intensivo sin parcelación como se desarrolla algo ahora entre nosotros después de la expansión inglesa Ultra-Manche (con, es cierto, lluvia y ray-grass inglés). Por el contrario, ninguna intolerancia: sólo interrogantes, confesiones de insuficiencia de conocimientos, llamada a nuevas investigaciones.

He aquí que va a dejarnos un hambre constructiva y esto a dos niveles. Faltan investigaciones para dar consistencia a la parte excesivamente débil que concierne a la fertilización y a la explotación, sobre todo en pastoreo; para abordar científicamente las mezclas con sus problemas de competencia; para meter las narices en la pradera permanente que si ciertamente es compleja está diez veces más extendida que la pradera temporal. No todo es asunto de arado en el cultivo de la hierba.

Pero ya los conocimientos actuales permiten avanzar ya que podemos adaptarlos, incluso la pradera permanente es en principio una mezcla de gramíneas forrajeras y sobre estas sabemos mucho ahora. También sin esperar los trabajos fundamentales que deben realizarse, y a partir de la experiencia actual debemos ya escribir 250 páginas de otra naturaleza para completar la obra presente; deben inscribirse en directo sobre el terreno en las casi 250 comarcas poco más o menos homogéneas para la hierba y los rumiantes; poner a punto sistemas forrajes – bóvidos – ovino muy adaptados a las condiciones locales del clima, de la tierra, del producto y de los hombres.

Esta síntesis final es ante todo asunto de ganaderos, de grupos de ganaderos y solidariamente de técnicos con los pies en las botas y la cabeza llena de la presente obra, pero también de los frutos de quince años de investigación sobre la nutrición de los rumiantes que acaban de ser reunidos por R. Jarrige y su equipo.

Tanteos, observaciones, simplificación, apreciaciones financieras, diálogo con los investigadores. . . todo un trabajo apasionante y necesario para construir algo práctico y rentable, para proponerlo luego, al mayor número posible en cada región natural, en explotaciones abiertas a todos. Modelos estimulantes a la hora en que vuelve a descubrirse una de las dos fuentes nutritivas de un país cuyo potencial es tan enorme como subexplotado.

J. PLUVINAGE

¿Cómo servirse de esta obra?

¿A quién está dirigida?

Este libro está dirigido principalmente a los *técnicos e ingenieros de desarrollo* de todos los Organismos e Institutos relacionados con los forrajes; a los *profesores* y a los *estudiantes* de las secciones especializadas de B. T. S., de las Escuelas de Ingenieros o de las Facultades, así como a los *ganaderos* que desearían conocer sus praderas como conocen sus animales. Ha sido pensado más en función de estos lectores, que según los cánones habituales de las publicaciones científicas.

En principio debería servir *a los que se ocupan del cultivo de gramíneas puras, o en mezcla con una sola leguminosa*, pero también a los que se interesan por las praderas permanentes o incluso por los céspedes. Para los primeros hemos llegado hasta los consejos prácticos. Esto era necesario para mostrar cómo deben utilizarse los datos presentados. No hemos podido hacerlo para las praderas permanentes, pues hubiera sido preciso utilizar conocimientos actualmente demasiado rudimentarios sobre la competencia entre especies diferentes. Pudimos llegar aún menos lejos en el caso de la aplicación a los céspedes, pues la forma de explotar éstos plantea problemas fisiológicos muy particulares, aún poco explorados. Sin embargo, los datos generales sobre gramíneas forrajeras, presentados aquí, constituyen una *base de reflexión, tanto para las praderas permanentes como para los céspedes*.

Tres formas de leerla

Según la persona, el momento, o el problema abordado, se puede tratar de un lector más o menos ansioso, más o menos curioso. En nuestros días es raro leer un libro técnico completo "de seguido": no se tiene tiempo. Por ello esta obra se ha concebido para facilitar la lectura a tres niveles:

- *Mediante una simple visión de conjunto*, se leerán los *títulos* y los caracteres en *cursiva* del texto y se ojearán las primeras palabras de cada párrafo o después de cada ●. *Todo lo esencial está allí,* en un lenguaje accesible a casi todo el mundo; las palabras en cursiva, si se leen directamente de un extremo a otro, forman frases casi correctas. Naturalmente a este nivel de lectura, las cosas se dicen, pero no se explican;
- *Para una buena comprensión,* se leerá todo el texto en caracteres normales: también está en un lenguaje accesible a casi todos. Se dejarán a un lado los trozos en letra menuda;
- *Para un conocimiento más detallado*, por ejemplo en el caso de usuarios particulares (seleccionadores, experimentadores, etc.) se leerán los pasajes en letra menuda. En ese caso, se precisará a veces un nivel de conocimientos generales más avanzado.

Para un estudio científico preciso, completo y profundo, este libro no es ya suficiente. Con este objetivo *al final de la obra* se proponen *pistas bibliográficas* pág. 342 a 346: nombres de los principales investigadores y revistas en las que ellos publican generalmente.

Para encontrar lo que se busca

Un *plan detallado* figura al comienzo del libro (pág. 5 y 6), y un *índice de las nociones principales,* reagrupadas en palabras-clave, al final (pág. 349 a 355). Las principales *definiciones* dadas en el libro *se recuerdan en el índice.*

Frecuentemente nos vemos incitados a *remitirnos de una parte a otra de la obra*: esto está concebido para mostrar los lazos que unen los diferentes conceptos. También frecuentemente recordamos los hechos que permiten explicar lo que afirmamos. Pero este recuerdo es breve. Para encontrar el pasaje en donde estos hechos se tratan más ampliamente, hay dos formas:

- en el caso de que dichas nociones se correspondan con una palabra-clave fácil de identificar, se buscará ésta en el *índice*;
- en los demás casos, una *nota a pie de página* indica aquéllo a lo que es preciso remitirse.

El plan

Para planear esta obra, hemos tratado de partir de lo concreto, antes de abordar los conocimientos generales. Pero es preciso no confundir concreto y utilitario: "Sólo se puede dirigir la Naturaleza obedeciéndola" (BACON). Es preciso comprender la planta tal como es antes de pensar en utilizarla. Lo concreto, es la *observación de la gramínea* en el curso de su vida (1ª parte). Después pasamos al estudio de sus mecanismos, yendo de lo general a lo particular y a situaciones cada vez más aplicables: *relaciones de la planta con su medio* (2ª parte, que desborda ampliamente el marco de las gramíneas), *determinismo de los ca-*

racteres morfológicos (3ª parte) y *agronómicos* (4ª parte). Entonces es posible abordar el *aspecto útil del cultivo de la hierba* (5ª parte). Un breve examen de cada una de las *principales especies* constituye una especie de anexo (6ª parte).

Una obra incompleta

Si bien esta obra intenta presentar la biología de las gramíneas forrajeras como un todo coherente y utilizable, no pretende ser exhaustiva. Se han omitido muchos detalles de interés puramente científico. Areas enteras no han sido tratadas:

- la competencia entre especies, tema especialmente complicado, apenas explorado, teniendo en cuenta lo que se precisaría para llegar a comprender los fenómenos;
- la maduración del grano y su nutrición: este tema sólo concierne a la producción de semillas y está poco estudiado en gramíneas pero mucho en el caso de los cereales: deberá remitirse a obras referentes a estos últimos;
- la nutrición mineral, de otros elementos distintos que el nitrógeno: este área, no obstante, está explorada; pero los conocimientos son aún descriptivos y fragmentarios, difíciles de integrar en un esquema fisiológico, por otro lado la biología vegetal ocupa un lugar poco importante en la comprensión de los problemas prácticos sobre este tema, para el cual la ciencia del suelo y la zootecnia son mucho más determinantes;
- los rizomas: no se sabe gran cosa que sea coherente sobre estos órganos, ausentes en la mayoría de las especies forrajeras; aunque presentes en muchas de las plantas de césped;
- algunas especies de gramíneas forrajeras no han sido tratadas, sino solamente las mejor conocidas, las más susceptibles de interesar al agricultor.

Además, no existe una *bibliografía importante* como sería necesario en una suma científica. Pero, por un lado, ello hubiera sobrecargado inutilmente la obra (más de 1000 artículos generalmente muy fragmentarios, si no se desea omitir sectores enteros); por otro lado, no hubiera sido suficiente para justificar todas nuestras afirmaciones: éstas, efectivamente, tienen sus raíces también en nuestra experiencia personal de seleccionador (sobre todo las de la 1ª parte), o en investigaciones aún no publicadas, así como en discusiones impulsadas por especialistas de diversas áreas (sobre todo en la segunda parte). Muchos de ellos han aceptado releer y corregir los manuscritos (ver agradecimientos). Nos hemos contentado con justificar nuestras fuentes a pie de página cuando las afirmaciones pudieran resultar sorprendentes o discutibles.

Simplificaciones e imágenes

Con el fin de que la exposición fuese clara, no hemos temido recordar conocimientos que pudieran parecer elementales, como la existencia de los estomas.

Por el contrario hemos silenciado algunos matices, sin gran alcance práctico: lo que se dice puede resultar, con todo rigor, a veces, parcialmente inexacto. Por ejemplo, cuando decimos que las reservas son fructosanas, cuando sabemos que estas contienen, entre sus azúcares elementales, alrededor de un 5 °/o de glucosa; o cuando no referimos al crecimiento con un consumo de glúcidos, en peso. Frecuentemente hemos restablecido la exactitud mediante una nota al pie de página.

Igualmente hemos buscado un lenguaje metafórico. Para ello hemos utilizado nociones que pueden parecer antropomorficas o finalistas. Hemos dicho, por ejemplo, que el crecimiento es una inversión, el nitrógeno una "orden" de inversión. De hecho estas nociones son perfectamente correctas pues describen realidades que no son propias sólo del mundo vegetal, si se desea no tomar las palabras en su sentido estricto. Muchas otras expresiones que parecían antropomórficas se han institucionalizado en un sentido muy general: información, memoria, competencia, etc.

Pocas cifras

Es una concensión a la mentalidad habitual de los usuarios, que hemos rehusado hacer: citar rápidamente cifras. Estas, frecuentemente son entendidas de forma demasiado absoluta. La forma de una curva (respuesta al nitrógeno por ejemplo) puede ser general, mientras que el valor de sus puntos importantes (óptimo, límite, etc.) puede variar enormemente según las circunstancias o incluso puede conocerse muy mal. Lo importante es en principio comprender bien la marcha del fenómeno. Sólo será más tarde, en los capítulos de aplicación (5ª parte) donde señalamos los valores concretos, o más exactamente sus posibles límites y sus leyes de variación, cuando se conocen.

Problemas de vocabulario

Hemos utilizado un vocabulario familiar, casi coloquial. Hemos evitado los términos cultos. Hemos preferido alargamiento del tallo o panza que elongación caulinar o rumen.

En ciertas nociones fundamentales, *la elección de las palabras* plantea un difícil problema. En una temática relativamente reciente como la que se trata aquí, pueden faltar palabras: será preciso utilizar los términos existentes en temas próximos. Pero después de esta transposición, podrán prestarse a confusión: será necesario completar y precisar su definición (alternancia, rastrojo, etc.). Si no existieran tales términos, será preciso crearlos: En este caso, buscaremos palabras de connotación sencilla (descabezamiento de las gramíneas, pase de los animales, potencial energético de la hierba, etc.). Por último, un mismo término puede ser utilizado por grupos de personas diferentes, en sentidos variados, a veces opuestos, o ambiguos. Será preciso, bien proponer que se renuncie al mismo (ciclo), bien elegir la definición más extendida, o la más funcional (vegetativo).

Agradecimientos

Los conocimientos que se presentan en esta obra han sido reunidos como consecuencia de nuestro trabajo en la Station d'Amélioration des Plantes Fourragères de Lusignan (I.N.R.A.).

Es decir, que no hubiera sido posible nada sin la estructura de trabajo de este servicio público que es el I.N.R.A., y en particular de la Station, que además de los medios materiales, ha suministrado todo el entorno cultural deseable y una gran comprensión por el tiempo dedicado luego a la redacción de este libro.

Permitanseme unas frases de carácter más personal para agradecer a todos los que me han ayudado, bien se trate de ayuda material (secretaría, bibliografía, . . .), o bien de discusiones, consejos, etc. Me resulta imposible nombrarlos a todos, pero al menos citaré a aquellos que me han dedicado una parte importante de su tiempo: los que con tanta paciencia y gentileza han mecanografiado los sucesivos manuscritos, Sras. Legrand y Poupard; el personal de la Oficina de Dibujo del I.N.R.A., Sra. Brelin, Sra. Delrieu y Sr. Rousso, que han pasado a limpio todas las figuras, con frecuencia mejorándolas, y todos aquellos que han aceptado releer y corregir los manuscritos: Srs. Allerit, responsable de la experimentación varietal en Lusignan para el C.T.P.S.; Barloy, Profesor en el E.N.S.A. de Rennes, Sra. Betin, responsable técnico de la selección del ray-grass italiano en Lusignan; Srs. Blondon, encargado de estudiar la floración en el C.N.R.S.; la recordada F. Corriols, Maestra de Conferencias en el I.N.A. Paris-Grignon; Desroches, director de la revista "Fourrages"; Hentgen, director del S.E.I. del I.N.R.A.; Huguet, responsable del Area experimental de Producción y Utilización de Forrajes en Lusignan, y secretario de l'Association Fourragère du Centre-Ouest; Jadas-Hecart, corresponsable de la selección de la festuca alta en Lusignan; Jolivet director de la Station de Physiologie Végétale del I.N.R.A. en Versailles; Lemaire, responsable de la antena experimental de Agronomía del I.N.R.A. en Lusignan, encargado de estudiar las relaciones plantas forrajeras-agua-nitrógeno; Martineau, profesor de fitotecnia en el Lycée Agricole de Venours; Moule, director del E.N.S.A. de Rennes; Mousset, corresponsable de la selección del dactilo en Lusignan; el recordado J. Rebischung, director del S.E.I. del I.N.R.A.; el Sr. Robelin, director de la Station d'Agronomie del I.N.R.A. en Clermont-Ferrand, encargado de estudiar la nutrición carbonada e hídrica de las plantas; Sauvion, responsable de las experimentaciones sobre técnicas culturales en Lusignan; Salette, director de la Station d'Agronomie d'Angers-Lusignan; Willemin, antiguo director de la revista Fourrages-Actualités.

No omitiría ya más que el trabajo debido a la Fondation Xavier Bernard quién ha animado las investigaciones sobre estos temas en Lusignan, en particular mediante la concesión de bolsas de trabajo temporales y por la atribución de su Premio Xavier Bernard.

Primera parte

Descripción de una gramínea en el curso de su vida

Después de su germinación y su nascencia (Capítulo I), la vida de una gramínea forrajera se caracteriza por una *alternancia de dos estados*.

- el estado vegetativo (Capítulo II) en que su morfología no está enfocada hacia la reproducción sexual;
- el estado reproductor (Capítulo III) que termina con la madurez de los granos.

Una planta anual muere en este momento. Es lo mismo que le ocurre a cada brizna de hierba, o **renuevo**, considerado aisladamente. Pero, cuando la mayoría de los renuevos de una gramínea terminan su fase reproductora, o cuando esta se interrumpe por una explotación (Capítulo IV), *quedan siempre renuevos vegetativos o yemas que vuelven a poner en marcha la alternancia de los dos estados asegurando así la persistencia.*

CAPITULO I

La germinación y la nascencia

Definiciones

Los términos germinación y nascencia representan, en sentido amplio, la *misma realidad,* pero vista desde dos ángulos diferentes:

- la **germinación** corresponde a la entrada de la semilla en vida activa y al comienzo del crecimiento del embrión (punto de vista fisiológico).
- la **nascencia** es la fase que va desde la germinación hasta la emergencia de la tierra (punto de vista agrícola).

Descripción de una semilla de gramínea

Varias características de la semilla se explican por la inflorescencia a la que pertenece.

Estructura de la inflorescencia

La inflorescencia de una gramínea es *un conjunto de espiguillas* insertas en un eje simple o ramificado (fig. 1.1).

- Si el eje es simple, la inflorescencia se llama **espiga**;
- Si el eje es ramificado, la inflorescencia se llama **panícula**;

Una **espiguilla** está formada por un eje que lleva de una a diez flores. En su base se encuentran dos brácteas, las **glumas** (fig. 1.2).

Una **flor** lleva dos brácteas envolventes, las **glumillas**, que delimitan un espacio interior donde se encuentran el **pistilo** y los **estambres**.

Cuando se forma el grano, rellena este espacio. Antes de alcanzar la madu-

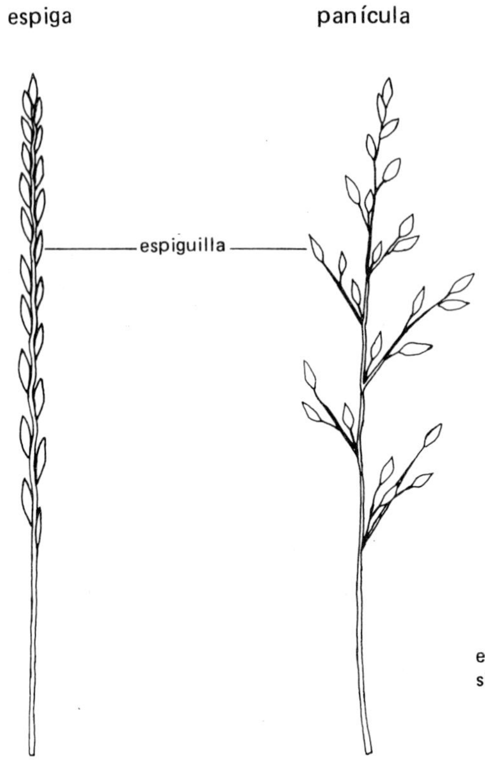

Fig. 1.1: Los dos tipos de inflorescencia de una gramínea.

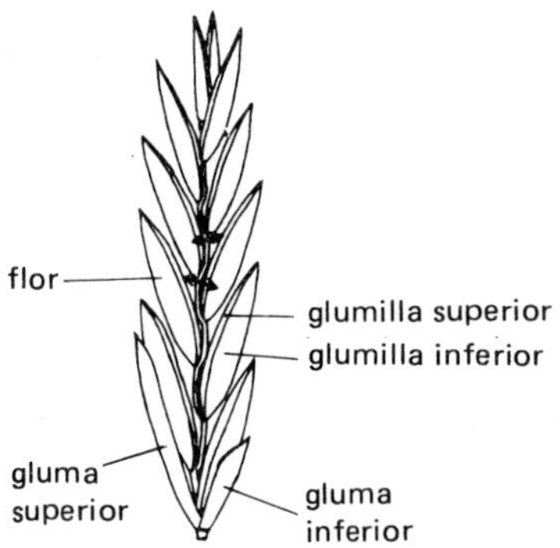

Fig. 1.2: Estructura de una espiguilla.

↔ Punto de ruptura en el desgrane.

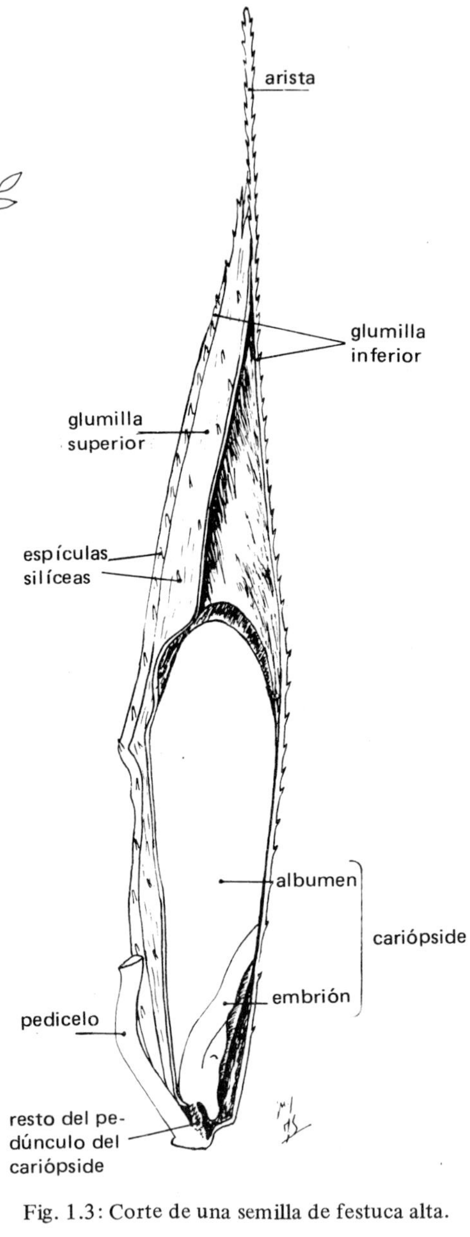

Fig. 1.3: Corte de una semilla de festuca alta.

rez completa, *el eje de la espiguilla se quiebra*, de la forma indicada, figura 1.2: es el **desgrane**, que no existe en los cereales.

Descripción de la semilla (fig. 1.3)

Como resultado de la ruptura del eje de la espiguilla, la semilla de la gramínea *conserva sus glumillas*. Por ello se llama **vestida**. Las glumillas tienen generalmente minúsculos puntos silíceos, las **espículas**. La glumilla inferior (la más grande), se prolonga a menudo en una **arista**. La semilla conserva también un fragmento del eje de la espiguilla: el **pedicelo**.

En el interior de las glumillas se encuentra el grano propiamente dicho, o **cariópside**. No siempre está adherido a las glumillas; un espacio vacío subsiste entre ambos. Además de sus propias envolturas (muy delgadas), el cariópside comprende *dos partes*:

- el **albumen**: es esencialmente una *reserva de glúcidos* en forma de almidón, que asegurarán la nutrición hidrocarbonada de la plántula hasta que pueda sobrevivir por sí misma gracias a su función clorofílica,
- el **embrión**: es la futura plántula.

Detalle del embrión (fig. 1.4)

El embrión es ya un *vegetal completo en miniatura*. Contiene:

- un sistema aéreo, con un pequeño tallo, el **epicotilo**, y 2 ó 3 esbozos de hojas envueltas por una especie de capuchón protector, el **coleoptilo**;
- un sistema radicular, la **radícula**, cuya base es el **hipocotilo** y cuya cima, vuelta hacia abajo, tiene una cofia llamada **coleorriza**;
- entre ambos, lateralmente, un cotiledón, el **scutellum**, en contacto estrecho con el albumen; de frente, una pequeña protuberancia, el **epiblasto**, cuya significación es todavía discutida; en el centro, el **mesocotilo**, placa sinuosa, con un esbozo de sistema conductor que relaciona entre sí todos los elementos precedentes.

Desarrollo de la germinación y de la nascencia

En contacto con un soporte húmedo, las semillas de las gramíneas *se empapan lentamente* en varios días. El agua debe atravesar las glumillas, después en algunas especies, una pequeña capa de aire, antes de alcanzar el cariópside[1]. Una vez embebida y si no está aletargada, la semilla entra en vida activa: el scutellum va a digerir el contenido el albumen, para el crecimiento del embrión.

---

[1] Ver más arriba: descripción de la semilla.

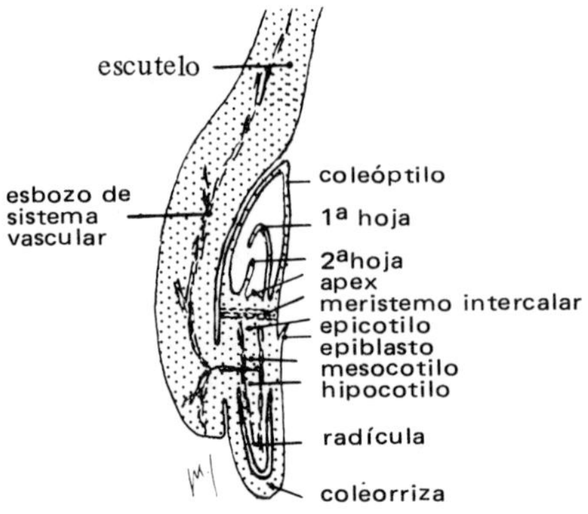

Fig. 1.4: Detalle del embrión.

El sistema radicular y el sistema aéreo empiezan a desarrollarse más o menos a la vez.

Sistema radicular

La radícula se alarga, atravesando la pared del cariópside y las glumillas, más tarde la coleorriza. Después de algunos días, se produce una ramificación: aparecen un par de raíces laterales algunos centímetros por debajo del grano, seguido de un segundo par en algunas especies. A veces, una o dos raíces suplementarias aparecen bajo el epiblasto.

Estas raíces se llaman **raíces seminales** (procedentes de la semilla). *Funcionarán algunas semanas o algún mes*, después morirán. El relevo será tomado por el sistema radicular definitivo, llamado adventicio, que se forma a partir de la nascencia.

Sistema aéreo

El *coleoptilo*, órgano protector bastante rígido, se alarga.. Es él quién *perforará el suelo.* Más tarde dejará salir por su extremidad las hojas jóvenes en crecimiento. *El epicotilo se alarga también*, convirtiéndose en el *primer entrenudo* de la planta.

Con una *profundidad de siembra normal*(1), el crecimiento del epicotilo se detiene cuando ha llevado la base del coleoptilo cerca de la superficie del suelo (fig. 1.5-1). La planta se organiza entonces según el modelo de su estado vegetativo: *los entrenudos siguientes no se alargarán*(2).

---

(1) Ver en los capítulos por especies, 6ª parte de la obra.

(2) Ver págs. 34-36; El tallo, en estado vegetativo, es un apilamiento de nudos.

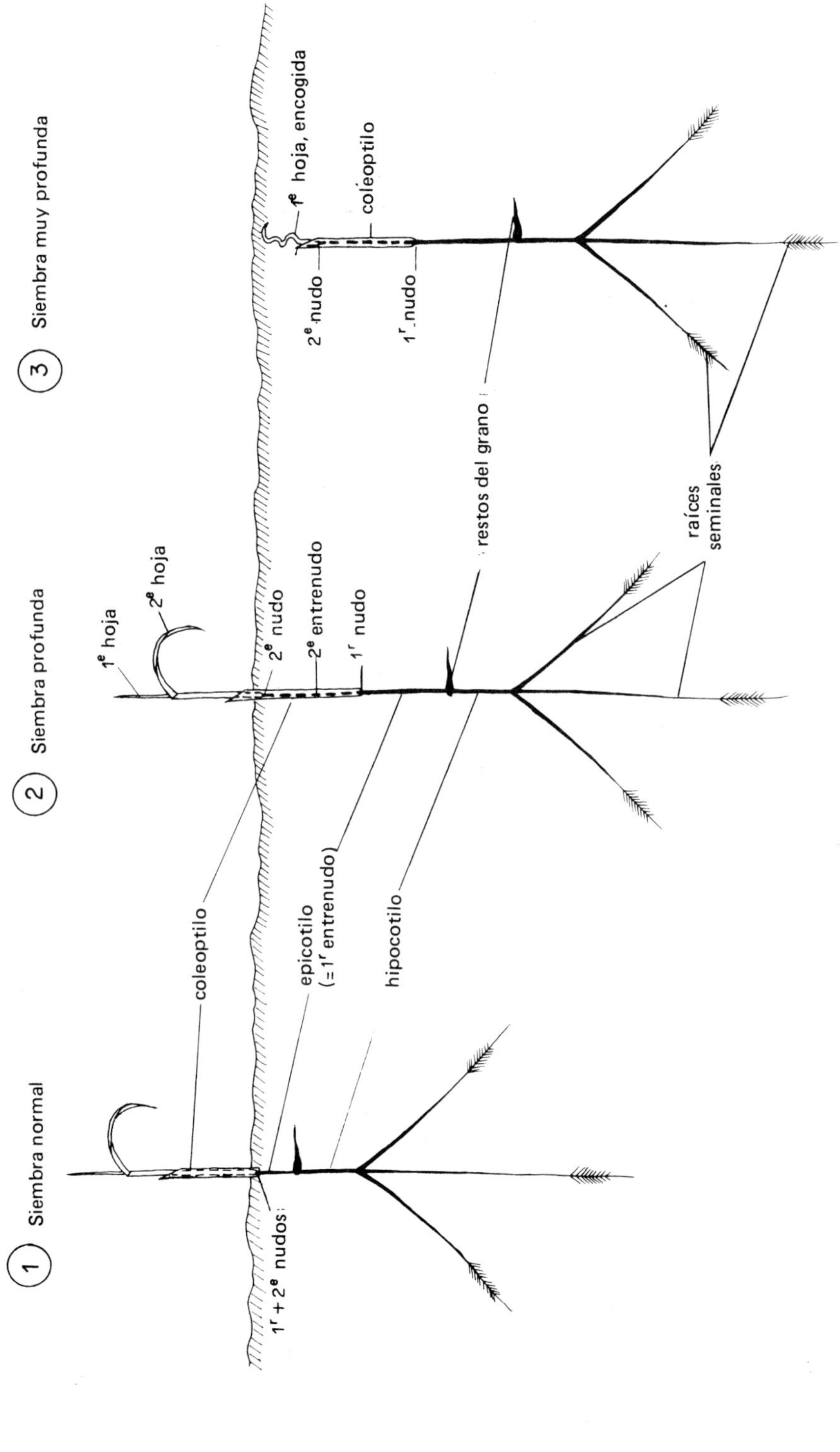

Fig. 1.5: Esquema de la germinación y de la nascencia en línea de trazos: órgano encajado en otro.

Con una *siembra más profunda*, el epicotilo no llega a llevar la base del coleoptilo al nivel del suelo. En este caso *un segundo entrenudo va a alargarse*, conduciendo a la superficie del suelo a la primera hoja (fig. 1.5-2).

Con una siembra todavía más profunda, la punta del coleoptilo no llegará a suficiente altura, y será *la primera hoja quién deberá perforar el suelo.* Es raro que tenga éxito pues es un órgano blando. Generalmente *se encoge en la tierra y la planta muere* (fig. 1.5.3).

Facultad germinativa y energía germinativa

El estado de las semillas de un lote: todos los grados

En un lote de semillas:

- algunas están *sanas y vigorosas;*
- otras tienen su embrión deteriorado por *choques* producidos en los baqueteos, selecciones o manipulaciones. Están *muertas*. Este es el caso, sobre todo, de los granos que han perdido sus glumillas, como es frecuente en el fleo por ejemplo;
- otras han sido *recogidas excesivamente pronto*, apenas maduras, o han sido *mal conservadas* (demasiado tiempo, o en malas condiciones) o son portadoras de *enfermedades*, etc. Todas aquellas están *muertas* o más o menos *debilitadas;*
- otras, por último, están *aletargadas:* están vivas pero no germinan. Las gramíneas forrajeras presentan a menudo un cierto letargo, inmediatamente después de la recolección. Este letargo puede afectar del 0 al 70 °/o de los granos; puede durar solamente algunas semanas, o no desaparecer totalmente hasta abril-mayo del año siguiente.

La facultad germinativa: porcentaje de semillas capaces de germinar

La facultad germinativa es el porcentaje de semillas capaces de germinar. Se determina en laboratorio, en condiciones estandarizadas(1) teorícamente ideales.

Tal test clasifica las semillas en dos categorías solamente: las aletargadas y muertas de un lado y las que son viables del otro.

La energía germinativa: un índice mejor de la vitalidad del lote

Todo lo que debilita una semilla se traduce:

- en el suelo, en una *mala nascencia* en condiciones difíciles: temperatura

(1) Reglas internaciones para los ensayos de semillas, Seed Science and Technology, **4**, 609-743, 1976.

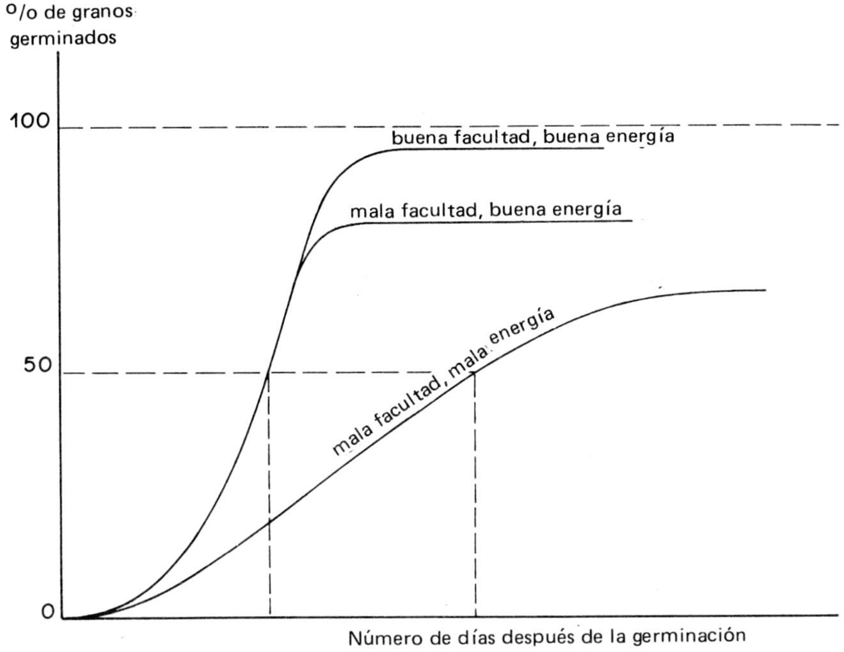

Fig. 1.6: Facultad germinativa y energía germinativa.

no óptima, aprovisionamiento de agua mal asegurado, suelo demasiado compacto, etc.

- en el laboratorio, en una *germinación lenta*.

Se dice que la *energía germinativa es buena si el tiempo necesario para la germinación del 50 °/o de las semillas, es corto* (fig. 1.6). La energía germinativa es pues un buen índice para el éxito de una siembra.

Ya que todo lo que debilita las semillas puede matarlas, un *lote que tiene una mala energía germinativa tiene también generalmente una mala facultad germinativa. Pero lo inverso no es cierto:* un lote que ha sido manipulado demasiado bruscamente puede tener una mala facultad germinativa y una buena energía (fig. 1.6).

CAPITULO II

El estado vegetativo: estructura de una planta de gramínea

La palabra vegetativo se emplea a menudo, sin ningún motivo, en sentidos variados: ciclo vegetativo para decir ciclo de vegetación[1]; vida vegetativa en lugar de vida relentizada. En un caso la palabra evoca un crecimiento normal, en el otro un crecimiento insuficiente. Es importante ocuparse del sentido biológico de este término:

Vegetativo: que desde el punto de vista morfológico, no se prepara para la reproducción sexual. Contrario: **reproductor**.

Comprender la estructura de las gramíneas en el espacio (pág. 36–37) y su vida en el tiempo (pág. 37 a 40) es difícil sin un trabajo de disección previo que permitirá, de paso, definir los principales términos (pág. 26 a 36).

DISECCION DE UNA MACOLLA DE GRAMINEA EN ESTADO VEGETATIVO

Serán necesarias dos disecciones: una para estudiar la organización de la planta, la otra para observar la estructura interna del tallo.

Primera disección: organización de la planta

Elección y preparación de la muestra

Tomar plantas sembradas hace dos o tres meses con una separación de al menos 5 x 5 cm. para permitir el ahijamiento. Se puede preparar esta manipu-

(1) Ver pág. 167, introducción del capítulo XIII.

lación mediante uan siembra en macetas. Evitar la elección de un dactilo: sus vainas plegadas obligan a sus tallos a desviarse con respecto a su posición de inserción. El ejemplo ilustrado, figuras 2.2, 2.3 y 2.4, es una festuca pratense.

Arrancar una planta. Cortar sus raíces bastante cortas. Lavar las que quedan. Secar.

Las diferentes categorías de vástagos o renuevos

La macolla así preparada es bastante compleja. Se llama **vástago principal** o **planta madre**, al tallo salido directamente del grano (T.P., fig. 2.2-1). Es difícil de distinguir. Es, en principio, el más grueso, pero no siempre. Está torcido hacia un lado, el centro está ocupado por pequeños renuevos jóvenes. Los **renuevos hijos** del vástago principal se llaman **vástagos primarios**. La manipulación consiste en irlos quitando sucesivamente comenzando por los más antiguos basándose en los siguientes principios:

- alternan a un lado y otro del vástago principal, poco más o menos simetricamente: uno a la izquierda, otro a la derecha, etc.
- los más antiguos son los más gruesos y los más alejados del vástago principal.

Se colocarán sobre la mesa como indica la figura 2.1. Esto permite corregir un posible error: puede que se haya arrancado primero el segundo vástago primario (T_2). En este caso, la alternancia izquierda-derecha no puede ser respetada hasta el final. La disposición de los vástagos sobre la mesa permite, después, restablecer el orden normal.

Comencemos la manipulación:

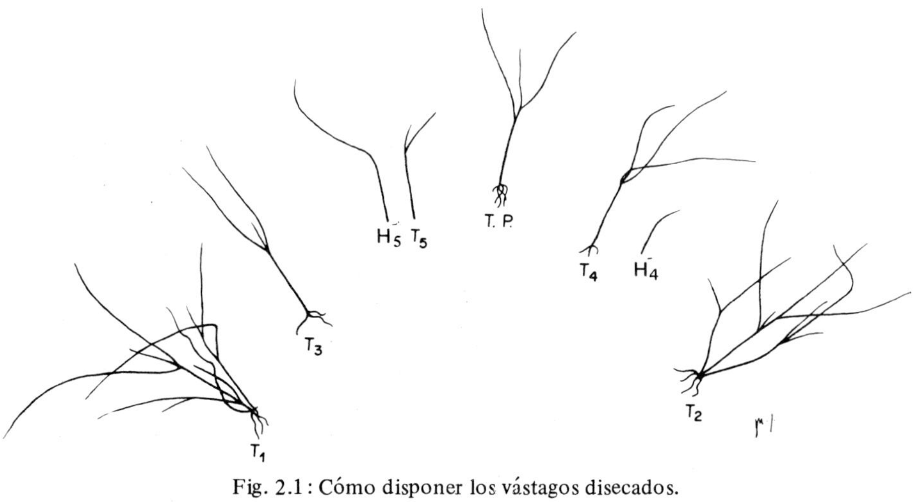

Fig. 2.1: Cómo disponer los vástagos disecados.

- Primer vástago primario T_1 (aquí, a la izquierda): *lleva consigo sus propios vástagos hijos*, los **vástagos secundarios**, mediante algunas precauciones: tomar el tallo principal entre el pulgar y el índice de la mano derecha, y el vástago T_1 entre el pulgar y el índice de la mano izquierda. Sujetarlos bien en la base pero teniendo cuidado de no asir ningún otro vástago, para dejarlos libres de seguir con su tallo-madre (la "filiación" de los vástagos es difícil de reconocer en el conjunto de la macolla), volcar T_1 hacia abajo para separarlo. Colocarlo sobre la mesa, a la izquierda, y guardar el resto de la planta (fig. 2.2-2). T_1 ha llevado consigo tres vástagos secundarios (T_{1-1}, T_{1-2} y T_{1-3}) *y algunas raíces.* Observar que estos renuevos secundarios son simétricos con respecto a su vástago madre T_1, en un plano casi perpendicular al formado por T_1 y el vástago principal;
- segundo vástago primario, T_2 : quitado de la misma manera será colocado a la derecha. Lleva también consigo tres renuevos secundarios (T_{2-1}, T_{2-2} y T_{2-3}) pero el último apenas es visible. Tiene también algunas raíces (fig. 2.2-3);
- tercer vástago primario, T_3, a la izquierda: no lleva *ningún secundario y muy pocas raíces* (fig. 2.2-4).

La posición jerárquica (principal, primario, secundario, etc.) de un vástago sobre la macolla se llama **orden.**

Los vástagos nacen en la axila de las hojas

- Cuarto vástago primario, T_4, a la derecha: antes de desprenderlo, observar que la *hoja basal rodea no solamente a T_4, sino a todo el tallo principal* (fig. 2.2-4). Es que pertenece en realidad a este tallo principal. El *vástago primario T_4 ha nacido en su axila. Llamaremos a esta hoja H_4, ya que es la cuarta hoja producida por el vástago principal.* Las tres primeras, que han dado origen, en su axila, a T_1, T_2 y T_3, han desaparecido. Incluso la H_4, está ya *casi muerta.* Solo su base está todavía verde. Apartar separadamente T_4 y H_4 y colocarlos a la derecha, la hoja en la parte exterior, como estaba en la planta (fig. 2.2-5). T_4 no lleva más que algunos *esbozos de raíces*;
- Quinto vástago primario, T_5, a la izquierda: es muy pequeño y no lleva *ninguna raíz*. Ha nacido en la axila de una hoja H_5, que es grande y comienza a amarillear solamente en la punta.
  H_5 permite ver bien que una hoja de gramínea está formada por dos grandes partes: en la base, una **vaina** envolvente, en la cima un **limbo** desplegado. El límite está subrayado por una pequeña membrana, la **lígula**, y dos pequeñas puntas, las **aurículas u orejuelas** (fig. 2.2-6).

En este estado de manipulación, no hay ningún renuevo primario más, visible exteriormente. *No queda más que el vástago principal.* En la base lleva las cicatrices de los vástagos primarios que han sido arrancados (fig. 2.2-6).

Descubrimiento de los futuros vástagos: las yemas

Ya que a cada tallo primario correspondía una hoja del tallo principal, es posible continuar la manipulación quitándole las hojas. Estas serán cada vez más frágiles. Apenas será posible quitarlas en un solo fragmento. Será preciso sentarse, proveerse de una aguja o una hoja de afeitar, o bien acodarse para no temblar y dilacerar suavemente la hoja que se quiere quitar, sin estropear el resto de la planta que es aún más fragil. Para quitar estas hojas es pues preciso destruirlas. No obstante, para la claridad de la exposición, hemos continuado dibujándolas enteras. La figura 2.3 parte del vástago principal.

- Sexta hoja H_6, a la derecha: *está enteramente viva*. Su limbo forma un ángulo neto con su vaina, y su crecimiento ha terminado: es **adulta**. La ablación de H_6 hace aparecer, al mismo lado, en la base del tallo principal, una especie de **yema**: *no es otra cosa que el vástago primario siguiente*, T_6, todavía en estado de esbozo. Quitarlo también (fig. 2.3-2).
- Septima hoja, H_7, a la izquierda: es de un verde pálido, sobre todo la base de su limbo y su vaína; el ángulo entre vaína y limbo no está aún muy abierto: esta hoja *no ha terminado todavía su crecimiento.* La yema del tallo T_7 es muy pequeña (fig. 2.3-3).

Descubrimiento de las futuras hojas

- Octava hoja, H_8: esta será la última hoja visible. Parece central porque su limbo, todavía arrollado, está en la prolongación de su vaina. Pero la ley de la alternancia permite saber que se abrirá en frente de H_7, es decir a la derecha. Es difícil, naturalmente, ver el límite entre vaina y limbo, emplazamiento de la futura lígula. Este emplazamiento está situado de hecho bastante bajo.
  Dilacerar suavemente H_8 mediante hendiduras longitudinales, para ver que es lo que ella oculta. Colocar los trozos de H_8 a la derecha (fig. 2.3-4).
- Novena hoja, H_9: una vez separada la H_8, aparece todavía una minúscula hoja en crecimiento, H_9. Está a la izquierda, siempre debido a la alternancia. Quitarla a su vez (fig. 2.3-5).

Descubrimiento del ápex

Una vez quitada la H_9, sólo parecen quedar las raíces, sobrepuestas por una pequeña punta cuya estructura no es visible a simple vista (fig. 2.3-5). Para continuar la manipulación, es preciso cortar las raíces mucho más cortas y mirar el muñón que queda, bajo una lupa binocular aumentando de 20 a 50 veces.

Encima de la inserción de las raíces, aparece una especie de cono (fig. 2.4-1). Las señales de las hojas H_8 y H_9, que acaban de ser quitadas, son visibles en forma de dos coronas de estrías o de puntos, cicatrices de los haces conductores rotos. Entre ambas se encuentran varias zonas redondeadas pequeñas: son los esbozos de las raíces. Esto muestra que *una corona de raíces adventicias nace*

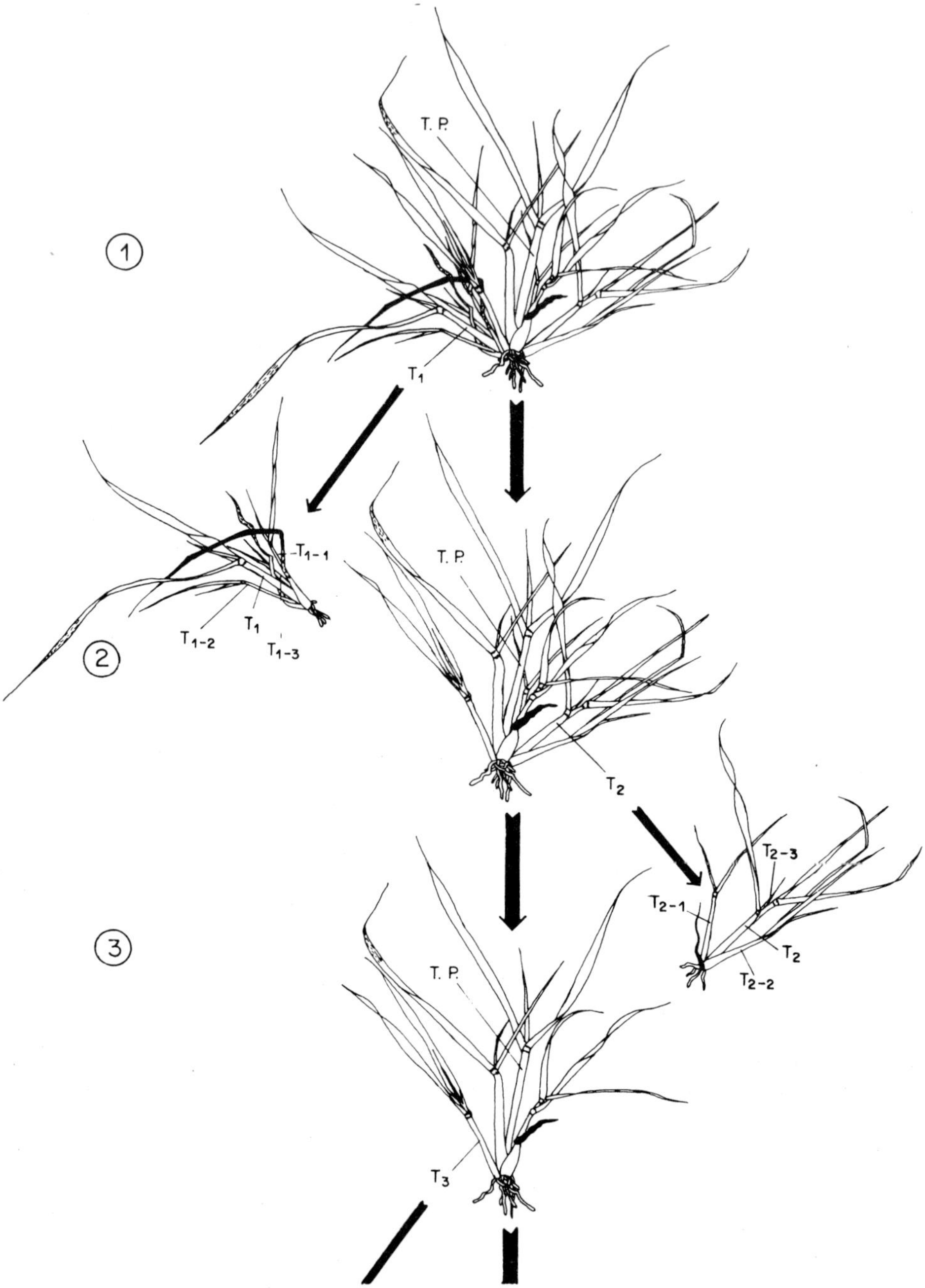

Fig. 2.2: Organización de una gramínea en estado vegetativo: los vástagos primarios y el vástago principal.

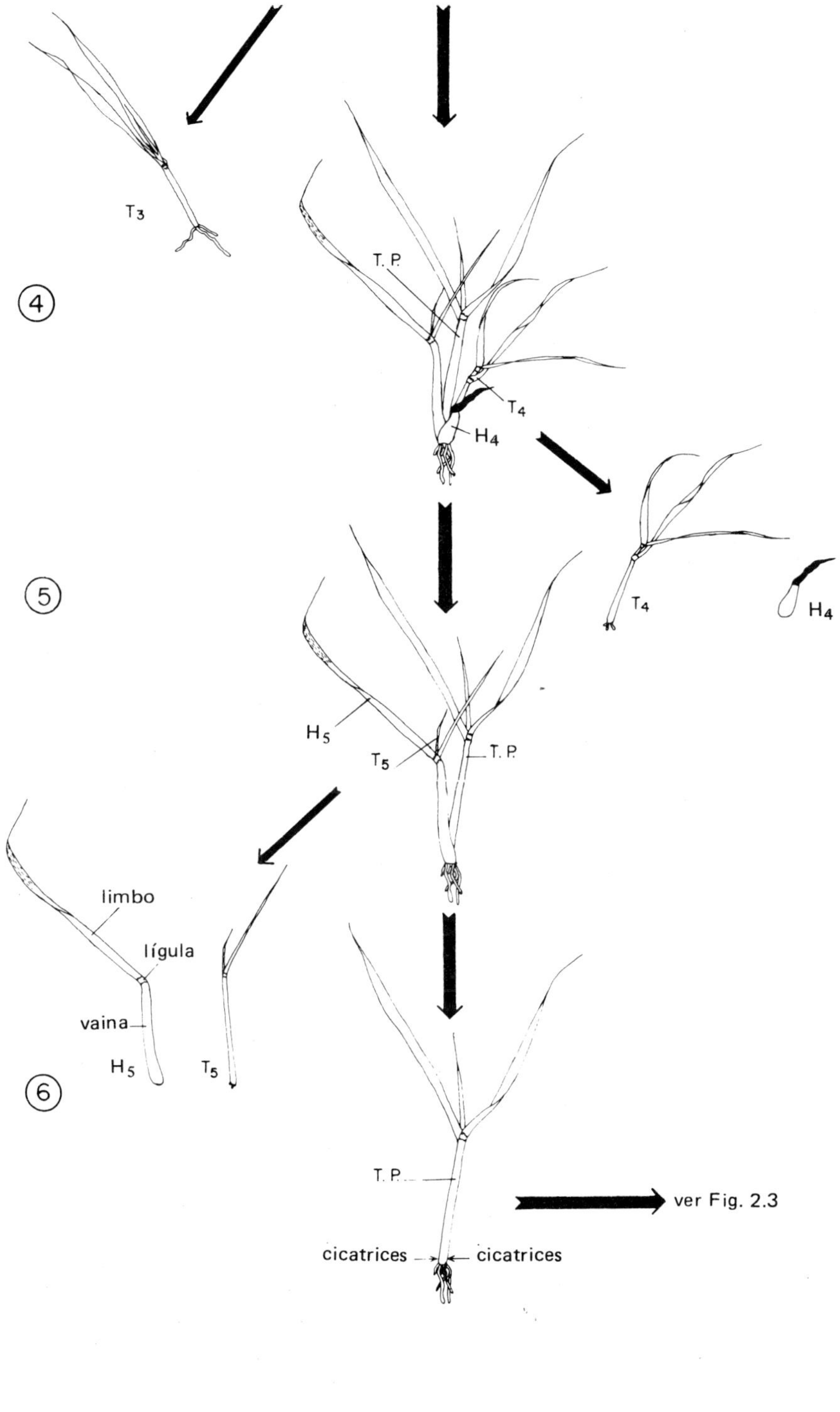
T3
4
T. P.
T4
H4
5
T4
H4
H5
T5
T. P.
limbo
lígula
vaina
H5
T5
6
T. P.
ver Fig. 2.3
cicatrices
cicatrices

justamente encima de la inserción de cada hoja. Al mismo nivel se encuentra una pequeña escama: *la yema del octavo vástago T_8.*

Es preciso entonces colocar la muestra de tal manera que pueda verse esta yema del mismo lado que la hoja en cuya axila ha nacido, es decir, a la derecha. Esto permite continuar razonando en función de la alternancia.

Encima de la traza de H_9, a la izquierda, no aparece ninguna yema. Pero una preparación microscópica mostraría divisiones celulares que preparan la futura yema.

- Décima hoja, H_{10}: la cima del cono está casi cubierta por una especie de escama que rodea su base y la domina a la derecha: es la futura décima hoja, que respeta la alternancia, ya que H_9 estaba a la izquierda. Con mucha minuciosidad y ayudándose de una aguja fina, es posible separar esta escama (fig. 2.4-2);
- Undécima hoja, H_{11}: aparece en forma de anillo que rodea la base del cono y que está desarrollado sobre todo a la izquierda. Una persona muy hábil puede todavía quitarla (fig. 2.4-3);
- Duodécima hoja, H_{12}: es semejante a H_{11}, pero todavía más pequeña y a la derecha;
- Décimo tercera hoja, H_{13}: es visible sin llevar más adelante la disección, como una simple protuberancia situada a la izquierda (fig. 2.4-3);
- **Cima vegetativa**: se llama así a la cima del cono.

El apex (palabra latina que significa cima) es por definición el conjunto formado por *la cima vegetativa y todos los esbozos de hojas que no la recubren completamente:* aquí, desde H_{10} a H_{13} (fig. 2.4-1).

Esta disección muestra que el *paso del estado de esbozo al estado de hoja adulta es muy progresivo.* Es fácil comprender que si la planta no hubiera sido disecada, la cima vegetativa, algún tiempo después, habría emitido un nuevo esbozo H_{14} a la derecha. Los otros habrían crecido. H_{13} habría rodeado al cono, H_{11} habría coronado la cima . . . H_5 estaría casi muerta y H_4 lo estaría completamente. El vástago T_6 habría aparecido al exterior, o casi, etc.

El apex, y en particular la cima vegetativa, es por lo tanto, *el centro generador de todo el vástago.*

El tallo

El tallo de un vástago vegetativo es el *pequeño muñón* que subsiste al final de la manipulación precedente. Mide en total, quizá un centímetro de largo por algunos milímetros de ancho. Lleva todos los demás órganos: hojas, raíces, vástagos-hijos. *Su cima es el apex.*

Es preciso *evitar varios errores* corrientemente difundidos sobre el tema del tallo de los vástagos vegetativos.

- — Algunos creen que el tallo es el cilindro visible exteriormente y que forma la base del vástago. La manipulación ha mostrado que este cilindro no es más que el conjunto de las vainas foliares embutidas las unas en las otras.
- – Algunos confunden tallo y vástago. El tallo no es más que uno de los órganos del vástago.

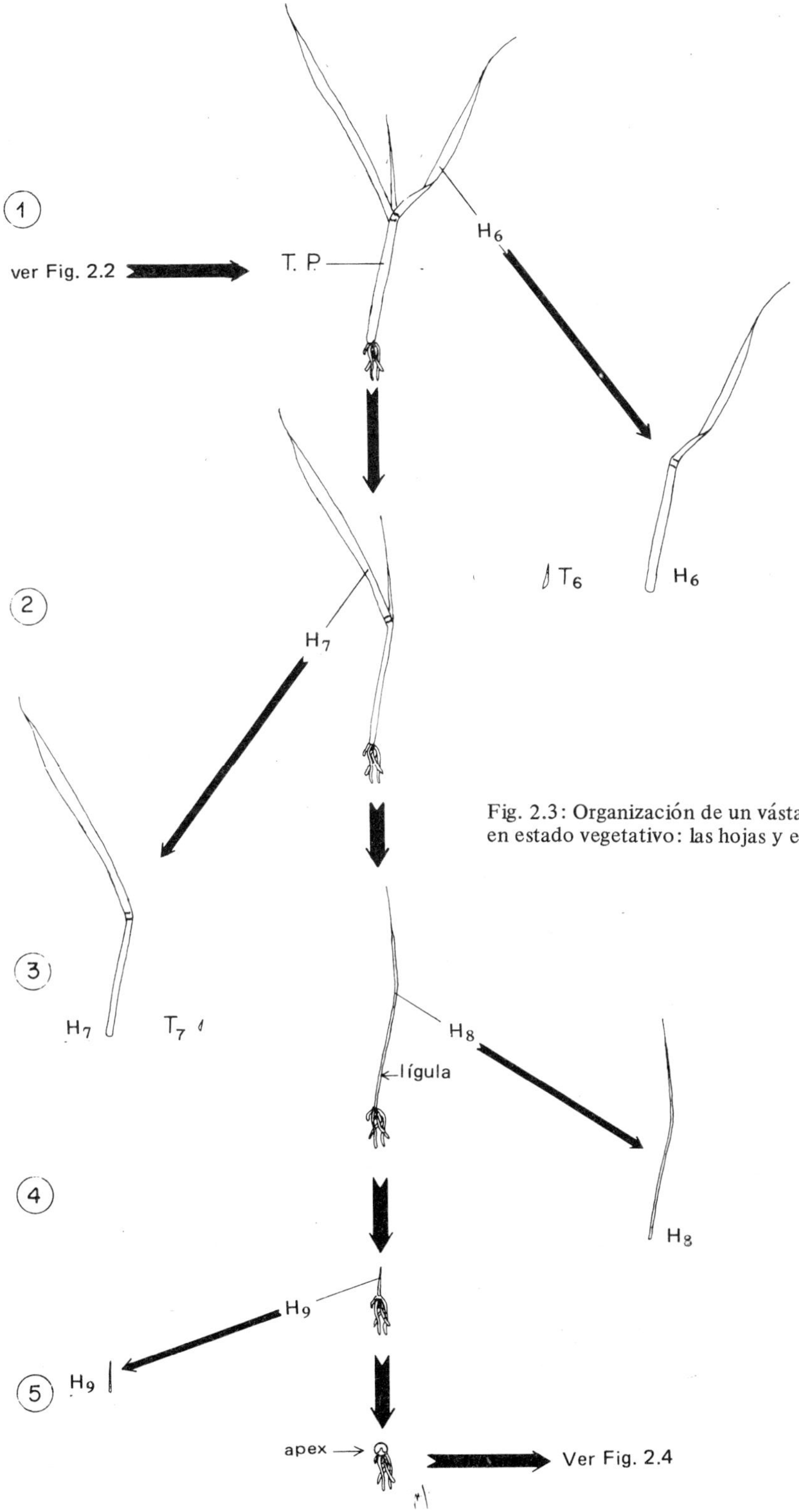

Fig. 2.3: Organización de un vástago en estado vegetativo: las hojas y el apex

• Algunos creen que en estado vegetativo el tallo no existe. Es sin embargo el órgano esencial, aunque el más pequeño y menos visible.

La segunda disección permitirá estudiar la estructura interna del tallo.

Segunda disección: estructura interna del tallo

Preparación de la muestra

Tomar una planta semejante a la de la primera disección(1):

Cortar las raíces y quitarle la tierra. Dejar de 4 a 5 vástagos primarios sobre el principal. Eliminar sus vástagos secundarios. Queda una ramificación simple: un vástago (principal) y sus 4 ó 5 vástagos-hijos, los más jóvenes. Cortarlos a 3-4 cm. de la base, para quitar todos los limbos y la parte superior de las vainas. Colocar la macolla así simplificada, bien plana, sobre la mesa. Rajarla longitudinalmente con una hoja de afeitar, *de tal manera que cada vástago se parta en dos mitades según su espesor*. Se obtienen dos semi-macollas, cada una lleva todos los vástagos y presenta su corte longitudinal (fig. 2.5).

El tallo, en estado vegetativo, es un apilamiento de nudos

Al examinar la muestra observamos, en la cima de cada vástago, una zona formada por las vainas foliares embutidas unas en otras y todavía vivas. Esta zona encierra la parte superior del tallo, un poco inflada, que en este lugar aparece tierna y jugosa, poco diferenciada. La cima de este tallo marca el emplazamiento del *apex* (a, fig. 2.5). Este es demasiado pequeño para ser visible a simple vista. Además hay pocas probabilidades de que esté justamente en la superficie del corte, pues la cuchilla pasa a menudo un poco de lado: o bien el apex está oculto en uno de los últimos esbozos foliares (e. f.), o bien ha sido llevado en la otra semi-macolla. De cualquier manera, su emplazamiento es localizable con uno o dos milínetros de error, lo cual no tiene importancia.

Lateralmente, el tallo lleva los vástagos laterales y los comienzos de las raíces (r.). Contrariamente a la parte superior, toda esta zona del tallo (la mayor parte) es dura y aparece bastante lignificada. Una atenta observación muestra:

- *Haces conductores longitudinales* (h.c.l.): que van a lo largo de la pared externa del tallo;
- *Haces conductores transversales* (h.c.t.): son zonas muy pequeñas ligeramente más sombrías que el resto, sin orientación muy clara pero sobre todo transversales. Estos haces atraviesan el tallo según un trayecto bastante irregular, en dirección a las hojas (de las cuales las más antiguas están muertas) a los vástagos y a las raíces.

Ahora bien, *a un segmento de tallo atravesado de un lado a otro por haces conductores se le llama* **nudo**. Esto se ve claro en un tallo de trigo encañado: los **entre-nudos** *no llevan más que haces longitudinales* y solamente en el exterior.

---

(1) Ver pág. 26–27: Elección y preparación de la muestra.

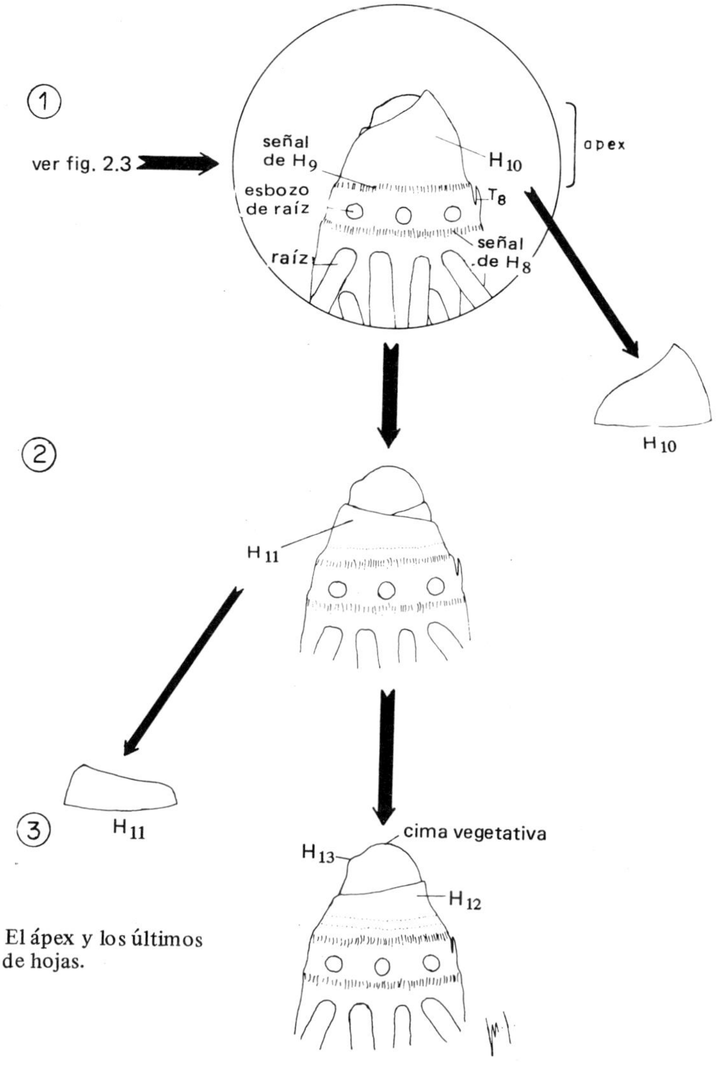

Fig. 2.4: El ápex y los últimos esbozos de hojas.

Solo los nudos, que corresponden a la inserción de una hoja, son atravesados por los haces que van a irrigarla. Ello ocurre también aquí, con dos diferencias:

- las bases de las hojas antiguas se tocan;
- a su nivel han nacido vástagos y raíces que es preciso vascularizar también.

En consecuencia, no hay lugar para los entrenudos[1]. No obstante, en los

(1) Estos están reducidos a meristemos invisibles a simple vista.

tallos vegetativos muy viejos (4 a 6 meses) pueden existir entrenudos muy cortos[1].

En resumen, *un tallo en estado vegetativo es un tallo corto-nudoso, formado esencialmente por nudos.* Es por esta razón por lo que es tan corto, ya que entre la producción de dos hojas consecutivas, apenas se alarga más que el espesor de un nudo.

La ramificación: la placa de ahijamiento

La figura 2.5 muestra que todos los vástagos tienen la misma estructura: sus tallos están insertos unos sobre los otros exactamente como los de un árbol, cuyo tronco (el vástago principal) y ramas (los vástagos primarios, secundarios, etc.) serían muy cortos y estarían muy apretados. *Cada vástago es pues una ramificación de la planta.*

Al conjunto de estos tallos muy cortos se le llama placa de ahijamiento. Este término se ha tomado de los cereales. La figura 2.5 muestra que la palabra placa no es adecuada pues estos vástagos son cuando menos más largos que anchos.

ESQUEMA DE CONSTRUCCION DE UNA GRAMINEA EN ESTADO VEGETATIVO

El vástago: apilamiento de artículos elementales

Puede considerarse un artículo elemental, a cada *segmento de tallo* que *esté formado por un nudo y que lleve una hoja, una yema y una corona de raíces adventicias.* El vástago es entonces un apilamiento de estos artículos, *engendrado por el apex*, cima del tallo.

Como no hay, o casi no hay entrenudos, el tallo no se alarga. *El vástago es pues una roseta*, exactamente como un diente de león. Solo el hecho de que las gramíneas tengan vainas encajadas unas en otras en lugar de peciolos, enmascara esta realidad.

Sobre el tallo, las hojas están situadas alternativamente, a uno y otro lado. Esto es fácil de ver gracias a la inclinación de los limbos. Pero a veces la vaina se tuerce y el limbo no está en su posición teórica. Puede ser localizada entonces buscando la nerviación principal en la base de la vaina, o la yema axilar.

La planta: conjunto ramificado de vástagos

Así como cada vástago es una roseta, la planta es una *roseta ramificada* (fig. 2.5. pág. 37).

Los vástagos están situados unos con respecto a los otros según el organigrama de la figura 2.6: los vástagos primarios (T_1 y T_2, etc.) están situados a uno

---

(1) Ver pág. 149–150: Inducción del alargamiento del tallo y de la formación de la inflorescencia.

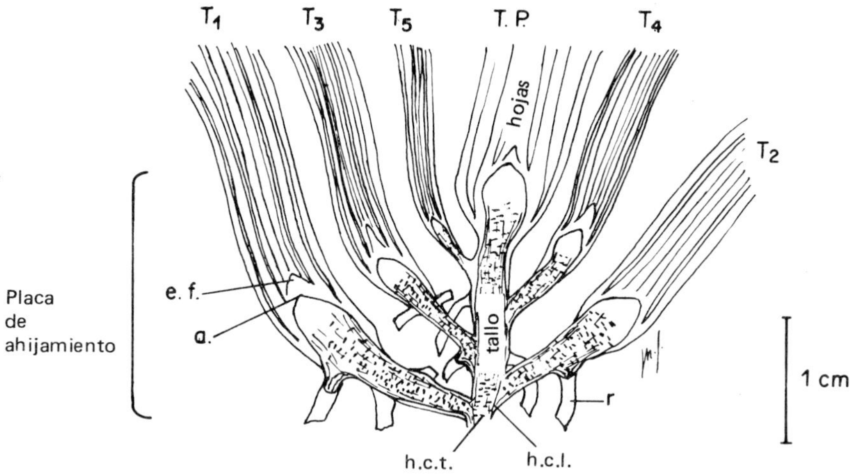

Fig. 2.5: Estructura interna de una macolla en estado vegetativo

(según foto de M.G.)

y otro lado del vástago principal (T.P.) de manera alterna, los más antiguos están más alejados. Cada vástago primario se ramifica a su vez en vástagos secundarios (t_{11}, t_{12}, t_{21}, etc.), estos últimos en terciarios, etc.

En realidad, los dos planos formados por los vástagos primarios de la izquierda y por los de la derecha no están en prolongación el uno del otro; forman entre ambos un ángulo que no es llano, una V muy abierta. Este ángulo existe ya en el apex del vástago principal, que no forma sus esbozos foliares en dos planos exactamente simétricos. Existe también en la inflorescencia(1).
Igualmente, los vástagos secundarios de un mismo vástago primario forman entre sí una V muy plana perpendicular a la precedente, es decir vuelta hacia el vástago principal, etc. (fig. 2.6).
Es por esta razón por lo que el vástago principal no se encuentra en el centro de la macolla, sino torcido sobre los lados. Esta disposición es bastante visible en una planta joven de festuca o de ray-grass. En una planta más vieja, o en un dactilo, la densidad de cesped o la forma plegada de las vainas, obligan a los vástagos a desviarse de la dirección de su yema, para instalarse en un espacio libre. Pero el principio es el mismo.

VIDA DE UNA GRAMINEA EN ESTADO VEGETATIVO

La vida de una hoja es comparable a la de un individuo, en los animales: nace, vive, después *muere de vejez*(2) (pág. 38–39). La vida de un vástago y la de una planta se parecen a las de las colonias animales como los corales. *El renuevo vegetativo es una colonia de hojas*, salidas de una yema y de una corona de raíces (pág. 39–40) y la *planta completa, una colonia de renuevos* (pág. 40). Ambos tienen pues una *vida potencialmente ilimitada, debido a la renovación* de sus elementos.

(1) Ver pág. 54: El ángulo de la panícula.
(2) En lenguaje científico vejez se dice senescencia.

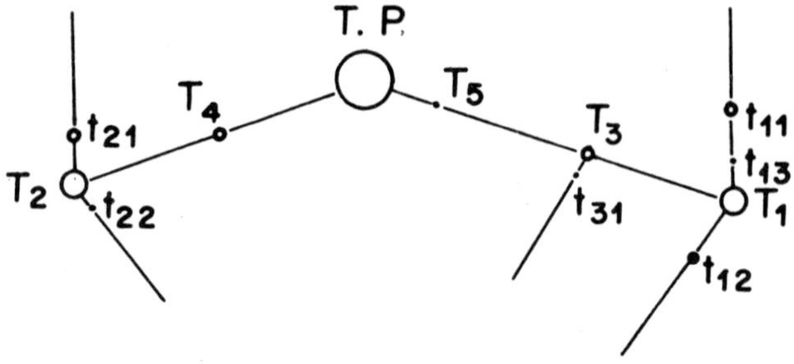

Fig. 2.6: Organigrama de una planta de gramínea.

Vida de una hoja

Una hoja nace a un lado de la cima vegetativa. Entonces no es más que un esbozo. Consiste en una protuberancia que va a rodear rápidamente a la cima vegetativa. Después comienza a alargarse, formando un tubo oculto en la vaina de la hoja precedente (fig. 2.7-1).

Las zonas de crecimiento corresponden al tercio inferior de la vaina y del limbo.

El esbozo toma el nombre de hoja cuando aparece al exterior, es decir cuando *su punta sobrepasa* la vaína de la hoja precedente (fig. 2.7-2).

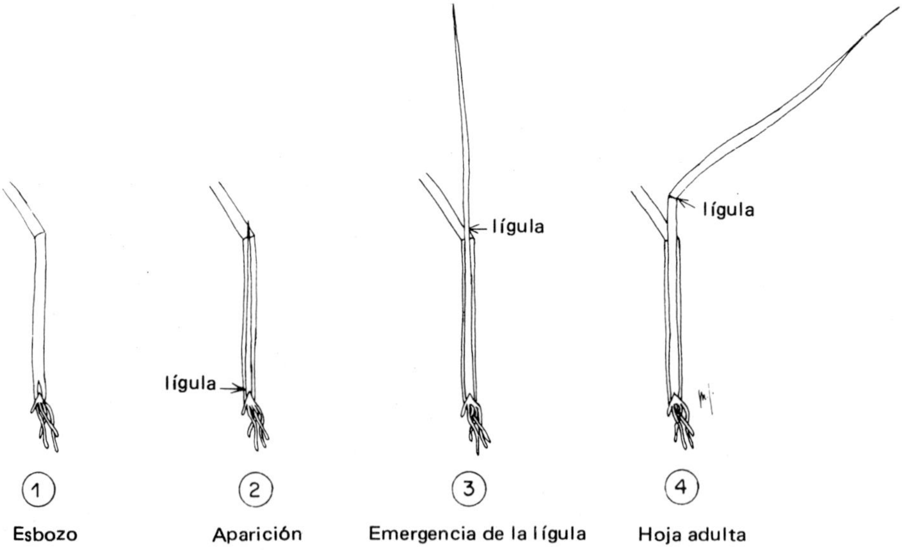

Fig. 2.7: Las etapas del crecimiento de una hoja.

Cuando la lígula emerge a su vez (fig. 2.7-3), el crecimiento cesa progresivamente y el *limbo se inclina* lateralmente (fig. 2.7-4). *La hoja entonces es adulta.*

En tanto que la hoja no ha aparecido, solo su limbo crece rápidamente. Después su crecimiento se aminora y se detiene y la vaina toma el relevo. Según Dobrynin(1) este cambio sería debido al efecto de la luz sobre la punta del limbo cuando este sale. Así mismo, según él, sería la acción de la luz sobre la lígula cuando esta aparece, la que provocaría la detención del crecimiento de la vaina.
Este mecanismo explicaría por qué, en fase vegetativa, *las vainas y los limbos de las hojas sucesivas son en general cada vez más largos* hasta que interviene un corte. Entonces se vuelve a partir de una longitud inferior.

La hoja adulta va a jugar durante algún tiempo su papel de fotosintetizadora. En algunas especies, va a endurecerse (festuca alta). Después va a *amarillear progresivamente* y a morir, comenzando por la *punta* del limbo, hasta la base de la vaina.

En algunas especies, como el dactilo y la festuca alta, los restos de las hojas muertas dificilmente se descomponen: persisten durante mucho tiempo. En otras, como el ray-grass, se pudren facilmente y desaparecen.

En condiciones de crecimiento normales, cada diez días aproximadamente, aparece una nueva hoja, según la especie y la temperatura. Esta hoja tarda aún una decena de días en convertirse en adulta. La necrosis de la punta puede comenzar entre 0 y 20 días más tarde, según las condiciones de nutrición y progresar más o menos deprisa. Así, entre su aparición y desaparición completa, una hoja puede vivir de 10 a 30 días, en una estación favorable.
En inviernos suaves estos tiempos se ven aumentados considerablemente. La sequía y las heladas detienen el crecimiento de nuevas hojas, y aceleran la muerte de las antiguas.
Un vástago puede llevar, en un momento dado, de una a tres hojas adultas enteramente verdes, una o dos en crecimiento, una a tres en vías de necrosis.

Vida de un vástago en estado vegetativo

Poco más o menos en el momento en que aparece una hoja, una yema que dará origen a un vástago se forma en su axila. No hay prácticamente excepción: *toda hoja engendra una yema.* Pero esta última contrariamente a los esbozos de hojas: *no entra siempre, en seguida, en crecimiento*, puede entrar en vida relentizada, o en letargo, o incluso abortar. Si crece *son sus hojas las que crecen.*

La yema toma el nombre de vástago cuando aparece al exterior su punta al salir de la vaina de la hoja que la ha engendrado. En este momento, tiene generalmente una o dos hojas visibles.

Durante todo el tiempo en que el apex emite hojas, estas se renuevan y *el vástago continúa viviendo*, si las condiciones se prestan a ello.

Su crecimiento está eventualmente asegurado:

- por la diferencia de velocidad entre la aparición y la muerte de las hojas (aumento del número de hojas vivas);
- por el aumento de peso de las hojas sucesivas.

---

(1) Dobrynin, G. M., Dokl. Akad. Nauk. *S.S.S.R.*, **130**: 1, 223-226, 1960.

Si el apex deja de emitir hojas, los esbozos ya formados continúan su crecimiento y viven su tiempo normal, pero *el vástago, al término, morirá* falto de renovación. Esto se produce en dos casos:

- el apex es destruido, por accidente o enfermedad;
- el vástago pasa a ser reproductor(1).

Condiciones desfavorables (heladas, sequía) pueden evidentemente matar el renuevo, pero pueden también matar todas las hojas y *dejar el apex con vida*: este formará de nuevo hojas cuando las condiciones sean mejores, y el *vástago continuará viviendo.*

Una corona de esbozos radicales se forma *en la base de cada hoja*, poco más o menos a la vez que la yema axilar (fig. 2.4-1). Pero, como esta última, estos esbozos crecen más o menos, o nada, según las condiciones. Estas raíces se llaman **adventicias.** Son ellas las que aseguran la muerte de las raíces seminales.

Cuando un vástago aparece, no posee todavía raíces visibles: estas últimas saldrán de las vainas, perforándolas, algún tiempo después.

Las raíces viven mucho más tiempo que las hojas, e incluso que los vástagos: duran a menudo varios años(2).

Vida de una planta entera en estado vegetativo

La vida de una planta comienza en la germinación. *Los primeros vástagos primarios y las primeras raíces adventicias aparecen cuando el vástago principal tiene ya de 4 a 5 hojas visibles*, de las cuales la primera empieza a amarillear. Las raíces seminales, que hasta ahora habían asegurado la nutrición mineral, comienzan a morir entonces.

La planta completa de las gramíneas es una colonia de elementos, los vástagos, cuya vida no está en principio limitada más que por su entrada en fase reproductora. Es pues probable que *la duración de la vida de la planta entera* solo resulte abreviada por insuficiente renovación de sus vástagos, o como consecuencia de accidentes o enfermedades: si no, esta duración *parece potencialmente ilimitada.*

Sin embargo, no puede eliminarse totalmente la hipótesis de un simple envejecimiento en estos casos (3).

---

(1) Ver págs. 56–57: Maduración de los granos y desecación del tallo.
(2) Ver pág. 164: Renovación de las raíces.
(3) Ver págs. 220–222: La persistencia.

CAPITULO III

El estado reproductor: los estadios del desarrollo, la alternancia y el reespigado

A nivel bioquímico, la reproducción –como la pubertad– se prepara desde el principio de la vida de la planta, en pleno período vegetativo[1]. No se dice que una planta (o un vástago) es **reproductora** *más que a partir del momento en que comienzan las transformaciones morfológicas que le conducirán,* si un corte no las interrumpe, *a la formación de semillas.*

Para cada vástago considerado aisladamente, el estado reproductor está netamente delimitado[2]. Comporta una evolución, jalonada por los "estadios de desarrollo" (pág. 46 a 58). La comprensión de dicha evolución será facilitada por una disección previa (págs. 41 a 56). *Una planta entera puede sufrir estados más o menos reproductores:* además del primer ciclo de primavera existen otros más o menos claros, llamados, según el caso, alternancia o reespigado (págs. 58 a 62).

DISECCION DE UN VASTAGO DURANTE EL ENCAÑADO

Elección y preparación de la muestra

Esta manipulación puede hacerse a finales de abril-principios de mayo en numerosas gramíneas, o en julio en los ray-grass italianos *alternativos* sembrados esa primavera, o en cualquier época en ray-grass italianos *alternativos* sembrados hace varios meses en invernaderos con *luz continua*[3].

Tomar un vástago no espigado todavía, pero que, visiblemente, esté ya en

---

(1) Ver págs. 143 a 149: Las fases preparatorias de la floración.
(2) No hay más que una excepción, ver págs. 57 a 58: Alargamiento del tallo sin formación de inflorescencia: la caulescencia.
(3) Ver págs. 143–144: Las tres fases sucesivas.

fase de encañado. Se nota recorriendolo de la base hacia arriba entre dos dedos: se sienten los nudos, que constituyen inflamientos.

La dificultad para recoger un vástago así, consiste en cortarlo bastante bajo para obtener raíces. En efecto, esta zona está a menudo un poco por debajo del nivel del suelo y es prácticamente invisible dado el enmarañamiento de los renuevos. Lo mejor, si se puede, es sacrificar una matita entera arrancándola con una herramienta, comprendidas las raíces. Después se separan los vástagos(1) para aislar uno de ellos que esté en encañado pero que todavía no haya espigado. Se lavan entonces las raíces y se cortan a pequeña distancia de su inserción.

El ejemplo ilustrado fig. 3.1 sería un vástago de fleo cogido a principios de mayo.

Hojas

Observar primero la muestra así preparada (fig. 3.1-1). Se comprueba la presencia de hojas. Las de la base, por tanto las más antíguas, están muertas, son además difíciles de contar pues sus restos se entremezclan. En la cima, una hoja jóven está a punto de salir, como en un vástago vegetativo.

Tallo, nudos, entrenudos

Quitar ahora todas las hojas visibles, salvo la que está a punto de aparecer. Se comenzará por las de la base y se tendrá cuidado, en cada una, de eliminar totalmente la vaina sin romper los órganos más frágiles, que están en su interior. Para ello será preciso a menudo dilacerar la vaina con una aguja o una hoja de afeitar(2). Observar la muestra así transformada (fig. 3.1-2). Se comprueba lo siguiente:

- hay un tallo alargado;
- cada hoja parte de un nudo;
- entre los nudos, el tallo es blanco o verde, cilíndrico y regular: estos son los entrenudos. Cada entrenudo es más pálido y más tierno en su tercio inferior;
- los entrenudos son de longitud desigual: los más largos son los del centro.

Yemas

Observar que *en cada nudo se encuentra una yema*. Estas son a veces minúsculas, a veces alargadas y verdes, pero jamás desarrolladas en verdaderos vástagos (fig. 3.1-2). Las yemas de los últimos nudos, en lo alto, son demasiado pequeñas, pero pueden ser observadas a la lupa (fig. 3.1-5 bis). Las de la base necesitan igualmente de una lupa para poder ser observadas, tanto más puesto que es-

---

(1) Para el método, ver págs. 27–28: Las diferentes categorías de vástagos o renuevos.
(2) Para el método, ver pág. 29: Descubrimiento de los futuros vástagos: Las yemas.

tán muy cerca unas de otras y mezcladas con las raíces (fig. 3.1-7). Todas estas yemas respetan la alternancia derecha-izquierda. Cuando parecen no cumplirlo es fácil comprobar que es el tallo el que se ha torcido entre ellas.

El apex se ha convertido en inflorescencia

Dilacerar la última hoja que se ha dejado en la muestra, a fin de ver lo que oculta. Se encuentran una, dos o tres hojas cada vez más amarillas, que se van quitando sucesivamente (fig. 3.1-3, 4 y 5). Después, la cima del tallo que es muy pequeña, continuar la observación a la lupa binocular (fig. 3.1-5 bis).

No se encuentran otras hojas cada vez más pequeñas, contrariamente a lo que pasaba en un renuevo vegetativo (fig. 2.4). La hoja más joven es ya mucho más larga que ancha. Por el contrario se ve una inflorescencia, ya bien formada y perfectamente reconocible. ¿Qué ha pasado?. *La cima vegetativa ha cesado de emitir esbozos foliares para construir, en su lugar, una inflorescencia*(1). Una consecuencia se desprende de ello: *el número de hojas de un vástago reproductor es limitado*. La hoja más jóven observada aquí terminará su crecimiento, pero no aparecerá ninguna otra.

En la parte superior: los entrenudos más jovenes

Separar la punta del tallo cortándola algunos entrenudos por debajo de la inflorescencia. Dividir este fragmento longitudinalmente (la inflorescencia será cortada generalmente al bies).

Observar (fig. 3.1-6) que la cima del tallo lleva *entrenudos cada vez más cortos*, hasta que su médula llega a ser menos alta que ancha; los últimos no son más que una simple *estría transversal*. Entre ellos, los nudos, más sombrios y con zonas alternativamente más o menos oscuras, son de espesor casi constante.

En la parte inferior: el antiguo tallo vegetativo

Separar la base del tallo cortándola, de manera que se conserve al menos un entrenudo claramente visible. Partir este fragmento longitudinalmente. Observar el corte longitudinal (fig. 3.1-7).

El entrenudo de la base está a veces inflado, como en nuestro ejemplo(2).

La zona que lleva las raíces abajo del todo, lleva también varias yemas (Y). Tiene pues varios nudos. Pero está enteramente atravesada por haces conductores en todos los sentidos y es coriácea: *no hay entrenudos*, exactamente como en el tallo corto-nudoso de un vástago vegetativo(3). Esto no es una coincidencia: *esta*

---

(1) Ver págs. 47 a 49: El estadio de Dobles Pliegues: principio de ramificación de la inflorescencia.

(2) Se trata de una particularidad del fleo y de algunas gramíneas, de las cuales la más conocida es la avena arrosariada: cuando evolucionan hacia la floración y fructificación, sus entrenudos (cortos) de la base se ensanchan y acumulan reservas.

(3) Ver págs. 34 a 36: El tallo en estado vegetativo es un apilamiento de nudos.

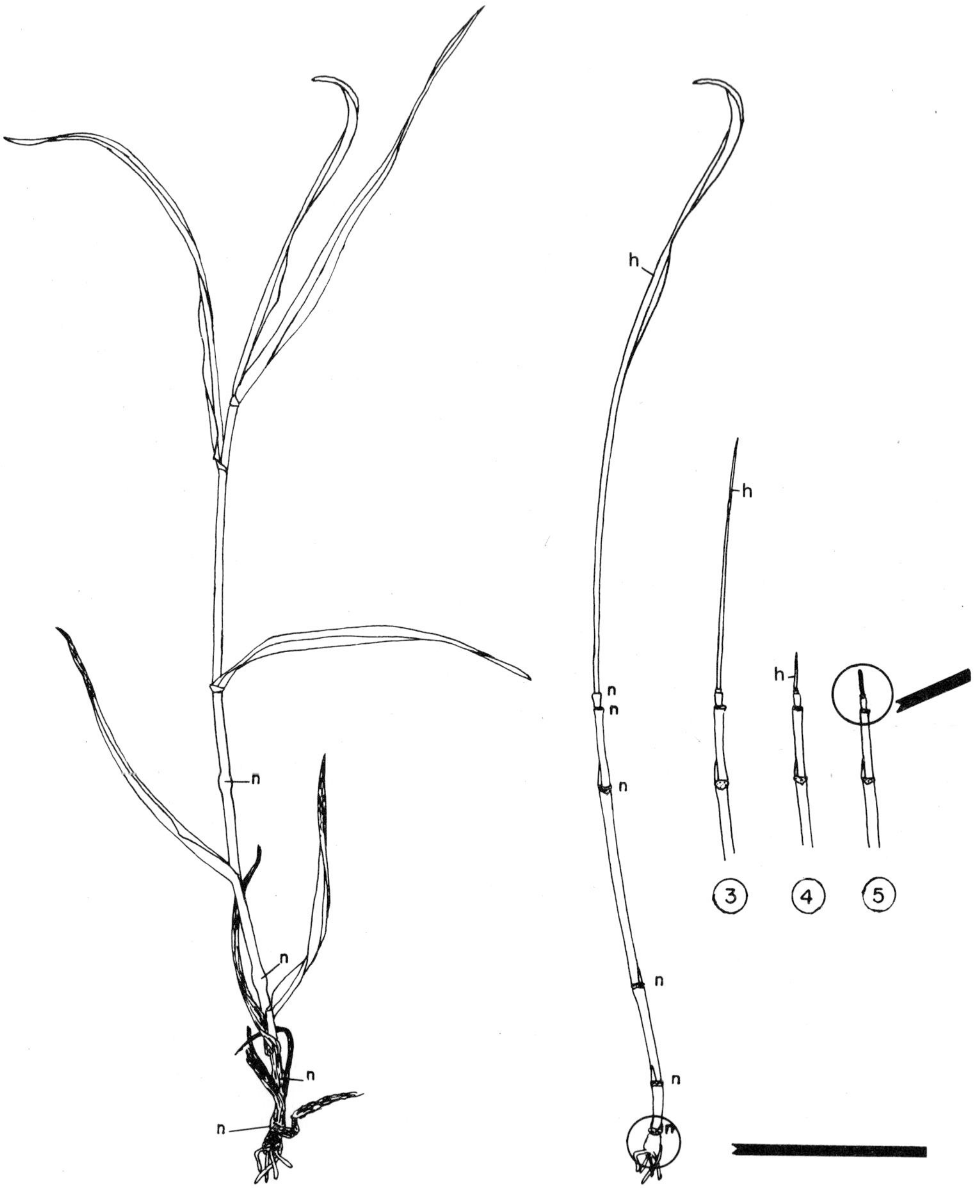

Fig. 3.1: Descomposición de un vástago durante el encañado.

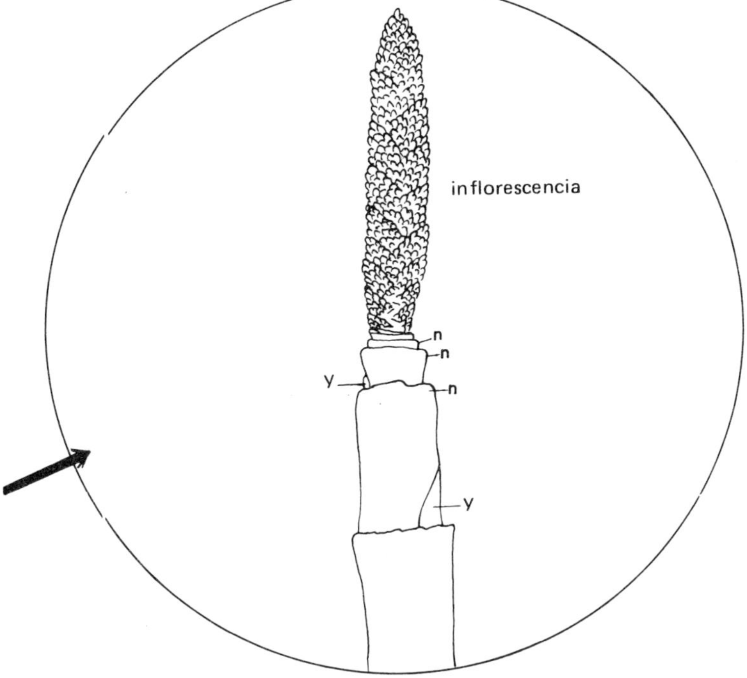

(5) bis

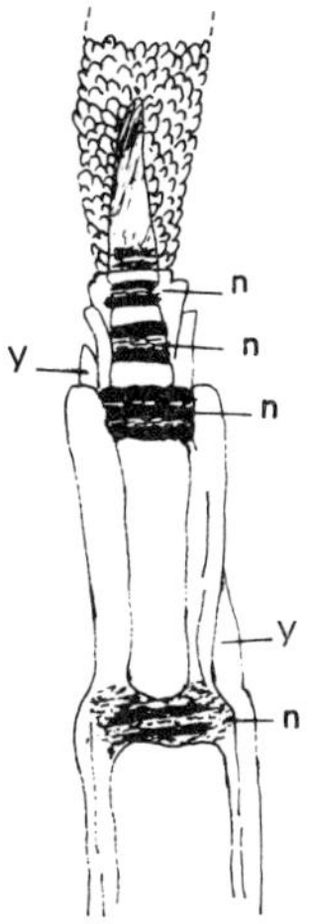

(6)

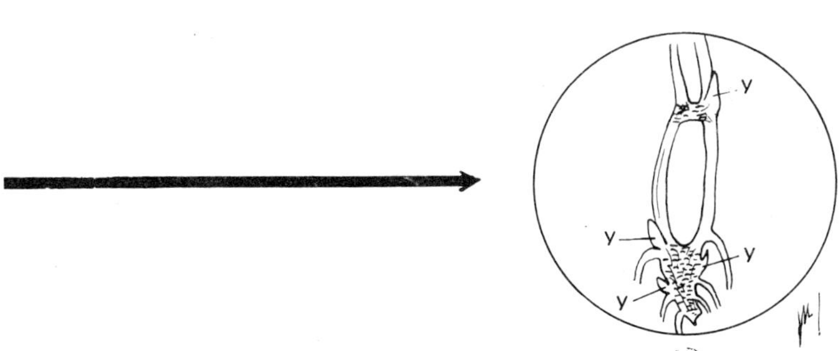

(7)

parte no es otra que lo que queda de la época en que el tallo era vegetativo. La parte reproductora, construida a continuación, simplemente se ha añadido a él.

Las yemas de esta parte corta-nudosa reespigan pues, en una época en que el tallo es vegetativo. Deberían haberse desarrollado en vástagos. Si no lo han hecho, es porque han sido víctimas de la crisis de ahijamiento ligada al encañado[1]. Sin duda, han existido otras yemas más antiguas en este vástago que han tenido tiempo de formar verdaderos vástagos-hijos; estos últimos no son visibles aquí ya que se han quitado cuando se ha preparado la muestra.

Resumen

Esta manipulación ha mostrado que un vástago reproductor presentaba las siguientes diferencias con un vástago vegetativo:

- *entrenudos alargados* pero de longitud muy variable: nula en la base, máxima hacia la mitad, reducida a una simple estría en lo alto[2];
- *un número de hojas limitado;*
- *una inflorescencia en lugar del apex;* .
- *yemas durmientes;*

EVOLUCION DE UN VASTAGO REPRODUCTOR – LOS ESTADIOS DEL DESARROLLO

La vida de un vástago reproductor está marcada por toda una serie de transformaciones que conciernen paralelamente al tallo y al apex. Estas transformaciones se esquematizan en la figura 3.7, pág. 59, que resume todo este subcapítulo.

En esta evolución, algunos hechos particularmente netos han sido elegidos tradicionalmente como puntos de referencia: son los **estadios** del desarrollo. Es preciso no confundirlos con las **fases**: un estadio es instantáneo, una fase es un período entre dos estadios. Así, puede hablarse de fase vegetativa o reproductora, no de estadio.

El primer estadio "Estrias Blancas", se manifiesta en el tallo (pág. 47). *El segundo, "Dobles Pliegues" concierne al apex* (pág. 47 a 49). A partir de este momento y hasta las proximidades de la floración, el tallo se alarga (págs. 49 a 53). Durante los comienzos de este alargamiento, en el lugar del apex se construye la inflorescencia (págs. 53 a 54). A continuación tiene lugar el espigado (págs. 55 a 56). Después la floración y la fecundación (pág. 56). Por fin las semillas maduran y después caen, mientras que el tallo se deseca (págs. 56–57).

---

(1) Ver pág. 60: La crisis del ahijamiento.
(2) Para la explicación, ver pág. 50: Alargamiento de los entrenudos.

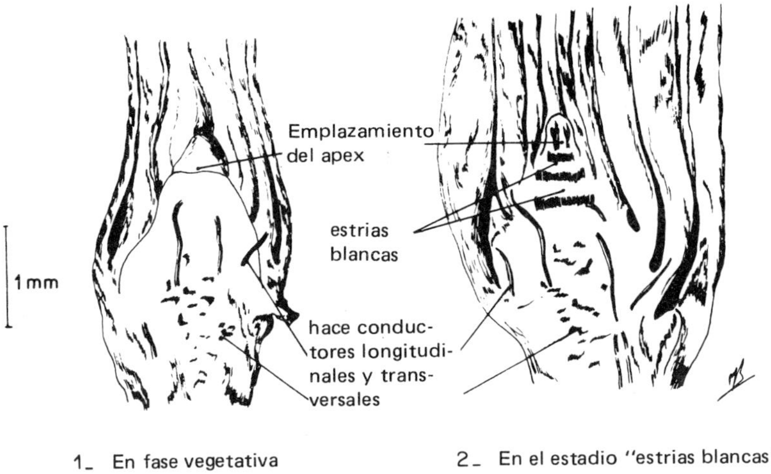

Fig. 3.2: Sección longitudinal de un tallo de gramínea bajo el ápex, en fase vegetativa en el estadio de "Estrías Blancas" (según foto de M.G.).

El paralelismo entre la evolución del tallo y la de la inflorescencia admite una excepción: la caulescencia (págs. 57–58), en que el tallo se alarga sin transformación del apex.

El estadio "estrías blancas": primeros esbozos de entrenudos

Para observar el primer signo de la entrada de un vástago en fase reproductora, es preciso *cortar su tallo longitudinalmente* y observar dicha sección. La estructura de los tallos observados en este momento ha sido representada fig. 2.5, pág. 37. La parte superior de uno de ellos se ha dibujado, más aumentada, fig. 3.2-1: la zona situada entre los nudos (invadidos por los haces conductores transversales) y el apex, está poco diferenciada.

Es en esta zona justo debajo del apex, donde van a aparecer algunas estrias transversales alternativamente blanco-amarillentas y gris sombrio (fig. 3.2-2). *Las estrías sombrias son los primeros esbozos de entrenudos.* Pero como son las estrias blancas las más visibles, a este momento se le llama estadio "Estrias Blancas", en abreviatura: E.B.(1).

El estadio "Dobles Pliegues": principio de la ramificación de la inflorescencia

Para observar el segundo estadio de la fase reproductora de un vástago, es preciso observar su apex bajo una lupa binocular(2).

(1) Gillet, M., C.R. Soc. Biol. **161**: 160-163, 1967.

(2) Como pág. 29: Descubrimientos del apex y fig. 2.4 pág. 35.

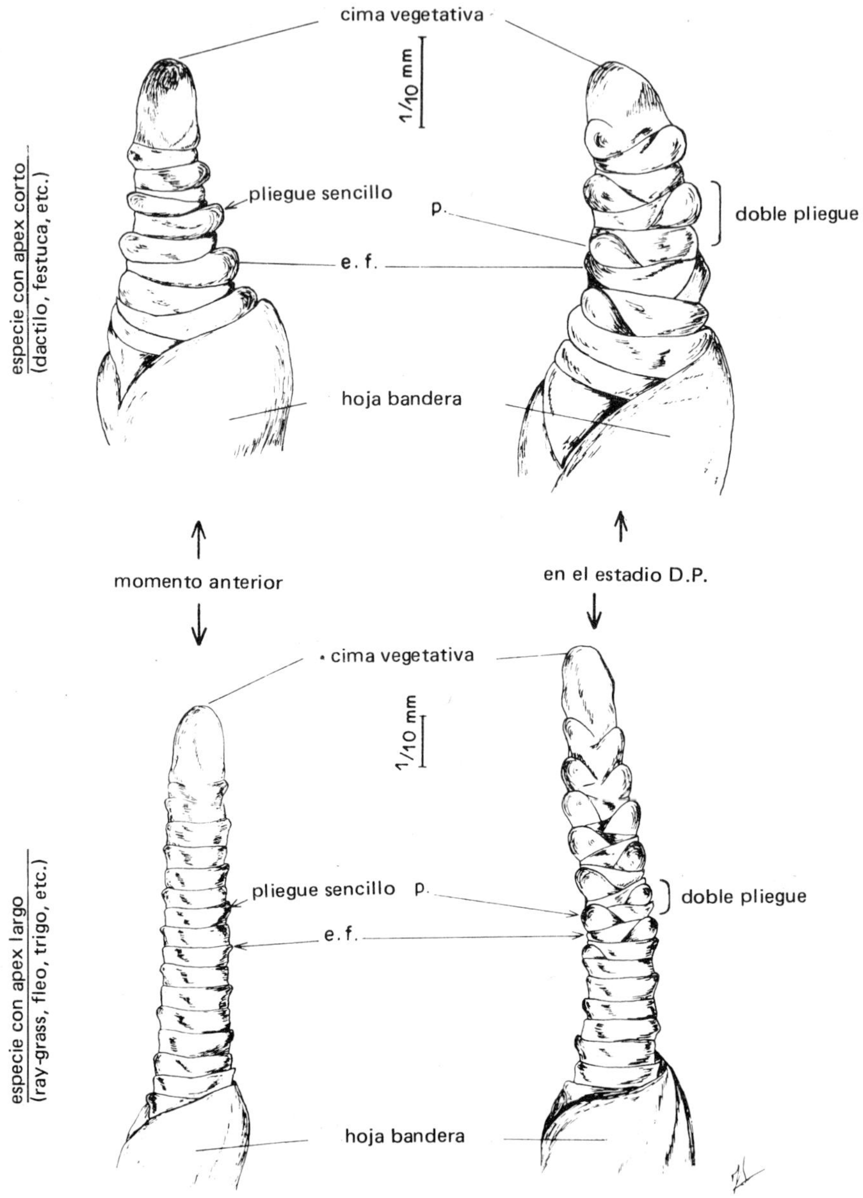

Fig. 3.3: Apex de gramínea en el momento anterior al estadio "Dobles Pliegues" y en este estadio.

e.f.: esbozo foliar; p: primordium. (según foto de M.G.).

Un signo precursor: el alargamiento acelerado del apex

El apex se alarga muy rápidamente, inmediatamente antes del estadio Dobles Pliegues. Este alargamiento se debe a la *acumulación de esbozos foliares*, que se apilan pero *ninguno de los cuales crecerá* para convertirse en una verdadera hoja. Disponiendo el apex bajo la lupa binocular, de perfil, estos esbozos aparecen simplemente como discos que sobresalen ligeramente a izquierda y a derecha, alternativamente: forman *pliegues alternos simples* (fig. 3.3, izquierda).

Los dobles pliegues: aparición de los primordia

En la axila de los esbozos situados a media altura del apex, van a aparecer pequeñas excrecencias suplementarias. Contrariamente a los esbozos foliares, no rodean al apex. Se les llama **primordia** (pág. 48, fig. 3.3, derecha). Son el homólogo de las yemas en la axila de las hojas desarrolladas. Respetan pues la alternancia derecha-izquierda. *Constituirán las ramificaciones primarias de la inflorescencia.*

En este momento, a cada lado del apex en su zona media, las excrecencias ya no alternan una a otra, sino *dos a dos*, siendo los dos pliegues respectivamente el esbozo foliar y su primordium (fig. 3.3 derecha). Es por lo que a este estadio se le llama "Dobles Pliegues" (en abreviatura: D.P.)[1].

Se pueden distinguir dos clases de especies de gramineas, según la longitud de apex en este estadio. Un apex "corto" (dactilo, festuca) puede tener de 5 a 10 esbozos foliares apilados (fig. 3.4, arriba). Un apex largo (ray-grass, fleo, trigo) puede contener de 20 a 30 (fig. 3.4, abajo).

La figura 3.3 muestra, *en la base del apex, el último esbozo de hoja verdadera*. Ha comenzado a crecer, pero a causa del alargamiento rápido del apex, aún no sobrepasa la cima vegetativa. Alcanzará al apex mientras este acaba de transformarse en inflorescencia (remitirse fig. 3.1-4, pág. 44). Es ella la que aparecerá justo antes de la espiga o la panícula en lo alto del tallo. De ahí su nombre de *hoja bandera* o espadaña[2].

A partir del estadio de "Dobles Pliegues", no es pues posible llamar apex al conjunto de la cima vegetativa más todos los esbozos foliares que aún no le sobrepasan, pues se incluirían uno o varios esbozos de hojas verdaderas ya muy alargadas. El apex es ahora la parte de la cima del tallo, situado por encima de la inserción de la hoja bandera. *El apex no es ya más que la futura inflorescencia.*

El alargamiento del tallo

Son los entrenudos los que contribuyen principalmente a la longitud del tallo. Este será pues tanto más largo cuanto más numerosos y de mayor dimen-

---

(1) En las gramíneas estos dos estadios están siempre lejos de coincidir. Ver págs. 149–150 Inducción del alargamiento del tallo y de la formación de la inflorescencia.
(2) Que está en lo alto.

sión sean los entrenudos. Su número definitivo se determina muy pronto. Luego se alargarán, unos después de otros, hasta las proximidades de la floración.

Creación de los futuros entrenudos

Toda la zona del tallo situada por debajo de la primera estria «oscura» (fig. 3.2 pág. 47) está destinada a convertirse progresivamente en nudos, cuando las hojas que allí se insertan se hagan adultas. Se convertirá en la corta zona coriacea observada figura 3.1-7, pág. 45.

De otra parte, en la zona superior, nuevas estrías sombrias aparecerán, entre los niveles de inserción de las hojas consecutivas, hasta la base de la espiga. Como esta base queda delimitada *en el estadio de Dobles Pliegues, el número definitivo de entrenudos queda fijado* desde este momento.

Alargamiento de los entrenudos

Los entrenudos pueden comenzar a alargarse desde el estadio de "Estrias Blancas", pero muy lentamente[1]. El fenómeno no llega a ser rápido y característico *hasta el estadio de "Dobles Pliegues"*.

Obedece a las siguiente leyes:

- cada entrenudo debe su crecimiento a una zona de crecimiento que no es otra que su tercio inferior;
- cada uno de ellos comienza su crecimiento después del precedente, pero antes de que este último haya terminado el suyo;
- la longitud definitiva de los entrenudos sucesivos va en aumento

La figura 3.4 ilustra estas últimas leyes. Representa la evolución de la altura de los diferentes nudos con relación al tiempo. La altura del último nudo (el de la hoja bandera) no es otra que la longitud del tallo excluida la inflorescencia. Para la longitud total es preciso considerar esta inflorescencia, comprendido el pedúnculo: su crecimiento es mucho más progresivo y dura tanto tiempo como el de todo el resto del tallo.
Estas leyes explican por qué, en un tallo encañado como el que ha sido disecado figura 3.1[2], los entrenudos del centro son los más largos. Es suficiente considerar que este tallo ha sido cogido en el tiempo t, figura 3.4: la altura de los diferentes nudos en esta fecha se lee sobre la vertical. Los de la base son cortos porque su longitud definitiva es pequeña (3ª ley). Los de lo alto son cortos porque su crecimiento apenas ha comenzado (2ª ley).

Las hojas

En estado adulto, las sucesivas hojas a lo largo del tallo tienen los limbos y sobre todo las vainas, cada vez más largos. Esto contradice la ley de Dobrynin[3] pues, el alargamiento de los entrenudos al elevar las bases de las hojas hace que la punta de su limbo primero, después su lígula, lleguen cada vez más rápidamente a la luz. Pero este autor no ha trabajado más que con plantas en fase vegetativa. El limbo de la hoja bandera constituye una excepción a esta regla de las dimensiones crecientes: es netamente más

---

(1) Salvo en el caso de la caulescencia: ver págs. 57–58.
(2) Ver pág. 42: Tallos, nudos, entrenudos.
(3) Ver págs. 38–39: Vida de una hoja.

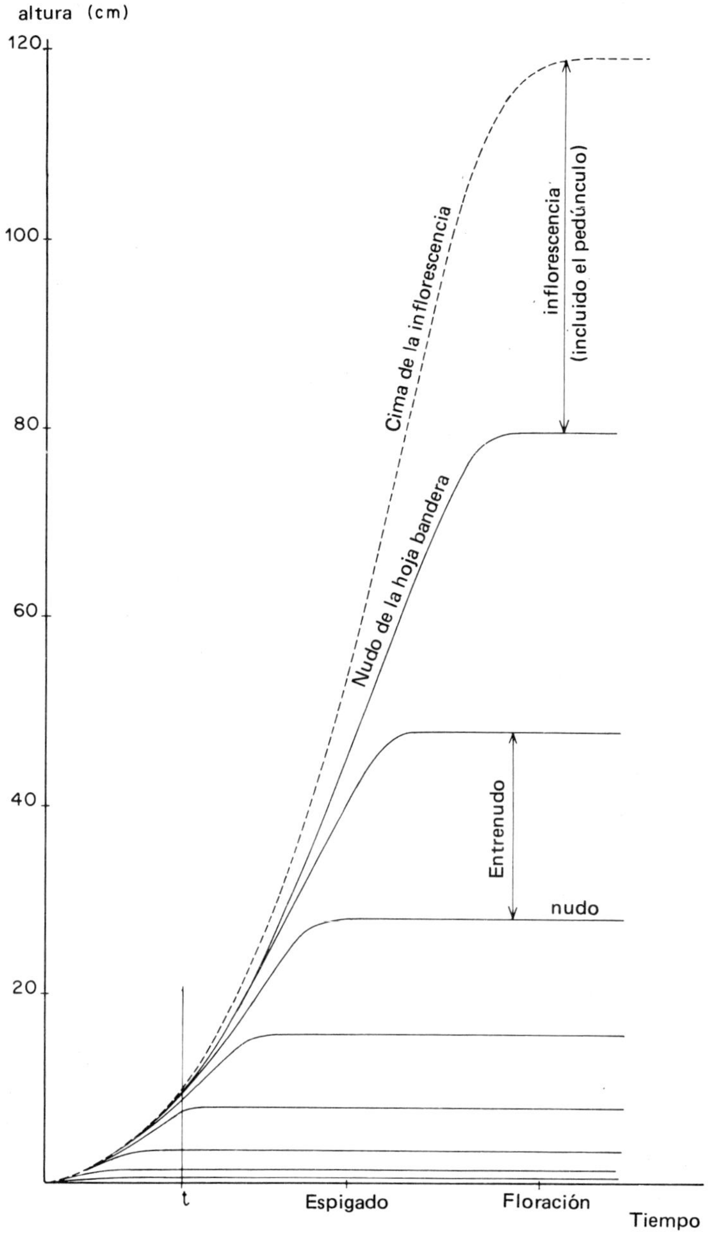

Fig. 3.4: Crecimiento en altura de un tallo de gramínea.

En trazo lleno: altura de los diferentes nudos.
En línea de trazos: altura total de la planta.

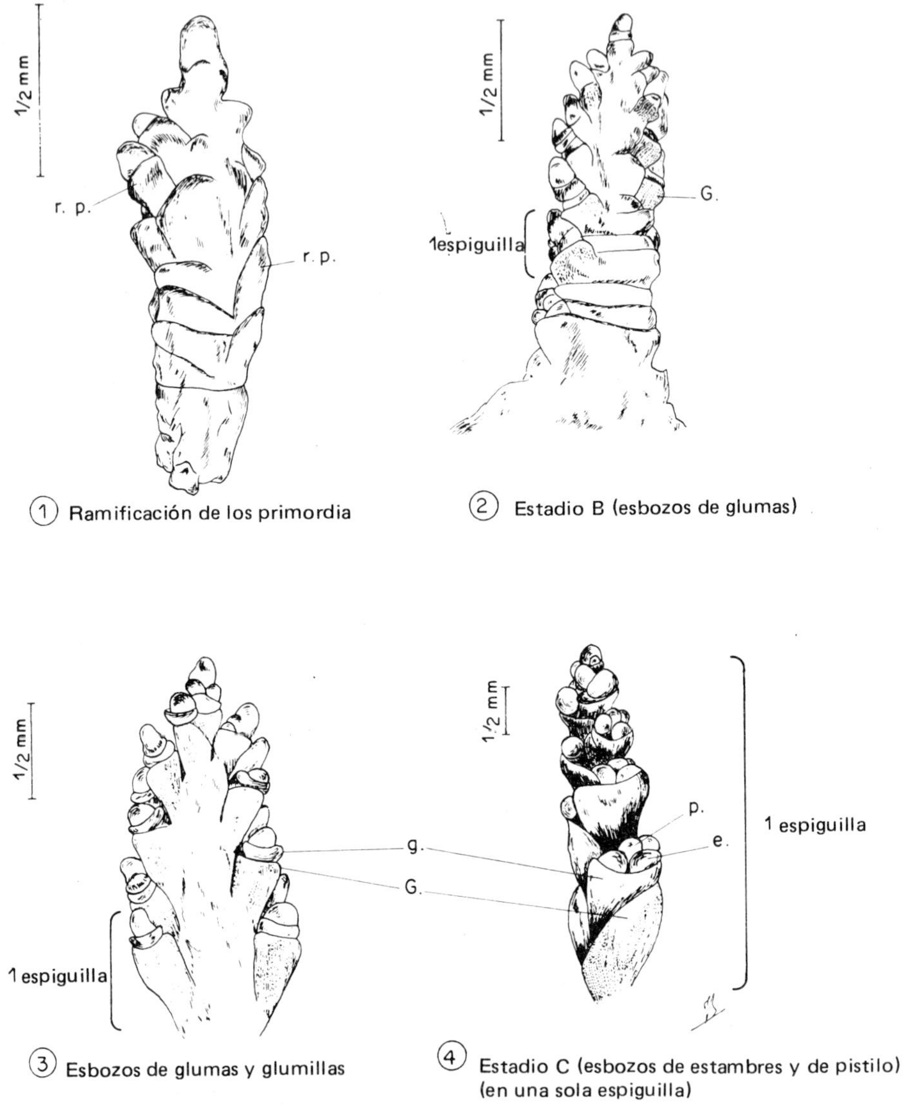

Fig. 3.5: Evolución del apex después del estadio "Dobles Pliegues"

r.p.: ramificación de un primordium; G: esbozo de gluma; g.: esbozo de glumilla; p.: esbozo de pistilo; e.: esbozo de estambre.

corto que los otros y, a veces, no mide más que algunos centímetros. Su longitud es además extremadamente variable y comprende desde un tallo a otro de la misma planta. Ahora bien, esta hoja es la última que ha escapado a la transformación en inflorescencia. Puede ser que no haya escapado por completo, lo cual provocaría una tendencia de su limbo a tomar la forma de una gluma(1).

La construcción de la inflorescencia

Constitución del stock de primordia

Los primordia, ramificaciones primarias de la inflorescencia, no existen en el estadio de "Dobles Pliegues" más que en muy pequeño número. Están situados a media altura del apex. Otros primordia van a aparecer poco a poco a todo lo largo del apex:

- hacia abajo, en la axila de los esbozos foliares progresivamente más antiguos, hasta el de la hoja bandera excluida. A veces, otro u otros dos esbozos foliares en la base del apex quedarán sin primordium, o bien este no se desarrollará. Pero como estos esbozos no producen nunca hojas, esto no se observará sobre la inflorescencia definitiva;
- hacia lo alto, en la axila de los esbozos foliares cada vez más jóvenes. Durante este tiempo, la cima vegetativa continuará en funcionamiento, produciendo teóricamente esbozos foliares seguidos inmediatamente de la aparición de su primordium. En la práctica, los esbozos foliares de estos nuevos artículos no llegan a formarse, sino que salen directamente los primordia.

El número definitivo de pisos de la futura inflorescencia puede así llegar a doblar al que tenía en estadio de "Dobles Pliegues", pero se alcanza muy deprisa (en algunos días). En este momento, el apex es todavía muy corto (1 a 2 milímetros).

Ramificación de los primordia

En todas las gramíneas con panícula (dactilo, festuca, etc.) o con espiga compleja (trigo, fleo) los primordia comienzan a ramificarse a medida que aparecen. Se alargan todavía muy poco, justo lo suficiente para permitir esta ramificación (fig. 3.5-1). En las gramíneas con espiga (ray-grass) esta ramificación evidentemente no se produce.

Estadio B: esbozos de glumas

Jonard, Koller y Vincent(1) han llamado estadio B a la aparición de los primeros esbozos de glumas. En las gramíneas forrajeras, estos se ven, a la lupa binocular, en forma de un anillo que rodea completamente la base de ciertas ramificaciones, como las hojas lo hacen en el apex. Si el ángulo de iluminación es correcto, se observa que las células están apiladas ahí regularmente, en sentido longitudinal (fig. 3.5-2).
La porción de ramificación incluída en la futura gluma es pues una espiguilla. A partir del estadio B, la evolución va a seguirse en varias direcciones a la vez:

- van a formarse en todas las espiguillas esbozos de glumas;
- estas espiguillas van a ramificarse;

(1) Las glumas como toda pieza floral de una planta cualquiera, son hojas modificadas.

(1) Jonard, P., Koller, J. et Vincent, A., Ann. Amelior. Plantes, 1, 1-24, 1952.

- en la base de cada una de sus ramificaciones van a formarse los esbozos de dos glumillas, delimitándose así las futuras flores;
- el eje de la inflorescencia y sus ramificaciones van a empezar a alargarse;
- pero los esbozos de glumas y glumillas van a permanecer muy pequeños.

Se llega así a una inflorescencia de 5 a 15 milímetros de largo, bien formada, con todos sus órganos, facilmente separables con una aguja a la lupa binocular.

Estadio C: esbozos de estambres

Al final de la evolución precedente, cada flor está compuesta de sus dos glumillas dejando ver claramente el eje central, que tiene una forma globular (fig. 3.5-3).
Sobre este eje van a aparecer en seguida *tres pequeños mamelones dispuestos en triángulo: son los esbozos de los tres estambres* que poseen las gramíneas. Esto se produce en principio en las flores basales de ciertas espiguillas. Es el *estadio C* de Jonard, Koller y Vincent(1) (fig. 3.5-4).
Solamente algunas horas después de que sobre una flor se hayan formado estos esbozos de estambres, aparece un *cuarto mamelón*, en medio, entre los otros tres: *el esbozo de pistilo*.
Esta evolución va a alcanzar progresivamente a todas las flores de la inflorescencia; las piezas florales (glumas, glumillas, estambres y pistilo) van a tomar su forma definitiva; el eje de la inflorescencia y sus posibles ramificaciones van a continuar alargándose.

No–sincronización con el alargamiento del tallo

No hay concordancia estricta entre las diferentes etapas de la construcción de la inflorescencia y el crecimiento en longitud del tallo. En el estadio C por ejemplo, éste puede variar entre 2 y 15 cm. no obstante es inferior generalmente a 10 cm.(2).
En todos los casos, la construcción de la espiga o de la panícula está completamente terminada, con su dimensión aproximada, bastante antes del espigado.

El ángulo de la panícula

Las ramificaciones primarias de la inflorescencia no están insertas a un lado y otro del eje central en el mismo plano, sino en dos planos formando entre ellos una V muy abierta. Esto es particularmente visible en las gramíneas con panícula, entre el estadio B y el espigado: todas las ramificaciones están desviadas hacia un mismo lado (fig. 3.5-1 – 1 a 3, la panícula está vista por el dorso de este ángulo).
Se produce aquí un fenómeno ya señalado a propósito del ahijamiento(3). Esto no es extraño, ya que las ramificaciones primarias de la inflorescencia son homólogas de los vástagos.

---

(1) Jonard, P., Koller, J. et Vincent, A., Ann. Amelior. Plantes, 1, 1-24, 1952.
(2) Mansat, P., Ann. Amelior. Plantes, 15, 1, 53-60, 1956.
(3) Ver págs. 36–37: La planta: conjunto ramificado de vástagos.

El espigado

Definiciones

En el curso del crecimiento del tallo, llega un momento en que la vaina de la última hoja (hoja bandera) ha alcanzado casi su longitud definitiva, en tanto que la inflorescencia está todavía en pleno crecimiento en el interior de esta vaina.

Se llama **espigado** *de un vástago al momento en que la punta de su inflorescencia sale de la última vaina, apareciendo al exterior.*

A menudo existe confusión sobre este estadio: algunos creen que la espiga ha debido salir completamente, mientras que solamente debe comenzar a hacerlo (fig. 3.6).

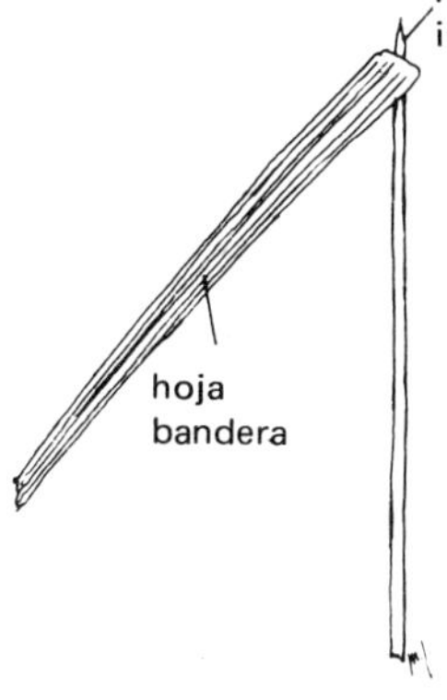

Fig. 3.6: El espigado de un renuevo.

En sentido estricto, se llama **encañado** *la fase del alargamiento del tallo que va desde el comienzo (estadio D.P.) al espigado. En sentido amplio, la palabra "encañado"* designa el *alargamiento del tallo en su totalidad.*

La meiosis, o formación de los gametos, se produce en las anteras y en los óvulos en los alrededores del espigado, un poco antes o un poco después según la especie y la variedad sin que ello sea bien conocido para cada una de ellas.

Posición del espigado con relación al crecimiento del tallo

¿Qué longitud, con respecto a su altura definitiva ha alcanzado un vástago cuando espiga?. *Ello depende esencialmente de la especie, pero también, de manera no despreciable, de la variedad.* Así un dactilo estará todavía relativamente bajo cuando espigue (20 a 30 cm., a veces 10) y se alargará sobre todo después. Un ray-grass italiano por el contrario espigará a 80 cm. o 1 m., cuando sus tallos hayan alcanzado casi la dimensión definitiva. Dentro de una misma especie, la festuca elevada por ejemplo, dos variedades pueden espigar a alturas muy diferentes: 20-30 cm. la Manade, 50-60 cm. La Clarine.

¿A qué se debe que el espigado se sitúe más o menos tempranamente en la curva de crecimiento del tallo? Se puede pensar en dos factores:

- la diferencia entre el comienzo del crecimiento de las hojas y de los entrenudos sucesivos puede ser más o menos importante. Si esta diferencia es grande, la última hoja terminará su crecimiento cuando el tallo sea ya largo. En el caso contrario, la espiga podrá sobrepasar la lígula de esta hoja en un momento en que varios entrenudos tengan que cumplir todavía un largo período de crecimiento;
- el alargamiento de la inflorescencia, comprendido el pedúnculo, puede ser más o menos precoz, permitiéndole sobrepasar más o menos pronto la última vaina.

La floración

Poco antes o poco después del final del crecimiento del tallo, las glumillas de las flores se abren ostensiblemente, los filamentos de los estambres se alargan bruscamente, los sacos polínicos salen fuera de la flor, se abren y liberan su polen al viento: es la **antesis**. Los estigmas del pistilo se alargan también y van a recibir a los granos de polen llevados por el viento. Después las glumillas se cierran dejando fuera las anteras abiertas y los estigmas, que se desecarán. El total en una flor dada, dura solamente algunas horas: es la **floración**. Esta se reconoce facilmente gracias a la *salida de los estambres*.

En el conjunto de la inflorescencia, las diferentes flores se abren sucesivamente, el fenómeno puede extenderse durante alrededor de una semana. *Se dice que un vástago ha florecido cuando sus primeras flores lo han hecho*.

Tan pronto como el polen cae sobre el estigma, comienza a germinar y la **fecundación** *tiene lugar en las horas siguientes*.

Contrariamente a la mayoría de los cereales, las gramíneas forrajeras son casi todas alógamas, es decir de fecundación cruzada(1).

Cada día, todas las flores que se abren lo hacen casi conjuntamente, en un momento dado del día. Ciertas especies florecen al principio de la mañana, otras al comienzo de la tarde.

Maduración de los granos y desecación del tallo

Desde que tiene lugar la floración comienza la formación y maduración de los granos. Esta dura alrededor de un mes. Es muy semejante a la conocida en los cereales. La única diferencia importante es el **desgrane**, que se produce cerca del estadio de grano pastoso.

Durante dicha maduración, se observa un *desecamiento progresivo del tallo*, aunque menos completo y menos brusco que en los cereales. Cuando los granos hayan caído, toda la parte alta del tallo, todas sus hojas y todas sus yemas alojadas sobre nudos, habrán muerto. Sólo sobrevivirán:

---

(1) En efecto, el polen es capaz de germinar sobre un estigma de su planta de origen, pero su tubo polínico progresa con menos rapidez en su estilo que el de otras plantas.

- las yemas durmientes de la base, que asegurarán la renovación de los vástagos;
- las raíces, que continuarán funcionando en beneficio de los nuevos vástagos.

Un vástago reproductor tiene pues, contrariamente a un renuevo vegetativo[1], *una duración limitada de vida.* No es comparable por tanto a una colonia sino a un individuo, en los animales.

Alargamiento del tallo sin formación de inflorescencia: la caulescencia

Aún cuando el estadio "Estrias Blancas" no vaya seguido rápidamente por el estadio "Dobles Pliegues", los entrenudos pueden no obstante empezar a alargarse pero en general este alargamiento es entonces muy lento y limitado, y el tallo no sobrepasa algunos centímetros.

Existen sin embargo especies en las que este alargamiento es rápido incluso cuando no se ha franqueado el estadio "Dobles Pliegues". Se les llama *especies caulescentes*. Es el caso de los Phalaris, Bromo inerme, Fromental, Agropyrum, Fleo y muchas de las gramíneas tropicales.

El estado caulescente es un poco intermedio entre el estado vegetativo típico y el reproductor. Fisiológicamente es vegetativo ya que no prepara la reproducción sexuada. Pero para el agricultor, se parece a un estado reproductor, a causa de la posibilidad de que el apex sea cortado[2].

Algunas especies sin ser verdaderamente caulescentes, pueden no obstante alargar suficientemente su tallo, en estado vegetativo, para conducir su apex hasta el nivel de un corte bajo. Es el caso del ray-grass inglés.

Este crecimiento del tallo sin formación de inflorescencia presenta las siguientes diferencias con el de un tallo realmente reproductor:

- no se produce, normalmente, más que *en verano o en otoño*. En estas estaciones, en efecto, el estadio E.B. se alcanza mucho más facilmente que el estadio D.P.[3]. En la primavera, después de la inducción invernal, existe siempre una inflorescencia[4];
- el apex permanece vegetativo no se produce espigado ni floración;
- estos vástagos tienen una vida y una longitud potencialmente ilimitadas ya que sus apex continúan fabricando nuevas hojas, con un entrenudo cada vez. Su vida se detiene si se cortan (especies caulescentes, ray-grass inglés);

---

(1) Ver págs. 39–40: Vida de un vástago en estado vegetativo.
(2) Ver págs. 65 a 75: Los cortes en fase reproductora.
(3) Ver págs. 149–150: Inducciones del alargamiento del tallo y de la formación de la inflorescencia.
(4) Ver págs. 143 a 149: Las fases preparatorias de la floración. Esta ley no se cumple, sin embargo, si la siembra en el otoño precedente ha sido demasiado tardía: ver págs. 224–225: La precocidad del espigado, después de una siembra de otoño, es imprevisible.

- la longitud de los entrenudos sucesivos no va en aumento: oscila, de manera aparentemente incoherente, entre valores que pueden ir de 5 a 20 cm. en las especies caulescentes, a algunos milímetros en las otras (1 a 3 cm. en el ray-grass inglés).

ESTADO REPRODUCTOR EN UNA PLANTA COMPLETA

Se dice que una planta es reproductora cuando la mayor parte de su rendimiento está constituido por renuevos reproductores.

Este caso es general y típico en primavera, en las plantas que acaban de pasar un invierno (págs. 58 a 61). A final de primavera, en verano, o incluso en otoño, pueden también existir estados más o menos parcial o totalmente reproductores, llamados alternancia o reespigado según el caso (págs. 61 a 62).

En primavera, la fase reproductora típica

La fase reproductora que sigue a un invierno es ineluctable(1). Sólo un corte que suprima los apex puede interrumpirla.

Las plantas que atraviesan esta fase poseen las siguientes características:

- están formadas por tres categorías de renuevos;
- son asiento de una crisis de ahijamiento;
- su encañado es agrupado. Los estadios de desarrollo pueden pues definirse a nivel de una planta entera o de una pradera, e indicar su fecha de realización.

Las tres categorías de renuevos

Estas son:

- los que encañan: lo hacen de manera agrupada(2); son, a groso modo, los más antiguos;
- los que permanecen en estado vegetativo: son más jóvenes que los precedentes; son bien sus tallos hijos, bien sus hermanos precedentes de un mismo vástago-madre; no han tenido tiempo de florecer;
- las yemas durmientes: son todavía más recientes; cuando la fase reproductora en curso termine, o se vea interrumpida por un corte, las yemas situadas a lo largo del tallo morirán, bien porque sean llevadas por el corte, bien porque estén situadas demasiado lejos del suelo para po-

(1) Ver págs. 143–149: Las fases preparatorias de la floración. Esta ley no se cumple, sin embargo, si la siembra en el otoño precedente ha sido demasiado tardía: ver págs. 224–225: La precocidad del espigado, después de una siembra de otoño, es imprevisible.

(2) Ver págs. 143–144: Las tres fases sucesivas y págs. 152–154: Relaciones entre vástagos para la floración: los mecanismos de agrupamiento.

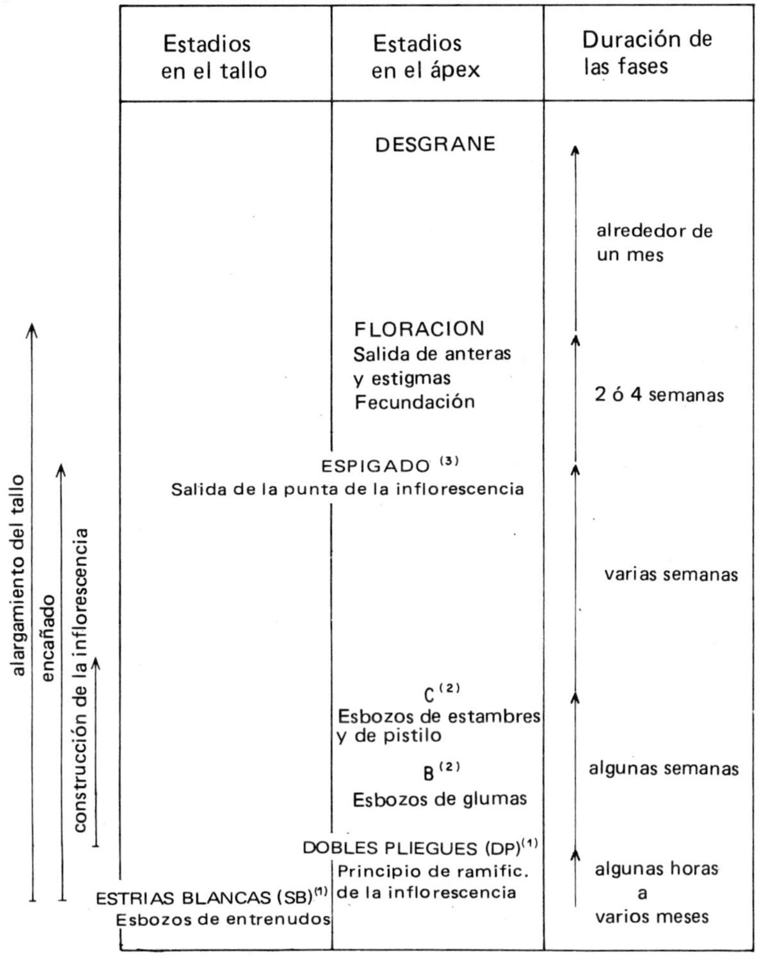

(1) E.B. Y D.P. son agrupados por Jonard, Koller y Vincent en el trigo, bajo el nombre de Estadio A.

(2) de Jonard, Koller y Vincent.

(3) la meiosis tiene lugar en los alrededores del espigado.

Fig. 3.7: Esquema de la evolución de los vástagos reproductores: los estadios del desarrollo.

der enraizar[1]; las de la base reemprenderán eventualmente su crecimiento.

La crisis de ahijamiento

La noción de fase de ahijamiento no es aplicable a las gramíneas forrajeras[2]. El ahijamiento es muy activo al principio de la fase reproductora (marzo-abril) y a partir de la floración. Pero sufre una crisis *durante la fase del alargamiento rápido de los tallos.* Esta crisis es de *intensidad y duración muy variables* según las condiciones de cultivo, de estercoladura, de densidad de poblamiento de la pradera, así como según la especie y la variedad[3]. Puede consistir en una simple reducción, una detención, o incluso muerte de los vástagos existentes.

Los vástagos más jóvenes son los más afectados. Lo son diferentemente según su estado de desarrollo cuando la crisis comienza:

- *los vástagos que todavía son yemas* simplemente están *bloqueados en vida latente.* En este estado, sus necesidades nutritivas son muy pequeñas y pueden resistir así. Son principalmente estas yemas las que aseguran la persistencia;
- *los vástagos vegetativos ya desarrollados* sólo son alcanzados si la crisis es más intensa, lo que por otra parte, es bastante general. Entonces se desecan y *mueren, en mayor o menor número*, comenzando por los más jóvenes. Es frecuente que en un dactilo o en un ray-grass italiano, todos los renuevos vegetativos mueran en este momento;
- *los vástagos reproductores más jóvenes* (hijuelos tardíos) *pueden*, igualmente, ser alcanzados y *morir*. Se ignora si para ello la crisis debe ser más aguda, o menos, que para los vástagos vegetativos. Pero el número de renuevos afectados puede ser muy grande: hasta la mitad de los vástagos reproductores[4].

Definición de los estadios para una pradera

La definición de los estadios para una sola planta completa tiene poco interés pues las gramíneas forrajeras se cultivan a una densidad tal que es imposible distinguir unas plantas de otras.

En teoría, una pradera ha alcanzado un estadio dado *cuando entre los renuevos que deben alcanzar ese estadio, la mitad lo han hecho.*

Es sobre todo importante saber distinguir el espigado y, para la producción de semillas, la floración.

---

(1) Salvo después de un encamado acentuado, frecuente en ciertas especies (ray-grass inglés).

(2) Ver pág. 160: No existe pues fase de ahijamiento.

(3) Gillet M., These, Poitiers, A.O. 2633, 1970. Esta variación se explica por la influencia predominante de la competencia entre vástagos sobre esta crisis, ver págs. 158–159: Factores que causan la muerte de los vástagos.

(4) Gillet M. et Breisch H., no publicado.

El **espigado** es a menudo diagnosticado demasiado tarde. En efectó, después de la definición anterior, una pradera está espigada cuando la mitad de sus inflorescencias han comenzado a salir. Esto significa que la otra mitad no ha comenzado y que *son raras las que se han liberado completamente de su vaina*. Esto es lo que se llama *pleno espigado. El principio del espigado* corrresponde simplemente a la aparición de *algunas puntas de inflorescencias.*

Prácticamente, como no se sabe de antemano cuántas espigas saldrán, se admite que se puede hacer una estimación poco más o menos suficiente considerando una pradera *espigada cuando comienzan a salir de 50 a 70 espigas por metro lineal* (250 a 350 por metro cuadrado). Para el *principio del espigado*, se admite de *5 a 10 espigas por metro lineal* (25 a 50 por metro cuadrado).

La **floración** es fácil de descubrir pues es bastante repentina: aparecen numerosos estambres *en toda la pradera*.

Fechas de realización de los estadios en primavera

Los estadios se realizan poco más o menos en las épocas siguientes:

- *D.P.* se produce entre febrero y marzo;
- *E.B.* precede a D.P. en algunos días si la siembra se ha efectuado al final del verano inmediatamente precedente; si no, este estadio puede haber ocurrido en cualquier momento del invierno o incluso el año precedente;
- *C* es alcanzado en abril;
- *el espigado* llega en mayo;
- *la floración* tiene lugar en junio;
- *el desgrane* se produce en julio;

La figura 3.7 indica la duración aproximada que separa estos estadios.

Las *fechas precisas* de realización dependen de la *precocidad de la variedad:* un dactilo o una festuca alta muy precoces espigarán en abril, un fleo en junio[1].

Alternancia y reespigado

Definiciones

Se llama alternancia o reespigado de una gramínea forrajera, *su aptitud para realizar otras fases reproductores además del primer ciclo de primavera*[2]:

- **la alternancia**, desgina el primer encañado, en el mismo año de una siembra de primavera;

(1) Ver fig. 31.1 pág. 337.

(2) Las especies caulescentes se comportan pues como alternativas y de reespigado por su tallo, pero no por su inflorescencia.

- *el reespigado* tiene lugar después de que un corte ha interrumpido ya una fase reproductora suprimiendo los ápex.

El término alternativo proviene de los cereales. Pero las realidades son diferentes, el sentido no es exactamente el mismo. En efecto, un trigo alternativo es un trigo que no es de invierno (que puede crecer sin invierno, como aquí) pero que tampoco es de primavera, es decir que resiste el frío. Ahora bien, esta última cuestión apenas se plantea en las gramíneas forrajeras, las cuales sólo excepcionalmente se arriesgan a morir en invierno. *La noción de gramínea alternativa equivale pues a la vez a la noción de trigo alternativo y a la de trigo de primavera.*

Los grados de alternancia y de reespigado. Su interés práctico.

Existen todos los grados de alternancia y de reespigado. Su rapidez depende de la abundancia de renuevos que encañan. No obstante, estos últimos no alcanzan nunca cifras comparables a las del encañado de primavera(1).

Las alternancias o reespigados intensos pueden tener interés, pues son *agrupados y masivos*, como el encañado de primavera. Se siguen en olas sucesivas. Cada una implica una crisis de ahijamiento. Se dan en el ray-grass italiano y en algunos bromos. Un grado de alternancia fuerte puede proveer rápidamente un heno, después de la siembra. Un grado de reespigado intenso puede permitir retrasar la henificación trasladándola a la segunda explotación del año.

Los grados de alternancia y reespigado medios o débiles no conllevan más que inconvenientes: más valdría que fueran nulos. En efecto, sólo algunos renuevos encañan y no lo suficiente como para obtener un heno pero si para molestar a los animales que estén pastando. Este encañado sin mecanismo de agrupamiento ni crisis de ahijamiento, es *muy escalonado:* en cualquier momento hay tallos en todos los estadios. Es difícil eliminar estos tallos mediante cortes o éstos deben efectuarse muy frecuentemente. En producción de semillas, estos casos de alternancia o reespigado intermedio implican riesgos de resiembra por desgrane sin que, por lo tanto, permitan su recolección.

---

(1) Para la explicación, ver págs. 228–232: La alternancia y el reespigado.

CAPITULO IV

Efecto de una explotación sobre la morfología de una gramínea

Hay diferentes maneras de explotar la hierba: pasto, ensilaje, heno, etc. Todas comprenden un corte (mediante una herramienta o por el diente del animal) y un apisonamiento (por las ruedas de las máquinas o los pies de los animales). Pueden añadirse otros elementos (deyecciones, etc.). *Solo el corte tiene una importancia determinante sobre la morfología ulterior de la pradera.* Esta morfología dependerá esencialmente del hecho de que el corte elimine o no los ápex.

- *Si el ápex de un renuevo es respetado,* este renuevo continuará funcionando de la misma manera que había comenzado, es decir de modo vegetativo o reproductor, según el caso;
- *si el ápex de un renuevo es eliminado,* o destruido, éste vástago *morirá,* y el crecimiento solo volverá a iniciarse en los renuevos-hijos, en particular en los más jóvenes de ellos, todavía en estado de yemas.

El efecto morfológico de una explotación depende pues, esencialmente, de la proporción de vástagos cuyo tallo sea suficientemente largo para que sus ápex sean eliminados por el corte.

LOS CORTES EN FASE VEGETATIVA

En fase vegetativa, los ápex están en general al ras del suelo: son, por tanto, respetados (págs. 64 a 69). Pero a veces, sobre todo en especies como el ray-grass inglés, una vida vegetativa larga puede acompañarse de un cierto alargamiento del tallo[1], de manera que un corte raso puede eliminarlo (pág. 69).

---

(1) Ver págs. 57-58: Alargamiento del tallo sin formación de inflorescencia: la caulescencia.

Caso general

La figura 4-1 muestra la historia de un vástago vegetativo durante un rebrote: el día del corte, después una semana más tarde para explicar la conducta de la pradera al principio del rebrote, por último al cabo de tres y seis semanas, que representan los periodos de descanso límites para una nueva explotación racional.

En la parte superior, el vástago se ve exteriormente, abajo está disecado[1] para mostrar las hojas más jóvenes. Las zonas de crecimiento están representadas en punteado.

Los órdenes de magnitud elegidos para las velocidades de rebrote en la figura 4.1 son frecuentes en condiciones normales de crecimiento.

Es interesante seguir la suerte de las diferentes hojas.

Las hojas adultas, cortadas o no, morirán rápidamente

- Hoja 1: es demasiado pequeña para ser cortada. Ya en avanzado desarrollo, acabará de morir al cabo de una semana, después desaparecerá;
- Hoja 2: el corte no deja subsistir más que la base de su vaina. Esta última, habiendo terminado su crecimiento, comienza a amarillear. Al cabo de tres semanas, no quedará de ella más que un resíduo y nada al cabo de seis semanas.

Las hojas en crecimiento, cortadas, terminarán su crecimiento, después morirán

- Hojas 3 y 4: el corte les deja la base de su vaina, provista de su zona de crecimiento. A lo mejor el poco de alargamiento que les quedaba, va a terminar de completarse (algunos milímetros). Hacia la tercera semana, estarán a punto de amarillear. En la sexta semana no quedará nada de ellas (hoja 3) o solo un muñón raquítico;
- Hoja 5: es la que estaba a punto de aparecer. El alargamiento de su limbo no había terminado, el de su vaina apenas había comenzado. En nuestro ejemplo el corte no le lleva más que la mitad de su limbo. Lo que queda de él, formado enteramente por la zona de crecimiento, va a continuar su fase de alargamiento rápido, empujado por la vaina, que se alarga también. *Es esta hoja la que habrá rebrotado claramente al cabo de una semana*, con su punta cortada. A la tercera semana, tendrá buenas dimensiones. Pero entonces será adulta y a la sexta semana no quedará de ella más que un resíduo.

El relevo será tomado por los esbozos de hojas

- Hoja 6: es demasiado joven para alcanzar el nivel del corte. No aparece-

(1) Como en la figura 2.3, pág. 33.

rá aún en la primera semana y será casi adulta en la tercera. En la sexta, su limbo estará parcialmente seco;

- Hojas siguientes: en el momento del corte, no son más que esbozos sobre el ápex. La hoja 7 aparecerá en la tercera semana. A la sexta, las hojas 7 y 8 asegurarán la mayor parte de la producción, la hoja 9 aparecerá.

Por lo tanto no hay que preocuparse de las zonas de crecimiento para elegir la altura del corte

La mayor parte del rendimiento al cabo de tres semanas, la totalidad al cabo de seis, está constituido por las hojas 6 y siguientes, *que no eran más que esbozos en el momento del corte.* Apenas corren riesgo de ser seccionadas, incluso por un corte raso. La altura del corte no podía actuar más que sobre las zonas de crecimiento de la hoja 5 e inclusive de manera limitada. Pero esta hoja participa bastante poco en el rendimiento en la tercera semana y nada en la sexta.

Caso en que los tallos estén ligeramente alargados

Un alargamiento demasiado grande de los tallos de ciertas especies durante la fase vegetativa(1), presenta serios inconvenientes: el ahijamiento, que se verifica en los nudos, se encuentra elevado, el enraizamiento de los nuevos vástagos se realiza mal. Las matas no están unidas al suelo más que por un entrenudo de su vástago principal. El animal, tirando de arriba, los arranca facilmente, no dejando ninguna yema capaz de asegurar el rebrote.

Este fenómeno se acentúa tanto que los apex no son cortados. Lo son aún menos cuando el tallo, poco rígido, tiene tendencia a doblarse. Un corte raso suprime estos inconvenientes obligando a que el ahijamiento se inicie a partir de las yemas de la base.

LOS CORTES EN FASE REPRODUCTORA

¿En qué se convierte un vástago que se corta en ciclo reproductor?

El porvenir de un renuevo cortado en ciclo reproductor es completamente diferente según que el apex sea respetado o no. La figura 4.2 muestra esta diferencia, en un vástago cortado, inmediatamente antes de que el ápex pueda ser eliminado, o inmediatamente después, es decir, uno o dos días más tarde.

---

(1) Ver págs. 57–58: Alargamiento del tallo sin formación de inflorescencia: la caulescencia.

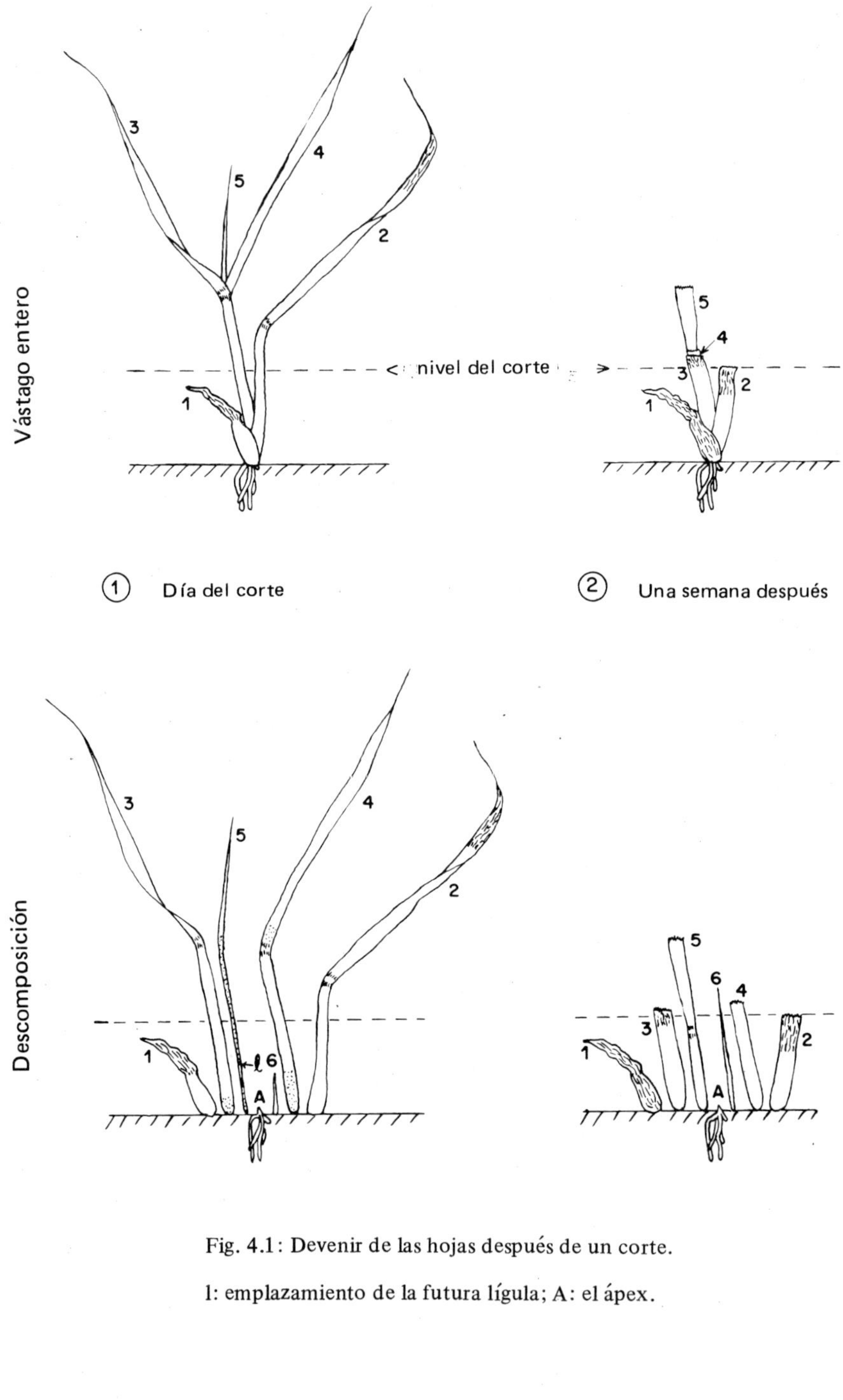

Fig. 4.1: Devenir de las hojas después de un corte.

l: emplazamiento de la futura lígula; A: el ápex.

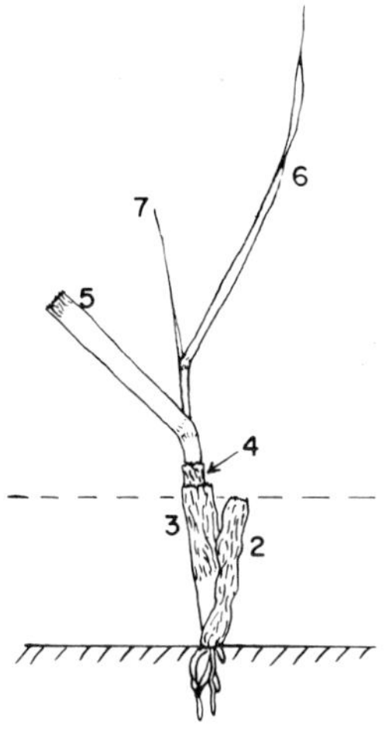

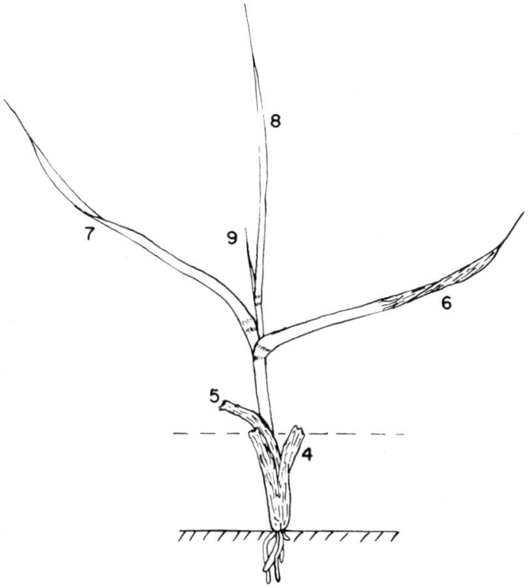

③ Tres semanas después

④ Seis semanas después

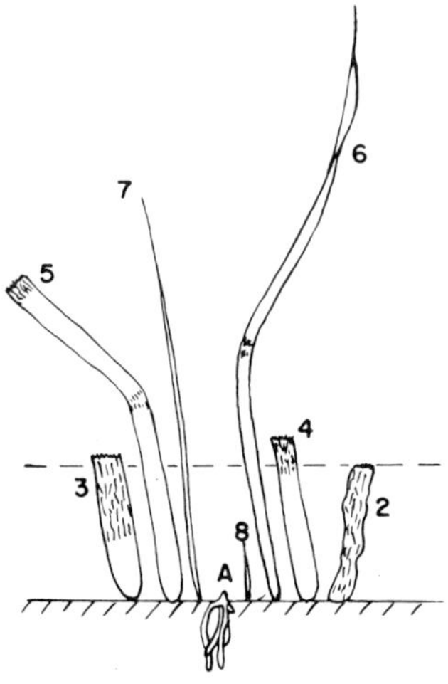

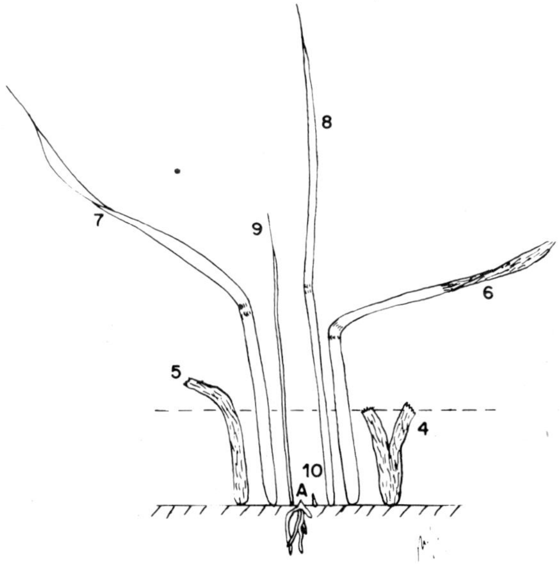

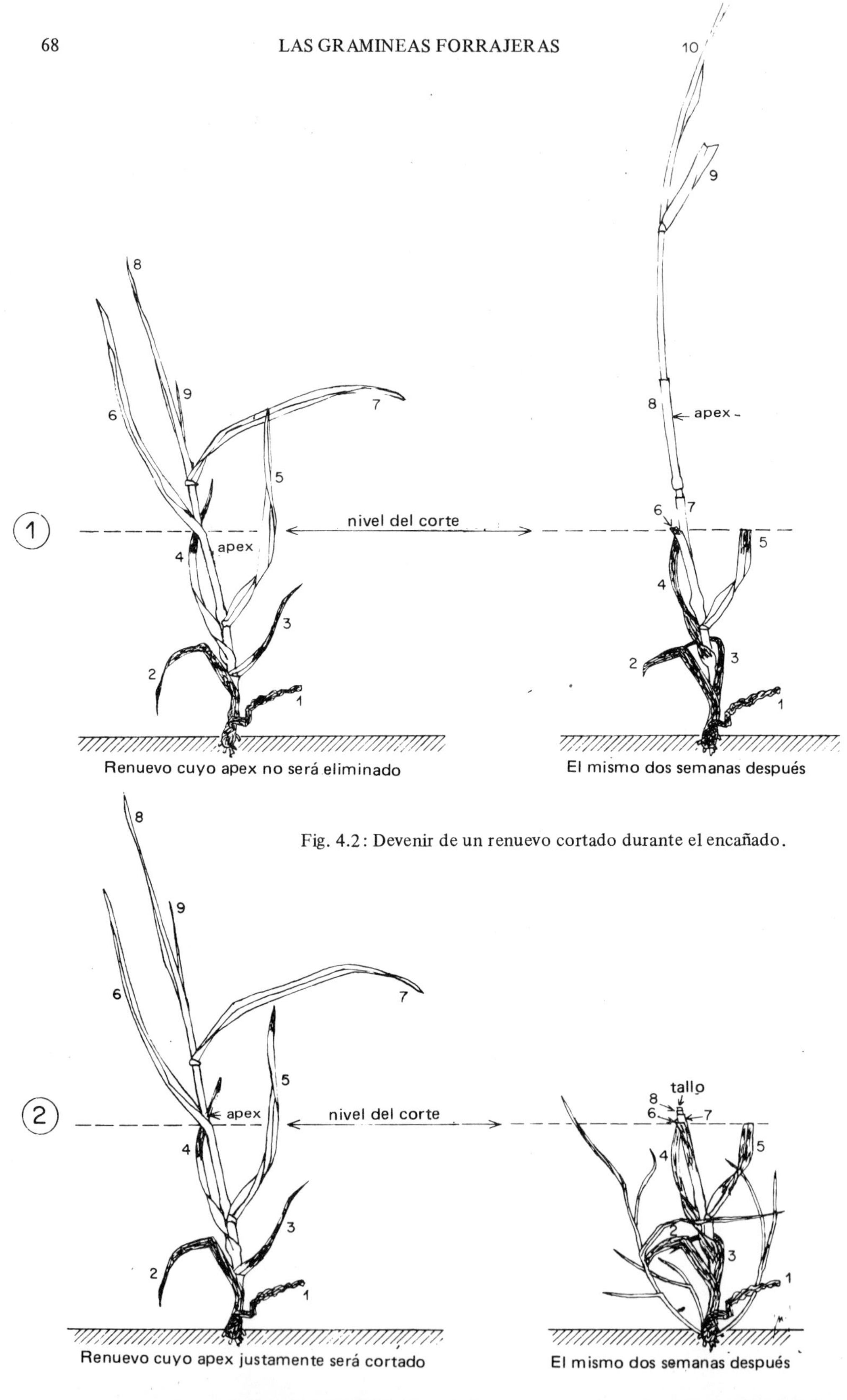

Fig. 4.2: Devenir de un renuevo cortado durante el encañado.

Si el apex no es eliminado (fig. 4.2-1)

Dos semanas después, el renuevo *ha continuado su ciclo reproductor*, privado solamente de las partes cortadas de las hojas.

Estas hojas han sido numeradas arbitrariamente en la figura, a partir de la más antigua visible. Las tres primeras, demasiado pequeñas para ser cortadas, han muerto. Las dos siguientes han sido cortadas. Como son adultas, quedan tal cual, necrosándose cada vez más. De las hojas 6 a 8, no queda más que una parte de la vaina. Esta todavía se ha alargado un poco en la medida en que le quedaba una parte de su zona de crecimiento. Estas vainas han sido elevadas por el alargamiento de los entrenudos del tallo. La hoja 9, que justamente salía, no ha perdido más que las tres cuartas partes de su limbo. Como estaba en pleno crecimiento, ha continuado creciendo, elevada también, por el alargamiento de los entrenudos. Lo mismo le ocurre a la hoja 10, que estaba oculta aún en las vainas embutidas y no ha perdido más que la punta de su limbo: es la que más se ve al cabo de dos semanas. Antes de la inflorescencia puede haber todavía un esbozo de hojas[1]. Aquel, minúsculo, no ha sido cortado por completo. No es aún visible al cabo de dos semanas, pero saldrá antes que la inflorescencia.

El alargamiento del tallo, naturalmente, ha conducido a la inflorescencia (antiguo apex), netamente por encima del nivel del corte.

Si el apex es eliminado (fig. 4.2-2)

Dos semanas después, *el vástago ha cesado en su ciclo reproductor*, los fragmentos de hojas restantes se necrosan.

La muerte de las cinco primeras hojas es normal, como en el caso precedente. Pero las vainas de las hojas 6 a 8, así como el tallo, solo se han alargado algunos milímetros, después han empezado a morirse. En cuanto a las hojas 9 y siguientes, su base estaba tan próxima del apex[1], que han sido completamente eliminadas con él: no queda nada de ellas.

Por el contrario, *las yemas de la base,* que habían sido inhibidas en el caso precedente[2], *han comenzado aquí a brotar*. Con bastante frecuencia, han perforado lateralmente la vieja vaina desecada (fig. 4.2-2). Han dado origen a pequeños vástagos, que comienzan a sobrepasar el nivel del corte.

El "estadio espiga a 10 cm"

Definición

En primavera, las hojas comienzan a brotar antes de que los tallos se alarguen de forma sensible: existe un período en el que un corte no elimina ningún apex, de manera que la fase reproductora en curso continúa durante el rebrote. Si la explotación es un poco más tardía, una proporción creciente de apex serán eliminados. *Pasada una determinada fecha, el corte eliminará suficientes apex*

---

(1) Ver figura 3.1, págs. 44–45.
(2) Ver pág. 60: la crisis del ahijamiento.

como para interrumpir casi totalmente la fase reproductora comenzada (fig. 4.4). Este momento se denomina "*estadio espiga a 10 cm*" porque es aquél en que los renuevos que continúan su ciclo reproductor, tienen sus inflorescencias, en promedio, a 10 cm. del suelo.

Este término no debe confundirnos: es un estadio, en el sentido de que es un punto de referencia en el tiempo. Pero *es un estadio agrícola y no fisiológico*. En efecto, si no se efectúa un corte, no existe ninguna diferencia de naturaleza, a nivel de la planta, entre el momento anterior y posterior al mismo. Dicho estadio no es más que un momento del crecimiento del tallo.

Modo de determinación

Para determinar este estadio, se elige un cierto número de *matas al azar* (por ejemplo dando 20 pasos y tomando la mata que se encuentra junto al pie derecho); en esta mata se toma uno de los *vástagos más adelantados*, para estar seguros de que se trata de un renuevo que está en encañado. Se hiende con una navaja para señalar la longitud del tallo, *excluida la inflorescencia*. El estadio espiga a 10 cm. se alcanza cuando el 50 °/o de los vástagos así recogidos tienen tallos de más de 10 cm. de longitud.

Modo de acción

¿Por qué la fase reproductora comenzada es interrumpida después de un corte en este estadio?. Se podría pensar que, si la media de los apex está a 10 cm. de altura, todos son eliminados por un corte que se sitúa generalmente más bajo (alrededor de 5 cm). La realidad es más compleja: teniendo en cuenta el modo de determinación de este estadio, un número bastante grande de vástagos tardíos pueden estar todavía bastante bajos y escapar al corte. Morirán a pesar de todo sin espigar. Quizás un vástago que encaña soporta mal la crisis nutritiva provocada por un corte. Si no se hubiera efectuado un corte, estos vástagos tardíos hubieran muerto igualmente, víctimas de la "crisis del ahijamiento" de manera que en la práctica se puede despreciar su existencia.

Importancia práctica

El estadio espiga a 10 cm. es de mucha importancia práctica. Si bien pocos agricultores se preocupan aún de ello, es necesario que los técnicos agrícolas lo conozcan bien, si desean guiar a los cultivadores en la elección de las variedades a implantar y en su calendario de explotación en primavera(1).

Corte antes del estadio "espiga a 10 cm.": despuntado

Se llama despuntado al aprovechamiento de la hierba al comienzo de la fase reproductora, antes del estadio espiga a 10 cm. El caso más frecuente es a la salida del invierno.

---

(1) Ver págs. 244 a 271: Explotación de las gramíneas.

Después de tal explotación, la *fase reproductora comenzada continuará* su evolución(1). Esto se traduce en el hecho de que el espigado y la floración tendran lugar prácticamente en la fecha normal. Pero se comprueba que *muchas de las características de la hierba en esta fase serán modificadas,* tanto más cuanto más *tardío haya sido el despuntado*. Aunque estas modificaciones sean morfológicas, puede pensarse que provienen de la crisis nutritiva debida al corte.

El espigado no se retrasará, la floración apenas (fig. 4.3.)

La fecha de espigado está determinada por la diferencia de crecimiento entre dos órganos: la inflorescencia y la hoja bandera. Los dos han sufrido la misma penuria nutritiva debida al corte de las hojas: los dos han podido pues aminorar su crecimiento de la misma manera, sin modificar la fecha de espigado. Esto es lo que se comprueba.

La floración se retrasará, pero 2 a 3 días solamente. La fertilidad disminuirá un poco.

Los tallos serán más cortos

El despuntado disminuye el crecimiento de los entrenudos. Cada uno de ellos terminará su crecimiento en la fecha prevista, pero será más corto. Resulta que, a igual fecha, los tallos de una gramínea despuntada son *en promedio la mitad de largos* que los de la misma gramínea no explotada desde el invierno. Esto implica dos consecuencias (fig. 4.3).

- *los tallos espigan y florecen más abajo;*
- *el estadio espiga a 10 cm. se retrasa,* lo que le aproxima al espigado: este retraso puede suponer hasta una decena de días.

La longitud de las hojas a lo largo de los tallos (al menos las que no han sido cortadas) y la de la inflorescencia son afectadas probablemente como la de los tallos, pero no se ha estudiado. Igualmente, es probable que el número de flores se reduzca, pues la construcción de la inflorescencia frecuentemente no ha terminado durante el periodo de despuntado.

Encañarán menos renuevos, y sobrevivirán más en estado vegetativo

Un despuntado interviene demasiado tarde para disminuir el número de vástagos inducidos a entrar en ciclo reproductor por el invierno(2). Sin embargo, si la fase reproductora comenzada continúa, contiene muchos menos vástagos en encañado que los previstos, aún cuando ningún apex haya sido eliminado. Puede suponerse que cierto número de vástagos tardíos mueren a falta de alimento(3).

(1) Ver pág. 69: Si el apex no es eliminado.
(2) Ver páginas 143 a 149: Las fases preparatorias de la floración.
(3) No está demostrado que la crisis nutritiva provocada por un corte implique la muerte. de los vástagos vegetativos, pero puede que mate los vástagos reproductores, cuyas necesidades de crecimiento son mayores.

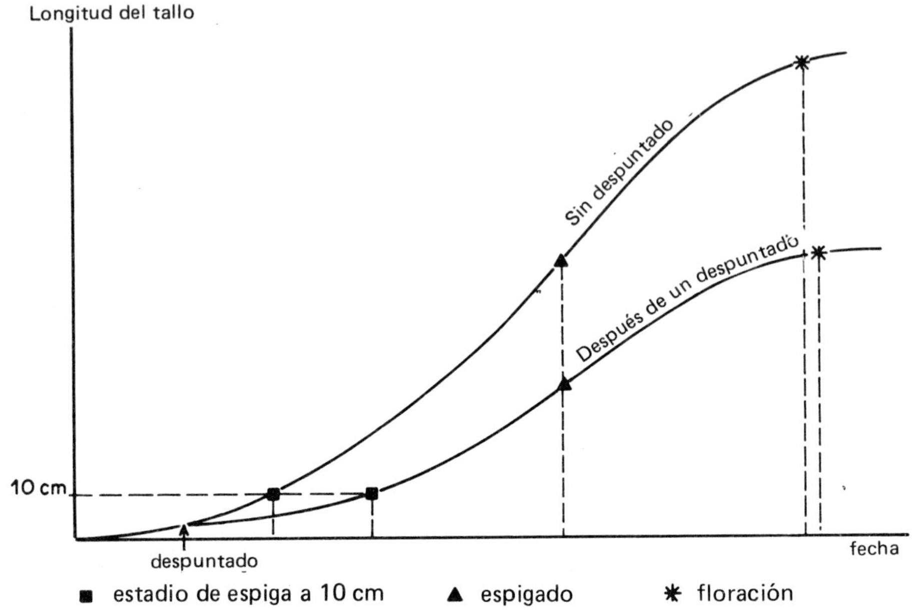

Fig. 4.3: Efecto del despuntado sobre la longitud del tallo y sobre las fechas de realización de los estadios.

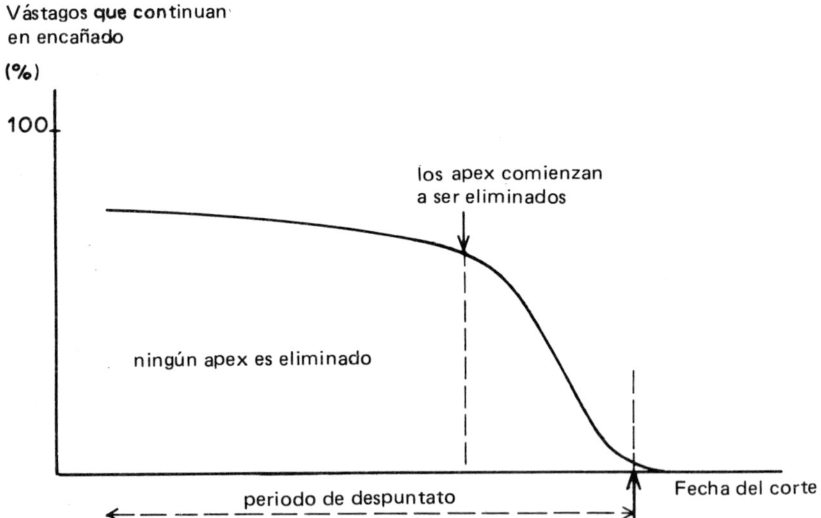

Fig. 4.4: Efecto de la precocidad del despuntado sobre el porcentaje de vástagos que continuarán su encañado.

(100 = número de vástagos en encañado en ausencia de corte).

Esta disminución es tanto más neta cuando el despuntado es tardío. Llega a ser brusca cuando el despuntado, aún más tardío, comienza a suprimir los apex (fig. 4.4).

Por el contrario, la desaparición de vástagos vegetativos cuando la pradera está en fase reproductora(1) es menos intensa después de un despuntado, de manera que quedan más. Es sin duda una consecuencia debida a que el número de vástagos que encañan es menor(2).

El rendimiento del corte siguiente disminuirá y su calidad mejorará

El despuntado es en general el primer aprovechamiento después del invierno. El corte que le sigue, el segundo por tanto, secciona casi todos los tallos. Se le puede comparar a una primera explotación efectuada en la *misma fecha*: en los dos casos se trata del primer corte que secciona los tallos. El despuntado disminuye el rendimiento de este corte y aumenta su calidad. La disminución del número y de la longitud de los vástagos reproductores, la conservación con vida de los vástagos vegetativos, constituyen ciertamente las explicaciones de este hecho pero probablemente no son suficientes.

Efectos posteriores

Ya que la hierba tiene menos tallos y más renuevos vegetativos en el corte que sigue al despuntado, resulta que el rebrote posterior será más rápido al principio(3). Pero no habrá otro efecto más tardío del despuntado.

Corte después del estadio "espiga a 10 cm.": descabezamiento

Un aprovechamiento hecho en fase reproductora, después del estadio espiga a 10 cm., corta suficientes tallos como para suprimir casi completamente esta fase. Es pues tal corte el que tiene los efectos morfológicos más espectaculares. Sin embargo, hasta ahora no había nombre para designarlo. Teniendo en cuenta su importancia nosotros proponemos uno para ello: descabezamiento. Tal corte elimina en efecto la parte superior del tallo que dirige su crecimiento. Un corte en fase reproductora es pues necesariamente, o un despuntado, o un descabezamiento.

Un descabezamiento ocasiona una *renovación de los vástagos* al suprimir aquéllos que encañaban para reemplazarlos por otros que deben desarrollarse a partir de las yemas de la base (fig. 4.2-2 pág. 68). La primera consecuencia es que la iniciación del rebrote se retrasa. Más tarde, los nuevos vástagos a su vez, encañarán, o no: depende, sobre todo, de las especies.

Estas modificaciones morfológicas repercuten sobre el rendimiento y sobre

(1) Crisis del ahijamiento.
(2) Menor competencia de los vástagos que encañan y/o mejor penetración de la luz hasta los vástagos vegetativos, ver páginas 157 a 161, el ahijamiento.
(3) Ver más adelante: La iniciación del rebrote se retrasará.

Fig. 4.5: Rebrote de dactilo después de un descabezamiento.

Las hojas de los antiguos renuevos vegetativos tienen aún su punta cortada (h.c.). Las que aún eran jovenes estan ya largas. Los nuevos vástagos (n.v.), que han surgido desde la base, son más cortos y sus hojas no han sido cortadas.

la calidad de la hierba del corte siguiente. Pero *no habrá otras repercusiones en los rebrotes ulteriores.*

La iniciación del rebrote se retrasará

Incluso en estado reproductor, una pradera contiene vástagos vegetativos[1]. Si se corta, estos últimos van a rebrotar inmediatamente[2] mientras que las yemas, destinadas a reemplazar a los renuevos que estaban en ciclo reproductivo, tardarán un cierto tiempo antes de alcanzar el nivel del corte. Se tendrá así un rebrote en dos olas, de las cuales una está retrasada (fig. 4.5).

En promedio, el comienzo del rebrote por tanto, se ha retrasado, *tanto más cuantos menos vástagos vegetativos* queden en el momento del corte, es decir cuando la crisis de ahijamiento haya sido más intensa.

Este retraso depende también de la fecha del descabezamiento: si este último se efectúa al principio del encañado, la crisis de ahijamiento todavía no ha hecho que mueran muchos renuevos vegetativos: el retraso será corto. Si por el

(1) Ver página 58: Las tres categorías de vástagos.
(2) Ver páginas 63 a 65: Los cortes en fase vegetativa.

contrario, el descabezamiento tiene lugar muy tarde, después de la floración, el retraso podría ser también pequeño pues la crisis ha terminado y, si no hace demasiado calor(1), nuevos vástagos vegetativos han aparecido ya. *Es, por lo tanto, un corte entre el espigado y la floración, en lo más intenso de la crisis de ahijamiento, el que provoca el máximo retraso.*

En estos casos extremos, se puede tener la impresión equivocada de que la pradera ha muerto y no rebrotará ya. Sin embargo, *este retraso solo afecta al comienzo del rebrote:* más tarde puede ser recuperado totalmente.

La mayoría de las especies no volverán a tener otro ciclo reproductor

Los vástagos vegetativos presentes el día del corte eran demasiado jovenes en el invierno para ser inducidos a florecer, si no, habrían sido reproductores. Con más razón los nuevos vástagos salidos de yemas después del corte: no han conocido en absoluto el invierno.

En los *dactilos, festucas, ray-grass inglés,* especies nada o poco alternativas, estos renuevos permanecerán todos o casi todos vegetativos. En algunas variedades, algunos podrán pasar a la fase reproductora, pero serán poco numerosos(2). Después sus vástagos hijos no iniciarán otro ciclo reproductor, hasta el invierno siguiente, cualquiera que sea el modo de explotación. Estas especies no tienen más que una sola fase verdaderamente reproductora por año y esta fase todavía puede ser abreviada por un corte: casi todo el año *son vegetativas, es decir foliosas*. Lo mismo ocurre a los *fleos* en praderas densas(3).

Los ray-grass italianos y la mayoría de los bromos reespigarán totalmente

En los ray-grass italianos y la mayoría de los bromos, los renuevos que subsisten después de un descabezamiento y los nuevos que aparecen, serán a su vez inducidos a florecer. El rebrote será pues enteramente reproductor. Pero, contrariamente a lo que pasa después de un despuntado, el *espigado y la floración se retrasarán.* No es suficiente que el tallo termine su evolución, debe volver a comenzarla desde cero.

---

(1) Ver pág. 158: Factores que favorecen la aparición de vástagos nuevos.
(2) Ver pág. 231: Especies que presentan una facultad de reespigado moderada.
(3) Ver págs. 332–333: Características de floración y de encañado.

Segunda parte

Factores de que depende el crecimiento de una gramínea

Tanto cuando la planta está en fase vegetativa como en fase reproductora, crece, es decir fabrica materia viva, a partir de elementos tomados del suelo y del aire.

Para ello, responde, globalmente, a la acción de los factores del medio. Pero no los percibe como el hombre: *la clasificación que nos parece natural (temperatura, luz, etc. . .) no tiene a veces ningún sentido para la planta.* Es por tanto preciso, comprender primero el modo de acción de estos factores (Capítulo V). Después, sabiendo como la planta los "clasifica", será posible estudiar más en detalle los más importantes: el agua (Capítulo VI), las ganancias y pérdidas de carbono (Capítulo VII), la acumulación de reservas de este carbono (Capítulo VIII). el nitrógeno (Capítulo IX), por último las consecuencias de un corte sobre la nutrición de la planta (Capítulo X).

CAPITULO V

Modo de acción de los factores del medio

Para la planta, los factores del medio pertenecen a dos categorías, según que le suministren o no los elementos que la componen.

Entre los factores que no le suministran ninguna sustancia a la planta están:

- los que determinan la orientación de los fenómenos biológicos (pág. 79–80);
- la temperatura, que determina esencialmente la velocidad de sus procesos bioquímicos (págs. 80–87).

Entre los factores que suministran los elementos de la planta están:

- el agua (págs. 87 a 89), que es mucho más que un simple constituyente de la materia vegetal: es, sobre todo, un verdadero medio interno, que reemplaza al medio exterior en el cual se bañaba la vida primitiva (el agua de mar); su renovación permanente y necesaria en la planta hace de ella un factor muy particular;
- los factores nutritivos (págs. 89 a 95), que suministran a la planta los átomos de los que está formada y la energía de la que tiene necesidad.

LOS FACTORES DE ORIENTACION

Se puede llamar orientación de la vida de una planta, al hecho de que sea o no capaz de crecer (letargos de los granos, reposos estacionales) y a la naturaleza que puede tomar este crecimiento (parte respectiva de los diferentes órganos por ejemplo). Todo ello depende de interacciones a menudo complejas entre los factores siguientes:

- *temperatura*: la temperatura es ya un factor de orientación en la medida en que *actúa diferencialmente sobre los diversos órganos*(1). Ejerce una acción propia sobre los *reposos estacionales* y sobre la *floración* (paso del estado vegetativo al reproductor). No ejerce estas dos funciones en toda su gama, sino en los *dos extremos, el frío y el calor;* es decir que la temperatura debe situarse por encima o por debajo de un umbral, no forzosamente muy extremo, que depende del fenómeno considerado de la planta, de su edad, de su estado, de las condiciones en las cuales está situada.
  Por último, la temperatura actúa sobre el *letargo de los órganos, sea en los puntos extremos de su gama,* como hemos dicho antes, sea por la *amplitud de sus variaciones* entre el día y la noche;
- *la duración del día, o* **fotoperíodo**: los días son largos en verano, cortos en invierno. La planta está informada de ello gracias a un pigmento, el fitocromo, que tiene una reacción del todo o nada a la luz: él es únicamente sensible al hecho de que la iluminación sea, o no, más intensa que la de un bello claro de luna. El fotoperíodo no tiene pues nada que ver para la planta, con otro elemento de la luz que es su intensidad; ésta, que gobierna la nutrición carbonada, es captada por otro pigmento, la clorofila;
- *algunas privaciones,* en particular la sequía, tendrán a veces efecto sobre las entradas en reposo o sobre la floración.

El efecto de estos factores sobre la naturaleza del crecimiento será estudiado en la 3ª parte de esta obra.

Su acción precisa sobre los reposos estacionales, es mal conocida en las gramíneas forrajeras, en que el inventario de las influencias respectivas de cada factor no parece haberse hecho. La temperatura es posible que juegue a menudo un papel preponderante. Lo que se conoce con aproximación, es la aptitud de cada especie para entrar en reposo.

Por último, la acción de estos factores sobre la germinación y sobre los letargos de las semillas, se ejerce por intermedio de interacciones particularmente complejas. Estas interacciones varían además con la variedad, la madurez de la semilla, las condiciones de conservación, etc. No es necesario conocerlas en la práctica: condiciones standard han sido definidas por los test oficiales(2) y es sobradamente suficiente.

LA TEMPERATURA, PRINCIPAL FACTOR DE VELOCIDAD

Un vegetal es el asiento de numerosos procesos biológicos: reacciones bioquímicas (como la respiración), alargamiento de órganos, formación de órganos nuevos, o simplemente crecimiento global de la planta.

La velocidad de todos estos fenómenos depende de numerosos elementos como la nutrición o la fase de desarrollo, pero reacciona primero e instantánea-

---

(1) Ver págs 155 a 164: Los caracteres de los órganos de las gramíneas.

(2) Reglas internacionales para los ensayos de semillas, Seed Science and Technology, 4:609-743, 1976.

mente a un factor esencial, la temperatura, según principios constantes (págs. 81–83) incluso cuando los coeficientes de esta acción dependen del proceso considerado. Estos principios permiten comprender nociones como la integral térmica y el cero de vegetación (págs. 83 a 86) o la suma de Q_{10} (pág. 86–87) utilizados para predecir el comportamiento de la planta.

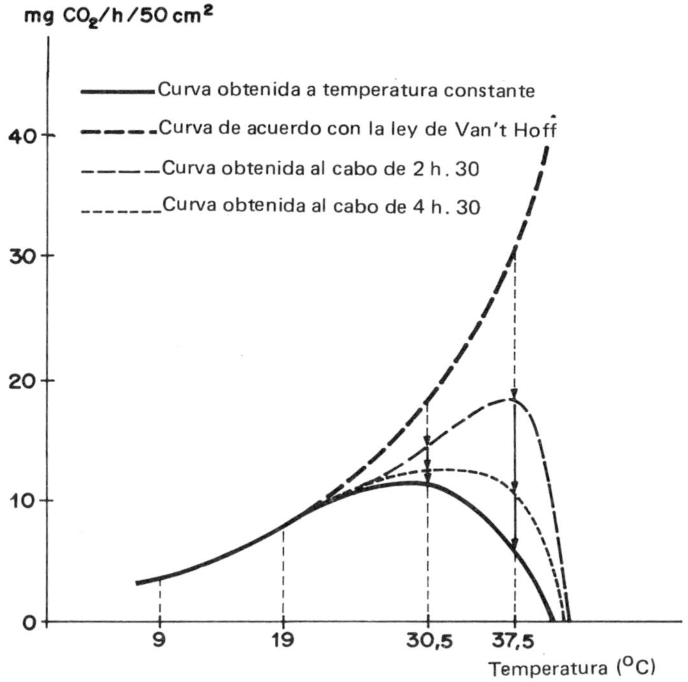

Fig. 5.1: Velocidad de la fotosíntesis del lauroceraso en función de la temperatura según Miss Mathaei, in Blackman, Ann. Bot. 19, 281-95, 1905.

Principios de acción de la temperatura sobre la velocidad de los fenómenos biológicos

Los fenómenos biológicos tienen un óptimo de temperatura

Los procesos de los seres vivos se basan en algunos fenómenos físicos y en muchas reacciones químicas muy complejas. La velocidad de los fenómenos físicos es poco o nada sensible a la temperatura. Las reacciones químicas obedecen a la ley de Van't Hoff: son tanto más rápidas cuanto más elevada es la temperatura (fig. 5.1).

Varias razones hacen que esta ley de Van't Hoff no se aplique tal cual a los fenómenos biológicos:

- Estos están compuestos de numerosas reacciones químicas. La velocidad del conjunto está limitada por la más lenta de todas ellas. Ahora bien, esta última no es forzosamente la misma a diferentes temperaturas;
- A temperaturas elevadas, la velocidad de las reacciones puede ser tan rápida que algunos de los cuerpos que reaccionan, se agoten: esto reduce la velocidad del fenómeno. Por ejemplo, una célula de hoja consumiría el anhídrido carbónico tan deprisa que no podría renovarse a medida que se consumiría a partir del aire, atravesando el espesor de la hoja;
- En el ser vivo, las moléculas que toman parte en las reacciones son destruidas por temperaturas excesivamente elevadas. Esto no solamente disminuye la velocidad de los procesos, sino que puede detenerlos e incluso conducir a la muerte del organismo. Esta última razón es válida igualmente para temperaturas demasiado bajas.

El resultado, es que la *velocidad de los fenómenos biológicos reacciona a la temperatura según una curva en campana que sube lentamente hasta un óptimo y después cae bastante rápidamente a temperaturas superiores* (fig. 5.1).

No obstante, este esquema es todavía simplista.

Papel de las fluctuaciones de temperatura: imposibilidad de establecer curvas de respuesta precisas

Las reacciones químicas responden instantáneamente a las variaciones de temperatura. Pero el agotamiento o la destrucción de las sustancias son progresivos. Esto es debido a que *la velocidad de los fenómenos biológicos a temperaturas elevadas varía con el tiempo:* rápidos al principio, según la ley de Van't Hoff, estos fenómenos se moderan en seguida antes de estabilizarse.

Miss Mathaei(1) (fig. 5.1) estudiando la velocidad de la fotosíntesis del lauroceraso, encuentra a 9° un valor constante de 3,8 mg de CO_2 por hora y por cada 50 cm^2 de hoja. A 19° la cifra obtenida es 8, igualmente constante. Cuando, partiendo de esta temperatura, la eleva a 30,5 °, el valor observado es de 14 al cabo de 2 horas 1/2 y de 12 al cabo de 4 h. 1/2. Cuando la eleva a 37,5°, obtiene 17,6 después de 2 horas 1/2 y solamente 10,9 después de 4 horas 1/2. A partir de estas cifras, Blackmann(2) ha calculado que si hubiera podido efectuar la medida inmediatamente después del cambio de temperatura, habría obtenido valores conformes a la ley de Van't Hoff. Así, según que ella establezca su curva de respuesta al cabo de 2 h 1/2, de 4 h 1/2 o después de la estabilización, obtiene una de las curvas a trazos finos o la curva a trazo lleno de la fig. 5.1, respectivamente.

En la fig. 5.1 se puede comprobar que *cuando se estudia la acción de las temperaturas en relación con el tiempo de aplicación, cuanto más prolongado es este último menor es la temperatura óptima y corresponde a velocidades bajas.*

Las cosas son, por otra parte, más complicadas, pues el efecto de la temperatura no depende solamente de su duración sino también de su rapidez de evo-

(1) in Blackmann F. F., Ann. Bot., **19**: 281–95, 1905
(2) Op. cit.

lución: *un calentamiento progresivo es menos nocivo que un calentamiento brusco.*

En la naturaleza, las temperaturas elevadas duran tiempos cortos y muy variables. La fig. 5.1 muestra que entonces es imposible establecer curvas de respuesta. Muestra también que las plantas *soportan mucho mejor estas temperaturas breves de lo que se prevee* en experiencias a temperatura constante, que es lo que se estudia en la mayor parte de las curvas de los estudios publicados.

Ambigüedad de la noción de óptimo de temperatura

La palabra óptimo evoca una condición ideal para la planta. Este no es el caso del óptimo de temperatura: éste significa solamente que la velocidad del fenómeno considerado es la mayor. La figura 5.1 muestra que entonces, la curva diverge de la de las reacciones químicas. Ahora bien, esta divergencia es debida a condiciones desfavorables para la planta: falta o destrucción de sustancias necesarias. Dicho de otra manera, *a su temperatura óptima la planta sufre ya.*

Las nociones de integral térmica y de cero de vegetación

Básicamente, una aproximación grosera, pero práctica

Las nociones de integral térmica y de cero de vegetación están basadas en la idea de que *la velocidad de los fenómenos biológicos es proporcional a la temperatura.* Gráficamente, esto se representa, no por una curva en campana, sino por una recta (fig. 5.2).

Es práctico, aunque falso.

- práctico, pues una recta posee una ecuación muy simple en la cual pueden basarse los cálculos;
- falso, pero en realidad no siempre mucho más que una curva satisfactoria, como las de la fig. 5.1.

En efecto, supongamos un fenómeno biológico del que pueda medirse la velocidad en condiciones naturales casi instantáneamente (lo que es muy raro). Se mediría igualmente la temperatura en el mismo momento.

Si todas las temperaturas se instalaran con la misma rapidez y se mantuvieran el mismo tiempo, se podría establecer una curva semejante a las de la fig. 5.1. Como esto no ocurre, se obtiene, para todas las temperaturas superiores a un cierto umbral θ_1[1], una nube de puntos, cuyo aspecto general recuerda tal curva.

---

(1) Tradicionalmente, para evitar cualquier confusión, se designa el tiempo por la letra t y la temperatura por la letra griega θ (tita).

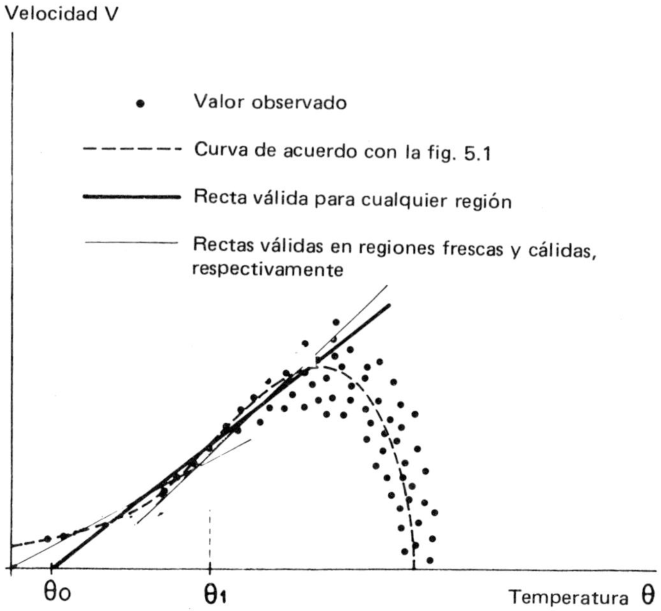

Fig. 5.2: Acción de la temperatura sobre la velocidad de un fenómenos biológico: ajuste de una recta.

En tanto que no nos ocupemos de temperaturas demasiado elevadas, estaremos *en la rama ascendente de la nube de puntos. Se pierde poca precisión asimilando esta última a una recta.*

Para temperaturas bajas, una curva sería mucho más exacta, pero a menudo a pesar de todo se utiliza una recta, a causa de su simplicidad.

La noción de integral térmica o suma térmica

El principio que acabamos de exponer significa que *la velocidad se considera nula por debajo de una temperatura* θ_0 a la cual la recta corta el eje de abscisas (fig. 5.2). *Por encima, la velocidad se considera proporcional al incremento de temperatura:*

$$v = k\,(\theta - \theta_0)$$

donde k es una constante. Los anglosajones llaman a θ_0: *temperatura de base.*

En la práctica, es raro que pueda medirse directamente la velocidad de un fenómeno biológico. Se comprueba, solamente, su grado de avance, que es el resultado de ella. Por ejemplo:

- el peso de una planta en una fecha dada es tanto más elevado cuanto más rápido ha sido su crecimiento;
- un estado dado llega tanto más tempranamente cuando los fenómenos (bioquímicos, por ej.) que lo han preparado han sido más rápidos.

Según el modelo expuesto antes, se demuestra que *el estado de progreso de un fenómeno biológico debe ser proporcional a la suma de las temperaturas medias diarias, contadas por encima de la temperatura de base,* desde el principio del fenómeno: *en abreviatura, integral térmica ó suma de temperaturas.*

En efecto ¿Qué es la velocidad? Es la diferencia de avance dA en el intervalo de tiempo dt:

$$v = \frac{dA}{dt}$$

A partir del estado de A_0 en el momento t_0, se obtiene el estado A_1 en el momento t_1, mediante una integral:

$$A_1 - A_0 = \int_{t_0}^{t_1} v dt$$

Aplicando la ecuación de la recta se obtiene:

$$A_1 - A_0 = k \int_{t_0}^{t_1} (\theta - \theta_0)\, dt$$

El progreso del fenómeno es proporcional a la integral de la curva de temperaturas (tomadas por encima de la temperatura de base) en función del tiempo.
Ahora bien, esta curva viene dada por un registro termométrico. Para calcular esta integral se mide la superficie comprendida entre la curva y la línea de la temperatura de base, durante el tiempo considerado, 5 días por ejemplo (fig. 5.3, superficie total rayada). Si se divide esta superficie por el tiempo, se obtiene la temperatura media del período. El avance del fenómeno es pues proporcional al tiempo en días, multiplicado por la temperatura media.
Pero puede hacerse también la medida por día. La suma de las 5 superficies es la misma (fig. 5.3, rayas alternas). Ahora bien cada una de estas superficies es igual a la temperatura media del día (ya que basta dividir por un día). He aquí por qué el avance del fenómeno era proporcional a la suma de estas temperaturas medias.

Puede simplificarse el cálculo de la temperatura media de cada día, sin perder demasiada precisión, utilizando la media entre la máxima y la mínima, en lugar de medir la curva de un registro termométrico.

Interés y límites de la integral térmica

La integral térmica permite hacer ciertas previsiones: ¿cuándo se realizará tal estado? ¿Cual será el avance del fenómeno en tal fecha?.

Pero para que estas previsiones tengan alguna eficacia, *es preciso que la velocidad del fenómeno considerado, dependa fundamentalmente de la acción de la temperatura.* Frecuentemente este no es el caso del crecimiento, que depende mucho más de factores nutritivos. Este caso solo vale, en las gramíneas forrajeras, para la duración de la fase Dobles Pliegues-Espigado, y para la velocidad de aparición de hojas sucesivas en un renuevo. Aún es preciso incluso en estos casos, eliminar el pleno verano en que las temperaturas son demasiado elevadas.

Incluso cuando la integral térmica se revela útil, los valores indicados por diferentes Autores varían. En efecto, según la comarca en donde ellos trabajan,

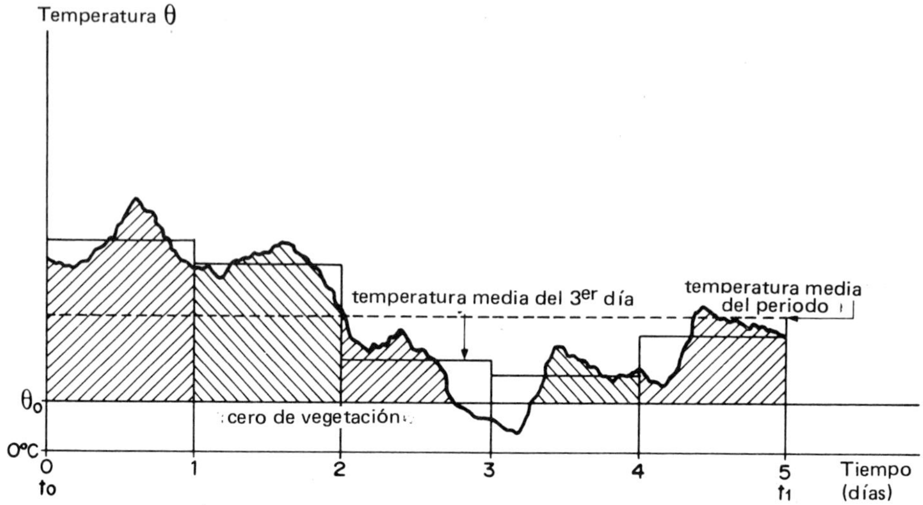

Fig. 5.3: Principio de cálculo de la Integral Térmica.

la recta que elegirán para representar la acción de la temperatura sobre la velocidad, no será la misma: la figura 5.2, pág. 84, muestra que en una región fresca, donde solo se produce la parte izquierda de la curva, es una recta con pendiente débil la que más conviene. En un país cálido, será una recta más erguida.

El cero de vegetación: una ilusión matemática

Lo que se llama cero de vegetación no es *otra cosa que la temperatura de base* θ_0 *de la integral térmica, cuando el fenómeno considerado es el crecimiento.* Este cero de vegetación depende pués de la recta elegida para representar el efecto de la temperatura: varía según las regiones y los Autores.

Frecuentemente se cree que situando una planta en su cero de vegetación, va a dejar de crecer. Es falso, como lo muestra la figura 5.2, página 84. Si sólo existiera el aspecto bioquímico, la planta crecería algo, por muy baja que fuera la temperatura. De hecho el crecimiento se detiene, sea porque la planta se hiela, sea porque entra en reposo. Pero esta detención no es instantánea, ni corresponde a una temperatura única: depende de la rapidez de evolución de la temperatura. En cualquier caso se produce, en general, varios grados por debajo del cero de vegetación.

La noción de suma de Q_{10}

Para evitar los peligros de la aproximación lineal, podemos basarnos en la ley de Van't Hoff. Esta ley es una función exponencial:

$$v = k\, e^{b\theta}$$

Según esta ley, la velocidad queda multiplicada por un índice constante para cada aumento de 10 grados de la temperatura:

$$\frac{k\ e^{b(\theta+10)}}{k\ e^{b\theta}} = e^{10b} = \text{constante.}$$

Este índice es el llamado Q_{10}. En biología, generalmente es próximo a 2.
Integrando la fórmula de Van't Hoff con respecto al tiempo se obtiene el estado de avance A_1 del fenómeno en el momento t_1 a partir de A_0 en el momento t_0, mediante la ecuación

$$A_1 - A_0 = k \int_{t_0}^{t_1} e^{b\theta}\, dt$$

No se dispone de registro de $e^{b\theta}$ en función del tiempo, sino solamente de θ (termómetro registrador). Se pasa de θ a $e^{b\theta}$ por cálculo, contentándose de hacerlo hora por hora pues esta aproximación es suficiente. Después se opera como para la integral térmica efectuando la suma de las $e^{b\theta}$ medias diarias.
Las figuras 5.1, pág. 81 y 5.2, pág. 84, muestran que este método da resultados mucho más precisos que la integral térmica cuando solo se consideran temperaturas bastante bajas, para las que la ley de Van't Hoff poco más o menos se cumple. Pero cuando la temperatura se eleva, la ley de Van't Hoff da unas velocidades mucho más elevadas y la suma de Q_{10} no es totalmente conveniente. Incluso en los casos en que conviene, raramente se cumple a causa de su complejidad.

EL AGUA, MEDIO INTERNO

El agua como simple alimento: uno de los más importantes

Entre los constituyentes de la materia seca vegetal, la mayoría del hidrógeno y del oxígeno proviene del agua. Teniendo en cuenta los pesos moleculares de estos elementos, se puede calcular que la planta debe consumir agua hasta una proporción del 60 al 70 °/o de su peso seco, para adquirir su hidrógeno y su oxígeno. El único alimento necesario en mayor abundancia es el anhidrido carbónico.

Pero la necesidad de agua alimentaria es despreciable con respecto a las necesidades de agua de imbibición.

El agua de imbibición: de 4 a 15 veces más

El papel más esencial del agua es el de constituir el *medio interno* de las plantas. Estas contienen del 75 al 90 °/o de agua, en la cual se baña la materia seca. No pueden, de ninguna manera, funcionar sin aquella(1). Es preciso no olvidar que la vida es de origen marino.

Con un 75 a 90 °/o de agua, no queda más que de 10 a 25 °/o de materia seca, o sea de 3 a 9 veces menos. El agua necesaria como simple alimento no representa más que del 60 al 70 °/o de este valor, lo que corresponde a 4 a 15 veces

(1) A excepción de los órganos que se conservan en vida latente, como los granos, que no contienen más que del 10 al 15 °/o de agua en general.

menos que el agua de imbibición. Si ésta está presente en cantidades suficientes, la planta estará también provista de hidrógeno y oxígeno de constitución.

La verdadera medida de las necesidades de agua: su renovación varias veces al día

Las plantas, y en particular las gramíneas forrajeras, tienen una superficie foliar muy grande: hasta 3 a 6 m^2 por m^2 de suelo. Esta superficie está en contacto con el aire, en particular por múltiples orificios, los estomas. *El agua de imbibición se evapora* por esta superficie, en mayor proporción cuando hace más sol, calor y viento. La costumbre hace que se llame a esto **transpiración** cuando se trata de un ser vivo; en el caso del suelo se dice **evaporación**, y para un cultivo que comprende plantas y suelo, se habla de **evapo-transpiración**. Pero la mayor parte procede de las plantas. Se trata de una demanda proveniente del clima y a la cual la planta no puede escapar. A esta demanda se le llama **Evapotranspiración potencial (E.T.P.).**

Este agua que se escapa, *la planta debe reemplazarla,* poco a poco, *por el agua procedente de las raíces.* Existe pues una circulación permanente de agua en la planta: entra por las raíces, sube por los haces conductores y también atravesando los tejidos, y sale por las hojas.

Esta circulación representa, en cantidad, una *renovación total del agua de la planta, de una a tres veces por día.* Es esta renovación la que da la verdadera medida de las necesidades de agua, pues si está correctamente asegurada, a la planta no le faltará ni el agua de imbibición, ni con mayor motivo, el agua "alimentaria".

Sequía – Exceso de agua

Para funcionar saludablemente la planta debe conservar su agua de imbibición equilibrando las pérdidas (transpiración) con una absorción correspondiente desde el suelo.

Si *la absorción puede satisfacer la demanda de la transpiración,* el gasto de agua de la pradera será igual a dicha demanda (Evapotranspiración = E.T.P.[(1)]) *y la planta no absorberá más,* cualesquiera que sean las reservas de agua del suelo. Así puede razonarse para la planta haciendo abstracción total del problema del agua en estaciones enteras, la primavera por ejemplo, para nuestras gramíneas, pues entonces la escasa demanda, es satisfecha ampliamente. Por esta razón *el exceso de agua, sin duda, no existe en la realidad.* Lo que se llama así, parece ser solamente una falta de aire a nivel de las raíces, implicando una asfixia de estos órganos, si el suelo está colmado de agua.

Si la absorción no puede satisfacer la demanda de la transpiración, se crea un déficit y la planta corre el riesgo de perder su agua de imbibición: **existe sequía.** La planta trata de resistirse mediante diversos mecanismos, pero estos, aunque eficaces, perjudican el rendimiento.

---

(1) Esto es teórico: se observan a veces evapotranspiraciones superiores a la E.T.P., pues ésta es difícil de medir y los diferentes métodos, convencionales, están llenos de errores.

La corriente de agua, factor de absorción mineral

La corriente de agua ascendente permite la absorción de los minerales del suelo, disueltos. Este papel es indispensable. Por eso, si la demanda atmosférica llega a ser nula (aire saturado, plantas acuáticas, etc.) la planta establece una pequeña circulación forzada que se traduce en la **gutación** de agua líquida en la superficie de las hojas.

Este papel es secundario pues la demanda climática es ordinariamente suficientemente fuerte como para hacer circular mucha más agua de la que sería precisa.

LOS FACTORES NUTRITIVOS

Nociones básicas

Definiciones y clasificación

Un **alimento** es una substancia que, una vez absorbida, provee al ser vivo los elementos que formarán parte de su composición.

Se puede pues llamar **factor nutritivo** a todo factor del medio del cual depende la absorción de un alimento: puede ser el mismo alimento en sí, u otro factor.

Si las plantas disponen de suficiente agua para permanecer con vida, disponen, con mayor motivo, del hidrógeno y del oxígeno que las constituye[(1)]. Quedan el carbono, el nitrógeno y los demás minerales.

El carbono es absorbido por los órganos aéreos verdes, esencialmente las hojas, *en el anhídrido carbónico del aire*, gracias a la energía provista por la luz: **fotosíntesis**[(2)]. Ahora bien, la cantidad de gas carbónico disponible en condiciones naturales varía muy poco. La absorción de carbono por la planta depende pues fundamentalmente de la luz: *la energía luminosa es el principal factor de la nutrición carbonada.*

El *nitrógeno*, es absorbido a nivel de las *raíces*. Lo mismo ocurre con los *otros minerales.*

El principal alimento: ¿carbono o nitrógeno?

El carbono constituye al menos del 40 al 50 °/o de la materia seca de los vegetales. *El nitrógeno solo representa del 1 al 5 °/o* de ella, los demás macroelementos dificilmente sobrepasan el 1,5 °/o y los oligoelementos están presentes a dosis que varían entre 1 por cien mil y 1 por mil millones. Es pues evidente que *la nutrición carbonada es el factor esencial de producción de las plantas: producir, para ellas, es ante todo fijar carbono.* Es por esta razón por lo que la fotosíntesis es uno de los fenómenos más estudiados por los fisiólogos.

---

(1) Ver págs. 87–89: El agua, medio interno.

(2) o función clorofílica.

Pero los agricultores, por otra parte, saben bien que *el crecimiento* de los vegetales, y más particularmente de las gramíneas forrajeras, *depende sobre todo de la fertilización nitrogenada*(1): "el nitrógeno hace crecer", dicen ellos(2).

Las cifras expuestas anteriormente permiten resolver esta contradicción aparente: muestran que la *eficacia del nitrógeno solo puede ejercerse a través de una acción sobre la nutrición carbonada.* Otro tanto puede decirse, por las mismas razones, de las demás fertilizaciones y técnicas culturales.

La nutrición carbonada, base de la alimentación de las plantas

El carbono, principal material y fuente de energía

La fotosíntesis fija el carbono, a partir del anhidrido carbónico del aire, en moléculas simples, que constan de pocos átomos. *A partir de este carbono, la planta va a sintetizar todas las moléculas de las cuales está formada:*

- las moléculas que componen el citoplasma y el núcleo. En las gramíneas forrajeras, se trata esencialmente de glúcidos diversos y de prótidos. Estos últimos, llamados también materias nitrogenadas porque son los únicos que poseen nitrógeno, ¡no contienen más que un 16 o/o de éste, contra alrededor del 50 o/o de carbono!.
- las moléculas que componen las paredes de las células y aseguran la rigidez de la planta(3), en particular en los tejidos de sostén, son principalmente celulosa y lignina, moléculas extremadamente complejas que comprenden decenas de millones de átomos de carbono.

Pero todas *estas transformaciones,* así como el transporte de productos en la planta, etc., *requieren energía*, incluso por la noche, e incluso en los órganos no iluminados como las raíces. Una parte de esta energía puede ser provista directamente por la luz, además de la que sirve para fijar el carbono. Pero está lejos de ser suficiente. Para asegurar sus necesidades, *la planta oxida el carbono* de muchas de sus moléculas y ante todo de los glúcidos: es la **respiración.** El carbono se escapa en forma de anhidrido carbónico, como en una combustión, mientras que el nitrógeno y los otros minerales que quedan son recuperados por la planta. Como las moléculas así quemadas habían sido formadas gracias a la energía luminosa, puede decirse que *la respiración consiste en una utilización de la energía luminosa almacenada.*

En resumen, el carbono es a la vez el principal material y combustible de la planta.

---

(1) Salvo carencia del suelo en otro elemento: ver págs. 94–95: Los otros minerales.

(2) Por otra parte, cuando hablan de las necesidades nutritivas de las plantas, piensan en la fertilización, no en el carbono; es sin duda porque no tienen ningún medio de actuar sobre este último: aparte de los cultivos en medio artificial (invernaderos, etc.) ellos no pueden modificar ni el contenido en gas carbónico del aire, ni la luz.

(3) Pues los vegetales no tienen ni esqueleto como los animales ni caparazón como los insectos.

Almacenamiento del carbono

Ya que el carbono es, cuantitativamente, el elemento más importante para las plantas, no es sorprendente que la evolución haya seleccionado especies aptas para constituir reservas carbonadas para los períodos en que las necesidades sean superiores a las posibilidades de fijarlo, bien porque las necesidades sean muy grandes (salida de las flores en las remolachas) bien porque los recursos sean escasos o nulos (germinación de los granos).

Como todas las especies, las gramíneas forman semillas que necesitan reservas de todos los productos esenciales (en este caso, glúcidos y prótidos sobre todo), los cuales contienen un 50 °/o de carbono.

Las gramíneas forrajeras deben, además, resistir a cortes o pastoreos frecuentes, que les suprimen prácticamente todas sus fuentes de carbono: los órganos verdes. Estas especies, por lo tanto, han sido seleccionadas por la naturaleza para conservar el carbono de reserva en forma de glúcidos *en la base de los tallos*: allá en efecto, estas reservas escapan al corte, y están muy cerca de los órganos que aseguran el rebrote (hojas jovenes, yemas).

¿En qué consiste la producción agrícola?

En la mayoría de las plantas industriales, se recolecta un órgano especializado que almacena reservas: bien los granos (cereales) bien órganos vegetativos (remolachas, patatas).

En las gramíneas forrajeras, por el contrario, *se recolecta casi todo, salvo los órganos de reserva.* En efecto, para la producción forrajera, no se deja que estas plantas produzcan grano y se recoge todo el aparato aéreo salvo la zona próxima al suelo, donde justamente se concentran las reservas.

El carbono que corresponde a la producción agrícola es por lo tanto el fijado por la *fotosíntesis, menos:*

- el que se pierde en la *respiración*;
- el que forma las *partes subterráneas* y las bases de los renuevos, y que comprende los *glúcidos de reserva*.

Todo él no es útil en la producción recolectada: hay *restos* de viejos órganos o fragmentos de órganos, muertos y todavía no descompuestos, sobre todo hojas; y de la materia de los órganos vivos, hay una *parte no digestible* por el animal, la que corresponde a los tejidos de sostén más viejos.

Veamos un ejemplo para dar órdenes de magnitud[1]. Al final de las 12 semanas siguientes a la germinación de un ray-grass inglés, el 14 °/o del carbono que había sido fijado en la fotosíntesis durante el día se había perdido por respiración durante la noche. El 86 °/o restante se había repartido como sigue: 8 en las raíces, 9 en la base de las partes aéreas, 69 en las partes recolectables. De este 69 °/o recolectable, 25 correspondía a órganos muertos, cifra muy elevada que se explica por el largo período sin corte. Quedaba pues el 44 °/o, que puede

(1) Robson, M. J., Ann. Bot., 37: 501–518, 1973.

estimarse digestible en alrededor del 90 °/o. Sólo el 40 °/o del carbono fijado durante el día era utilizable por el animal.

El crecimiento aéreo: una inversión

El crecimiento del follaje, una inversión. . .

La gramínea dedica el carbono que fija, bien para reserva, bien para la formación y el crecimiento de sus órganos. Ahora bien, entre estos últimos, todos los que son verdes, sobre todo las hojas, captan una vez formadas, una cantidad suplementaria de carbono.

Puede pues decirse que el crecimiento de las hojas es, para la planta, una *inversión de carbono*, así como el crecimiento de una empresa industrial por creación de nuevas fábricas constituye una inversión de dinero. En los dos casos *hay un gasto inicial que debe restituirse posteriormente*.

En ambos casos también, es necesaria la constitución de reservas. Parà la planta, es tanto más indispensable, por cuanto que casi todos sus órganos verdes son destruidos frecuentemente por cortes. Desde este punto de vista, la empresa industrial a la que podría compararse tendría sus fábricas en una región de temblores de tierra.

. . . rentable al principio solamente

Para que la inversión de carbono sea rentable para la planta, es preciso que los nuevos órganos formados puedan fijar carbono suplementario. Para esto, deben captar una cantidad suplementaria de luz.

Esto ocurre en las primeras semanas después de una siembra o un corte. Pero *a partir del momento en que haya mucha hierba sobre el terreno, toda la luz será captada*. Cada nueva hoja formada hace entonces sombra a las antiguas y la *fotosíntesis, en total, no aumenta ya: la inversión no es ya rentable*(1). Por el contrario, la masa suplementaria ocasiona pérdidas de carbono por respiración.

¿Y el crecimiento de los tallos?

El crecimiento de los tallos, *no es en principio una inversión:* su papel es elevar las inflorescencias a una altura suficiente para facilitar la fecundación por el viento y después, la dispersión de los granos. Por eso los tallos son largos y sólidos. Constituyen una masa importante pero su superficie es relativamente pequeña, en proporción. Sin embargo, son verdes. Por otra parte, gracias a diversos mecanismos(2), ocasionan un mejor funcionamiento de las hojas en esta época. Ello permite por consiguiente una fotosíntesis suplementaria.

---

(1) Otros mecanismos agravan todavía más este fenómeno, ver págs. 170–171: Fase en que el crecimiento es cada vez menos rápido.
(2) Ver págs. 116: La fase reproductora de primavera.

Dicho de otro modo, *el crecimiento de los tallos produce a pesar de todo un efecto de inversión.* Pero *no siempre es suficiente para resultar rentable*, es decir, para alimentar las necesidades de crecimiento de estos tallos.

¿Expansión o seguridad? La acción del hombre y del medio

Una empresa puede tomar diferentes actitudes frente a la inversión: puede llevar una política de expansión, más o menos prudente, o por el contrario de seguridad, constituyendo muchas reservas. Igualmente, *la planta puede consagrar más o menos parte de su carbono al crecimiento o a la formación de reservas.* Un reposo estacional, por ejemplo, puede ser comparado a una política de seguridad en una empresa.

Todo lo que, por parte del hombre o del medio, favorece el crecimiento aéreo de la planta aumenta su política de expansión.

Si la cubierta vegetal es aún abierta, este efecto será rentable para la planta y se producirá un efecto de "bola de nieve". Si la cubierta es cerrada, este efecto ya no será rentable para la planta, pues no le hará fijar más carbono. Será aún útil, sin embargo, para el agricultor, que se interesa en la producción de partes aéreas. *Pero si el crecimiento es excesivo,* el nivel de reservas disminuirá demasiado y *ello podría perjudicar el porvenir de la pradera*(1).

El nitrógeno: una orden de inversión

El nitrógeno es activo en forma de proteínas

El nitrógeno forma parte de moléculas esenciales para el metabolismo de los seres vivos, las **proteínas**(2). Es en esta forma bajo la que es activo. Por eso *su eficacia depende de su acción sobre la proporción de proteínas de los tejidos.*

Pero estas moléculas no contienen más que un 16 °/o de nitrógeno. Por eso este elemento sólo puede aumentar el rendimiento actuando sobre la nutrición carbonada. Lo hace de dos maneras principalmente:

- mejora el funcionamiento del conjunto del vegetal y en particular la eficacia de la fotosíntesis;
- favorece específicamente el crecimiento de las partes aéreas.

El nitrógeno mejora el funcionamiento del vegetal en su conjunto

Es probable que el nitrógeno tenga un efecto favorable sobre todas las actividades de la planta. Su acción ha sido detectada en dos aspectos particularmente importantes:

---

(1) Ver págs. 119–120: Importancia agrícola del nivel de las reservas.

(2) Otras moléculas son igualmente esenciales y contienen nitrógeno: ácidos nucléicos, clorofila, etc., pero como las proteínas son mucho más importantes en peso, se utiliza corrientemente su nombre para designar el conjunto.

- *mejora la eficiencia del agua,* o más exactamente, una escasez de nitrógeno produce un efecto similar a la sequía. Esto repercute en las demás funciones, en particular, en la fotosíntesis;
- *mejora directamente la eficacia de la fotosíntesis,* es decir que cada centímetro cuadrado de hoja iluminada utiliza mejor la luz y fija más carbono. Esta acción es muy intensa.

El nitrógeno favorece específicamente el crecimiento de las partes aéreas

Se comprueba, sin saberse por qué, que una planta rica en nitrógeno orienta su carbono prioritariamente hacia el crecimiento de las partes aéreas; se trata pues de un efecto de inversión. Este efecto es aún más importante que el mejoramiento de la fotosíntesis. Así mismo, este incremento del crecimiento consume más carbono que el fijado suplementariamente, de manera que en un primer período la fertilización nitrogenada aminora la acumulación de reservas y el crecimiento de las raíces.

Puede pues resumirse la acción del nitrógeno diciendo que *es sobre todo una orden de inversión.*

Esta inversión se revela rentable para la planta si la fertilización no es muy fuerte: el contenido en nitrógeno de los tejidos termina disminuyendo bastante, de este modo cesa la prioridad de las partes aéreas: éstas, más desarrolladas gracias al nitrógeno, captan más luz, así pues fijan más carbono, con lo cual benefician a su vez a las raíces y las reservas.

Si la fertilización nitrogenada es más fuerte, la inversión no es ya rentable (en carbono) para la planta, pero lo sigue siendo (en dinero) para el agricultor.

En el caso extremo de que se aporte demasiado nitrógeno y otras circunstancias favorezcan igualmente el crecimiento aéreo (clima, estado reproductor), las cañas e incluso las raíces pueden perder peso(1). Existe entonces un verdadero peligro para la planta(2).

Los otros minerales

Además del nitrógeno la planta contiene diversos minerales en proporciones apreciables (macroelementos) o ínfimas (elementos secundarios, llamados oligoelementos). Algunos, aunque abundantes en la planta, no parecen necesarios: por ejemplo el silicio. La mayoría son absolutamente indispensables porque forman parte de moléculas esenciales para el metabolismo. Es el caso, en primer lugar, del fósforo. Otros, por último, son también indispensables sin que se comprenda bien por qué: el potasio, por ejemplo, que no figura en ninguna molécula orgánica.

Todos presentan una diferencia fisiológica importante con el nitrógeno: es suficiente que su absorción sobrepase un cierto nivel, por encima del cual la planta no responde, ni positiva ni negativamente: no existe ya carencia. Ahora bien, el suelo permite casi siempre alcanzarlo, salvo para el Fósforo y el Potasio.

---

(1) Oswalt, D.L., Bertrand, A. R. y Teel, M. R., Soil Sci. Soc. Amer. Proc., **23**: 3, 1959.
(2) Ver págs. 136–138: Degradación después de un único corte en primavera.

Para estos dos últimos, el problema –muy importante– de la fertilización, plantea muchos más inconvenientes con relación al suelo que con referencia a la fisiología vegetal.

No se tratará de todos estos minerales en esta obra, que sólo aborda los problemas de biología vegetal en la medida en que permiten comprender mejor el cultivo de la hierba.

Debemos precisar un solo punto: las necesidades de la planta en un elemento cualquiera corresponden a una determinada proporción del mismo en los tejidos de dicha planta. Es preciso multiplicar dicha proporción por el rendimiento del vegetal para conocer las cantidades que le son necesarias. Por esta razón es por lo que *la intensificación y particularmente la fertilización nitrogenada, aumentan las necesidades de otros minerales.* Puede incluso, en determinados terrenos, hacer que aparezcan carencias en oligoelementos, que será preciso compensar.

CAPITULO VI

El equilibrio hídrico de la planta

El conocimiento de las posibilidades de defensa de la planta contra la sequía (págs. 96–99) permite comprender en gran medida el efecto del agua sobre la producción (pág. 99–102).

POSIBILIDADES DE DEFENSA DE LA PLANTA CONTRA LA SEQUIA

Para la planta, defenderse contra la sequía consiste en conservar su agua de imbibición: *le es preciso igualar la absorción y la transpiración, so pena de muerte rápida*. Para ello puede, bien aumentar la absorción, bien disminuir la transpiración.

Aumentar la absorción

La absorción de agua es mejor cuando las plantas son capaces de ir a buscarla en profundidad en caso de necesidad, después absorberla y hacerla subir rápidamente hacia las hojas. Estas aptitudes no se adquieren en el momento de la sequía: preexisten. *Son adaptaciones obtenidas por selección* (natural o artificial) *o por ciertas técnicas culturales* (fertilización nitrogenada, preparación del suelo, etc.).

Profundidad de enraizamiento

Una buena profundidad de enraizamiento es sin duda el medio más eficaz para una planta de resistir la sequía. La masa de raíces tiene en sí misma un papel poco importante[1]: es su dispersión y sobre todo su penetración profunda, lo que resulta esencial.

La profundidad de enraizamiento *depende de la especie*: esta es la ventaja del dactilo y de la festuca, por ejemplo. Depende también del tipo de suelo y de las técnicas culturales (labores, etc.). *Disminuye debido a cortes demasiado frecuentes y por la fertilización nitrogenada.* Una planta que ha recibido durante un tiempo prolongado nitrógeno y que ha sido frecuentemente explotada, abordará peor, por tanto, los períodos secos. Por el contrario una proporción elevada de nitrógeno en el momento mismo de la sequía es muy favorable (ver más adelante).

Buscar el agua en profundidad no está, para la planta, exento de inconvenientes: en efecto, *las capas profundas del suelo están empobrecidas en elementos minerales.* Es por eso por lo que la irrigación que humidifica la zona superficial, es útil incluso para las plantas con raíces profundas pues permite mejorar su nutrición mineral.

Absorción y circulación del agua: efecto del nitrógeno

Se puede comparar a la planta con un conjunto de pequeños tubos, capaces de asegurar un cierto caudal de agua. Si la demanda es demasiado fuerte, este caudal puede llegar a ser insuficiente.

La entrada de agua en el tubo, en sí, no se hace facilmente: las capas exteriores de las raíces están formadas por tejidos vivos, poco permeables al agua, lo que ocasiona, también allí, una acción de frenado.

La planta compensa en parte estos frenados mediante mecanismos activos de absorción y de circulación del agua. Estos mecanismos son más o menos eficaces. *El nitrógeno actúa a este nivel.* De este modo, *mejora la eficiencia del agua*[2]. Más exactamente disminuye el efecto de sequía permitiendo a la planta satisfacer mejor la demanda climática, lo que implica tres consecuencias notables:

- el contenido de agua del vegetal es más elevado, pues el estado de hidratación de los tejidos es mejor;
- el consumo de agua aumenta: no es pues exacto decir que el nitrógeno economiza agua;
- la producción de materia seca se eleva mucho más que el consumo de agua.

Mejorar la absorción y la circulación del agua, es para la planta, el único medio de defensa contra la sequía que no parece tener contrapartida desfavorable sobre el potencial de producción.

---

(1) Troughton, A., Proc. XII Internat. Grassl. Congress, Biological and Physical aspects of the intensification of grassland utilization, págs. 380–85, 1974.
(2) Mingeau, M. y Robelin, M., Ann. Agron. **23**: 419–427, 1972.

Disminuir la transpiración

Una vez que la sequía ha comenzado, la planta va a tratar de reducir su transpiración. Dispone para ello de tres medios, de eficacia creciente, que pone en marcha sucesivamente, a medida que se agrava la falta de agua. En la naturaleza, en efecto, una sequía se instala siempre progresivamente. Estos tres medios son, por orden: la disminución de la velocidad de crecimiento, la regulación estomática y la entrada en reposo.

Disminución de la velocidad de crecimiento

La *primera reacción de la planta*, cuando la sequía es todavía moderada, consiste en disminuir la velocidad de crecimiento aéreo, lo que reduce la superficie foliar y por consiguiente, la demanda de transpiración. Es una reacción *inmediata y proporcional* a la sequía. La planta resulta beneficiada, pero no el agricultor, que ve disminuir el rendimiento.

En este estadio, la fotosintesis por unidad de superficie foliar no disminuye[1]. El carbono así fijado, no se consagra al crecimiento, se guarda en reserva. Ello permitirá a la planta volver a crecer mejor de nuevo cuando vuelvan las lluvias.

Regulación estomática

Sabemos que los vegetales están cubiertos por una **cutícula** casi impermeable y que los cambios gaseosos necesarios para la fotosíntesis y la respiración se efectúan a través de pequeños orificios en esta cutícula: los **estomas.** Pero es evidente que por esos mismos orificios se evapora el agua de transpiración.

La regulación estomática consiste, para la planta, *en frenar esta pérdida de agua cerrando más o menos sus estomas*, por intermedio de dos pequeñas células estomáticas que se encuentran a la entrada. Esta regulación interviene *cuando la disminución de la velocidad de crecimiento no es suficiente ya* para asegurar el equilibrio de agua de la planta.

Si el cierre de los estomas disminuye la salida de vapor de agua, limita al mismo tiempo la entrada de anhidrido carbónico: *la fotosíntesis por unidad de superficie foliar disminuye*. No solamente la planta crece menos, sino que no puede ya constituir reservas.

Entrada en reposo

La última forma de resistencia de las gramíneas a la sequía consiste en entrar en reposo. Los órganos aéreos existentes mueren (hojas, tallos alargados) y sólo las raíces, las placas de ahijamiento y los ápex permanecen vivos. No solamente la superficie de transpiración se reduce de este modo prácticamente a cero, sino

(1) Jones, M. B. et al., Grassl. Res. Inst. Ann. Rep. for 1976. pág. 63, 1977.

que los restos secos protegen a las partes que permanecen vivas del contacto directo con la atmósfera desecante.

No siempre se conocen bien los mecanismos que desencadenan la entrada en reposo. A menudo, no son una respuesta a la sequía en sí misma, sino ante todo a factores ligados estadísticamente a ella, como el calor. En este caso la planta reacciona preventivamente, ante la proximidad de la estación habitualmente seca.

Se trata de un medio para asegurar la supervivencia de la planta, pero *suprimiendo toda producción durante la sequía, incluso la que ya existía en pie.*

EFECTO DEL AGUA SOBRE LA PRODUCCION

Los flujos de agua en la planta ejercen evidentemente un efecto instantáneo sobre el crecimiento de las plantas. Pero se observa también cierto efecto retardado, debido a la irrigación, que resulta dificilmente explicable.

Efecto instantáneo del agua

Plantas diferentes, o en estado diferente, no utilizarán el agua de la misma manera: una gramínea en pleno encañado, en que la velocidad de crecimiento es muy elevada, la utilizará mejor que si estuviera en estado vegetativo, por ejemplo. Se sabe igualmente desde hace poco, que una pradera que acaba de ser cortada es mucho más sensible a la sequía que una pradera que ha rebrotado ya algo(1).

Para una pradera determinada, el efecto del agua depende del grado de satisfacción de la demanda climática(2), pero depende también estrechamente, de esta demanda en sí misma (E.T.P.).

Efecto del grado de satisfacción de la demanda

Para una demanda dada (fig. 6.1) *la producción depende directamente de la* **evapotranspiración real (E.T.R.)**, es decir de la absorción. Se admite generalmente que el crecimiento es proporcional a la E.T.R.(3) *hasta que el consumo alcanza un techo llamado* **Evapotranspiración Máxima (E.T.M).** Entonces la absorción no aumenta más cualquiera que sea la humedad del suelo, y el *rendimiento* es también máximo. *Representa el potencial* de la planta en las condiciones consideradas.

Gráficamente, la producción está pues representada por un segmento de recta AB (fig. 6.1). La abscisa del punto A (rendimiento nulo) corresponde a

(1) Travaux du Laboratoire d'Agronomie, INRA, Angers-Lusignan.

(2) Robelin, M., Fourrages. **38**: 30-40, 1969.

(3) En realidad, parece que la respuesta del crecimiento a la oferta de agua no es exactamente una recta, sino una curva cóncava, hacia la base (a trazos Fig. 6.1) es decir, que un ligero déficit de agua tendría un efecto muy amortiguado sobre el rendimiento (según Robelin, M., comunicación personal).

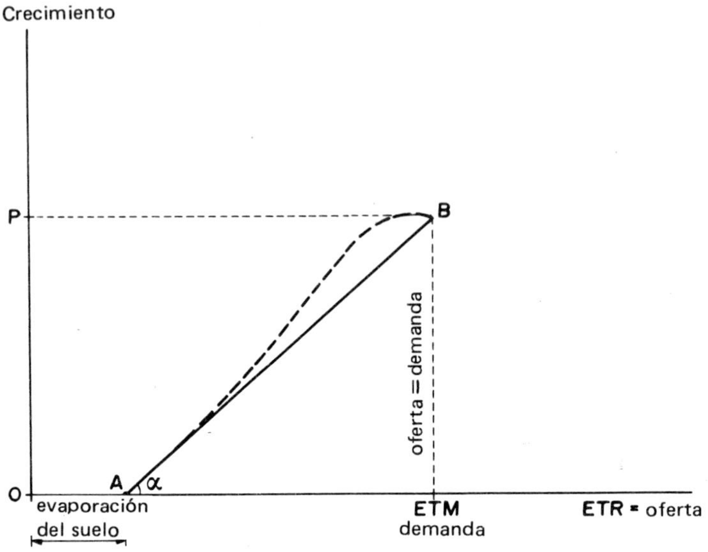

Fig. 6.1: Influencia de la oferta de agua (E.T.R.) sobre el crecimiento, para una demanda de agua (E.T.M) dada.

A trazos, curva real probable, según Robelin (comunicación personal).

la evaporación del suelo. La abscisa de B es la Evapotranspiración máxima (E.T.M.) y su ordenada es el potencial de producción, P. La pendiente de la recta (tg α) representa la *eficiencia del agua: esta varía, en las gramíneas forrajeras, entre 0 y 2,5 gramos de materia seca por kilo de agua consumido* por la planta.

Efecto de la demanda (E.T.P.)

Para demandas diferentes, las respuestas del rendimiento a la evapotranspiración son diferentes (A_1B_1, A_2B_2, A_3B_3, fig. 6.2). Obedecen a las dos leyes siguientes:

- *La eficiencia del agua es tanto menor cuanto más fuerte es la demanda.* Un consumo determinado de agua satisfará tanto menos la demanda cuanto más fuerte sea ésta: la producción se resentirá por ello. Figura 6.2, un mismo consumo de agua Q dará un rendimiento R_1, si la demanda es baja, solamente R_3 si es fuerte; las pendientes de las rectas A_1B_1, A_2B_2 y A_3B_3 son por tanto cada vez menores;
- *La producción potencial es máxima cuando la demanda es media.* La producción potencial no depende únicamente de la demanda de agua, pues ésta va unida a la temperatura y a la energía luminosa, factores que actúan directamente, por su parte, sobre la producción, de manera que no es posible separar todos estos efectos. Así, si la demanda

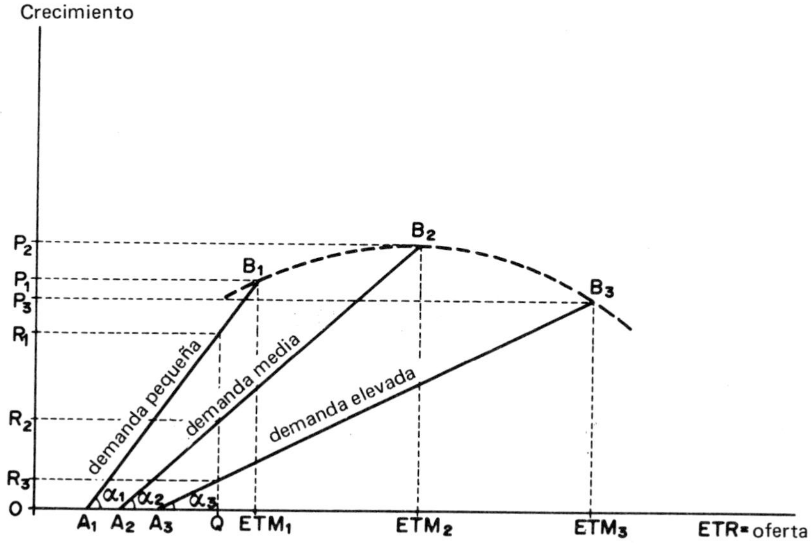

Fig. 6.2: Influencia de la oferta y de la demanda de agua sobre el crecimiento.

A———B: Influencia de la oferta sobre el crecimiento para una demanda dada.
– – – – : Influencia de la demanda sobre la producción potencial.

es pequeña, es que la temperatura y/o la iluminación lo son también, y pueden ser limitantes. Esto ocurre a menudo en otoño, en invierno y en primavera. Entonces la demanda de agua generalmente se satisface (E.T.R. = E.T.M. = E.T.P.) y se obtiene, sin regar, el crecimiento potencial, pero este no es muy elevado (B_1, fig. 6.2). A medida que la temperatura se eleva y que la luz se hace más intensa, si el caudal de agua permanece suficiente, se obtiene siempre el rendimiento potencial y este es cada vez más elevado (B_2, fig. 6.2). Es una de las razones por las cuales se registran los mayores crecimientos en las praderas en estado vegetativo en mayo-junio, a veces en septiembre. Si hace aún más calor y luminosidad, la demanda de agua se hace tan grande que, incluso con una fuerte irrigación, la planta no puede ya satisfacerla: la velocidad de ascensión de la savia no es suficiente ya. Entonces disminuye la velocidad de crecimiento, lo que conduce a la evapotranspiración máxima (E.T.M.) con un valor inferior a la E.T.P. Esta disminución de la velocidad de crecimiento se acentúa todavía más por el hecho de que la temperatura es entonces superior a la óptima.

Efecto retardado del riego

Después de un verano seco, algunas experiencias muestran que *cuando vuelven las lluvias,* e incluso en la primavera siguiente, *una gramínea produce menos si ha sido regada*(1).

Es difícil decir si se trata de un efecto real del riego, o de una apariencia debida a los protocolos experimentales. En efecto, para comparar un tratamiento con irrigación con otro que no lo está, se puede, bien aplicarles la misma fertilización nitrogenada, bien echar más nitrógeno en las parcelas regadas.

- Si se les aplica la misma fertilización, la hierba que recibe el agua crece más y consume más nitrógeno: le queda menos para la estación siguiente;
- Si se da más nitrógeno al tratamiento irrigado, existe tendencia a echarle demasiado: se forzará el crecimiento, haciendo descender las reservas carbonadas(2) a un nivel crítico, tanto más cuanto que un verano seco es a menudo demasiado cálido para una fotosíntesis óptima. Es probable que el rebrote se resienta por ello(3).

Solo una experimentación en la que se aplique toda una gama de niveles de nitrógeno, podría permitir saber si este efecto posterior del riego es real o no.

---

(1) Meriaux, S., Ann. Agron. **22**: 95-101, 1971, y Horst, G. L. Diss. Abst. Intern. Sect. B, **34**: 11, 5289-B, 1974.

(2) Ver págs. 93–94: El nitrógeno, una orden de inversión.

(3) Ver págs. 119–120: Importancia agrícola del nivel de las reservas.

CAPITULO VII

Ganancias y pérdidas de carbono: fotosíntesis - respiración

Mediante la fotosíntesis, la planta capta el carbono del anhidrido carbónico del aire, CO_2, y expulsa oxígeno. Mediante la respiración, toma oxígeno del aire para oxidar su propio carbono, creando así anhidrido carbónico que se desprende. Estos dos fenómenos se traducen por lo tanto en cambios, en sentido opuesto, de anhidrido carbónico y de oxígeno entre el aire y la planta.

Es difícil medir la fotosíntesis verdadera. Pero es fácil medir los flujos de gas carbónico y de oxígeno en el aire. Se obtiene así directamente *un balance del carbono que ha quedado en la planta a pesar de las pérdidas por respiración.* Este balance es el más generalmente estudiado. Se le llama **fotosíntesis neta**.

> Fotosíntesis neta = fotosíntesis verdadera – respiración

Para tener una idea de la fotosíntesis verdadera, el primer método que se utilizó consiste en *poner las plantas en la oscuridad* allí no existe fotosíntesis y *se puede medir la respiración*. Se añade ésta a la fotosíntesis neta para obtener, por cálculo, la **fotosíntesis bruta**:

> Fotosíntesis bruta = fotosíntesis neta + respiración en la oscuridad

Después se apercibió que existía *otra clase de respiración,* que no tenía lugar más que *a la luz* y en las células donde se verificaba la fotosíntesis. Se le llamó **fotorrespiración**. En plantas como las gramíneas forrajeras(1) es mucho mayor que la respiración en la oscuridad.

Así la fotosíntesis verdadera es mucho más importante de lo que se creía, a veces es doble.

> Fotosíntesis verdadera = fotosíntesis bruta + fotorrespiración

(1) Es decir, en las especies llamadas C_3 porque la primera forma bajo la que se fija el carbono es una molécula de 3 átomos de carbono.

Esencialmente, *es la respiración ordinaria la que provee la energía* necesaria para todas las funciones vitales, el resto es provisto directamente por la fotosíntesis (ver más adelante). Se ignora todavía el papel desempeñado por la fotorrespiración.

Lo que nos interesa en el marco de esta obra, es el balance del carbono: la fotosíntesis neta. Es necesario estudiarla primero a nivel de cada centímetro cuadrado de hoja (págs. 104 a 112), antes de comprenderla al nivel global de la cubierta vegetal (págs. 112 a 115) y de ello extraer las conclusiones para la pradera (págs. 115 a 116).

LA FOTOSINTESIS NETA POR UNIDAD DE SUPERFICIE FOLIAR:

Los procesos en juego

La fotosíntesis consiste en captar la energía de la luz y el anhidrido carbónico del aire, para fijar el carbono.
Estos dos procesos son distintos, aunque están relacionados:

- el primero desemboca en la fijación de la energía bajo la forma de dos pequeñas moléculas muy móviles, el A.T.P. y el N.A.D.P.H.(1) (vía 1, fig. 7.1);
- el segundo acaba con la utilización inmediata de estas dos moléculas para fijar el carbono del anhidrido carbónico y formar así compuestos carbonados que se llaman entonces **productos de asimilación**, principalmente azúcares (vía 2, fig. 7.1)

Una parte del A.T.P. y del N.A.D.P.H. puede servir directamente para proveer la energía a diversas reacciones.

Estos dos mecanismos operan en el interior de las células de las hojas, en pequeños corpúsculos, los "cloroplastos".

Una parte de los productos de asimilación formados se pierde enseguida por fotorrespiración (vía 3, fig. 7.1). El resto, salen del cloroplasto y son evacuados hacia las otras partes de la planta donde serán utilizados (vía 5, fig. 7.1), no sin que otra parte sea, un poco por todo, destruida en la respiración ordinaria (vía 4, fig. 7.1).

El carbono contenido en los productos de asimilación que escapan a la respiración, representa la fotosíntesis neta. Para que esta sea intensa es preciso que los aprovisionamientos de energía y carbono (vías 1 y 2) sean eficaces y que las pérdidas por respiración (vías 3 y 4) sean pequeñas. Parece igualmente necesario que la evacuación de los productos de asimilación (vía 5), se efectúe bien.

Un examen de estos cinco procesos(2) permitirá comprender los factores de variación de la fotosíntesis neta.

---

(1) A.T.P.: Adenosin Trifosfato.
N.A.D.P.H.: Nicotinamida Adenin Denucleótido Fosfato.

(2) Sin penetrar en el nivel bioquímico, que sobrepasa el marco de esta obra.

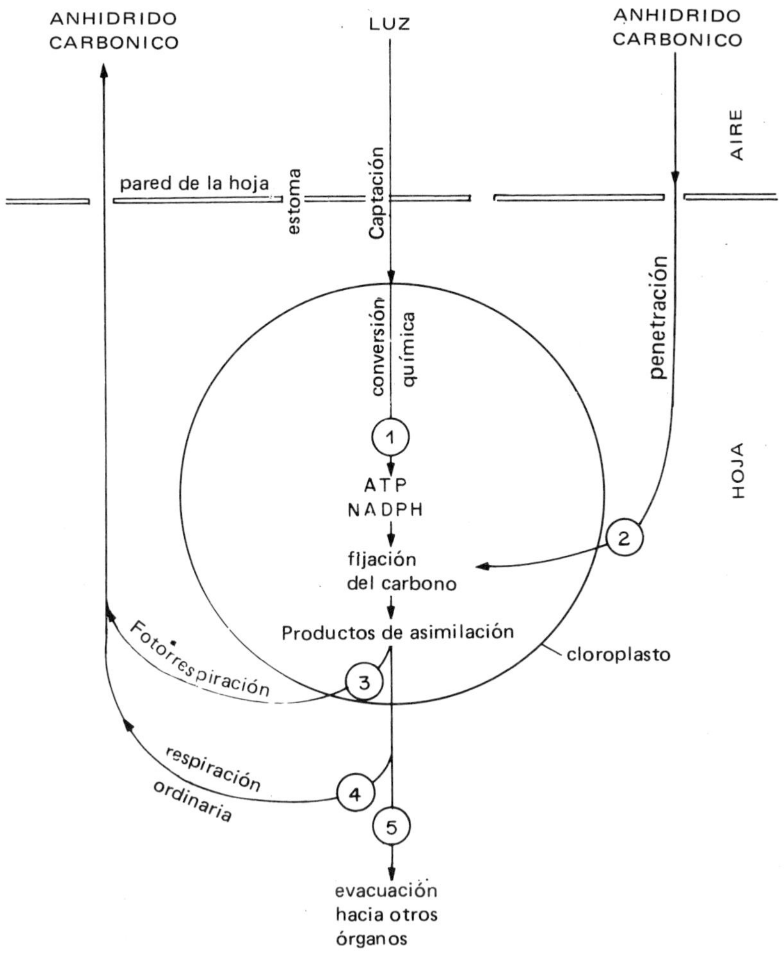

Fig. 7.1: Mecanismos que entran en juego en la fotosíntesis neta.

Aprovisionamiento de energía de origen luminoso

En el interior de cada cloroplasto, unas antenas captan la luz y conducen su energía a centros de reacción que la transforman en energía química, bajo las formas de A.T.P. y de N.A.D.P.H.

Las antenas colectoras están constituidas principalmente por *clorofila*, es por lo que a la fotosíntesis se le llama también: función clorofílica. La clorofila contiene nitrógeno: se le puede llamar proteína, en sentido amplio[1].

Todos sabemos que la clorofila es verde. Eso significa que absorbe, sobre todo, los demás colores: estos últimos son por tanto, teóricamente, los más eficaces para la foto-

(1) Ver nota (2) pág. 93.

síntesis. Sin embargo, el verde en sí mismo no es totalmente ineficaz y como a cada impacto sobre una hoja se refleja y es vuelto a enviar sobre otra hoja, acaba por ser casi totalmente utilizado por la cubierta vegetal.

Los centros de reacción están formados por diversas moléculas, de las cuales muchas son proteínas(1).

Para una buena fotosíntesis, es preciso por lo tanto:

- *Mucha luz*. Esto depende de las condiciones meteorológicas pero también de la posición de la hoja en la cubierta vegetal;
- *suficiente clorofila*. De hecho, *hay casi siempre demasiada.* Una planta verde claro es tan eficaz como una planta verde oscuro.
  La clorofila no llega a ser insuficiente más que cuando hay muy poca (enfermedades, marchitamiento, clorosis por fuerte carencia mineral) y si además la luz es muy débil;
- *suficiente proteína*, para lo que se necesita en particular una *alimentación nitrogenada correcta*;
- *un buen funcionamiento del conjunto*, lo que supone una *buena hidratación de los tejidos.*

Aprovisionamiento de anhidrido carbónico

Para que el carbono sea fijado en forma de productos de asimilación, es preciso primero que el anhidrido carbónico del aire llegue hasta el interior de los cloroplastos, para ello deberá penetrar en la hoja por los estomas, después difundirse por toda la hoja, entrar en las células y por último en los cloroplastos. Existen toda una serie de barreras que son de naturaleza física.

Llegado a su destino, el anhidrido carbónico entra en una cadena de reacciones químicas dirigidas por una maquinaria formada por moléculas de las cuales la mayor parte son proteínas. Estas reacciones extraen el carbono del anhídrido carbónico para fijarlo, consumiendo para ello todo o parte del A.T.P. y del N.A.D.P.H. que acaban de ser formados gracias a la energía luminosa.

Para una buena fotosíntesis, es preciso por lo tanto:

- *Un aire rico en anhidrido carbónico.* De hecho, el contenido del aire en anhidrido carbónico es prácticamente constante y *en modo alguno se puede actuar* sobre este factor(2);
- *estomas numerosos;*
- *estomas grandes abiertos, es decir nada de sequía;*

---

(1) En sentido amplio: ver nota (2) pág. 93.

(2) Para ciertas plantas de mesa, por ejemplo, cultivadas en invernadero, se puede enriquecer artificialmente el aire en anhidrido carbónico y esto mejora considerablemente la producción.

- *estructura de la hoja* favorable a la difusión de los gases. (Se ha comprobado que células pequeñas y numerosas eran más favorables que algunas grandes);
- *resistencia débil a la entrada en las células y en los cloroplastos después;*
- *suficientes proteínas* para que la maquinaria química sea eficaz. Ello implica en particular una *buena alimentación nitrogenada;*
- *un buen funcionamiento de la maquinaria química,* para lo que es necesario también una *buena hidratación de los tejidos.*

Pérdidas por fotorrespiración

La fotorrespiración es *tanto más intensa* cuantos más productos de asimilación tiene para consumir, es decir *cuando la fotosíntesis verdadera es mayor.* Se trata pues de una *pérdida inevitable.*

Sin embargo, la fotorrespiración no reacciona exactamente igual que la fotosíntesis verdadera a los diferentes factores de variación. Reacciona fuertemente al contenido en oxígeno del aire, pero como este es prácticamente constante en la naturaleza, este factor no interviene en la práctica.

Pérdidas por respiración ordinaria

Según investigaciones recientes(1) parece que la respiración ordinaria puede dividirse en dos partes, según que la energía suministrada por ella sirva para el mantenimiento de la planta o para su crecimiento.

La respiración de mantenimiento es proporcional a la masa total de materia viva. Hace perder a la planta, cada día, de 0,9 a 1,5 °/o de su peso seco, lo que supone bastante poco. Esta respiración es *permanente. Aumenta rápidamente cuando se eleva la temperatura*(2). Es máxima a las temperaturas críticas que puede soportar la planta y sólo decrece por encima de ellas, a temperaturas letales.

La respiración de crecimiento está ligada a la velocidad de crecimiento, es decir al peso de materia viva nueva producida por unidad de tiempo(3). En una planta en crecimiento rápido, esta respiración *puede ser muy importante*: se han encontrado valores hasta dos veces mayores que los de la respiración de mantenimiento y capaces de consumir de 1/4 a 1/3 del carbono fijado por la fotosíntesis bruta. Esta respiración, referida a un gramo de materia nueva producida, apenas reacciona a las variaciones de temperatura.

---

(1) Grassl. Res. Institute Ann. Rep. for 1975, Aberystwyth, 1976.

(2) Según una ley casi exponencial, con un Q_{10} comprendido entre 1,5 y 2.

(3) Más exactamente, parece ligada al caudal de exportación de los productos de asimilación de las hojas hacia los órganos en crecimiento, lo que, en una primera aproximación, viene a ser lo mismo.

Evacuación de los productos de asimilación: fotosíntesis y crecimiento

Diversos hechos inclinan a pensar que, *si los productos de asimilación de una hoja no son evacuados bastante rápidamente* hacia otros órganos, *la hoja se atascaría* y su fotosíntesis aminoraría, o se detendría. Por ejemplo, a igual intensidad luminosa, la fotosíntesis es menos activa por la tarde que por la mañana, sobre todo si ha sido intensa y sostenida por la mañana, e incluso aunque se mantengan los estomas abiertos debido a una higrometría saturante(1).

Ahora bien, la evacuación de los productos se efectúa hacia los órganos jóvenes en crecimiento. Es más rápida cuando el crecimiento de la planta es activo. *La fotosíntesis depende pues, probablemente, de la velocidad de crecimiento* de la planta, es decir de su política de expansión, considerando de nuevo la comparación con una empresa industrial(2): se podría decir que la planta, como puede hacerlo una empresa, adapta la actividad de sus fábricas (las hojas) a su programa de expansión. Pero esta adaptación es insuficiente(3) y *el crecimiento realizado depende también de la fotosíntesis*. Con más precisión:

- cuando la planta está programada para crecer rápidamente (temperatura favorable, fase reproductora, fuerte fertilización nitrogenada, etc.), entonces la evacuación de los productos de asimilación de las hojas se efectúa bien y es la velocidad de fijación del carbono la que puede llegar a ser limitante. En este caso es el crecimiento el que puede depender de la fotosíntesis;
- cuando la planta está programada para crecer lentamente (reposo estacional, etc.), la evacuación de los productos se efectúa mal y la fotosíntesis parece aminorar. En este caso, es la fotosíntesis la que puede depender del crecimiento.

Factores de variación

El conocimiento de los procesos en juego permite comprender la acción de muchos factores de variación sobre la fotosíntesis neta.

Efecto de la intensidad luminosa

Cuando se mide la fotosíntesis neta de un fragmento de hoja bajo diversas iluminaciones, se obtiene una curva como la de la fig. 7.2, en la cual se encuentran la mayoría de los procesos revisados en el párrafo precedente:

- *a iluminaciones débiles, la fotosintesis neta aumenta rápidamente con la energía luminosa*. Es en efecto esta última la que es limitante. El ángulo α caracteriza la eficacia de la hoja para captar y transformar la luz.
- *a iluminaciones fuertes*, superiores a 50 ó 100 Watts/m^2 (luminosidad media del aire), *la fotosíntesis neta alcanza una meseta*, P, tanto más

(1) Robelin, M. Station D'Agronomie, INRA, Clermont-Ferrand: Comunicación personal.
(2) Ver págs. 92–93: El crecimiento aéreo: una inversión.
(3) Brown, R. H. y Blaser, R. E., Crop. Sci., 5: 6, 577–582, 1965.

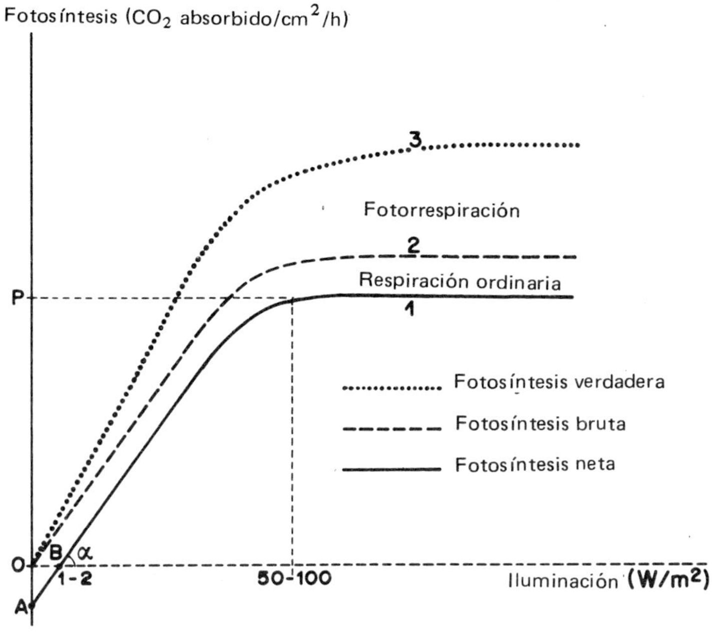

Fig. 7.2: Acción de la iluminación sobre la fotosíntesis de una hoja.

elevada cuanto mejor sea el aprovisionamiento en anhidrido carbónico. Es en efecto este aprovisionamiento el que se hace limitante;

- *para una iluminación nula,* no existe más que la respiración ordinaria, que desprende gas carbónico en lugar de absorberlo: *la fotosíntesis neta se hace negativa y da la medida de la respiración ordinaria.*

Si para todas las intensidades luminosas, se añade el valor A_o al de la fotosíntesis neta, se obtiene una curva paralela a la curva 1, que representa la fotosíntesis bruta (curva 2). Para obtener la fotosíntesis verdadera será preciso todavía añadir la fotorrespiración, que aumenta con la iluminación (curva 3).

El punto B, para el cual la fotosíntesis compensa exactamente la respiración (fotosíntesis neta nula) corresponde a una intensidad luminosa muy débil (algún w/m^2, es decir, la penumbra), llamado punto de compensación para la luz.

La intensidad luminosa recibida por una hoja durante su crecimiento modifica su reacción a la iluminación: *una hoja que ha crecido con mucha luz tiene una fotosíntesis mejor, sobre todo a iluminaciones fuertes*, pues la mayor parte de las resistencias al aprovisionamiento en carbono han disminuído(1) (fig. 7.3).

---

(1) Prioul, J. L., Photosynthetica, 5: 4, 364-375, 1971.

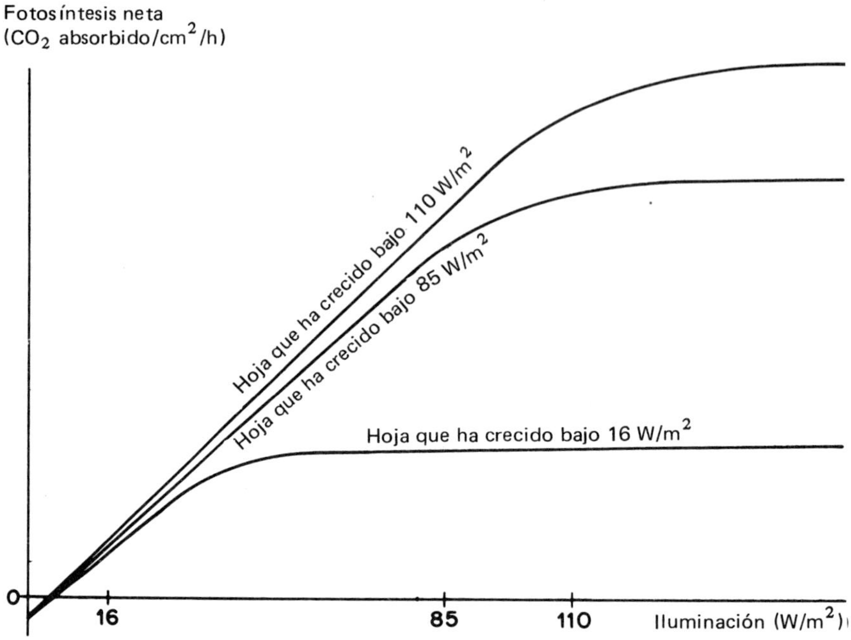

Fig. 7.3: Adaptación de la fotosíntesis a la iluminación de crecimiento de una hoja

Según Prioul, Photosynthetica, 5, 4, 364-75, 1971.

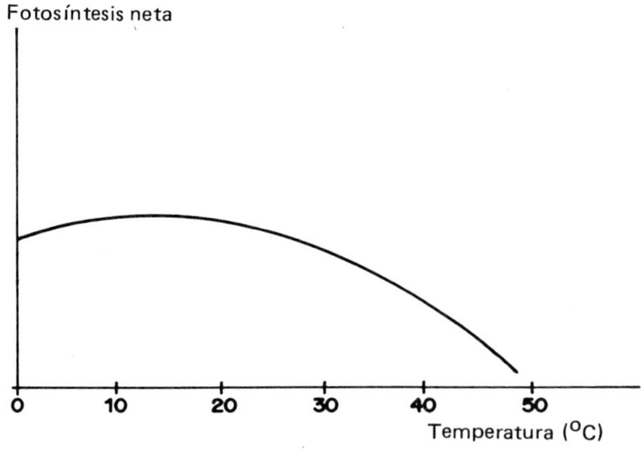

Fig. 7.4: Acción de la temperatura sobre la fotosíntesis neta de una gramínea forrajera.

Según Murata et Iyama, Proc. Crop. Sci. Soc. Japan, 31, 315–21, 1963.

Efecto de la duración del día

En condiciones naturales, cuando los días son largos, las plantas reciben más luz en 24 horas que en días cortos, aún cuando la intensidad luminosa instantánea sea a veces la misma. *Los días largos son pues muy favorables* para la fotosíntesis neta.

En condiciones artificiales, se puede alargar el fotoperiodo mediante una iluminación que no aporte prácticamente energía. Pueden entonces aparecer efectos propios del fotoperíodo sobre la fotosíntesis. Estos efectos, mal conocidos, pueden depender del estadio de la planta y no son forzosamente favorables. De todos modos son despreciables al lado del efecto de la diferencia de energía luminosa que se da en condiciones naturales.

Efecto de la sequía

En condiciones naturales, el *primer efecto* de la sequía sobre la fotosíntesis consiste en reducir el crecimiento, de manera que la fotosíntesis por unidad de superficie foliar *no es afectada.* Después, *si la falta de agua se prolonga*, tiene lugar el cierre de los estomas: el anhidrido carbónico penetra entonces peor en las hojas y la meseta de la fig. 7.2 baja: *la hoja utiliza mal las iluminaciones fuertes.*

Si la sequía es muy fuerte, la planta entra en reposo; entonces el problema de la fotosíntesis por unidad de superficie foliar no se plantea: *no existen ya hojas verdes.*

Efecto de la temperatura

La fotosíntesis neta de las gramíneas forrajeras es *relativamente poco sensible a la temperatura*(1): responde a ella con una curva que tiene un óptimo muy aplanado. *A 0° no es despreciable* y no se anula a temperaturas muy elevadas (fig. 7.4). Esta estabilidad se comprende, por varias razones:

- la penetración de la luz y la del anhidrido carbónico hasta el interior del cloroplasto no son procesos químicos: su velocidad depende poco de la temperatura;
- la fotorrespiración y la respiración de mantenimiento reaccionan a la temperatura en el mismo sentido que la fotosíntesis verdadera, aunque sus velocidades máximas no se alcancen a las mismas temperaturas;
- las temperaturas elevadas, que deberían acelerar la fotosíntesis, aumentan también la demanda de agua, de ahí que los estomas empiecen a cerrarse.

La fotosíntesis de una hoja es por otro lado tanto mejor cuando esta hoja ha crecido a su temperatura óptima.

---

(1) Murata, Y. et Iyama, J., Proc. Crop. Sci. Soc. Japan, **31**: 315-321, 1963.

Efecto del nitrógeno

El nitrógeno *favorece la fotosíntesis* por unidad de superficie foliar cualquiera que sea la intensidad luminosa pero sobre todo con iluminaciones fuertes.

Esta acción es sin duda debida a un aumento de la cantidad de proteínas que aseguran la conversión de la energía luminosa en química y de seguro a un aumento de las que aseguran la fijación del carbono(1). Pero el nitrógeno actúa sin duda también sobre la fotosíntesis acelerando el crecimiento, lo que favorece la evacuación de los productos de asimilación de las hojas.

Efecto del potasio

Una mala nutrición potásica aminora la fotosíntesis; se supone que el potasio es necesario para una buena circulación de la savia elaborada, por tanto, para una buena evacuación de los productos de asimilación fuera de la hoja.

Efecto de la edad y del estadio

Todas las características de la fotosíntesis por unidad de superficie foliar son modificadas por la edad y el estadio de las plantas; por ejemplo, una hoja inserta sobre un tallo en encañado es más eficaz, con igual superficie, que una hoja en estado vegetativo.

Es lógico pensar que la edad y el estadio de la planta modifican numerosas características importantes para la fotosíntesis, como el número y el tamaño de los estomas, el tamaño de las células, la resistencia de los cloroplastos a la penetración del anhidrido carbónico, la eficacia de las maquinarias químicas, las actividades respiratorias y la velocidad de crecimiento.

Por otra parte se comprueban, por ejemplo, bruscos aumentos de la respiración en algunos estadios precisos, como la floración.

Efecto del genotipo

Se han descubierto variaciones genéticas importantes, incluso dentro de una especie dada, para el número y tamaño de los estomas, el tamaño de las células, la fotorrespiración y la respiración en la oscuridad. Estas variaciones no tienen aparentemente ningún vínculo entre sí, pero es inevitable que su resultante sea una variación importante de las capacidades fotosintéticas. Estas tendrían tendencia a estar determinadas, sobre todo, por las variaciones de la respiración en la oscuridad(2).

LA FOTOSINTESIS NETA DE LA CUBIERTA VEGETAL

A nivel de una pradera, la fijación del carbono y la fotorrespiración no existen más que en los órganos clorofílicos expuestos a la luz, mientras que la respiración ordinaria se produce en todos los órganos. La fotosíntesis neta de un cultivo es pues *la diferencia entre la fotosíntesis bruta de las partes verdes iluminadas y la respiración ordinaria del conjunto.*

(1) Andreeva, T. F. et al., Sov. Plant. Physiol., **18**: 591–97, 1972.
(2) Wilson, D., Ann. Appl. Biol. **80**: 323-338, 1975.

La fotosíntesis bruta de las partes verdes iluminadas

La fotosíntesis bruta de las partes iluminadas no depende de los mismos factores según que la cubierta vegetal sea **abierta**, es decir que *no intercepte más que una parte de la luz*, o **cerrada**, es decir que *la intercepte totalmente.*

Se llama **índice de superficie foliar** la relación entre la superficie de las hojas, y la superficie del suelo que las soporta. Este índice es *óptimo en el límite entre un cultivo abierto y un cultivo cerrado*: si es menor, una parte de la luz se pierde; si es mayor, parte de las hojas no están iluminadas, pero respiran: le hacen perder carbono a la planta.

Los cultivos muy rastreros, como el trébol blanco, se cierran para índices de superficie foliar próximos a 1, pues una sola capa de hojas puede cubrir enteramente el suelo. Por el contrario, las plantas erectas no se cierran más que para índices de 3 ó 4.

Los cultivos abiertos

Cuando una parte de la luz cae sobre el suelo, se refleja muy poco hacia las hojas, por lo tanto, gran parte de ella no la aprovecha el cultivo. El principal factor de variación de la fotosíntesis es entonces la *cantidad de luz captada*, es decir la cobertura del suelo por las hojas(1).

Es por esta razón por lo que, en un cultivo abierto:

- *el crecimiento constituye en general una inversión rentable para la planta*(2), pues aumenta la cantidad de luz interceptada;
- los portes rastreros resultan favorecidos.

Por el contrario, y sobre todo para los portes rastreros, *la luz intercepta las hojas de frente*, con la intensidad que tiene en la atmósfera y que, en las estaciones de crecimiento, es a menudo elevada: se encuentra en la meseta de la figura 7.2, pág. 109. Esto implica tres consecuencias:

- *incluso la luz interceptada no es totalmente utilizada*: si en tiempo luminoso, la iluminación es de 500 w/m², la fotosíntesis será la misma que con sólo 100 w/m², por ejemplo;
- las plantas responden debilmente a las variaciones de intensidad luminosa;
- las plantas favorecidas son las que tienen una buena fotosíntesis con iluminaciones fuertes.

Los cultivos cerrados

Cuando la cobertura del suelo es total, es, de hecho constante: ni el porte, ni el crecimiento pueden ya aumentarla. Por ello el *crecimiento no resulta una inversión rentable para la planta*(2).

---

(1) Podemos hacernos una idea vaga de ello según la proporción de suelo visible a simple vista.

(2) Ver págs. 92–93: El crecimiento aéreo: una inversión.

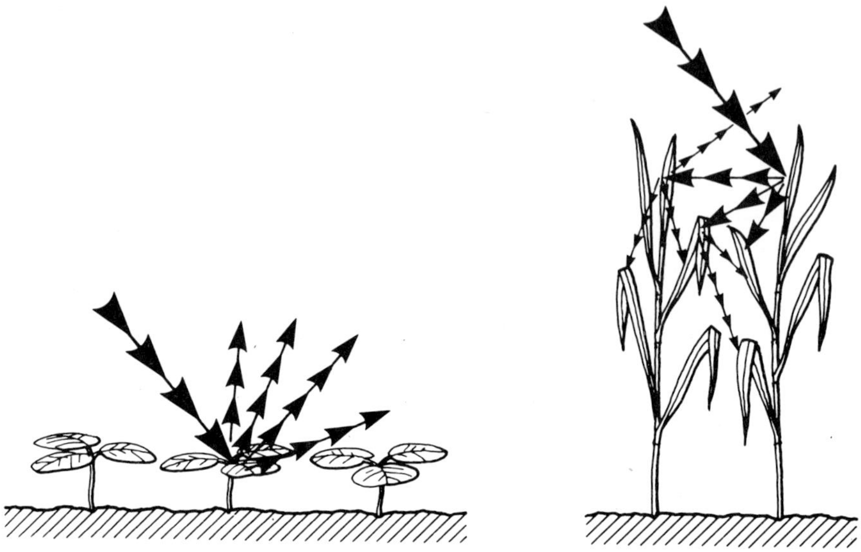

Fig. 7.5: Acción del porte de la planta sobre el reparto de la luz en un cultivo cerrado.

En un cultivo cerrado, es por lo tanto *la eficacia de utilización de la luz* la que se convierte en el factor principal. Desde este punto de vista, las plantas erectas resultan muy favorecidas: en efecto, contrariamente a las plantas rastreras, no envían hacia el cielo toda la luz que reflejan: una buena parte se dirige hacia abajo, donde vuelve a encontrar otras hojas, etc. (fig. 7.5). Allí se reparte sobre una amplia superficie de forma tamizada, es decir, con intensidad débil, en este caso no se encuentra en la meseta sino en la rama ascendente de la fig. 7.2, pág. 109. Esto entraña algunas consecuencias, de las cuales varias resultan *ventajosas para los portes erectos:*

- *la luz es absorbida más completamente;*
- *es utilizada mejor,* ya que en las capas inferiores, las hojas no están saturadas de luz;
- las variaciones de intensidad luminosa repercuten más sobre la fotosíntesis;
- la capacidad fotosintética a débiles iluminaciones (ángulo α, fig. 7.2, pág. 109) no es ya un factor de variación despreciable, aún cuando, en las gramíneas forrajeras, no parece llegar a ser tan importante como el nivel de estabilización;
- *las futuras hojas tendrán una fotosíntesis mejor,* ya que nacen en las capas inferiores y la luz penetra allí mejor que con un porte rastrero (fig. 7.3, pág. 11).

Las pérdidas por respiración ordinaria

Las pérdidas por *respiración de mantenimiento* son función de la masa total de las plantas. En proporción al carbono fijado por la fotosíntesis bruta, *son mayores cuando las partes de la planta en la obscuridad son más abundantes*: estas partes son las raíces, las bases de los vástagos rodeados de viejas vainas muertas y todas las *capas inferiores de la cubierta vegetal* cuando ésta es cerrada.

Las pérdidas por *respiración de crecimiento* pueden ser todavía *mucho mayores* que las precedentes cuando el crecimiento es muy rápido.

CONCLUSIONES: CASO DE LAS PRADERAS

Entre dos aprovechamientos

Las praderas de gramíneas tienen todas un porte más o menos erecto. Tienen una *vegetación abierta al principio del crecimiento,* después de una siembra, después de un corte, o a la salida del invierno. Después poco a poco se cierra. *Cuando interviene una explotación, aunque sea con bastante frecuencia, la vegetación de las praderas generalmente se cierra a partir de un cierto momento*. Por último *la hierba se tumba si la explotación tarda,* o bajo la influencia de ciertos factores climáticos.

La fotosíntesis de los cultivos herbáceos sigue este ciclo:

- puede ser negativa al principio del crecimiento, por falta de órganos verdes;
- después aumenta rápidamente a medida que la hierba cubre el suelo;
- más tarde disminuye lentamente cuando el cultivo se cierra. En efecto, la masa de hierba aumenta, su respiración es intensa si el crecimiento permanece activo y su fotosíntesis disminuye ya que las nuevas hojas, nacidas a la sombra, utilizan cada vez peor una luz que ya no aumenta;
- por último, se hace muy débil si la hierba se tumba: toda la masa, muy densa, respira, mientras que la luz no es utilizada más que por la capa más superficial, y además, muy imperfectamente ya que el cultivo, totalmente cerrado, ha adquirido un porte muy rastrero.

De este ciclo, pueden extraerse dos consecuencias:

- las prácticas culturales destinadas a activar el crecimiento, por ejemplo *la fertilización nitrogenada*, ven *amplificada su acción mediante un efecto de inversión rentable*(1)*, a condición de actuar cuando la vegetación es aún abierta;*
- en las condiciones ambientales francesas, las gramíneas más erectas tienen generalmente la mejor fotosíntesis, a pesar de la fase abierta del principio del rebrote.

---

(1) Ver págs. 92-93: El crecimiento aéreo: una inversión.

La fase reproductora de primavera

La gran fase reproductora de primavera presenta, desde el punto de vista de su fotosíntesis, unas características muy particulares:

- la hierba entonces es más erecta, gracias a la rigidez de los tallos. Debido a esto, a igual superficie verde, la fotosíntesis es mejor;
- pero los tallos son redondeados, por tanto, a igual peso, la superficie verde es menor;
- el crecimiento es muy rápido, de donde resulta una intensa respiración de crecimiento;
- la masa de hierba puede ser enorme y las capas en la obscuridad espesas, por lo tanto, la respiración de mantenimiento será elevada;
- la tendencia al encamado es muy grande cuando la hierba alcanza una cierta altura.

En resumen, la fotosíntesis en la fase reproductora de primavera puede alcanzar valores muy elevados. Pero puede también no ser suficiente para asegurar las necesidades de carbono para el crecimiento, sobre todo cuando se trata de cultivos muy intensivos recolectados para conservación y en los que se alcanzan rendimientos muy grandes: 8 a 10 toneladas de materia seca/hectárea por ejemplo.

Influencia del clima

Del estudio precedente se deducen dos factores preponderantes para la fotosíntesis de la pradera: *la energía luminosa* (intensidad y duración) y *la sequía.*

Desgraciadamente *estos dos factores se dan a menudo unidos* en el clima, *mientras que tienen efectos inversos* sobre la planta. Su equilibrio relativo es, sin duda, de consecuencias graves. Es por ello quizá por lo que ciertas estaciones, de algunos años, resultan inexplicablemente favorables o desfavorables para la hierba. El otoño, en particular, es muy variable desde este punto de vista. No obstante, la estación más favorable, incluso en fase vegetativa, es la primavera.

La temperatura parece tener poco efecto sobre la fotosíntesis de las gramíneas forrajeras. En particular, sigue siendo buena en las proximidades de cero grados. Puede pues pensarse que, en regiones con invierno poco riguroso, las praderas que abordan el invierno con una cierta cobertura vegetal serán capaces de utilizar bien la luz.

CAPITULO VIII

Las reservas carbonadas de las gramíneas forrajeras

Esta obra que sólo trata de la biología para aclarar los principios del cultivo de la hierba, no tratará aquí de las reservas de los granos, sino solamente de las que permiten a las plantas resistir a los cortes.

En las gramíneas forrajeras, como en toda familia vegetal, las reservas se constituyen en unos compuestos especializados (págs. 117 a 119). Para el agricultor, su papel, a menudo sobreestimado, es sin embargo importante (págs. 119–120); es conveniente conocer sus variaciones (págs. 120 a 125).

NATURALEZA Y LOCALIZACION DE LAS RESERVAS DE LAS GRAMINEAS FORRAJERAS

Las formas especializadas de reservas de las gramíneas forrajeras son glúcidos relativamente sencillos. Están concentrados en los vástagos.

Glúcidos relativamente sencillos . . .

La forma verdadera: las fructosanas

En todo el reino vegetal, las reservas de carbono especializadas están generalmente en forma de glúcidos. Estos glúcidos pueden estar más o menos polimerizados: la sacarosa de la remolacha lo está muy poco (2 moléculas de 6 átomos de carbono), el almidón de la patata lo está enormemente (decenas de millares de moléculas de glucosa). Esto tiene su importancia: un cuerpo muy polimerizado está muy concentrado, por lo tanto es poco voluminoso. Pero cada una de sus moléculas es gruesa y circula mal en el agua: es poco soluble.

Las reservas de las gramíneas forrajeras son fructosanas pues el azúcar elemental que las compone es la fructosa, con 6 átomos de carbono[1]. Su grado de polimerización es variable y bastante bajo: algunas decenas de moléculas.

---

(1) Más exactamente, son glucofructosanas pues tienen alrededor del 5 o/o de glucosa.

Así las gramíneas almacenan el carbono en forma de glúcidos *no demasiado voluminosos, y en su mayoría solubles.* Ello les permite sin duda, en caso de necesidad, ser inmediatamente transportados hacia las zonas de crecimiento donde aseguran un rebrote rápido.

El método de dosificación habitual: los glúcidos solubles totales

Para conocer el nivel de las reservas, se dosifican a menudo los glúcidos solubles totales y no las fructosanas. Es más simple y hay una fuerte correlación entre ambos. En efecto, en los órganos de reserva, las cantidades de fructosanas insolubles, y de azúcares solubles que no son fructosanas, son bajas en comparación con el peso de las fructosanas solubles.

Las proporciones habituales

Los contenidos en fructosanas, o en glúcidos solubles totales varían entre límites del orden del 5 o/o al 30 o/o de la materia seca del órgano considerado. Estas moléculas constituyen la parte más importante de las moléculas solubles del citoplasma.

¿Y las reservas proteicas?

Algunos autores piensan que además de las reservas glucídicas, deben existir reservas proteicas, que correspondan a un almacenamiento de nitrógeno. Existen, en efecto, casos en que un rebrote depende más del contenido en proteínas del rastrojo que de su contenido en glúcidos. Pero no es cierto que se deba interpretar esto en términos de reservas, ni que existan moléculas especializadas a este respecto.

. . . concentrados en los rastrojos

Definición

Se llaman **rastrojos** de una gramínea forrajera, a la *base de sus partes aéreas*, que quedan sobre el terreno después que ha tenido lugar un aprovechamiento[1].

Un rastrojo está pues formado por *vainas* (base de los vástagos vegetativos) y eventualmente por *tallos* (base de los vástagos reproductores). *Las raíces evidentemente no forman parte de ellos y las placas de ahijamiento tampoco, pues generalmente están clavadas en el suelo.*

Contenido de los diferentes órganos en glúcidos de reserva

Es evidente que no se puede hablar de reservas más que para los glúcidos situados por debajo del nivel de una posible siega o pastoreo. Por encima, los glúcidos interesan también al agricultor, pero solamente como factor de calidad.

---

(1) Este término proviene de los cereales, donde se aplica la misma definición pero en ellos los rastrojos están formados sólo por las bases de los tallos; nosotros generalizamos esta noción aquí, porque existe ya una tradición anglosajona en este sentido (stubble) y porque el contenido en glúcidos solubles de las bases de los tallos reproductores es al menos tan grande, en las gramíneas forrajeras, como el de las bases de los tallos vegetativos.

Se comprueba que las fructosanas *no se acumulan en las raíces,* donde su contenido es bajo y bastante constante. Sin duda estas reservas son más útiles para la planta cuando quedan lo más cerca posible del nivel donde se efectuará el rebrote. Las placas de ahijamiento, un poco más ricas que las raíces, son no obstante, mucho más pobres que las zonas inmediatamente superiores(1). En éstas, las bases de los tallos acumulan reservas al igual que las bases de los vástagos(2), y sus proporciones son similares en igual fecha(1). Globalmente, son los rastrojos los que constituyen la zona de almacenamiento de las reservas.

Los glúcidos necesarios emigran allí desde las hojas, donde son elaborados mediante la fotosíntesis. Esta es más o menos activa según las horas de día, en función de la insolación, de la temperatura, etc. Existe por lo tanto un ciclo diario en los contenidos en glúcidos solubles de las hojas. Pero este ciclo está muy amortiguado a nivel de los rastrojos, cuya proporción en glúcidos de reserva varía muy poco durante las 24 horas.

IMPORTANCIA AGRICOLA DEL NIVEL DE LAS RESERVAS

La importancia agrícola de las reservas es, a menudo, sobreestimada. Se supone por ejemplo que condicionan el rendimiento, lo que raramente ocurre.

Puede comprenderse su importancia real comparando la pradera con una empresa industrial en una región de temblores de tierra(3). En ambos casos, *las reservas constituyen al principio una seguridad.* Si están a un nivel demasiado bajo en el momento en que son necesarias, la planta corre el riesgo de morir, como la empresa de quebrar. De hecho, *ocurre que, inmediatamente después de un corte, desaparecen placas enteras de praderas*, sin intervención de ningún parásito. Este accidente parece debido a una falta de reservas(4).

La responsabilidad de la falta de reservas ha sido demostrada en otro caso que ocurre a veces al experimentador: plantas en macetas, al aire, en tiempo fresco, empiezan a crecer muy deprisa si se meten repentinamente en un invernadero cálido, pero a veces amarillean poco después y mueren(5).

Por otro lado, *el crecimiento de la planta*, como el de la empresa, *puede depender del nivel de las reservas, cuando el balance de carbono (o de dinero, respectivamente) es momentáneamente deficitario. Esto ocurre después de un corte,* cuando *la iniciación de la vegetación es brusca* después de un invierno o una sequía, y también a veces *en el período más rápido del crecimiento reproductor.*

Pero *esta dependencia no es total ni sistemática*: Restos de órganos verdes en los rastrojos pueden suprimirla. La eficacia de la planta (respiración baja, por ejemplo), la acción del medio, etc., tienen también su influencia. Después, a me-

(1) Trabajos personales no publicados.
(2) Williams, R. D., Ann. Bot. 28: 111, 419-426, 1964; Jewiss O. R., Grassl. Res. Inst. Ann. Rep. for 1961, 65-67, 1952, et Davies I., Rep. Welsh Plant. Breed. Sta. for 1973, 49-53, 1974.
(3) Ver págs. 92–93: El crecimiento aéreo: una inversión.
(4) Ver págs. 136–138: Degradación después de un único corte en primavera.
(5) Pohjakallio, O. et al., Acta Agric. Scand. 9: 110–128 y 412–420, 1959.

dida que pasa el tiempo, estos últimos factores vienen a ser preponderantes y las variaciones de fotosíntesis de las nuevas hojas alteran aún más la situación de partida. *Cuando llega un corte, la influencia del nivel inicial de reservas generalmente ha desaparecido.*

VARIACION DEL NIVEL DE LAS RESERVAS

El carbono almacenado en las reservas es, en líneas generales, la *diferencia* entre el que es fijado por la *fotosíntesis neta* y el que es utilizado en el *crecimiento* de la planta entera. Todo lo que influye sobre uno u otro de estos dos fenómenos hace pues variar el nivel de las reservas.

Factores de variación

Pueden agruparse estos factores en tres categorías:

- *la iluminación*: una gran cantidad de energía luminosa favorece la fotosíntesis neta, lo que beneficia eventualmente al crecimiento, y siempre a las reservas;
- *la estructura de la cubierta vegetal:* es el principal factor de variación de la fotosíntesis neta a nivel de la pradera; *ocasiona un ciclo del nivel de las reservas entre dos cortes;*
- *el nitrógeno, la temperatura y el agua:* estos tres factores actúan en el mismo sentido sobre el crecimiento y sobre la fotosíntesis, pero su acción sobre el crecimiento es claramente la más fuerte(1)*; por eso una fuerte fertilización nitrogenada, una temperatura elevada y la irrigación disminuyen el nivel de las reservas;* la temperatura de la noche tiene una acción particularmente intensa ya que actúa, en el mismo sentido, sobre la respiración y el crecimiento, y ya que la fotosíntesis no tiene lugar.

Ciclo de las reservas entre dos cortes sucesivos

Una explotación suprime todas o casi todas las partes verdes: no quedan, apenas, más que órganos que respiran y que, además, deben asegurar la iniciación del rebrote. En una primera fase, al suministrar el carbono necesario, *las reservas van a disminuir.*

Después, los nuevos órganos verdes formados captan a su vez carbono. El balance, para la planta, vuelve a ser positivo y el *nivel de reservas vuelve a aumentar en una segunda fase.*

Cuando toda la luz es captada, la fotosíntesis de la pradera comienza a disminuir, para hacerse eventualmente muy débil, sobre todo si la hierba se tumba.

---

(1) Brown, R. H. y Blaser, R. E., Crop. Sci., 5:6, 577–82, 1965.

En esta tercera fase, las reservas se acumulan cada vez menos rápidamente y pueden llegar a disminuir.

El ciclo-tipo de las reservas puede ser representado por lo tanto por la figura 8.1. Pero *se observan numerosas variantes,* como lo muestra la figura 8.2. En efecto, cada una de las tres fases descritas antes es más o menos intensa, de mayor o menor duración, y puede incluso ser suprimida en función de un cierto número de factores.

Fase de disminución

La fase de disminución es más o menos pronunciada según:

- la velocidad del rebrote;
- *la cantidad de órganos verdes que quedan eventualmente en los rastrojos. Su fotosíntesis parece poder llegar a suprimir esta fase*, si el corte es bastante alto y quedan órganos verdes en la base de la hierba(1);
- la masa de rastrojo que respira sin fotosintetizar: de modo que la disminución es tanto mayor cuando el corte ha sido alto y no existen órganos verdes en la base;
- el tiempo que emplean los nuevos órganos antes de llegar a la luz. Así, después de un descabezamiento, el crecimiento parte de nuevos vástagos a ras de suelo. Si la densidad de tallos era apretada, estos están en la obscuridad y llegan más tarde a la luz tanto más cuanto más alto ha sido el corte.

Fase de aumento

Es la fase de rentabilidad de la inversión(2). Es tanto más rápida cuanto más hierba hay en pie para captar la luz, es decir, cuando el crecimiento ha sido intenso durante la primera fase.

Pero si el crecimiento continúa siendo muy rápido durante mucho tiempo, consume una gran parte del carbono nuevamente fijado, en detrimento de la acumulación de reservas. *Esta fase de aumento puede ser totalmente suprimida por fertilizaciones de nitrógeno demasiado fuertes, por ejemplo*(3).

Fase de estabilización

Esta fase puede no producirse, si por ejemplo el crecimiento es lento y la atmósfera luminosa, como ocurre en otoño.

En este caso las reservas no cesan de acumularse.

Por el contrario, la disminución puede ser muy acentuada si se trata de una gran masa de hierba cuyo crecimiento se mantiene muy rápido, sobre todo si sobreviene el encamado. En cultivos muy intensivos, cuando se deja producir a la

---

(1) Booysen, P. de V. y Nelson, C. J., Crop. Sci., **15**: 2, 262-266, 1975.
(2) Ver págs. 92–93: El crecimiento aéreo: una inversión.
(3) Lechtenburg, Y. L., Holt, D. A. y Youngberg, H. W., Agron. J., **64**: 3, 302-305, 1972.

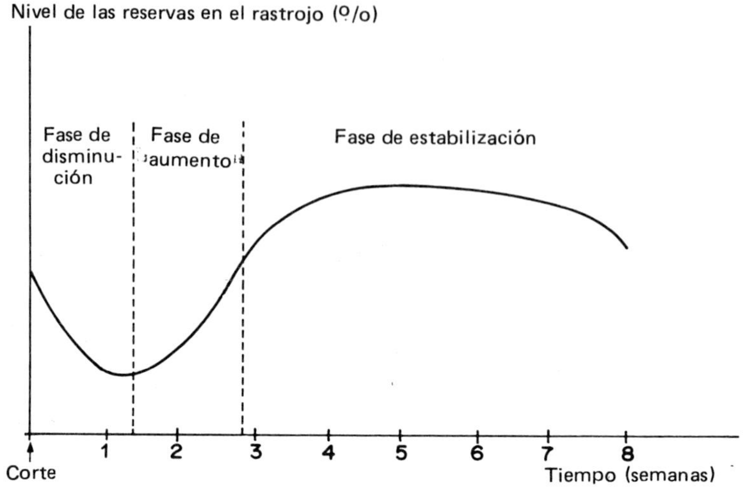

Fig. 8.1: Evolución típica del nivel de reservas glucídicas entre dos cortes sucesivos.

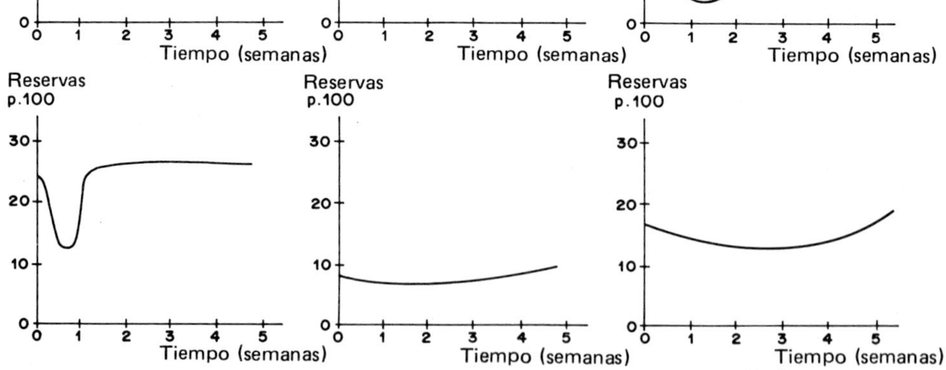

Fig. 8.2: Algunos ejemplos concretos de la evolución de las reservas glucídicas entre dos cortes sucesivos.

En abscisas: tiempo (en semanas); En ordenadas: nivel de las reservas en los rastrojos (°/o) pradera de 8 a 10 toneladas de materia seca/ha antes de hacer un ensilado, parece probable que, algunos años, la fotosíntesis no sea suficiente para asegurar el crecimiento y las reservas disminuyan[1].

Evolución estacional

Un número bastante elevado de Autores han estudiado la evolución estacional de las reservas en clima templado, pero sus resultados son muy divergentes. Esto no tiene nada de extraño: una misma estación comporta a la vez factores favorables y desfavorables para la acumulación de reservas, y su equilibrio puede variar según los lugares y los años. Por otro lado, la cantidad de hierba presente y el ritmo de explotación pueden modificar seriamente su evolución, sobre todo en primavera (supresión más o menos precoz del ciclo reproductor).

Es mejor pues tratar de razonar basándose en los factores de variación de las reservas, que generalizar el resultado de una sola experimentación local.

En primavera, la temperatura, templada, es favorable para una buena fotosíntesis neta, pero es un período de crecimiento muy rápido y es la época de la gran fase reproductora. Esta fase, se permite desarrollar más o menos tiempo (recolección para conservación o producción de semillas), o se aprovecha la hierba.

Si se deja desarrollar la fase reproductora, puede esperarse una evolución en varios períodos:

- en la iniciación de la vegetación, las reservas deben *disminuir bruscamente* como en todo comienzo de crecimiento (fig. 8.1);
- antes del estadio de espiga a 10 cm, *pueden crecer* como en la curva-tipo de la fig. 8.1, pues se trata de un crecimiento formado sobre todo por hojas. Pero para que este aumento se produzca, *es preciso un período de tiempo suficientemente prolongado*, lo cual es una cuestión específica y varietal;
- a partir del estadio de espiga a 10 cm, el equilibrio entre una fotosíntesis bastante eficaz, y un crecimiento rápido, hace que la evolución de las reservas sea bastante variable. *En cultivos muy intensivos,* donde la velocidad de crecimiento es muy elevada y la hierba muy apretada, *deberá esperarse una disminución importante;*
- a partir de la floración, el crecimiento de los tallos se detiene y sus glúcidos emigran en parte hacia los granos, en parte hacia los rastrojos[2]. Puede pues esperarse una *nueva acumulación* de reservas, sobre todo si la hierba no es demasiado abundante, ni está encamada y permite penetrar profundamente la luz.

Si se explota la hierba, bien en despuntado, bien en descabezamiento, se produce una disminución considerable de la velocidad de crecimiento, lo cual fa-

(1) Gillet, M. y Robelin, M., no publicado.
(2) Williams, R. D., Ann. Bot., **28**: 111, 419-426 y Komatsu, T. y Okajima, H., Rep. Inst. Agric. Res. Tohoku Univ., **19**: 15-23, 1968.

cilita igualmente la penetración de la luz, todo ello es favorable a la acumulación de reservas. Pero ha sido preciso primero reducirlas al eliminar todos los órganos verdes. *Es difícil de efectuar el balance.*

En verano, diversos factores actúan en sentido opuesto:

- hace calor, lo que tiende a hacer disminuir la fotosintesis neta, pero el efecto sobre el crecimiento es variable: según que la temperatura esté próxima al óptimo de la especie considerada, o que sea superior a él, la planta crecerá muy rápida, o muy lentamente;
- la luz es intensa y los días son largos, lo que favorece la fijación de carbono;
- la sequía va a hacer disminuir más o menos la velocidad de crecimiento, lo que es igualmente favorable para las reservas. La irrigación suprime en gran parte este factor(1).

En resumen, parece que las reservas de las gramíneas tienen *tendencia a disminuir por irrigación; en los demás casos todo es posible,* tanto más cuanto que los diferentes factores citados no tienen, sin duda, la misma acción según que intervengan sobre una hierba rasa después de un corte, o a mitad de un rebrote, o sobre una vegetación ya abundante.

En otoño, las noches son más largas que en primavera, lo que ocasiona una disminución de energía luminosa, pero se reduce también la temperatura media y por tanto el crecimiento. La sequía es rara. En resumen, se señalan *a menudo acumulaciones de reservas*, pero también, *a veces, disminuciones bruscas.*

En invierno, el crecimiento es nulo o muy lento. La evolución de las reservas está pues determinada por la fotosíntesis neta. Esta se reduce poco por las bajas temperaturas. Depende esencialmente de la estructura de la cubierta vegetal: *según que la hierba sea rasa o no, el balance de carbono debe ser negativo o positivo.*

A este esquema, es preciso añadir las variaciones de dicha estructura a lo largo del invierno, en función de la temperatura:

- *si el invierno es frío, sin hielo,* la vegetación puede mantenerse en el estado en que el agricultor la ha dejado en otoño; *el aumento o la disminución de las reservas pueden ser muy importantes* pues, aunque lentas, estas acciones duran varios meses;
- *si el invierno es templado*, incluso una hierba que esté al principio rasa no lo estará ya al final, y *el balance de sus reservas debe mejorar;*
- *si el hielo destruye las hojas,* nos encontramos en seguida con una vegetación rasa que va a *perder sus reservas;* este riesgo es sin duda mayor ya que estas últimas son ya escasas, pues el contenido en glúcidos de los rastrojos constituye un elemento de resistencia al frío;
- *si hay nieve* ello reduce considerablemente la luz y favorece el desarro-

(1) No totalmente: ver págs. 99–102: Efecto instantáneo del agua.

llo de algunas enfermedades(1) que pueden suprimir muchos órganos verdes, *esto debe perjudicar al nivel de las reservas, tanto más, cuanto más tiempo se mantenga la nieve*.

No es pues posible hacerse una idea de la evolución probable de las reservas en invierno sin conocer, al menos, el clima local y la explotación de otoño. Se necesitan investigaciones serias para efectuar un balance.

(1) Esencialmente *Fusarium nivale*.

CAPITULO IX

Evolución del nitrógeno en la planta

Conocer bien el metabolismo del nitrógeno, es decir, su evolución en la planta, es esencial, pues ello determina no solo el rendimiento, sino también numerosos aspectos de la calidad del forraje[1].

Podemos describir las diferentes etapas de este metabolismo (págs. 126–127). Desgraciadamente, se saben pocas cosas de los factores de los cuales dependen dichas etapas (págs. 127 a 132). Por otro lado, se observan ciertos hechos que plantean cuestiones todavía no resueltas (págs. 132–133).

Nos falta por lo tanto base para extraer consecuencias agronómicas precisas[2]. *Ciertamente es en este campo del nitrógeno donde serían más necesarias actualmente las investigaciones fisiológicas.*

LAS ETAPAS SUCESIVAS DEL NITROGENO

El metabolismo nitrogenado está esquematizado en la fig. 9.3, pág. 131.

La *primera etapa* es, desde luego, *la absorción* del nitrógeno por la raíces (págs. 127–129), *esencialmente en forma de nitratos (nitrógeno nítrico). La forma amoniacal es absorbida también bastante frecuentemente*, bien como complemento de los nitratos, bien sóla cuando estos últimos están ausentes[3]. Las dos formas están constituidas *por moléculas muy simples, y sin carbono*: **substacias minerales.** *En los nitratos, el nitrógeno está* **oxidado**, *es decir, unido a átomos de oxígeno. En la forma amoniacal, está* **reducido**, *es decir, unido a átomos de hidrógeno.*

---

(1) Ver págs. 200 a 203: la calidad nitrogenada de la hierba está ligada a las formas sucesivas de nitrógeno en la planta.

(2) Estas consecuencias agronómicas serán examinadas en las páginas 272 a 284: La fertilización nitrogenada de las gramíneas.

(3) Terrenos asfixiantes, etc.

La *segunda etapa* es la *reducción de los nitratos:* estos pierden su oxígeno, y su nitrógeno se une al hidrógeno. Después de una serie de formas intermedias, desemboca en la forma amoniacal. Naturalmente, el nitrógeno amoniacal directamente absorbido corto-circuita esta etapa.

Después, tiene lugar *la organización del nitrógeno*, es decir su *fijación en cadenas carbonadas,* las moléculas obtenidas se llaman **orgánicas** debido a que poseen carbono. En principio son pequeñas y por lo tanto *solubles*. Son en su mayoría aminoácidos.

Se sabe que *todas las formas intermedias* entre el nitrógeno nítrico y el orgánico (pero en particular la forma amoniacal) *son muy tóxicas para la planta*. Es por esta razón por lo que el conjunto de los dos procesos descritos más arriba, se desarrolla muy deprisa: *reducción de nitratos y organización del nitrógeno no forman, en la práctica, más que una sola etapa* (págs. 129 a 132).

El nitrógeno absorbido en forma amoniacal, es organizado inmediatamente. Si es demasiado abundante para ser transformado poco a poco, entonces *aparece su toxicidad para la planta.*

La tercera etapa es la *síntesis de proteínas*, elaboradas a partir de las pequeñas moléculas procedentes de la organización del nitrógeno (pág. 132). Algunas proteínas, como los enzimas, son todavía pequeñas y por tanto solubles, *pero la mayoría son muy complejas, e insolubles*.

Las proteínas son la forma final del nitrógeno, aquella en la cual es fisiológicamente activo.

La *última etapa* se desencadena, justamente, bajo la acción de estas proteínas, si las condiciones son propicias para ello: es *la aceleración del crecimiento* la cual ocasiona, evidentemente, *una dilución de las proporciones* de todas las formas nitrogenadas (pág. 132) así como, por otra parte, de todos los demás minerales.

LOS FACTORES QUE REGULAN CADA ETAPA

¿De qué depende la absorción?

Método de estudio

La absorción de nitrógeno es *difícil de medir* sobre todo en condiciones naturales. En el campo, existe un medio indirecto de hacerse idea de ello, consiste en *estimar las exportaciones:* rendimiento de la hierba en un corte, multiplicado por su proporción de nitrógeno total. Desgraciadamente, este método no tiene en cuenta el nitrógeno de las raíces y los rastrojos. Este podría alcanzar el 30 °/o del total. Pero no se trata ciertamente de una proporción fija, pues estos órganos no representan un porcentaje constante de la planta entera.

Dinámica de la absorción

Si se aporta nitrógeno a una pradera, después de un corte por ejemplo, se observa (fig. 9.1) que las *exportaciones aumentan al principio rápidamente* du-

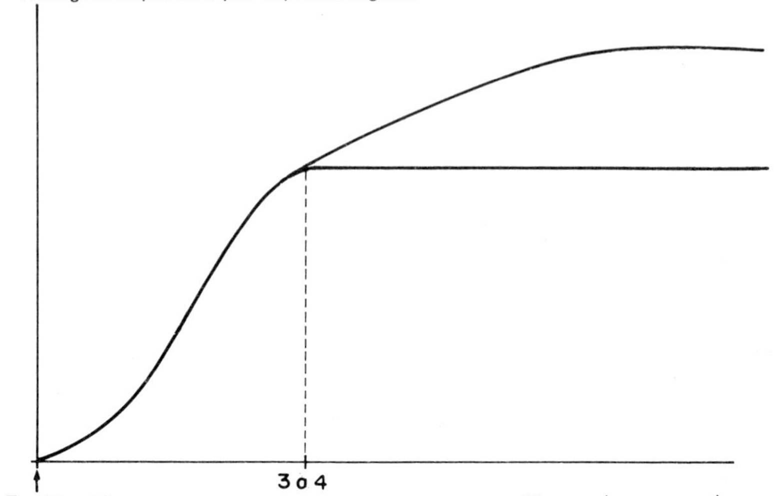

Fig. 9.1: Evolución de las exportaciones de nitrógeno después de una fertilización.

rante algunas semanas. Después pueden aumentar durante más o menos tiempo, pero lentamente, y no siempre. *Por fin, se estabilizan* en una meseta.

Si se corta antes de esta estabilización, quedan todavía restos del nitrógeno aportado en el suelo, tanto más cuanto más temprano se haya cortado. Estos restos estarán disponibles para las explotaciones siguientes[1].

La meseta de absorción se alcanza cuando no ha sido absorbido todo el aporte, cuando el rendimiento sigue aumentando, y como consecuencia la proporción de nitrógeno continúa disminuyendo. ¿Por qué entonces se detiene la absorción?. Se ignora[1].

Absorción y nitrógeno en el suelo

La absorción de nitrógeno aumenta con su concentración en el suelo en forma mineral, por consiguiente, con la fertilización que acaba de ser aportada.

Si se expresa la cantidad exportada por la planta en un corte en función de la cantidad aportada por la fertilización efectuada, después del corte precendente, se obtiene poco más o menos una recta, pero su pendiente es inferior a 1 (fig. 9.2). Dicho de otra forma:

- *cuando los aportes son pequeños o nulos, la planta exporta más de lo que ha recibido,* esto es normal, pues puede también utilizar el nitrógeno del suelo: este último se empobrece en nitrógeno;

(1) Raramente existe lixiviación en una pradera, sobre todo vieja, ver págs. 274–275: ¿En qué se convierte, en el suelo de una pradera de gramíneas, el nitrógeno que se le aporta?

- cuando una dosis se sitúe entre 30 y 90 Kg/Ha según los casos, la exportación es igual a la fertilización;
- *cuando la dosis sea más elevada, la planta no exporta todo* lo que es aportado, de manera que el suelo se enriquece y *quedarán restos*. Estos podrán ser utilizados en rebrotes posteriores(1). Este esquema resulta válido, *incluso cuando el corte se efectúa después de que la absorción se haya estabilizado* en un máximo.

Parece existir cierta competencia entre el nitrógeno de los nitratos y el nitrógeno amoniacal, para su penetración en la planta. En efecto, si se enriquece un suelo ya rico en nitratos, añadiéndole una sal de amonio, la planta absorberá más nitrógeno, pero menos nitratos.

Otros factores de variación

Se sabe muy poco sobre los factores de variación de la absorción de nitrógeno. La luz ejerce una acción favorable(2); ello parece indicar que la absorción de nitratos depende de su concentración previa en la planta; en efecto, la luz favorece la reducción de los nitratos y por lo tanto su desaparición; otro argumento es que con fertilizaciones nitrogenadas suficientemente elevadas, se llega a un techo para la cantidad de nitratos de la planta.
La sequía disminuye la absorción, lo que parece normal.
La temperatura sería óptima a unos 30 °C para este fenómeno.
La especie parece jugar un papel: en una experiencia de primavera(3), el ray-grass italiano exportó menos nitrógeno que otras gramíneas, salvo con fertilizaciones muy fuertes.
Parecería asombroso que la edad o el estadio de la planta no influyeran sobre la velocidad de absorción, pero no hay apenas datos experimentales a este respecto.

¿De qué dependen la reducción de los nitratos y la organización del nitrógeno?

La reducción de los nitratos y la organización del nitrógeno no forman en la práctica más que una sola etapa, *están limitados* por el enzima(4) que regula la primera reacción de la cadena: la *nitrato-reductasa*. Parece ser que ésta, en las gramíneas forrajeras, está situada en *buena parte en los órganos verdes*(5), lo que obliga a los nitratos a subir allí para ser reducidos.

Un proceso que demanda muchos glúcidos

La reducción de los nitratos exige muchos glúcidos como fuente de energía. La organización del nitrógeno utiliza también muchos como material. En resu-

---

(1) Raramente existe lixiviación en una pradera, sobre todo vieja, ver págs. 272–274: ¿En qué se convierte, en el suelo de una pradera de gramíneas, el nitrógeno que se le aporta?.
(2) Felippe, G. M., Dale, J. E. y Mariott, C., Ann. Bot. **39**: 43-55, 1975.
(3) En el laboratorio de Agronomía del INRA, en Lusignan.
(4) Se trata, más exactamente, de un complejo enzimático.
(5) Bowermann, A. y Goodman, P. J., Ann. Bot., **35**: 353-366, 1971; Dale J. E., Ann. Bot. **40**: 1177-1184, 1976; Barta, A. L., Plant Physiol. **38**: 48-52, 1976.

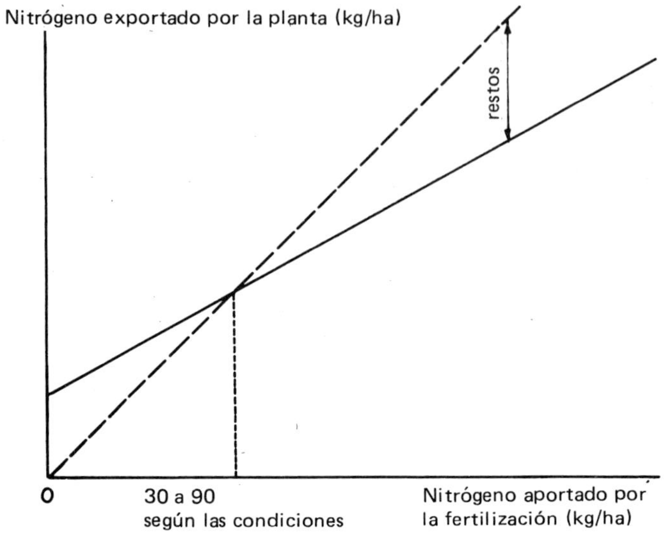

Fig. 9.2: Relación entre la dosis de nitrógeno aportada y la cantidad exportada.

En trazos finos: bisectriz (recta teórica en que las dos magnitudes serían iguales)

men, el conjunto del proceso es la *principal fuente de consumo de glúcidos* del metabolismo. Por esta razón la *energía luminosa es el principal factor de variación* de estos fenómenos.

Así como una oxidación, o una combustión, desprenden energía, una reducción, que es el fenómeno inverso, la consume. La energía necesaria para la reducción de los nitratos, la planta la obtiene bien de la respiración, bien directamente de la fotosíntesis. Ello depende del nivel de iluminación (fig. 9.3). Si la luz es fuerte, la fotosíntesis fija un exceso de energía química, que es entonces utilizada para reducir los nitratos. Si la luz es débil, la única fuente de energía utilizable es la respiración, que consume glúcidos. Ahora bien este es el caso más frecuente en las gramíneas forrajeras, en que la mayor parte del follaje solo recibe luz tamizada.
Por otra parte, las moléculas orgánicas que contienen nitrógeno, están formadas por aproximadamente un 50 o/o, de carbono. Son los glúcidos los que proveen este material (fig. 9.3). Si por ejemplo una planta contiene, con respecto a su materia seca, un 15 o/o de materias nitrogenadas orgánicas, han sido necesarios alrededor de un 15 o/o de glúcidos para formarlas, sin contar la energía respiratoria necesaria.

Influencia de los diferentes contenidos en nitrógeno

La actividad de la nitrato-reductasa, cuello de botella de la evolución del nitrógeno hasta la forma orgánica, *depende del contenido en nitratos* de los tejidos. He aquí pues una reacción que está controlada por su producto inicial. Es un caso bastante raro en biología, en que la mayoría de las reacciones son controladas, por su producto final (fenómeno llamado "feed-back" o retroacción). Aquí, el producto final de la cadena de reacciones es el nitrógeno orgánico. *¿Una elevada proporción de nitrógeno orgánico frena todo el proceso?. Se ignora.*

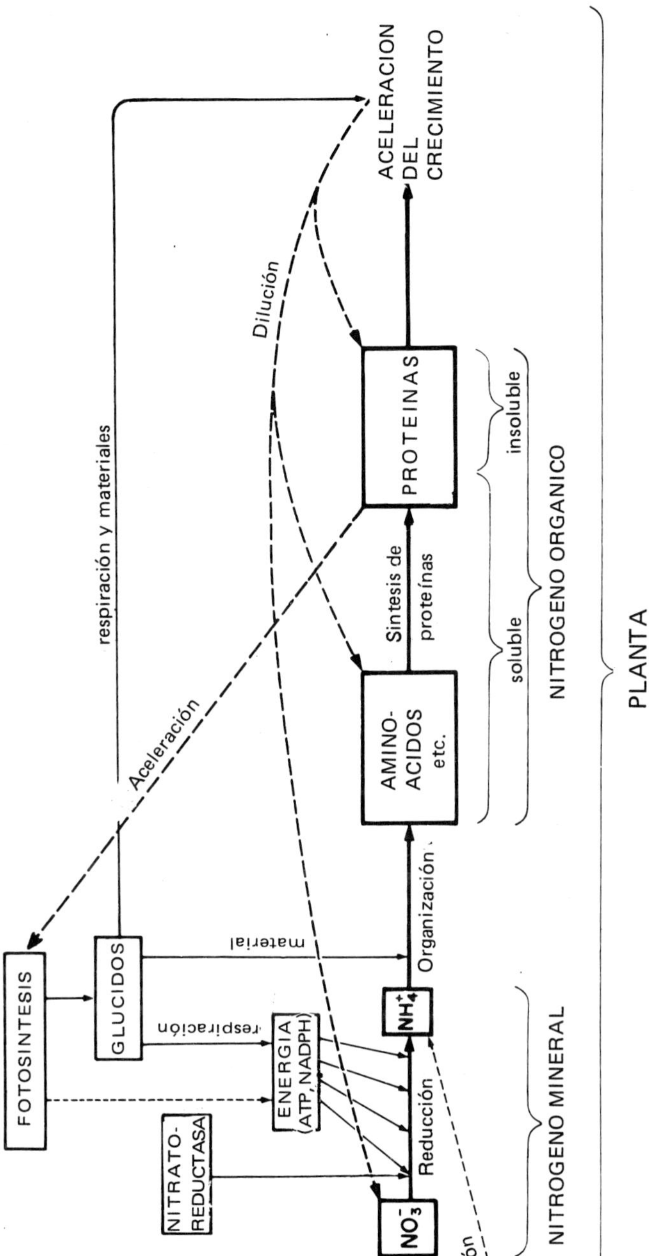

Fig. 9.3: Esquema del metabolismo del nitrógeno.

NO_3^- ión nitrato; NH_4^+ ión amonio.

Otros factores de variación

Además de la luz y del contenido en nitratos, cuya acción, preponderante, acaba de ser estudiada, los únicos factores del medio que se sabe seguro que actúan sobre la reducción de los nitratos son la *sequía,* que reduce este fenómeno, y la *nutrición potásica*(1) que *los favorece.*
La presencia de nitrógeno en forma amoniacal aminoraría esta reducción, pero esto está en discusión.

¿De qué depende la síntesis de proteínas?

No se sabe practicamente nada de los mecanismos que inician la síntesis de proteínas, y por consiguiente de sus factores de variación.

Parece ser que solamente exige *energía luminosa* pues, con fertilización amoniacal, se ha encontrado que una reducción de la iluminación provocaba una disminución del contenido en proteínas, acompañado de un aumento de las proporciones de nitrógeno orgánico soluble(2).

¿De qué depende la aceleración del crecimiento con la consiguiente dilución de los contenidos?

Para que el nitrógeno actúe sobre el crecimiento, es necesario pero no parece suficiente, que esté en forma de proteínas. Si no, estas se diluirían poco a poco y su proporción sería bastante constante. Ahora bien, se observan variaciones importantes.

La energía luminosa parece aumentar esta aceleración del crecimiento debida al efecto del nitrógeno, y la *sequía parece disminuirla.*

Todo crecimiento tiende a provocar, por dilución, un descenso de las proporciones de cualquier elemento, incluido el nitrógeno (fig. 9.3). La absorción puede desde luego continuar durante este tiempo, pero esto generalmente no es suficiente para compensar los efectos de la dilución: *una vez la aceleración del crecimiento ha comenzado, la proporción de nitrógeno disminuye.*

CUESTIONES QUE QUEDAN PLANTEADAS

Algunos hechos

- *Todo lo que limita el crecimiento parece limitar también la eficacia del nitrógeno* sobre el rendimiento, pues ésta es a groso modo paralela a las posibilidades de crecimiento. Así, en invierno o en verano, dicha eficacia es mejor en especies y variedades con mayor capacidad de rebrote.

---

(1) Puia I et al., Proc. XII Internat. Congress, "Chemicalization of grassland farming", 479-485, 1974.
(2) Nowakowski, T. Z. y Cunningham, R. K., J. Sci. Food Agric., 17: 145-150, 1966.

En primavera es mejor para una hierba en estado reproductor que en estado vegetativo y disminuye mediante un despuntado.

- *El ray-grass italiano es generalmente más pobre en nitrógeno* orgánico total que las demás gramíneas (–0,5 a 1 punto °/o).
- Un genotipo de buen rendimiento tiene, a menudo, una proporción de nitrógeno orgánico más baja que otro, pero una proporción de nitratos mayor.

Investigaciones a emprender para interpretarlos

Tales hechos merecerían ser interpretados, a fin de poder preveer las consecuencias precisas de una fertilización nitrogenada. Para ello sería preciso emprender las investigaciones siguientes:

- aislar los factores encausados (temperatura, fotoperíodo, estadio fisiológico, etc.) y su importancia respectiva;
- determinar sobre qué etapas del metabolismo actúan. Un factor puede, en efecto, limitar el rendimiento frenando cualquier etapa del metabolismo. Si reduce la absorción, ocasionará un bajo contenido en nitrógeno en todas su formas; si perjudica a la reducción de los nitratos, provocará una acumulación de éstos últimos, etc;
- determinar los coeficientes de estas acciones. Es probable, en efecto, que un mismo factor actúe sobre varias etapas a la vez, y las consecuencias dependerán de la eficacia comparada de estas acciones. Si por ejemplo un factor favorece la reducción de los nitratos y la síntesis de proteínas, pero más la segunda que la primera, ocasionará un descenso del contenido en nitrógeno orgánico soluble.

Dificultades de estas investigaciones

Aislar los factores encausados y conocer su acción sobre las diferentes etapas es un trabajo que ha tropezado y tropieza todavía con numerosos obstáculos, sobre todo en el medio natural donde se han hecho la mayoría de las experiencias.

- dificultad de controlar que es lo que pasa en el suelo y en las raíces;
- importancia preponderante concedida a las dosis de nitrógeno orgánico: los estudios emprendidos tenían como fin generalmente la calidad nutritiva, y se creía, hasta muy recientemente, que el nitrógeno orgánico soluble tenía la misma eficacia que el nitrógeno proteico para el animal. No se separaban por consiguiente las dos formas. Se impedía así comprender el determinismo de la síntesis de proteínas, y de hecho incluso, el de la etapa siguiente, la aceleración del crecimiento por las citadas proteínas;
- variación concomitante de todos los factores del medio en la naturaleza.

CAPITULO X

Efecto de una explotación sobre la nutrición de la pradera

Desde el punto de vista nutritivo una explotación constituye, para la planta de una gramínea, una *crisis muy grave*, ya que le *suprime*, o casi, todos sus órganos verdes, es decir, todas *sus fuentes de carbono*. Ello va a modificar su crecimiento (págs. 134–136) y puede incluso ocasionar riesgos para la supervivencia de la pradera (págs. 136 a 139).

MODIFICACIONES DEL CRECIMIENTO DESPUES DE UN CORTE

El crecimiento se reduce más o menos

Después de un corte, el crecimiento de la hierba va a continuar siendo influenciado por todos los factores habituales, pero disminuye debido a la crisis de la nutrición carbonada, tanto más cuanto más deficitario sea el balance de carbono. *La velocidad de rebrote poco después de una explotación va a depender, por lo tanto, de los factores siguientes:*

- *glúcidos de reserva de los rastrojos:* la cantidad de glúcidos de reserva que queda en los rastrojos es tanto más elevada cuanto más ricos son estos rastrojos en ellos, y también cuando su masa es más abundante. Debido a este último punto, la cantidad de glúcidos de reserva está relacionada con la altura de corte;
- *órganos verdes subsistentes:* si la explotación deja algunos órganos verdes, estos *fijarán una cantidad de carbono no despreciable con relación a las necesidades, tanto más cuanto más alto sea el corte*. Es, sin duda, la explicación de resultados contradictorios entre diversas experiencias: en unas, la velocidad relativa de rebrote depende del contenido en fructosanas, en otras no. Pero los Autores no precisan si el rastrojo es verde o marrón, es decir, si las explotaciones precedentes habían permitido o no la acumulación de restos vegetales. Si quedan órganos verdes, en

efecto, la superficie de estos tiene, sin duda, suficiente influencia sobre el rebrote como para enmascarar el efecto de las reservas glucídicas;

- *órganos muertos subsistentes*: las bases de las vainas y de los tallos muertos *ocultan la luz a las hojas jovenes*, aumentando así la masa de hierba que respira sin fotosintetizar. La cantidad de estos órganos muertos depende de la altura del corte en la explotación considerada, así como en otros aprovechamientos precedentes;
- *temperatura ambiente, nutrición nitrogenada, sequía, etc.*: todos los factores que actúan habitualmente sobre la velocidad de crecimiento *continúan ejerciendo su influencia* después de un corte. Pueden determinar un rebrote lento a pesar de existir reservas abundantes; o a la inversa, *pueden provocar una política de expansión imprudente*[1] corriéndose el riesgo de la muerte de las plantas por agotamiento de las reservas[2]
- *temperatura del suelo:* el corte modifica la temperatura del suelo exponiéndolo a la radiación directa, tanto más cuanto más raso haya sido. Esta temperatura alcanza, debido a ello, valores más extremos.
  Este cambio actúa sobre el crecimiento a la vez directamente y modificando la respiración y por tanto, el balance de carbono.

Las raíces dejan de crecer o se reducen

Inmediatamente después de una explotación, se aprecia una especie de prioridad de las partes aéreas sobre las subterráneas. Estas dejan de crecer durante algún tiempo, perdiendo a menudo peso.

Esta pérdida no afecta siempre sólo a los glúcidos solubles de los rastrojos sino, a veces, en sus dos terceras partes, a las hemicelulosas, los ácidos orgánicos, los aminoácidos, las proteínas, etc. de las raíces. El carbono que se pierde de este modo es sin duda utilizado por la planta pues corresponde poco más o menos a la respiración de ésta y al crecimiento de las partes aéreas[3].

La circulación del carbono se generaliza

Numerosos estudios han mostrado que, en tiempo ordinario, el carbono absorbido por una hoja es enviado a las hojas jóvenes, a los vástagos hijos, a la espiga o a los entrenudos de la base del mismo vástago, y al conjunto del sistema radicular. Este carbono no emigra hacia los otros renuevos. Ahora bien, esta restricción desaparece algunos días después de un corte[4]. De este modo, los fragmentos de hojas que pueden quedar contribuyen al rebrote de toda la planta.

Los órganos verdes que permanecen son más activos

Después de un corte, la velocidad de fotosíntesis de los escasos órganos que quedan au-

---

(1) Ver páginas 92–93: El crecimiento aéreo: una inversión.
(2) Ver páginas 136–138: Degradación después de un único corte en primavera.
(3) Robson, M. J., Grassl. Res. Inst. Ann. Rep. for 1968, 111-123.
(4) Marshall, C. y Sagar, G. R., Ann. Bot. 32: 715-719, 1968.

menta bruscamente. Se ha podido atribuir esto a un menor envejecimiento de estos órganos y a una mayor apertura de los estomas(1).
El menor envejecimiento puede deberse a lo que señalábamos en el punto precedente: la exportación de los productos de asimilación hacia toda la planta, que los necesita, tal vez acelere su salida fuera de las hojas productoras, y por ello, la fotosíntesis de estas últimas.
La apertura de los estomas parece lógica también: al suprimir la mayoría de las hojas, el corte ha reducido considerablemente la superficie de transpiración de la planta: la absorción de agua por las raíces puede, por lo tanto, satisfacer mejor las necesidades, y los estomas no tienen ya necesidad de cerrarse.

RIESGOS NUTRITIVOS LIGADOS A LOS CORTES

Ocurre a veces que los cortes agotan a la gramínea hasta tal punto que la pradera se degrada. Esto se produce, *esencialmente, en dos casos*: bien a continuación de un único corte en primavera (págs. 136–138), bien después de sobreexplotaciones repetidas (págs. 138–139), es decir de una acumulación de cortes demasiado rasos y excesivamente próximos.

Degradación después de un único corte en primavera

Descripción del fenómeno

Generalmente después de un buen corte, la hierba sólo rebrota a corros o incluso nada. Allí donde rebrota, es muy vigorosa (fig. 10.1). No se aprecia ninguna acción parasitaria.

Esta desaparición se produce en los días que siguen al corte, cuando el rebrote, muy a menudo oculto por las viejas vainas, no es todavía visible.

Frecuentemente, en las semanas siguientes aparecen, en medio de las zonas muertas, algunos vástagos pequeños que poco a poco vuelven a formar las macollas de hierba y reguarnecen lentamente la parcela, en la medida en que no se hayan asentado malas hierbas. Es probable que cuando las plantas mueren de este modo, subsistan en la base de los tallos por ejemplo, fragmentos vivos que pueden a la larga, volver a formar yemas.

Condiciones de aparición

No se conocen con precisión las condiciones de aparición de este accidente. Sin embargo, *el riesgo de que ocurra es más elevado cuando se reunen las siguientes condiciones*(2)*:*

- presencia de una *hierba densa que existe desde hace tiempo* sobre el terreno, sobre todo si esta hierba está encamada. Esta condición es tanto

(1) Gifford, R. M. y Marshall, C., C. S. I. R. O. Plant Industry, Ann. Rep. for 1972, 103-104, 1973.

(2) Gillet, M., no publicado.

Fig. 10.1: Rebrote de una gramínea que se degrada después un único corte en primavera.

más probable cuando la explotación de otoño se ha detenido temprano y se ha seguido, rápidamente, de una fuerte fertilización nitrogenada, siempre que el hielo no haya destruido demasiado las hojas durante el invierno;

- *crecimiento muy rápido antes del corte.* Esta condición sólo se da, y no frecuentemente, *en la primavera de algunos años,* y supone una *gran fertilización nitrogenada;*
- *rastrojo marrón,* que no contenga órganos verdes. Esto se produce más a menudo después de explotaciones mecánicas que después de pastoreos, y sobre todo si la hierba era abundante;
- *rebrote muy rápido inmediatamente después del corte.* Este rebrote depende del clima en ese momento preciso y del contenido de nitrógeno de los rastrojos. Las circunstancias necesarias son pues las mismas, que para la segunda condición: *corte en primavera e intensa fertilización nitrogenada previa.*

No hay *ninguna relación estricta entre este riesgo de desaparición y el estadio de las gramíneas.* La pradera puede degradarse después de un corte efectuado en un momento cualquiera entre el rebrote de la vegetación al comienzo de la estación de crecimiento y la floración, e incluso a continuación del corte de un rebrote vegetativo, con tal que éste haya tenido lugar antes de verano.

Sin embargo, las condiciones anteriores corresponden *lo más frecuentemente* a una *explotación intensiva efectuada para ensilaje*, cerca del espigado o después.

Explicación: ¿agotamiento de las reservas?

La explicación más verosimil de la degradación de la pradera después de un corte de primavera parece ser el agotamiento de los glúcidos de reserva: En efecto:

- este accidente se produce algunos días después de la explotación, por lo tanto, en el momento en que los glúcidos están, frecuentemente, en su nivel más bajo;
- las dos primeras condiciones que la originan pueden empobrecer a la planta en reservas antes del corte; las dos últimas ocasionan su agotamiento rápido inmediatamente después;
- cuando tales daños se manifiestan, el contenido en glúcidos solubles es siempre bajo;
- otra hipótesis, basada en una falta de yemas inmediatamente después de una crisis de ahijamiento demasiado fuerte, estaría en contradición con la existencia de deterioros que pueden tener lugar después de un corte de la hierba en estado vegetativo.

Sin embargo, esta explicación debida al agotamiento nutritivo de la planta se tropieza con la ausencia de estricta concordancia entre la magnitud de los daños y el contenido en glúcidos de reserva. Quizás no se deba más que a la dificultad de dosificar correctamente estos últimos. Tal vez también, la muerte de las plantas no se deba a la escasez de todas las fructosanas, sino solamente de las más rápidamente utilizables: ¿las más solubles, o las que se encuentran más cerca de las zonas de crecimiento?.

Degradación después de sobreexplotaciones repetidas

Se ha insistido mucho en la gravedad de un intervalo entre aprovechamientos excesivamente corto para el porvenir de una pradera. Estas creencias estaban basadas en el resultado de investigaciones, numerosas y concordantes, que mostraban que el rendimiento anual máximo se obtenía cuando se cortaba cada seis semanas. Se ha deducido que una explotación más frecuente fatigaba la hierba. Pero estas experiencias tenían un defecto: se comparaban tratamientos con intervalos entre aprovechamientos constantes.

Después, se ha demostrado que praderas que producían diferente mientras se les aplicaba ritmos de corte distintos, alcanzaban rendimientos iguales cuando se sometían a intervalos entre aprovechamientos idénticos. El descenso de rendimiento sólo se debe a la forma de la curva de crecimiento.

Sin embargo si, varias veces consecutivas, las gramíneas se aprovechan excesivamente rasas y demasiado frecuentemente, acaban progresivamente por degradarse. La evolución de este fenómeno y sus condiciones de aparición no han sido muy estudiadas.

Se puede pensar en un agotamiento de las reservas glucídicas. En efecto, un corte provoca un descenso provisional de su nivel. Si el corte siguiente tiene lugar antes de que el nivel inicial se haya recuperado, y de que se renueve varias veces, puede alcanzarse un agotamiento progresivo. Pero esta movilización de las reservas solo tiene lugar cuando no quedan órganos verdes capaces de fotosintetizar. Ahora bien, un corte frecuente conduce a menudo a un mayor ahijamiento y a un porte mas rastrero, de manera que el rastrojo permanece verde después del corte: las gramíneas utilizadas para céspedes sobreviven muy bien a cortes semanales. Esta hipótesis es por lo tanto poco verosímil.

Podemos preguntarnos si la degradación de las praderas como consecuencia de explotaciones demasido frecuentes no es debida, simplemente, a *aprovechamientos excesivamente rasos*. En efecto, cuando los intervalos entre aprovechamientos son breves la hierba nunca se dedica a conservación (el rendimiento sería insuficiente) sino a pastoreo con animales. Estos, al encontrar poca hierba, pueden tender a pastar demasiado raso.

Tercera parte

¿De qué dependen los caracteres morfológicos de la pradera?

Los caracteres agronómicos de una pradera (rendimiento, calidad, etc.) están ligados a su composición morfológica, es decir, a los caracteres de sus diferentes órganos. Estos están determinados por leyes que van a ser examinadas ahora.

El punto más importante es, indiscutiblemente, la presencia o ausencia de tallos en la hierba recolectada y su estado de desarrollo. Este va unido a la **floración**: paso del estado vegetativo al reproductor y realización completa de éste. Dicha floración exige, para poder efectuarse, un conjunto de condiciones complejas (Capítulo XI).

Cualquiera que sea la fase en que se encuentre la planta, cada uno de sus órganos responde al medio según sus propias leyes, las cuales determinan su número, sus dimensiones y su importancia en la vida de la planta (Capítulo XII).

CAPITULO XI

El paso del estado vegetativo a la reproducción: la floración

Cuando la planta entra en fase reproductora (estadio E. B. y luego, D. P.), *lo hace en respuesta a una acción del medio que ha comenzado hace mucho tiempo, en plena fase vegetativa.* Esta preparación de la floración comprende varias fases (págs. 143 a 149).

Sucede esto en las dos facetas de la floración: el alargamiento del tallo y la formación de la inflorescencia, pero estos dos fenómenos parecen tener exigencias precisas diferentes, aunque no independientes (págs. 149–150).

Cuando todas las piezas de la inflorescencia están al menos esbozadas (estadio C), la fase reproductora proseguirá automáticamente, cualesquiera que sean las condiciones del medio. Solamente para la floración propiamente dicha será necesaria una nueva intervención del medio (págs. 151–152).

Los diferentes vástagos, de una misma planta no son independientes con respecto a la floración: existen interacciones entre ellos que aseguran un encañado más abundante y más agrupado, en particular en primavera (págs. 152 a 154).

LAS FASES PREPARATORIAS DE LA FLORACION

Esquema general

Definiciones

Se llama **inducción** al conjunto de transformaciones bioquímicas provocadas por el medio y que desencadenarán la floración, es decir, la fase reproductora.

Se llama **iniciación** al principio de dicha fase: estadios E.B. y D.P.

Las tres fases sucesivas

Mientras la planta aún se encuentra en estado vegetativo, debe atravesar tres fases, *no apreciables morfológicamente* para poder luego entrar en floración. Estas son, por orden:

- *la fase juvenil:* la planta debe alcanzar una cierta edad;
- *la inducción primaria*, producida por un conjunto complejo de factores del medio, presentes muy generalmente en *invierno*, y de los cuales el más conocido es el frío (vernalización);
- *la inducción secundaria*, producida por los *días largos*[1].

El papel de cada una de estas fases consiste en capacitar a la planta para realizar la fase siguiente si el medio ofrece las condiciones necesarias.

En general, en invierno, la planta espera entre dos fases, pues cuando una fase ha terminado, el medio no es todavía favorable para la realización de la fase siguiente. Por esta razón los vástagos nacidos con varios meses de intervalo realizan su encañado poco más o menos a la vez: aunque hayan satisfecho su inducción primaria más o menos tempranamente, los días largos comienzan a la vez para todos ellos (fig. 11.1). *La inducción secundaria asegura por lo tanto una simultaneidad de los encañados en primavera*[2].

La fase juvenil y la inducción primaria no son indispensables para todas las especies

Todas las especies de gramíneas forrajeras tienen necesidad de inducción secundaria mediante días largos. Pero no todas tienen necesidad de las dos primeras fases:

- algunas precisan de la secuencia completa;
- otras no tienen fase juvenil estricta: el frío puede producirles la inducción primaria desde su germinación, aunque pueda resultar más eficaz sobre plántulas de más edad[3];
- otras no tienen necesidades estrictas de inducción primaria o tan débiles que se dan siempre en la naturaleza;
- otras por último, no tienen necesidad más que de una inducción secundaria.

La fase juvenil

La **fase juvenil** es un *período* al comienzo de la vida de la planta durante el cual esta última es *insensible a toda acción inductora* de los factores del medio.

Duración de la fase juvenil

La fase juvenil puede durar varios meses a partir de la germinación. Pero es difícil decir algo más preciso.

(1) Los términos inducción primaria y secundaria son debidos a F. Blondon.
(2) Una agrupación complementaria está asegurada por las correlaciones entre vástagos, ver págs. 152–154: Las relaciones entre los vástagos ¿cómo aseguran un encañado más abundante y más agrupado?.
(3) Ver págs. 145–146: El final de las fase juvenil es progresivo.

En efecto ¿Cómo definir la *edad* de la planta?. La duración no es suficiente, pues la planta evoluciona mucho más de prisa en primavera que en invierno por ejemplo. Generalmente nos basamos en el *número de hojas*, criterio que elimina buena parte de la variación debida a las fluctuaciones de temperatura. Así la fase juvenil del dactilo, particularmente larga, duraría hasta la aparición de la octava o novena hoja del vástago principal(1). Pero incluso el criterio número de hojas no es muy preciso, pues de una experiencia a otra, para una misma variedad, el final de la fase juvenil no corresponde al mismo número de hojas(2).

El final de la fase juvenil es progresivo

Para medir la duración de la fase juvenil, se colocan plantas de edad variable en condiciones que aseguren la inducción primaria, después se transfieren a días largos para asegurar la inducción secundaria. Se comprueba que las plantas demasiado jóvenes al inicio de la experiencia, permanecen en estado vegetativo a pesar de los tratamientos inductores.

Se puede afinar la experiencia haciendo variar también la duración de la inducción primaria. Se puede provocar ésta por frío para impedir que la planta envejezca durante este tiempo. Si la duración es suficiente la planta pasará al estado reproductor(3). Se observa así el efecto de la edad de la planta sobre sus necesidades de inducción primaria.

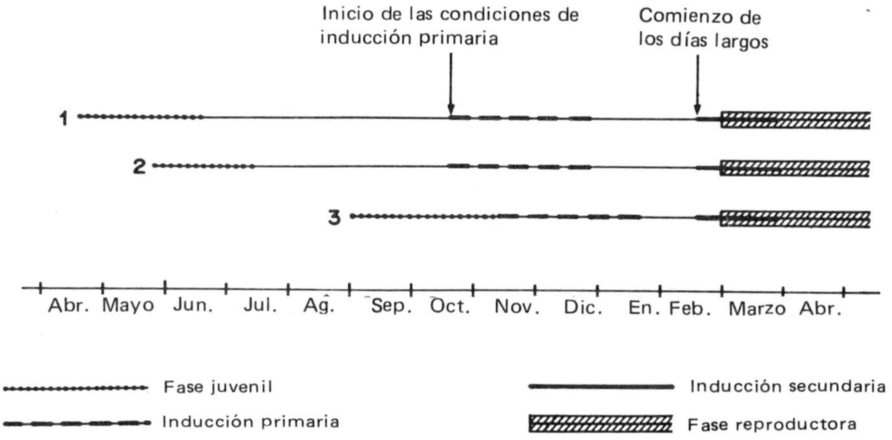

Fig. 11.1: Agrupamiento del encañado asegurado por la inducción secundaria.

Los vástagos 1, 2 y 3, nacidos en abril, mayo y agosto, han terminado su inducción primaria antes del comienzo de los días largos: realizan su inducción secundaria a la vez.

(1) Kozumplik, V. y Christie, B. R., Canad. J. Plant Sci., **52**: 203-207, 1972.
(2) Higazy, M. R., Meded. Landbouwhogesch., Wageningen, **62**: 8, 1962.

(3) En realidad, ninguna experiencia se ha hecho así todavía, pero es la única manera clara de resumir el resultado de experiencias efectuadas de diversas formas.

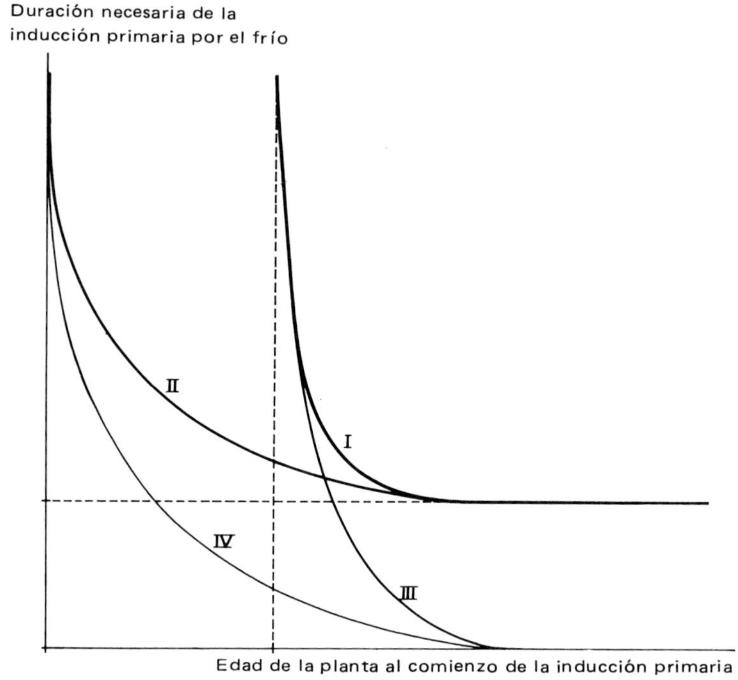

Fig. 11.2: Necesidades de inducción primaria en función de la edad de la planta.

Esta curva podría expresar igualmente las necesidades de inducción secundaria en función del tiempo de inducción primaria.

Si se representa el resultado gráficamente, se obtienen una especie de hipérbolas con dos asíntotas, una vertical y la otra horizontal (curva I fig. 11.2):

- la asíntota vertical corresponde a un umbral mínimo absoluto de la fase juvenil: una planta más joven tiene necesidades "infinitas" de inducción primaria, ya que esta última no puede realizarse; este mínimo puede ser nulo (curvas II y IV, fig. 11.2): en este caso la planta es inducible desde su germinación;
- la asíntota horizontal corresponde a un umbral mínimo absoluto de inducción primaria, necesario incluso para una planta de mucha edad; este mínimo puede ser nulo (curvas III y IV, fig. 11.2): entonces la planta puede entrar en fase reproductora en días largos, sin inducción primaria;
- entre ambas, la existencia de una curva decreciente muestra que el final de la fase juvenil no es brusco: *la eficacia del medio inductor, en principio nula sobre una planta demasiado joven, mejora cuando la planta envejece, después se estabiliza.*

La forma precisa de estas curvas y la posición de las asíntotas dependen de la especie, la variedad, y las condiciones del medio elegidas para obtener la edad mínima y luego, para la inducción primaria y la secundaria. La curva IV (ni fase juvenil estricta ni necesidad estricta de inducción primaria) corresponde al caso de muchos cereales, en los que la vernalización, aplicable desde la germinación, no es indispensable para la floración, pero la acelera.

Significación bioquímica de la fase juvenil

Parece ser que la fase juvenil está relacionada con la posibilidad de que la planta pueda acumular una cierta cantidad de glúcidos. En efecto, una iluminación fuerte acorta esta fase (medida en número de hojas) y el nitrógeno tiene un efecto variable: la alarga con luz débil, la reduce en el caso contrario(1). Ahora bien, éste provoca un crecimiento a expensas de los glúcidos, y esta inversión sólo puede revelarse rentable si la energía luminosa es elevada(2).

La inducción primaria

Los factores de inducción primaria

La noción de **inducción primaria** es una *generalización de la noción clásica de vernalización* mediante el *frío* (sin hielo). En efecto, se sabe actualmente que otros factores son capaces igualmente de desempeñar el mismo papel: como los *días cortos, las iluminaciones fuertes,* y a veces *también el calor*, la *sequía* o la *nutrición nitrogenada.*

Cada uno de estos factores actúa disminuyendo los umbrales para que los otros resulten eficaces. Dicho de otra manera, *se reemplazan mutuamente. Pero esto depende de las especies y las variedades:* así, es mucho más fácil reemplazar el frío por los días cortos en un dactilo que en una festuca elevada.

Los diferentes factores de inducción primaria presentan umbrales de acción que no son bruscos sino progresivos. *Los términos frío y días cortos, por ejemplo, no deben ser tomados en sentido estricto*, sino con referencia a dichos umbrales. *Significan solamente que la temperatura y la duración del día deben ser inferiores a un cierto valor*, característico de la variedad. *Pero este valor límite puede ser elevado*, de manera que el factor correspondiente parezca no jugar ningún papel. Así, ha podido demostrarse que el fleo, conocido por no necesitar vernalización debe, no obstante, en ciertas condiciones, ser sometido a temperaturas inferiores a +25° para después florecer(3).

Duración de la inducción primaria

La inducción primaria, cuando es necesaria, exige generalmente *varios meses.*

Teniendo en cuenta la multiplicidad de factores en juego, y la variación de las exigencias y las relaciones entre factores según los genotipos, serían precisos, para cada variedad, numerosos estudios en fitotrón, a fin de conocer la duración de la inducción primaria en todos los casos posibles. Ello, por otra parte, no sería válido más que en condiciones controladas: sólo el investigador podría beneficiarse de ello para hacer florecer plantas artificialmente. El agricultor trabaja en condiciones naturales donde las combinaciones de factores varían sin descanso. Lo que necesita saber es en qué fecha límite debe sembrar sus gramíneas, allí donde se encuentra, si quiere que sus plantas realicen su ciclo reproductor con normalidad en la primavera siguiente.

---

(1) Higazy, M. R., Meded. Landbouwhogesch., Wageningen, 62: 8, 1962.
(2) Ver págs. 93-94: El nitrógeno, una orden de inversión.
(3) Ryle, G.J.A., Ph. D. Thesis, London, 1960.

El final de la inducción primaria es progresivo

Como la fase juvenil, la inducción primaria se termina progresivamente: cuanto mejor se ha satisfecho, más allá de un cierto umbral, el número de días largos necesarios para la inducción secundaria disminuye hasta estabilizarse en un valor generalmente no nulo. Se podría utilizar exactamente la figura 11.2, pág. 146 poniendo en abscisas el tiempo de inducción primaria y en ordenadas las necesidades de inducción secundaria.

La inducción secundaria

La **inducción secundaria** es la última fase de inducción de las gramíneas forrajeras. Les es provocada por *los días largos*, que permiten directamente la entrada en fase reproductora.

La expresión días largos no debe conducirnos a error: decir que las gramíneas forrajeras tienen necesidad de días largos como última exigencia antes de encañar, significa solamente que la *duración del día debe ser superior a un cierto umbral* (por otra parte progresivo), característico de la variedad. *Este umbral puede ser muy bajo*: 8 h. 30 min., por ejemplo.

En primavera, los días se alargan. Una variedad que tenga necesidad de días de 9 horas por ejemplo, podrá comenzar su encañado antes que otra que necesite un fotoperíodo de 14 horas(1). Así, la clasificación de precocidades para el inicio de encañado está determinada por el nivel de exigencias de días largos de la inducción secundaria de las diferentes variedades. Ahora bien, estas precocidades se clasifican prácticamente en el mismo orden que las precocidades de espigado, salvo en el ray-grass italiano, precoz para el primero, pero tardío para el espigado. Por esta razón es por lo que puede decirse que el *umbral de días largos determina la precoeidad.*

Duración de la inducción secundaria y realización de la floración

Son suficientes *algunos días* de inducción secundaria para desencadenar el inicio de la fase reproductora: estadios Estrias Blancas y Dobles Pliegues.

Pero el fotoperíodo debe mantenerse largo hasta que las últimas piezas florales estén casi esbozadas (prácticamente por tanto, hasta el estadio C).

Si no, se observan toda una serie de anomalías que testimonian un retorno a la fase vegetativa: ahijamiento en la cima de entrenudos alargados, transformación de flores en pequeños vástagos en la inflorescencia (llamado clorantia), etc.

Umbral de días largos de la inducción secundaria y umbral de días cortos de la inducción primaria

Para una misma planta, el umbral de días largos de la inducción secundaria es a menudo muy inferior al de días cortos de la inducción primaria. Estos umbrales que son progresivos pueden representarse por curvas, y estas generalmente se cruzan (fig. 11.3). Si

---

(1) Salvo si su inducción primaria no ha terminado a tiempo, ver págs. 224–224: La precocidad de espigado después de una siembra de otoño es imprevisible.

se mantienen las plantas con un fotoperíodo intermedio, constante, pueden en estos casos, realizar sucesivamente sus dos inducciones y encañar.

INDUCCION DE ALARGAMIENTO DEL TALLO Y DE LA FORMACION DE LA INFLORESCENCIA

La fase reproductora comprende dos fenómenos paralelos: el alargamiento del tallo, que comienza en el estadio Estrías Blancas (E.B.) y la formación de la inflorescencia, que comienza en el estadio Dobles Pliegues (D.P.). Parece que, para producirse, cada uno de estos dos fenómenos depende de una inducción propia por el medio, y que además, interaccionan uno sobre otro, como lo muestran los casos en que una de las dos inducciones se produce, y la otra todavía no[1].

Las dos inducciones parecen ser distintas

El alargamiento del tallo y la formación de la inflorescencia parecen inducibles según el modelo clásico: fase juvenil, inducción primaria, inducción secundaria. Pero su nivel de exigencias probablemente no es el mismo y aun menos las interacciones entre estas tres fases. Las diferencias corresponderían a uno u otro de los siguientes puntos:

- las necesidades de inducción primaria disminuirían más lentamente pero más completamente con la edad, para el tallo que para la inflorescencia;
- el frío y los días cortos serían sobre todo eficaces para la inducción primaria de la inflorescencia, mientras que las iluminaciones fuertes favorecerían sobre todo la del tallo;
- los umbrales de días largos para la inducción secundaria disminuirían más fuertemente, después de una larga inducción primaria, para el tallo, que para la inflorescencia.

Si estas teorías son exactas, la formación de la inflorescencia debe ser la primera que se induzca en los vástagos nacidos a final de verano o en otoño, pues el invierno proporciona sobre todo frío y días cortos. Para los vástagos nacidos en primavera o en verano, las fuertes intensidades luminosas a que están sometidos y/o la elevada edad que pueden alcanzar, deben ocasionar primero la inducción del alargamiento del tallo. En el caso de especies totalmente alternativas, que no tienen necesidad de inducción primaria, la preparación de la floración es muy rápida y debe terminar casi a la vez para el tallo y para la inflorescencia.

Cuando la formación de la inflorescencia es inducida antes

Parece ser que la formación de la inflorescencia exige, para empezar a realizarse, no solamente su inducción propia sino también una iniciación del alargamiento del tallo. Por eso el estadio E.B. precede siempre al estadio D.P. Por lo tanto, si la inflorescencia es inducida primero, *no ocurre nada hasta que el tallo no lo sea a su vez*. En este momento, se ve realizar en algunos días el estadio E.B. seguido del D.P. Es el caso de las siembras de otoño, en los cereales de invierno. Para los cereales de primavera, E.B. y D.P. se encuentran igualmente muy próximos, como sus inducciones respectivas[2].

---

(1) Gillet, M., C. R. Soc. Biol., **161**: 1, 160-163, 1967, y Gillet, M., Ann. Amelior. Plantes, **26**: 4, 629-637, 1976.

(2) Este comportamiento de los cereales explica la fusión de los dos estadios en uno solo (el estadio A) por Jonard, P., Koller, J. y Vincent, A., Ann. Amelior. Plantes. **1**: 1-24, 1952.

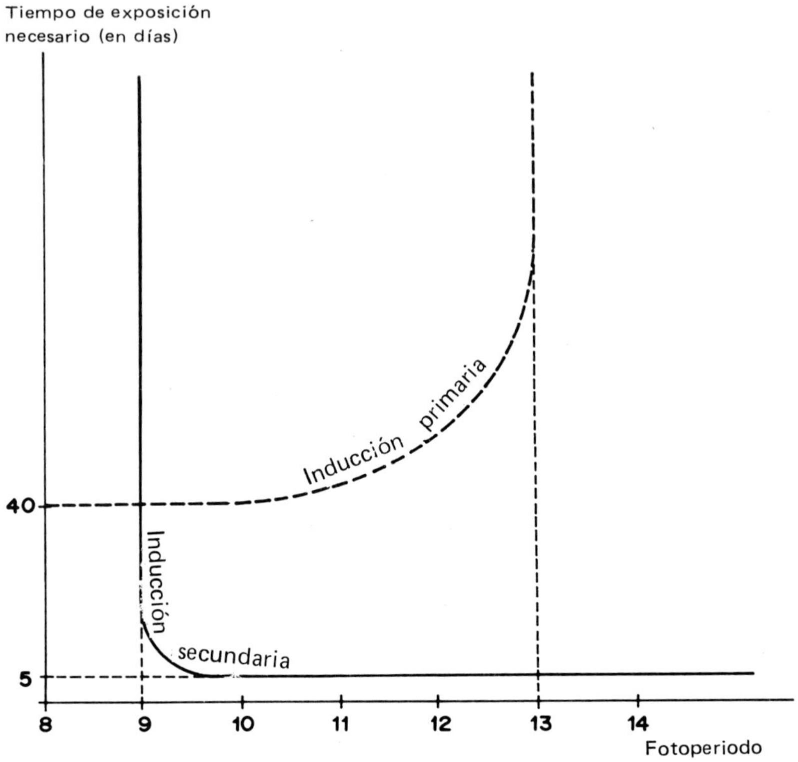

Fig. 11.3: Umbrales del fotoperiodo para las inducciones primaria y secundaria.

Las curvas se han establecido con órdenes de magnitud frecuentes. La inducción se realiza lo mejor posible, en este ejemplo, con 40 días de menos de 9 horas y media de luz, seguidos de 5 días de más de 10 horas, pero es posible también con fotoperiodos constantes comprendidos entre 9 y 13 horas.

Cuando el alargamiento del tallo es inducido antes

El alargamiento del tallo puede verificarse desde que se induce. Pero la longitud de los entrenudos formados va a depender de la floración y de la inflorescencia:

- cuando sea franqueado el estadio D.P., los entrenudos sucesivos serán cada vez más largos a medida que la fase reproductora se desarrolle.
- si el estadio D.P. tarda en realizarse, el ápex permanecerá en estado vegetativo esperando, y no habrá nada que ocasione un gradiente en la longitud de los entrenudos. Si se trata de una especie caulescente, estos serán largos, pero en las demás especies, todos los entrenudos formados antes del estadio D.P. serán muy cortos, de uno o dos centímetros como máximo.

Por esta razón es por lo que la mayor parte de las gramíneas forrajeras de Europa, no caulescentes, presentan desde el verano hasta el corazón del invierno, vástagos con entrenudos patentes, pero muy cortos.

INICIACION DE LA FLORACION PROPIAMENTE DICHA

Una vez alcanzadas todas las fases preparatorias de la floración, las gramíneas encañan y espigan normalmente, cualesquiera que sean las condiciones exteriores. Sin embargo, para la iniciación de la floración, es decir para la antesis y la fecundación, el medio interviene de nuevo. Es, por otra parte, frecuente comprobar que la floración es mucho más abundante unos días que otros.

Se ha podido demostrar que la luz no juega prácticamente ningún papel en este momento, y que el factor determinante es la temperatura[1]. El papel de la higrometría no ha sido estudiado.

Pero para poder comprender las observaciones habituales sobre la floración, es preciso apelar también a la noción de maduración interna de la planta, es decir a su edad después del espigado.

Pueden así distinguirse las fases siguientes:

Maduración interna

Cuando un vástago hace cierto tiempo, variable según las especies, que está espigado, la floración es posible, pero sólo si el medio le es muy favorable. Después, progresivamente, la planta se libera de las condiciones exteriores: su floración es cada vez más fácil y al final se produce cualesquiera que sean las condiciones atmosféricas. Así ocurre que los ray-grass italianos, por ejemplo, florecen quince días después de haber espigado, cuando las espigas aún no se han separado completamente de sus vainas. Pero para ello es preciso un tiempo muy bueno. En otros años, las mismas plantas no florecerán hasta pasado un mes después del espigado, pero entonces lo hacen incluso aunque haga muy malo.

Maduración por el calor

Una temperatura elevada acelera la maduración de las flores. Esta acción que requiere *solamente algunos días,* es tanto más eficaz y rápida cuando las inflorescencias están bastante desarrolladas.

Iniciación

En flores ya maduras por el efecto conjugado de la edad y del calor, la floración se desencadena debido a la *diferencia de temperaturas entre el día y la noche*.

Cuanto mayor es esta diferencia, más agrupada es la floración durante el día. Es preciso distinguir aquí diferentes especies según las horas en que florecen más abundantemente:

- especies que florecen sobre todo por la tarde: son sensibles, inclusive, a la alternancia de temperaturas del día;

(1) Schaeverbeke, J., Thèse, Paris, 16/6/1966.

- especies que florecen sobre todo por la mañana: son muy sensibles a la alternancia de temperatura durante los días precedentes;
- especies que florecen durante todo el día: son poco sensibles a la alternancia de temperaturas.

RELACIONES ENTRE VASTAGOS PARA LA FLORACION: MECANISMOS DE AGRUPACION

En lo que concierne a la floración, una planta de gramínea no se comporta como un conjunto de vástagos independientes, que responderían cada uno por su propia cuenta y de la misma manera a las condiciones inductoras del medio: *los diversos renuevos de una misma planta dependen los unos de los otros desde este punto de vista.* Estas relaciones mutuas son diferentes según que la floración esté en sus fases de preparación o en curso de realización(1). Este mecanismo permite que en primavera el encañado sea más abundante y agrupado.

Durante la preparación de la floración: se facilita la inducción de los vástagos-hijos

Durante las fases preparatorias de la floración, los vástagos hijos se benefician más o menos totalmente de la inducción ya parcialmente adquirida por sus vástagos-madres. Los vástagos más jóvenes de una planta tienen necesidades menores que los mayores, en particular para la fase juvenil y la inducción primaria. En casos extremos, pueden efectuar su ciclo reproductor, vástagos que eran sólo yemas a medidados del invierno.

Durante la realización de la fase reproductora: la evolución de los vástagos-hijos se bloquea

Poco después de que los primeros vástagos de la planta hayan franqueado el estadio Dobles Pliegues, es decir cuando comienza el desarrollo rápido de su tallo y de su apex, las relaciones entre los vástagos se invierten: los vástagos-madres impiden a sus vástagos-hijos que no han alcanzado todavía el estadio Dobles Pliegues, que continuen su evolución floral. La evolución de estos jóvenes vástagos-hijos será pues detenida en el estadio en que se encuentre:

- los que no han alcanzado el estadio Estrías Blancas no podrán hacerlo;
- los que han franqueado este estadio pero no el estadio Dobles Pliegues quedarán bloqueados entre ambos y su tallo apenas se alargará.

Los vástagos que se han detenido en su evolución reproductora ¿pueden reemprenderla si se cortan sus vástagos-madres?. Este problema no ha sido estudiado. Es sólo probable que la respuesta sea, al menos en parte, positiva.

Las relaciones entre los vástagos ¿cómo aseguran un encañado más abundante y más agrupado?

En primavera, aunque no existiera ninguna relación entre los vástagos para la floración, la inducción secundaria aseguraría al menos una simultaneidad de los encañados de los vástagos más antiguos (vástagos 1 a 3, fig. 11. 4a). Los jóvenes encañan de manera es-

---

(1) Gillet, M., C. R. Acad. Sci., Paris, **264**: 2634-37, 1967.

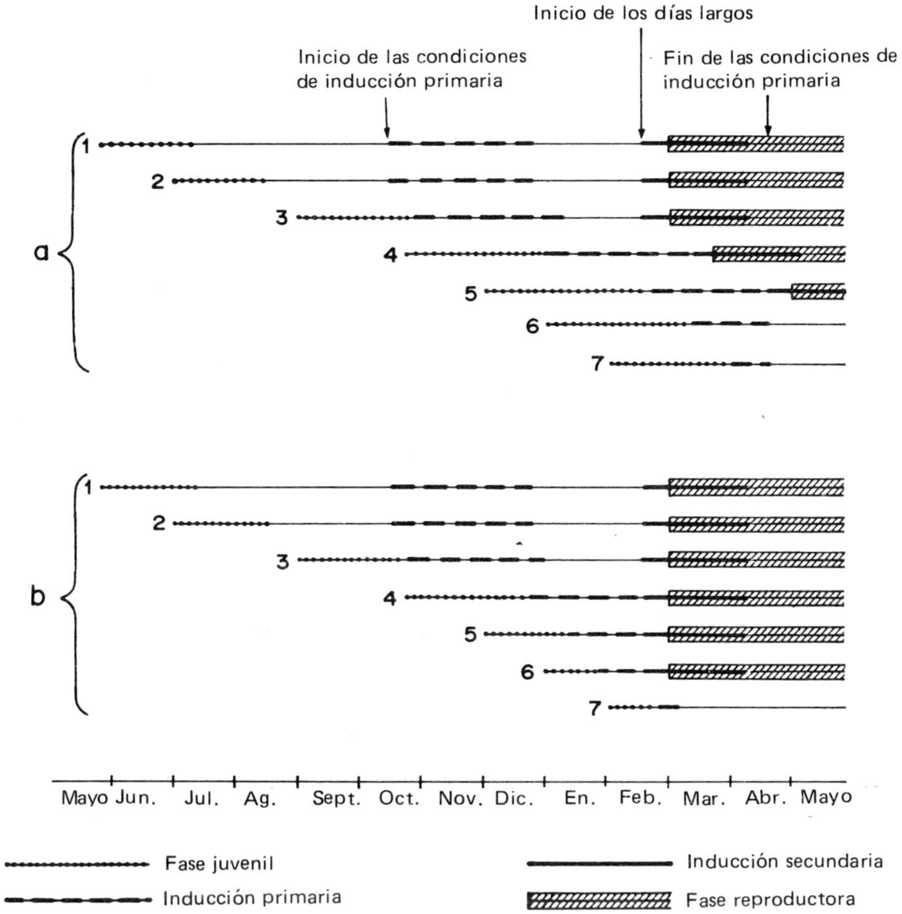

Fig. 11.4: Relaciones entre vástagos para la floración.

a: vástagos supuestamente independientes
b: los mismos vástagos, teniendo en cuenta sus relaciones dentro de la planta

calonada, beneficiándose de la acción de los días largos sólo a medida que termina su inducción primaria (vástagos 4 y 5, fig. 11.4a). Los que son todavía más jóvenes no entrarán en ciclo reproductor al no haber tenido tiempo de completar su inducción primaria en el curso del invierno (vástagos 6 y 7, fig. 11. 4a). Las interacciones entre vástagos modifican este esquema de la manera siguiente: gracias a la reducción de sus necesidades preparatorias, los vástagos que van con retraso, de hecho no lo manifiestan (vástagos 4 y 5, fig. 11.4b). De ellos, los que no hubieran terminado su inducción primaria, muchos la terminarán. Los más precoces de entre ellos podrían comenzar su encañado a la vez que los demás o casi, formando así vástagos reproductores suplementarios (vástago 6, fig. 11.4b). Pero los más tardíos no encañarán en absoluto, pues serán impedidos por el inicio del encañado de los más ancianos. *Podría compararse esto a un barco: en un primer momento, la sirena ayuda a los que llegan con retraso a cogerlo más deprisa, pero en un segundo tiempo se levanta la pasarela y los últimos que llegan con retraso quedan en el muelle.*

En las demas estaciones, la inducción secundaria no asegura ninguna agrupación ya que los días son largos con anticipación: a medida que los vástagos alcanzan la preparación para responder a ello podrían iniciar su ciclo reproductor si no existieran correlaciones entre vástagos. *En caso de fuerte alternancia o reespigado* muchos vástagos florecen en poco tiempo: ello es suficiente para hacer encañar a algunos otros y sobre todo para bloquear a todos los siguientes. De ahí las *"olas" sucesivas. Esta agrupación no existe con las alternancias o reespigados medios o débiles,* pues el número de vástagos inducidos en un momento dado no es nunca suficiente para impedir a los siguientes a ser inducidos y a encañar cada cual a su vez, uno a uno.

CAPITULO XII

Los caracteres de los órganos de las gramíneas

Entre los diferentes órganos de las gramíneas, examinaremos primero las hojas (págs. 155 a 157) pues su producción determina la de las yemas de los vástagos. El ahijamiento será fácil de comprender a continuación (págs. 157 a 161). Los demás órganos examinados serán los tallos reproductores y las inflorescencias (págs. 162–163), por último las raíces (págs. (163–164).

LAS HOJAS

Las hojas son tanto más numerosas en la pradera cuanto más lo son en cada renuevo, y cuando el ahijamiento es abundante. Este último caracter se considerará más adelante, el número de hojas por vástago lo examinaremos aquí.

Las dimensiones y el peso de las hojas son también importantes desde el punto de vista agronómico.

Por el contrario su velocidad de crecimiento no será abordada, a causa de su escaso interés práctico: en general, sólo una hoja por vástago está en crecimiento, si se exceptúan los esbozos cuyo peso es despreciable.

Número de hojas por vástago

Las hojas vivas existentes en un vástago son aquellas que, producidas por el ápex, han aparecido al exterior y todavía no han muerto.

Aparición de las hojas

En fase vegetativa, las sucesivas hojas de un vástago aparecen a intervalos regulares cuando las condiciones del medio son constantes. Una ley tan simple puede parecer sorprendente pues la aparición de una hoja es un fenómeno muy complejo: depende de la formación del esbozo en el ápex, de la velocidad de alargamiento de este esbozo y de la longitud de la vaina de la hoja precedente. Es probable que el medio actúe prácticamente en el mismo sentido sobre todos estos fenómenos a la vez, de modo que el resultado de ello sea estadísticamente bastante sencillo.

Si el medio es cambiante, *el principal factor de variación* de la velocidad de aparición de las hojas *es, con mucha diferencia, la temperatura*[1]. *Su óptimo es muy elevado*: incluso en los ray-grass, poco adaptados al calor, es de alrededor de 25° C. Durante casi todo el año, *se puede decir que es necesaria una determinada integral térmica* entre la aparición de dos hojas: varía entre 100 y 200 grados. Es menor para los fleos y los ray-grass que para las festucas y los dactilos.

Los demás factores de variación tienen mucho menos efecto que la temperatura. Se puede decir que actúan modificando ligeramente la integral térmica necesaria. La luz acelera la aparición de las hojas. Lo mismo ocurre con el nitrógeno, pero solamente en plantas bien iluminadas. Por último, esta velocidad depende un poco del orden del vástago: es ligeramente más rapida en tallos-hijos que en tallos-madres. El fotoperíodo no tiene casi ninguna acción.

En fase reproductora, el esquema es mucho más complejo. En efecto, tres elementos vienen a añadirse a los precedentes[1]. A partir del estadio de Estrias Blancas, la aparición de las hojas se hace más lenta, sin duda a causa de una disminución de la velocidad correspondiente al alargamiento de los esbozos. Después, ésta se compensa en demasía por el alargamiento de los entrenudos, que soportan las hojas, acelerando su aparición. Por último, esta velocidad se anula con la aparición de la hoja bandera, ya que es la última.

Muerte de las hojas

Es difícil datar de manera precisa la muerte de una hoja, ya que se necrosa progresivamente a partir de la punta.

Esta necrosis va precedida de un declive de la fotosíntesis neta.

Cuando esta última llega a ser nula en un fragmento de hoja, ésta continua aún muy verde.

Los factores de variación conocidos para la longevidad de las hojas son los siguientes:

- temperatura: el calor, que acelera la aparición de las hojas, acelerará también su muerte;
- evolución de la temperatura: se obtiene una mayor longevidad cuando las temperaturas disminuyen que cuando aumentan (a igual media);
- nitrógeno: su efecto está en controversia;
- iluminación: la energía luminosa que recibe una hoja no parece modificar su duración: cuanto más fuerte es la iluminación, más intensa es la fotosíntesis, pero más deprisa disminuye con la edad, de manera que se anulan a la vez.

Número de hojas vivas

El número de hojas vivas de un renuevo ha sido muy poco estudiado. Lo único que puede afirmarse, es que este número es *mayor cuando las condiciones generales de crecimiento son buenas*. Es bajo en invierno, en verano seco, o si la nutrición nitrogenada es insuficiente.

---

(1) Gillet, M., Thèse, Poitiers, A.O., 2633, 1970.

Dimensiones y peso de las hojas

En fase vegetativa, los limbos y las vainas de las sucesivas hojas de un vástago son cada vez más largos si las condiciones del medio son constantes. Si estas últimas cambian y se hacen favorables para hojas más cortas, se puede evidentemente observar el fenómeno inverso. Entonces, el vástago presenta un aspecto curioso: la lígula de una hoja adulta se encuentra en el interior de la vaina de la hoja precedente. Esta vaina se abre entonces lateralmente para dejar pasar el limbo de la siguiente.
En fase reproductora, cuanto más alta está situada una hoja en el tallo, más larga es su vaina en proporción a su limbo.
La variación de las dimensiones de las hojas en medio constante implica que, para estudiar la acción del medio, es preciso comparar exclusivamente hojas de edad y posición semejantes.
La mayoría de los estudios dedicados a las dimensiones de las hojas tienen en cuenta en realidad solo el limbo. Pero la observación corriente y algunos trabajos, parecen mostrar que las conclusiones son válidas también para las vainas, al menos en fase vegetativa.

Las dimensiones y el peso de una hoja dependen de las condiciones del medio *durante su crecimiento*. Una vez la hoja adulta, sus características no cambian ya. *El medio actúa sólo con un cierto desfase sobre las características de las hojas*.

El nitrógeno aumenta todas las dimensiones de las hojas, así como su peso. Ocurre lo mismo con los días largos. La sequía provoca el efecto inverso. Las iluminaciones fuertes aumentan el peso de las hojas al aumentar su anchura, su espesor y su peso específico, pero no su longitud, que, por el contrario, disminuye. *El efecto* opuesto *de las intensidades luminosas débiles es muy conocido: constituye el ahilamiento,* por el cual las hojas se alargan a pesar de su pérdida de peso. Ello les permite captar más luz y compensar así, en parte, la reducción de la fotosíntesis. Curiosamente, *las temperaturas elevadas provocan un efecto* muy semejante al *de ahilamiento*; debido quizás al hecho de que estas temperaturas son desfavorables para la fotosíntesis.

EL AHIJAMIENTO

Desde el punto de vista agronómico, las características de un renuevo se conocen desde que se sabe su número de hojas y sus dimensiones, y eventualmente, las del tallo cuando este está alargado. Sólo el número de vástagos queda por examinar aquí.

El término **ahijamiento** *es ambiguo:* según el caso, se emplea para designar *el número de vástagos o la producción de vástagos nuevos*. De igual modo el verbo **ahijar** puede significar *tener vástagos o producirlos.*

La población de renuevos de una pradera es el resultado de los factores que favorecen su aparición (pág. 158) y de los que favorecen su muerte (págs. 158–159). Se trata de un equilibrio permanente entre ambos, de manera que *no existe fase de ahijamiento* como en los cereales, sino sólo una especie de ciclo anual. Este es bastante flexible, pero conlleva siempre, no obstante, una renovación completa cada primavera, bajo condiciones naturales (págs. 159 a 160).

Se cree, a menudo, que el ahijamiento es el principal factor de rendimiento en las gramíneas forrajeras. Un balance de su papel agronómico real mostrará que su importancia, frecuentemente, se sobreestima mucho (pág. 161).

Factores que favorecen la aparición de vástagos nuevos

En la axila de cada hoja se forma automáticamente una yema que originará un vástago. *Todo aquello que puede limitar la aparición de las hojas, limita por lo tanto el ahijamiento.* Pero estas yemas no se desarrollan automáticamente: se precisan condiciones particulares. *Por consiguiente, no todo lo que favorece la aparición de hojas favorece, automáticamente, el ahijamiento.*

Cuando una yema ha permanecido excesivo tiempo sin crecer, a falta de condiciones favorables, le resulta difícil luego desarrollarse e incluso puede morir(1).

La acción de los factores del medio parece indicar que el principal factor que limita el rebrote de las yemas es la cantidad de glúcidos de los rastrojos.

La luz, que favorece la producción de hojas, *es el elemento más importante para el ahijamiento.* Pero para ello, *debe llegar* hasta la zona de las yemas, *a ras de suelo.* Esto no ocurre cuando la población de renuevos es demasiado densa y cuando éstos están sometidos a una intensa competencia mutua por la luz.

La temperatura debe ser más baja para la iniciación del desarrollo de las yemas que para la formación de las hojas que las originan. El ahijamiento está pues limitado, si hace fresco, por el número de yemas, y si hace calor, por su desarrollo. Así, presenta un *óptimo hacia 15-20 °C.* Las temperaturas elevadas son más desfavorables al ahijamiento por la noche que durante el día. Ahora bien, por la noche, aceleran la respiración a expensas de los glúcidos. *Las yemas que no inician su desarrollo porque hace demasiado calor no se pierden: comienzan luego a crecer todas juntas si la temperatura desciende.*

El nitrógeno, cuando no hace excesivo calor, *favorece al hijamiento si la iluminación es buena*, lo perjudica en caso contrario. Parece pues existir un paralelismo entre la acción del nitrógeno sobre el ahijamiento y su acción sobre los glúcidos.

Una presión mecánica puede impedir a una yema desarrollarse(2). Esta es una circunstancia frecuente en la pradera, donde una yema puede encontrarse arrinconada entre dos vástagos. Es también una de las explicaciones del *escaso ahijamiento en condiciones de fuerte competencia.*

Los días cortos favorecen el ahijamiento; pero van acompañados generalmente de una disminución de la energía luminosa total recibida durante el día, lo que produce un efecto desfavorable que prevalece sobre el efecto propio del fotoperíodo.
El efecto del agua ha sido muy poco estudiado. De hecho este problema sólo se plantea en verano cuando, de cualquier forma, el ahijamiento se encuentra detenido.

Factores que causan la muerte de los vástagos

El principal factor que ocasiona la muerte masiva de un gran número de renuevos *es la fase reproductora.* En efecto, en fase vegetativa, un vástago tiene una vida potencialmente indefinida. Pero desde que inicia su ciclo reproductor,

---

(1) Mitchell, K. J., Plant Physiol., 6: 3, 425-443, 1953.

(2) Williams, R. F., Langer, R.M.H. y Sharmant, B.C., C.S.I.R.O. Plant Industry, 95, 1973.

pueden ocurrir una de dos cosas:

- o bien el tallo es cortado, y no rebrota ya;
- o bien forma sus granos y muere.

Un segundo factor muy importante para la muerte de los vástagos en cualquier fase *es la competencia:* si ésta es muy fuerte, no solamente la aparición de los vástagos nuevos se encuentra disminuida o detenida, sino que los vástagos vivos pueden morir en gran número, sobre todo los más recientes. *Es lo que ocurre principalmente durante la crisis del ahijamiento*[1] que acompaña a menudo a la fase reproductora. Esta crisis es, en efecto, más larga y más severa cuando el número de vástagos es elevado y su crecimiento rápido, es decir, cuando se trata de un cultivo intensivo[2]. Otros períodos de competencia importante pueden producirse también en fase vegetativa, cada vez que la hierba sea excesivamente densa y la cubierta vegetal demasiado cerrada, y cuando la velocidad de crecimiento se mantenga elevada.

Aparte de por estas dos importantes causas, un vástago prácticamente sólo muere por *accidente* (pisoteo de los animales, hielo, sequía, ratones de campo, etc.), por *enfermedad* o por ataque de *insectos*, en particular de los dípteros.

Estadísticamente, se ha demostrado que, además de la gran crisis debida al encañado, un número bastante grande de renuevos muere en otoños e inviernos suaves, estaciones igualmente favorables, por otra parte, a la aparición de vástagos nuevos.

Ciclo anual del ahijamiento

El nacimiento y la muerte de renuevos son permanentes

La evolución de la población de vástagos es siempre el resultado de un balance entre aparición y muerte, que muy frecuentemente coexisten. Existe, por lo tanto, una *renovación parcial permanente de las macollas*. No obstante, debido a la acción de los diferentes factores examinados antes, existen tendencias estacionales, en interacción en primavera, con el modo de explotación.

Tendencias estacionales

A la salida del invierno, cuando comienza la estación de crecimiento, *el número de vástagos aumenta rápidamente.*

Durante el encañado, la crisis del ahijamiento genera la evolución inversa: muchos, si no todos los vástagos jóvenes, mueren. Este fenómeno tiene una *intensidad muy variable* según la especie y, sobre todo, según la explotación de la hierba. El elemento más importante es la fecha de corte: *si los tallos se cor-*

---

(1) Gillet, M., Gachet, J.P. y Gallais, A., Ann. Amelior. Plantes, **19**: 2, 151-167, 1969.
(2) Es probable que la competencia nutritiva actue, en realidad, en interacción con factores hormonales durante la crisis de ahijamiento del encañado.

tan desde el estadio de espiga a 10 cm, la crisis del ahijamiento prácticamente no se produce. Es por el contrario muy grande si se permite que la hierba espigue. *La fertilización nitrogenada* es igualmente importante: la *aportada el año precedente aumenta* el número de tallos alargados, y por lo tanto, *la intensidad de la crisis*. En la práctica es imposible aportar nitrógeno durante la crisis, lo que, por el contrario, disminuiría su gravedad.

El primer descabezamiento ocasiona la muerte de todos los renuevos encañados, es decir, de todos aquéllos que existían antes del invierno. Sólo subsistirán los que, nacidos ese mismo año, no hayan encañado ni hayan sido víctimas de la crisis de ahijamiento. Si esta ha sido muy fuerte, prácticamente no quedan más que yemas. *Cada primavera* se produce pues una *renovación completa de las macollas.*

Después del primer descabezamiento, el ahijamiento vuelve a mostrarse activo y un *nuevo poblamiento de vástagos* se reconstituye en la pradera a partir de lo poco que quedaba. Aquí interviene una nueva variación importante, ligada a la especie: *en el ray-grass italiano, los sucesivos reespigados frenan esta renovación,* pues cada uno de ellos causa una nueva crisis de ahijamiento y un nuevo corte de vástagos encañados.

En verano, las elevadas temperaturas bloquean toda aparición de nuevos vástagos, aunque se riegue. Esta detención sólo se atenua en zonas de verano fresco, como la montaña. Además, determinado número de vástagos puede morir como consecuencia de la sequía.

El otoño es una época de *ahijamiento muy activo*, tanto más puesto que en verano se han acumulado yemas, que brotarán en otoño.

En invierno el ahijamiento es lento, como todos los fenómenos biológicos. Pero *a igual integral térmica, el ahijamiento es activo solo en inviernos suaves*, sin duda porque la fotosíntesis, menos reducida que el crecimiento, permite cierta acumulación de glúcidos. *Un invierno crudo*, por el contrario, puede causar la *muerte de vástagos*, bien a causa del hielo, bien a causa de las enfermedades que se desarrollan bajo la nieve.

No existe, por lo tanto, fase de ahijamiento

La noción de fase de ahijamiento proviene de los cereales. Ahora bien, éstos no constituyen más que un caso particular, un poco extremo, de las leyes anteriores. En ellos, los primeros renuevos aparecen, como es normal, con un cierto desfase con respecto a las hojas, es decir, cuando la plántula tiene 3 ó 4 hojas. En este momento tiene lugar, en los cereales de invierno, una interrupción debida al frío, que sólo consiste en una gran reducción, después el ahijamiento se reemprende. Luego se instala la crisis debida al encañado de los tallos antes de que cualquier otra competencia haya podido entrar en acción. Esta crisis es muy brusca en estas especies, y como después, la planta muere, el ahijamiento no tiene ocasión de reemprenderse. He aquí por qué está limitado en el tiempo.

Pero en las gramíneas forrajeras no se reunen estas condiciones y nada autoriza a hablar en ellas de fase de ahijamiento.

Importancia agronómica del ahijamiento

El ahijamiento raramente es un factor de rendimiento

El ahijamiento es considerado generalmente como uno de los principales factores de rendimiento en las gramíneas forrajeras. Esta es una opinión acusadamente errónea, que proviene sin duda de una confusión con los cereales. En las gramíneas, se recolecta todo el renuevo y no solamente los granos. Por otro lado, el número de vástagos por planta es en ellas muy superior, de manera que la población de vástagos por unidad de superficie es mucho más apretada.

En estas condiciones, *cuanto más numerosos, menos gruesos son los vástagos*. Existe, por lo tanto, compensación. De lo que resulta que, una amplia gama de densidad de vástagos, no tiene ninguna influencia sobre el rendimiento. Este último sólo disminuye con densidades extremas:

- demasiados vástagos: la luz penetra mal en una cubierta excesivamente tupida;
- insuficientes vástagos: la luz no es captada completamente.

Si las praderas se explotan bastante frecuentemente para que la cubierta vegetal se mantenga abierta, nos encontraremos probablemente en el último caso, y el ahijamiento jugará un gran papel sobre el rendimiento. Pero esto apenas ocurre en Francia, dejando a un lado los céspedes. En la práctica, el primer caso es bastante frecuente, pues se comprueban algunos efectos negativos del ahijamiento de diferentes variedades sobre su rendimiento.

Algunos factores que favorecen el rendimiento, como el nitrógeno, se dice que actúan por intermedio del ahijamiento. Es inexacto: su acción puede acompañarse, o no, de un aumento del número de renuevos, según la estación.

Los dos casos en que el ahijamiento limita el rendimiento

Los únicos casos en que el ahijamiento tiene una importancia práctica sobre la producción, son aquellos en que el número de renuevos es excesivamente bajo:

- *después de la siembra,* la pradera cubrirá tan deprisa el suelo que el ahijamiento será rápido. Ello permitirá obtener más rápidamente un primer aprovechamiento;
- *después de un descabezamiento*, la primera explotación que tenga lugar dará un rendimiento que dependerá de la densidad de renuevos, *si el intervalo entre aprovechamientos no es de al menos seis semanas*. A veces, los calores del verano llegan antes de estas seis semanas, bloqueando el ahijamiento a un nivel insuficiente: por esto, en un cultivo intensivo en que la crisis del ahijamiento sea grande, *es preciso desconfiar de los descabezamientos en fecha demasiado tardía* (cualquiera que sea el estadio): *toda la producción estival corre el riesgo de disminuir por ello*.

LOS TALLOS REPRODUCTORES Y LAS INFLORESCENCIAS

Cuando se efectúa una explotación en fase reproductora, su rendimiento depende del número de tallos alargados y de sus dimensiones. Entre estas últimas, sólo la longitud posee un determinismo un poco conocido.

El rendimiento en semillas depende también del número de tallos alargados, pues cada uno lleva una inflorescencia. Depende además del número de flores por inflorescencia.

Número de tallos alargados

Los vástagos que florecen son los que habían alcanzado su fase juvenil en el momento en que actuaron las condiciones inductoras, más un cierto número de sus vástagos-hijos(1). Así, *el número de vástagos que encañan en primavera depende directamente de la población de vástagos presentes antes del invierno*. Los que nacen después del invierno, prácticamente no encañarán.

Por otro lado, *cuando un cultivo sea claro* (siembra de densidad baja, mucha separación), *el número de vástagos que encañan por hectárea es muy elevado*. Esto, sin duda, se explica debido a una mejor penetración de la luz: existen menos vástagos, pero, gracias a una nutrición carbonada mejor, terminan mucho más deprisa su fase juvenil, de manera que son más numerosos los que están prestos a beneficiarse de las condiciones invernales.

Longitud de los tallos

La longitud de los tallos depende del número de entrenudos y de su longitud.

El número de entrenudos es mayor cuando el estadio Estrías Blancas ha tenido lugar en un vástago de más edad y cuando el estadio Dobles Pliegues le ha seguido con un retraso mayor. Se ignora si la edad del renuevo ejerce esta acción por sí misma, o porque ha permitido una gran inducción primaria previa. Si los hijuelos tardíos tienen siempre tallos más cortos, es porque, merced a la influencia de sus vástagos-madres, han podido entrar en fase reproductora cuando eran aún muy jóvenes(1). Han sido así conducidos a encañar a la vez que los demás vástagos, pero con menos entrenudos.

La longitud de los entenudos está ligada simplemente a la nutrición de la planta durante el encañado. Si por ejemplo, los tallos son más cortos después de un despuntado, es porque sus entrenudos son más pequeños.

---

(1) Ver págs. 152 a 154: Relaciones entre vástagos para la floración: mecanismos de agrupación.

Número de flores por inflorescencia

El número de flores por inflorescencia parece obedecer *a las mismas leyes que el número de entrenudos por tallo*, examinado antes. Por eso, por ejemplo, los renuevos tardíos tienen inflorescencias pequeñas con pocas flores.

LAS RAICES

Dificultad de experimentar con las raíces

La experimentación con las raíces se tropieza con múltiples obstáculos, ligados de una parte a su *posición subterránea* y de otra a su *papel de absorción*.

Para observar las raíces, es preciso, en efecto, sacarlas y por lo tanto, destruir la planta, lo que introduce importantes variaciones de muestreo. Es preciso igualmente sacar de una profundidad bastante grande para extraer todas las raíces, y por último, quitarles bien la tierra.
Por otro lado, *lo que sería preciso medir sería la superficie absorbente total*. Ello tropieza con cierto grado de desconocimiento:

- ¿cómo reconocer una raíz viva?;
- ¿cómo reconocer una raíz funcional?. *Incluso muertas, absorben todavía*, pero ¿hasta qué estado preciso de descomposición?
- ¿en qué longitud absorbe una raíz?. Los pelos absorbentes no existen más que en los extremos, pero zonas de mucha más edad son igualmente eficaces. ¿hasta donde llegan estas zonas? ¿una raíz larga absorbe más que una raíz corta o solamente es que su zona activa se encuentra más lejos en el suelo?.
- ¿cómo medir la superficie?. Si las raíces fueran cilíndricas, sería preciso multiplicar la longitud de cada radícula por 3,14 veces su diámetro, lo que sería ya muy difícil. Pero no tienen forma regular, y los pelos absorbentes aumentan considerablemente la superficie eficaz.

Todas estas dificultades experimentales hacen que casi todas las investigaciones sobre las raíces se basen en un *criterio muy aproximativo: el peso total de raíces que aún no están descompuestas.*

Factores de variación

Las raíces son enteramente dependientes, en su crecimiento, e incluso en su existencia, *del carbono que les llega de las hojas*. Entre los factores de variación de su masa, los que conciernen al suelo son pues, paradógicamente, menos importantes que los que se refieren a la fotosíntesis y al crecimiento de las partes aéreas.

El efecto de *la luz*, principal factor de la fotosíntesis, repercute aún más en el sistema radicular que en los órganos aéreos.

Los cortes frecuentes son desfavorables a las raíces, ya que la masa de éstas deja de crecer o incluso disminuye en cada explotación.

En fase reproductora, el crecimiento de las raíces es mucho menor que en fase vegetativa, a causa de la gran velocidad de crecimiento de los tallos.

El nitrógeno, en un principio es desfavorable a las raíces pues crea una prioridad de las partes aéreas por el carbono. Sólo al cabo de varias semanas, si esta inversión ha sido rentable[1], las raíces pueden beneficiarse del suplemento de carbono fijado por las nuevas hojas.

Las condiciones físicas del suelo juegan un papel: las raíces deben encontrar a la vez agua y aire en el suelo. Si éste último es demasiado ligero, faltará facilmente agua. Si es demasiado compacto, corre el riesgo de faltar aire. La cantidad de agua óptima es del orden del 80 o/o de la reserva del suelo. Por encima se produce la asfixia.
La temperatura óptima del suelo para la absorción radicular parece situarse *hacia 17 °C*. Es sobre todo en la zona superficial donde es importante esto. En lo que concierne a la masa de raíces, el óptimo es en realidad más elevado. Pero por encima de 17 °C, estos órganos son menos ramificados, menos profundos y menos eficaces.
Un suelo ácido retarda la descomposición de las raíces. Probablemente haya más que continúan siendo funcionales, aún cuando la cantidad de raíces vivas sea quizás la misma.

Renovación de las raíces

Permanentemente existen en una pradera, viejas raíces que mueren y después se pudren y otras que nacen. No obstante, esta renovación no tiene una intensidad constante. Se distinguen dos tipos de especies:

- especies con renovación anual: la desaparición máxima de raíces antiguas tiene lugar en primavera, antes de la floración, el máximo de aparición de las nuevas tiene lugar en otoño;
- especies con renovación progresiva: el primer año se forma una gran cantidad de raíces. Después, cada año, muy pocas mueren, muy pocas nuevas se forman, y esto ocurre en todas las estaciones. Cada raíz vive pues, de media, más tiempo que en el grupo precedente.

A menudo se han comparado estos dos tipos de especies, con los árboles de hoja caduca o persistente. Pero existen dos diferencias capitales:

- *las raíces de las gramíneas viven años*. Las que mueren en primavera provienen de vástagos que han espigado los años precedentes, y de los que hace tiempo no quedan más que muñones secos;
- *la renovación de las raíces de las gramíneas no es nunca total*.

De ello se desprende que *ninguna especie de gramínea está nunca desprovista de raíces funcionales, incluido el verano. Todas son comparables a los árboles de hoja persistente*.

Es preciso por lo tanto, buscar en otra causa la explicación de la resistencia de ciertas especies a la sequía.

---

(1) Ver págs. 93-94: El nitrógeno: una orden de inversión.

Cuarta parte

¿De qué dependen los caracteres agronómicos de la pradera?

Lo esencial de los conocimientos de biología vegetal útiles para comprender el cultivo de la hierba, ha sido expuesto en las tres primeras partes de esta obra. No obstante, antes de abordar las realidades directamente agrícolas[1] conviene volver a considerar dichos conocimientos clasificándolos ahora en función de los caracteres agronómicos, a pesar de cometer algunas repeticiones inútiles.

Los caracteres de la hierba susceptibles de interesar al agricultor son el rendimiento (Capítulo XIII), el potencial energético[2] (Capítulo XIV), la calidad nitrogenada (Capítulo XV), el contenido en materia seca y el contenido en glúcidos solubles (Capítulo XVI), la persistencia (Capítulo XVII), la precocidad (Capítulo XVIII), la alternancia y el reespigado (Capítulo XIX).

---

(1) Ver 5ª parte: Aplicaciones al cultivo de la hierba.

(2) Esta noción será introducida págs. 188–189.

CAPITULO XIII

El rendimiento

En las gramíneas forrajeras, el rendimiento no está constituido por un órgano que se recolecta en un estadio único. Es el resultado de un crecimiento casi contínuo. La masa de hierba en evolución se recoge en aprovechamientos sucesivos, en momentos muy variables en función de las necesidades del hombre. Es pues importante comprender cómo se forma y evoluciona el rendimiento (págs. 168 a 178) después de una siembra, una explotación, o una parada de vegetación. El efecto de la fertilización nitrogenada (págs. 179 a 186) y el de la estación (págs. 186–187) son los principales factores de variación a conocer.

Se ha adquirido la costumbre de designar a los sucesivos rebrotes de la hierba y, por extensión a los aprovechamientos, *mediante la expresión ciclo de vegetación.* Este es un término muy poco apropiado, pues hace referencia a la fisiología de la planta. Sugiere que es suficiente conocer el número del ciclo para hacernos idea del estado en el que se encuentra el vegetal, lo que está muy lejos de la realidad. El primer ciclo después del invierno, por ejemplo, corresponde a realidades fisiológicas e incluso a fechas muy diferentes, según que se explote al iniciarse la vegetación o en el espigado; lo mismo ocurre en el segundo ciclo, según que en el primero se haya despuntado o descabezado. Además, esta expresión, ciclo de vegetación, tiene el inconveniente de prestarse a la deformación en ciclo vegetativo, incluso cuando se trate de una pradera reproductora. Por esto *es preferible abandonar este término*, y utilizar un lenguaje adaptado a aquello de lo que se habla:

- despuntado, descabezamiento, rebrote vegetativo, etc., para designar el estado de la hierba en el momento en que se explota;
- corte, aprovechamiento o explotación, pase de los animales, para designar el momento de la recolección en el sistema forrajero.

EVOLUCION DEL RENDIMIENTO

El alcanzar un determinado rendimiento y la evolución del mismo sólo dependen, prácticamente, de problemas nutritivos cuando se trata de una pradera en fase vegetativa (págs. 168 a 171), pues el crecimiento de la misma se debe a la renovación indefinida de las hojas de las que sólo varían su tamaño y su duración. La intervención de los tallos viene a complicar este esquema en las diferentes fases reproductoras: el gran encañado de primavera (págs. 171 a 175) eventualmente modificado por el despuntado (págs. 175–177) y también las demás fases reproductoras que se producen en la alternancia y el reespigado (págs. 177–178).

Supondremos que la pradera está en condiciones correctas de crecimiento: temperatura media, buena alimentación hídrica, fertilización nitrogenada suficiente pero no excesiva.

Evolucion del rendimiento durante la fase vegetativa (fig. 13.1)

Situación inicial

El rendimiento de una pradera está constituído por los órganos aéreos que se encuentran por encima del nivel de un posible corte. Es nulo después de una siembra o un aprovechamiento, también lo es después de un reposo estacional de vegetación (invierno, verano seco). A partir de una situación tal, *el crecimiento será posible gracias a*:

- *las reservas,* situadas bien en las semillas bien en el rastrojo, según el caso;
- *algunos órganos verdes* ocasionalmente subsistentes (vainas, bases de hojas) que podrán asegurar un cierto nivel de fotosíntesis.

Iniciación del rebrote

Al principio, *el crecimiento será muy lento y dependerá mucho de las reservas y de los órganos verdes presentes al inicio.*

Si se trata de una siembra, el rendimiento será nulo al iniciarse el crecimiento, durante el tiempo que las plántulas tarden en alcanzar el nivel del futuro corte.

Si la pradera acaba de ser sometida a un descabezamiento, esta fase inicial será más lenta que después de un corte de la hierba en estado vegetativo, pues una parte del rebrote deberá proceder de yemas situadas a ras de suelo. Este retraso será tanto mayor cuanto más intensa haya sido la crisis de ahijamiento: en la práctica será más largo cuando se haya efectuado un corte para ensilaje con un elevado rendimiento[1].

Durante esta iniciación del rebrote, el peso total de la planta, comprendidas las raíces, generalmente disminuye, a causa de pérdidas debidas a la respiración,

---

(1) Ver páginas 74–75: El inicio del rebrote se retrasará.

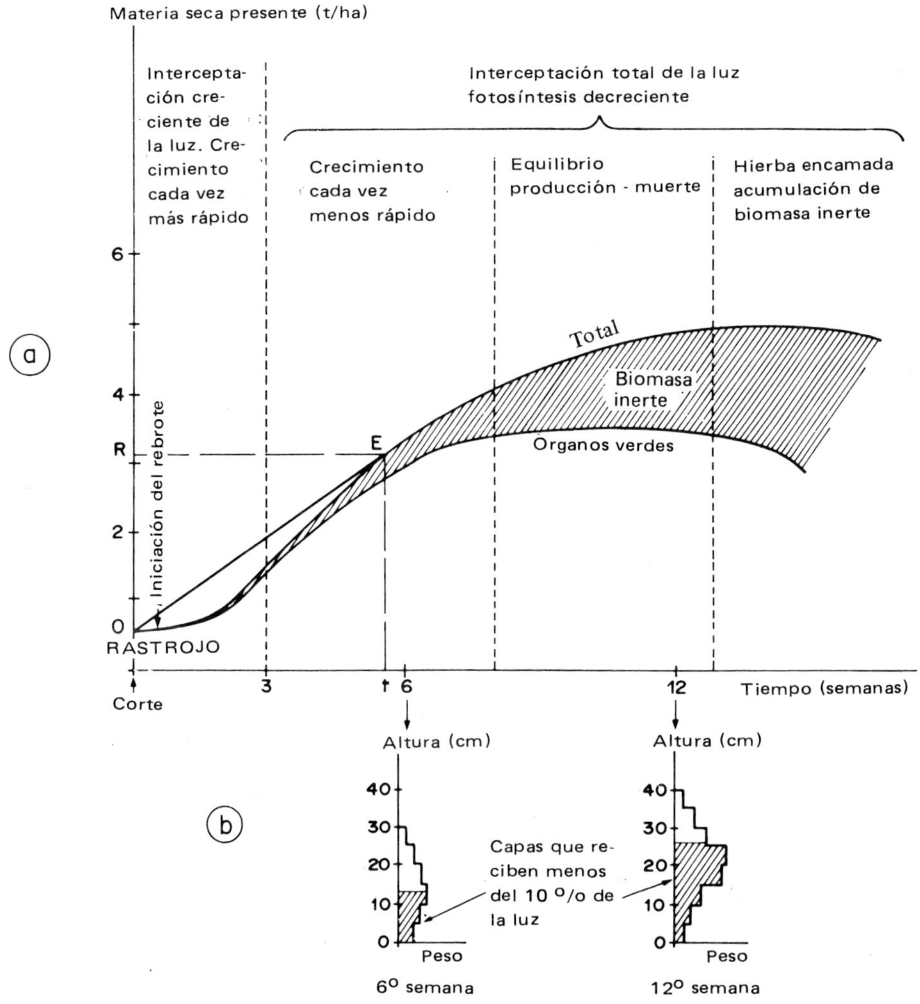

Fig. 13.1: Crecimiento vegetativo de una gramínea en buenas condiciones.

(a): Evolución de la hierba presente según el tiempo;
(b): Reparto de la vegetación a la 6ª y a la 12ª semana.
Las cifras son sólo ejemplos. El reparto de la vegetación se ha extraído de Robson, Ann. Bot. 37, 487-500, 1973.

sobre todo si ningún resto de órganos verdes viene, mediante su fotosíntesis, a compensar dichas pérdidas.

Fase en que el crecimiento es cada vez más rápido

Al principio la pradera es abierta, no cubre totalmente el suelo. *Cada nueva hoja formada permite captar más luz*. Así, la fotosíntesis neta aumenta, *permitiendo una velocidad de crecimiento cada vez mayor*.

La cantidad de luz interceptada entonces es, a groso modo, proporcional a la superficie foliar. Esta está en relación con el peso de la hierba pues el espesor de las hojas y su peso específico cambian poco. Por lo tanto, se puede considerar que la velocidad de crecimiento es, como la energía luminosa captada, casi proporcional a la masa de hierba, es decir, que el crecimiento es, a groso modo, exponencial.

Por consiguiente, dicha velocidad está relacionada con la cantidad de hojas presentes. Por esta razón se encuentra todavía *bajo la dependencia de las reservas y órganos verdes existentes al comienzo del rebrote*.

Mientras la pradera es abierta, el crecimiento es, como la fotosíntesis, tanto más rápido cuanto más intensa es la luz, pero solamente hasta una luminosidad media. Por encima de ella, esta influencia se amortigua por el hecho de que la mayoría de las hojas son iluminadas de frente(1).

Fase en que el crecimiento es cada vez menos rápido

Al cabo de algunas semanas, la pradera se cierra: *prácticamente toda la luz es captada*. La energía recibida sólo varía en función de las oscilaciones de iluminación en la atmósfera. Por el contrario, la respiración continúa aumentando a la vez que la masa vegetal total.

Por otro lado, a medida que la hierba gana altura o densidad, sus zonas bajas están en una cuasi-oscuridad bajo un espesor cada vez mayor (fig. 13.1, b). De modo que las hojas jóvenes nacen cada vez más a la sombra y su capacidad fotosintética se reduce.

Por último, es aproximadamente en esta época cuando disminuye el contenido en proteínas cuya influencia sobre la fotosíntesis y el crecimiento es grande.

Por todas estas razones, *la fotosíntesis neta y la velocidad de crecimiento disminuyen*, lentamente al principio, rápidamente a continuación. Más exactamente, nuevas hojas continúan apareciendo, pero las viejas mueren cada vez más deprisa. La acumulación de rendimiento total disminuye pero el aumento de la cantidad de hierba *verde* se reduce aún más ya que *la cantidad de biomasa inerte aumenta.*

La influencia de las condiciones iniciales se difumina rapidamente pues la fotosintesis es peor cuando la hierba es tupida, es decir, cuanto más deprisa ha crecido al principio. Incluso el retraso ocasionado por la renovación de los vástagos después de un descabezamiento acaba por borrarse.

Generalmente en el curso de esta fase es cuando se explota la pradera.

(1) Ver páginas 113 a 114: La fotosíntesis bruta de las partes verdes iluminadas.

Durante este período, las variaciones de luminosidad de la atmósfera repercuten mucho más sobre la fotosíntesis, y probablemente sobre la velocidad de crecimiento, pues la mayoría de las hojas están en la penumbra(1).

Fase de estabilización

Al cabo de un cierto tiempo, si no se explota, la muerte de órganos se hace tan rápida como su aparición: el rendimiento total parece continuar aumentando, pero *el suplemento no está formado más que por biomasa inerte*. Esta, poco a poco, se pudre o se fragmenta y cae, de manera que su masa ya no aumenta muy deprisa.

El encamado

Es raro que el ciclo descrito aquí arriba pueda desarrollarse hasta el final, aún cuando no se explote: la hierba se encama antes, al menos a corros. A partir de este momento, la fotosíntesis disminuye muy bruscamente y como el crecimiento no resulta afectado por ello tan rápidamente, *es probable que las reservas se agoten. Se instalan enfermedades (oidium) y la cantidad total de biomasa inerte aumenta en elevadas proporciones*.

Intervalo entre aprovechamientos y rendimiento anual

En general, la curva de crecimiento se interrumpe mucho antes del final, debido a una nueva explotación, representada por el punto E, fig. 13.1. Se obtiene entonces un rendimiento R al cabo del tiempo t. La velocidad media de crecimiento ha sido R/t. Está representada por la pendiente de la recta OE. Se comprueba facilmente que esta pendiente es máxima si se explota en el momento en que la curva es más empinada. En general, esto sucede al cabo de unas 6 semanas. Si esto se repite todo el año, se obtendrá permanentemente la mayor velocidad media de crecimiento.

Así se explica el resultado de numerosos experimentos: *el rendimiento máximo anual en materia seca es obtenido con cortes cada 6 semanas* . . . lo que no quiere decir que otros intervalos entre aprovechamientos fatiguen a la pradera(2).

Evolución del rendimiento durante el ciclo reproductor de primavera

En fase reproductora, la evolución del rendimiento está modificada por la entrada en escena de los tallos, cuyo crecimiento tiene caracteres muy particulares. Durante el encañado de primavera, estos caracteres son los siguientes:

---

(1) Ver páginas 113 a 114: La fotosíntesis bruta de las partes verdes iluminadas.
(2) Ver páginas 138–139: Degradación después de sobreexplotaciones repetidas.

- un tallo *no tiene un crecimiento indefinido*, se detiene hacia la floración;
- los tallos forman una ola: encañan casi a la vez, y su número queda determinado antes de que este encañado repercuta sobre el rendimiento;
- su crecimiento es muy rápido: dos veces más que el de los vástagos vegetativos;
- este crecimiento es mucho menos sensible a la acción de los factores del medio, que el crecimiento de las hojas, por ejemplo disminuye mucho menos por un descenso de temperatura;
- si la fotosíntesis neta llega a ser insuficiente para segurar el crecimiento de los tallos, éste se reduce un poco pero no se detiene: el carbono necesario es tomado entonces de las reservas y del correspondiente al crecimiento de las raíces;
- un tallo es más rígido que un vástago vegetativo; a igual longitud, es por lo tanto menos sensible el encamado; pero alcanza longitudes mucho mayores y acaba por hacerse muy sensible al encamado sobre todo porque su rigidez le vuelve quebradizo.

El crecimiento de los tallos en primavera se presenta a la vez bien definido, muy rápido e ineluctable, si es preciso a expensas de las reservas de las raíces. Teniendo en cuenta estos caracteres, la evolución del rendimiento antes del encañado de primavera puede ser descompuesta en varios períodos (fig. 13.2).

Al principio, el rendimiento está constituido solo por hojas

El crecimiento reproductor comienza como un crecimiento vegetativo, pues solo existen hojas. En efecto, las transformaciones morfológicas sufridas por el ápex y el tallo se hacen a ras del suelo al principio, y tienen un impacto imperceptible sobre la producción. Por eso la curva que expresa el rendimiento total (fig. 13.2) es al principio igual que la de la fig. 13.1.

La entrada en escena de los tallos

Cuando los primeros tallos son lo suficientemente largos para que su cima alcance el nivel de un corte, pueden participar también en el rendimiento: su peso se añadirá al de las hojas si se aprovecha en este momento (principio de la curva 3, fig. 13.2). *El estadio espiga a 10 cm se sitúa poco después del comienzo de este período.* La rigidez de los tallos confiere entonces a la hierba una *mayor resistencia al encamado*. Praderas que estuvieran ya encamadas pueden, incluso, enderezarse.

La crisis del ahijamiento

El período precedente dura poco: desde el momento en que el crecimiento de los tallos se hace rápido, la crisis del ahijamiento viene a hacer desaparecer una parte importante, si no la totalidad de los renuevos vegetativos subsistentes: la curva 2 se separa de la curva 1 (fig. 13.2).

Estos vástagos que mueren por completo, se desploman sobre el suelo, de manera que prácticamente no dejan biomasa inerte en la fracción recolectable.

Cuando la muerte de renuevos ha alcanzado su valor máximo, el rendimiento está constituido únicamente por los tallos, las hojas de estos y algunos vástagos vegetativos que pueden subsistir.

El espigado tiene lugar, generalmente, durante el período de disminución del número de renuevos.

La crisis de ahijamiento alcanza también a un cierto número de jovenes vástagos reproductores. Debido a ello se retrasa también el aumento de rendimiento ocasionado por la producción de tallos, pero de manera despreciable, pues sus pequeños vástagos apenas tienen tiempo, antes de morir, de sobrepasar mucho el nivel de corte.

Los riesgos de encamado

A medida que los tallos se alargan, *el encamado se hace cada vez más probable.* Tiene entonces *efectos muy graves* sobre el crecimiento y las reservas. En efecto:

- la vegetación es entonces mucho más abundante que con una hierba en estado vegetativo;
- se encama todavía más, pues los tallos son pesados y, al ser rígidos, se quiebran.

Existen diferencias de sensibilidad al encamado muy grandes según la especie e incluso la variedad: un dactilo puede permanecer erecto hasta la recolección de los granos, un ray-grass se encamará antes del espigado.

Después de la floración, el crecimiento vegetativo continúa

Hacia la floración, el crecimiento de los tallos ha terminado y la competencia entre los renuevos deja de ser intensa. Se ve aparecer entonces, al pie de las plantas, toda una ola de jóvenes vástagos vegetativos, incluso aunque no se haya cortado y principalmente si la vegetación no es tan densa como para impedir a la luz llegar hasta las yemas.

Gracias a este crecimiento vegetativo, el rendimiento continúa aumentando: fig. 13.2, la curva 4 sube todavía mientras que la 3 toca techo. *Pero se acumula entonces mucha biomasa inerte.* Se trata fundamentalmente de hojas que se encontraban sobre los tallos y que acaban por desecarse. Incluso los tallos empiezan a morir. Sin embargo, contrariamente a los cereales, estos tallos están aún relativamente verdes.

Variaciones de este esquema

Cuando tiene lugar el encañado de primavera, *el aspecto que más varía* en la formación del rendimiento *es el intervalo entre el inicio de la estación de creci-*

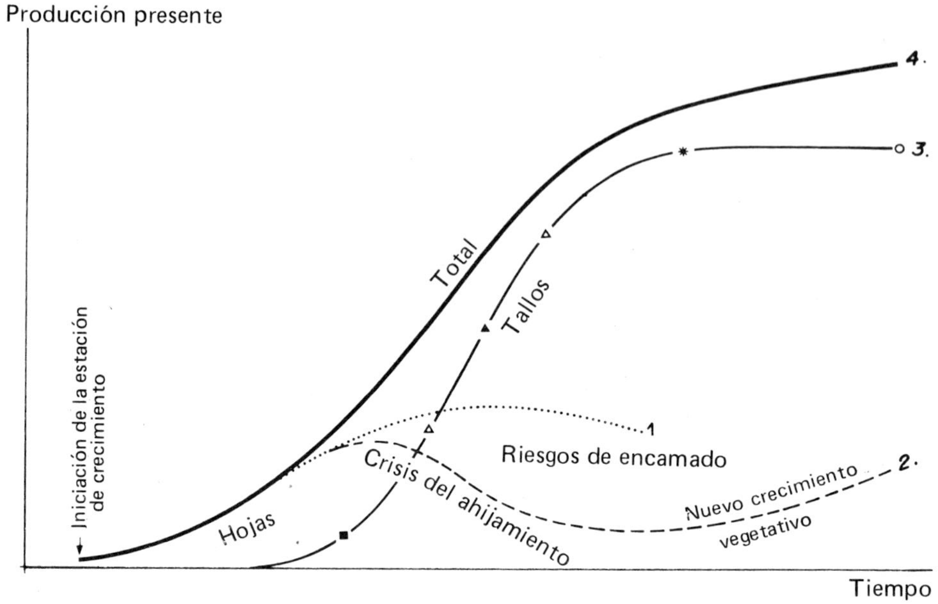

Fig. 13.2: Formación de la producción durante el encañado de primavera.

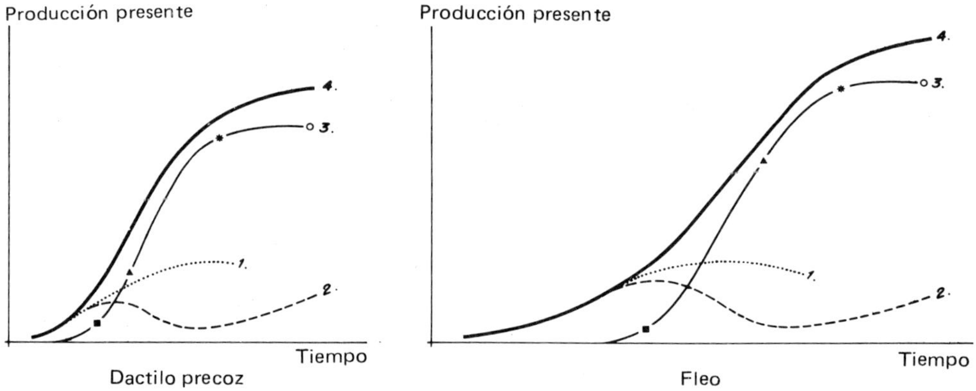

Fig. 13.3: Formación de la producción en primavera en dos casos extremos.

Leyenda de las figuras 13.2 y 13.3

1.	Curva tipo de crecimiento vegetativo (ver fig. 46)
2. - - - - - - - -	Peso real de hojas, modificado por la influencia de los tallos
3. ————	Peso de los tallos
4. ━━━━	Peso total (4 = 2 + 3)
■	Estadio de "espiga" a 10 cm
△ ▲ △	Espigado y sus posibles variaciones
*	Floración
o	Madurez de los granos

miento y el comienzo del alargamiento de los tallos. Es, sobre todo, una cuestión específica: el intervalo será muy corto para un dactilo precoz, muy largo para un fleo (fig. 13.3). Variará también según la variedad y según el clima, la fertilización, etc.: en efecto, ya que el crecimiento de los tallos es mucho menos sensible que el de los vástagos vegetativos a la acción de los factores del medio, estos últimos ocasionan un desfase variable entre ambos. Un año precoz o una fuerte fertilización alargarán el período de crecimiento antes del encañado de los tallos.

Los demás elementos que varían son la velocidad de crecimiento de las hojas y de los tallos, la longitud definitiva de éstos últimos, la intensidad y la duración de la crisis de ahijamiento y, por último, la posición del espigado con respecto al alargamiento de los tallos[(1)]. Así, de las dos especies comparadas fig. 13.3, el fleo tiene un crecimiento más progresivo en primavera que el dactilo y los tallos un poco más largos al final. Los dos tienen una crisis de ahijamiento muy intensa. El dactilo espiga casi al principio de su encañado, el fleo mucho más cerca del final.

Estadio de la hierba en el primer aprovechamiento y rendimiento anual

Los mayores rendimientos anuales, expresados en materia seca, se obtienen cuando el primer corte se ha efectuado cuando los tallos se encontraban en un estadio avanzado (floración)[(2)]. Ello se comprende, pues se ha permitido que se produzca el crecimiento más rápido del año, el del encañado de primavera. Si se hubiera cortado más temprano, se habrían reemplazado vástagos reproductores por vástagos vegetativos o por reespigados, todos de crecimiento más lento. Si se hubiera cortado todavía antes, se habría reducido el crecimiento de los primeros tallos[(3)].

Evolución del rendimiento después de un despuntado[(4)] *(fig. 13.4)*

Ya que al principio del ciclo reproductor el rendimiento está formado solo por hojas, un corte en este momento respetará los tallos y los ápex: a una explotación así es a lo que se llama despuntado.

El crecimiento en peso solo se reemprende muy lentamente . . .

Si se despunta una pradera, se le priva de todas las hojas que habrían asegurado su nutrición carbonada durante el crecimiento rápido de los tallos. Sin duda a causa de ello, estos últimos son más cortos y menos numerosos a estadio y fechas iguales. Su crecimiento se habrá reducido, y ello viene a reforzar la disminución de las hojas provocada por el corte como en la fase vegetativa.

---

(1) Ver página 55: Posición del espigado con relación al crecimiento del tallo.

(2) Lo que es absolutamente preciso evitar, ver página 247: En fase reproductora, el límite extremo es el espigado, o incluso antes.

(3) Ver páginas 70–73: Corte antes del estadio espiga a 10 cm.: despuntado.

(4) Grupo de trabajo Explotación de las gramíneas, INRA, síntesis Gillet, M., Fourrages, 55:15-76, 1973.

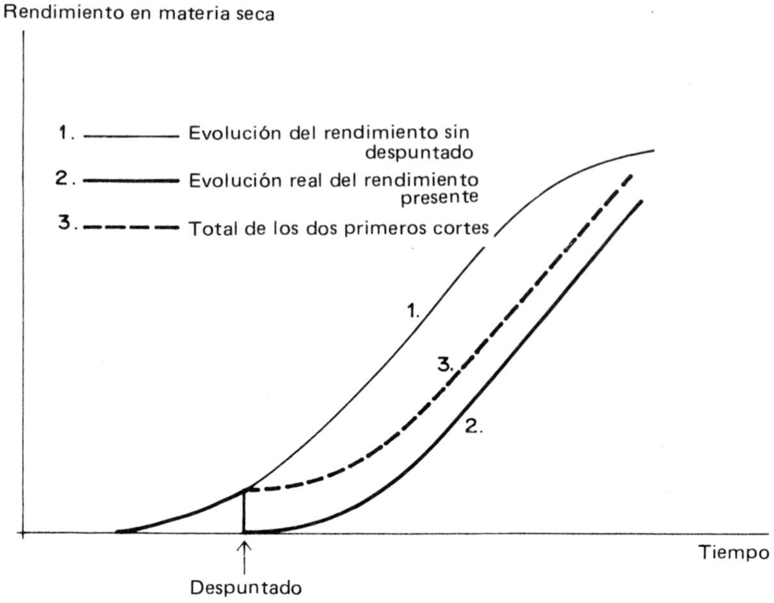

Fig. 13.4: Formación de la producción después de un despuntado.

El rendimiento, reducido a cero por el despuntado, sólo volverá a acumularse muy lentamente: fig. 13.4, la curva 2 sube mucho menos que la curva 1.

. . . después vuelve a ser normal . . .

Algún tiempo después del corte, cuando los tallos están en pleno encañado, interviene la crisis del ahijamiento. Pero ésta se encuentra muy atenuada después de un despuntado. *El crecimiento de los renuevos vegetativos que permanecen vivos compensa entonces la pérdida de crecimiento de los tallos* y el peso de las plantas vuelve a aumentar a una velocidad casi normal: las curvas 1 y 2 figura 13.4, se hacen paralelas.

. . . no disminuye en la floración

Una pradera que ha sido despuntada no se encama. En efecto, sus tallos son excesivamente cortos para quebrarse, y aún suficientemente numerosos para mantener erectos a los vástagos vegetativos.

Es pues probable que la luz penetre muy bien y que la eficacia de la fotosíntesis se mantenga elevada, aunque ello no haya sido estudiado. Lo que se comprueba es que en las proximidades de la floración, la disminución de la velocidad de alargamiento de los tallos no impide que el peso siga aumentando a la misma velocidad que antes, sin duda gracias a los renuevos vegetativos: fig. 13.4, la curva 2 no se dobla, contrariamente a la curva 1.

Se recoge menos en dos cortes que en uno

Para el agricultor, la pérdida de rendimiento que sigue a un despuntado debe compensarse con la recolección efectuada en el despuntado. Se puede hacer una especie de balance comparando el rendimiento obtenido en un corte de descabezamiento (curva 1, fig. 13.4) con el total de dos cortes en el caso opuesto: el descabezamiento efectuado en la misma fecha, más el despuntado precedente (curva 3 obtenida añadiendo a la curva el rendimiento del despuntado). Cómo lo muestra la figura, el efecto de la disminución del rendimiento inicial es tal que el agricultor que despunta pierde en peso total, a menos que recoja sus tallos en floración, lo cual está totalmente desaconsejado(1). Pero una comparación tal, si bien ayuda a fijar las ideas, no tiene mucho sentido en la práctica. No solamente no tiene en cuenta la calidad, sino que compara lo que no es comparable. En efecto, un despuntado no puede ser aprovechado más que en verde, un primer corte en descabezamiento cuando los tallos estan algo desarrollados apenas puede utilizarse más que para conservación, y un descabezamiento después de un despuntado se presta bastante bien a las dos formas de explotación.

Efecto de la precocidad del despuntado

Cuando el crecimiento vegetativo que precede al encañado dura bastante tiempo (2º ejemplo, fig. 13.3, pág. 174), hay ocasión para una variación importante de la fecha del despuntado. Cuanto más tempranamente se efectúe en este período, menos hojas elimina y, por lo tanto, disminuye menos la capacidad fotosintética. Por otro lado, tal despuntado precoz deja más tiempo a la planta para reconstituir sus reservas antes de que sus tallos entren en fase de alargamiento rápido. Ambas observaciones influyen en el mismo sentido: a la planta le faltará menos carbono durante su fase reproductora si el despuntado es precoz que si es tardío.

En la práctica, se comprueba que *todos los efectos del despuntado son tanto más intensos cuanto más tardío es éste*. Esto no sólo es cierto para el rendimiento, tratado aquí, sino también para la calidad o la morfología de la planta(2).

Evolución del rendimiento durante las otras fases reproductoras

Además del primer ciclo de primavera, despuntado o no, que acaba de ser tratado, las demás fases reproductoras tienen lugar en los casos de *alternancia* y de *reespigado*.

Casos en que estas fases no sean masivas

Si estas fases no son masivas, *el rendimiento evoluciona como en fase vegetativa,* simplemente con una velocidad de crecimiento un poco más elevada. En

---

(1) Ver página 247: en fase reproductora el límite extremo es el espigado o incluso antes.
(2) Ver páginas 70–73: Corte antes del estadío espiga a 10 cm.: despuntado.

efecto, el número de tallos no es suficiente entonces para modificar el esquema debido a las hojas, tanto más cuanto que los renuevos que encañan lo hacen en este caso de forma muy escalonada(1).

Casos en que estos encañados sean muy abundantes

Si por el contrario estos encañados afectan a gran número de renuevos, son muy agrupados(2) y la evolución del rendimiento puede describirse comparándola con la de la primera fase reproductora de primavera.

Estos casos se dan en los ray-grass italianos y en los bromos.

En el caso de la alternancia, el encañado de los tallos va precedido de un *período de crecimiento vegetativo aún más largo que en primavera, pero con rendimientos muy bajos,* pues las plántulas necesitan tiempo para constituirse. Por otra parte, los vástagos que deben encañar a continuación no se han ido acumulando durante un mes largo antes de diferenciarse, como los de primavera. También son menos numerosos, y, al ser más jóvenes, tienen menos entrenudos. Es por eso por lo que:

- *una vez comenzada, la evolución de los tallos hacia la floración es bastante rápida;*
- *el rendimiento final no alcanza valores tan elevados como en primavera;*
- *el encamado raramente se produce.*

En el caso de los reespigados, se trata de vástagos nacidos de plantas madres ya reproductoras que, por lo tanto, les han comunicado una parte de su inducción(3). Estos jovenes vástagos florecen pues muy deprisa después del corte; *la duración del crecimiento vegetativo al comienzo del rebrote es breve*. Las plantas no tienen tiempo de constituir muchas reservas carbonadas, que les permitirían, luego, nutrir a los tallos correctamente. Estos tallos tienen, por otra parte, pocos entrenudos, pues los vástagos correspondientes han entrado en floración muy jóvenes. Por todas estas razones,

- *la evolución de los tallos hacia la floración es muy rápida;*
- *el rendimiento es a menudo bajo,* más bajo a veces incluso que en una fase vegetativa;
- *el encamado es raro.*

Los reespigados masivos son por lo tanto muy rápidos y normalmente producen poco. Por esta razón es sin duda por lo que los ray-grass italianos alternativos rinden más bien menos que los no alternativos en el año de una siembra de primavera, cuando los primeros son reproductores en todos los cortes, y los segundos vegetativos: la ventaja adquirida en el primer corte gracias a la alternancia se pierde en los cortes siguientes.

---

(1) Ver página 62: los grados de alternancia y de reespigado. Su interés práctico.
(2) Ver páginas 70 a 73: Corte antes del estadio espiga a 10 cm: despuntado.
(3) Ver páginas 152 a 154: Relaciones entre vástagos para la floración: mecanismos de agrupación.

EFECTO DE UN APORTE DE NITROGENO SOBRE EL RENDIMIENTO DE UNA GRAMINEA

No estudiaremos aquí el efecto de la fertilización nitrogenada en general sobre el rendimiento anual, pues esto sería demasiado complicado, ya que las múltiples modalidades posibles de distribución del nitrógeno en el tiempo ocasionan tantas consecuencias y tan diferentes. En efecto, *tratándose del nitrógeno, la noción de fertilización anual no corresponde a nada en la planta, pues ésta reacciona a cada aporte.*

Es muy conocido que un aporte de nitrógeno efectuado durante la estación de crecimiento se nota muy pronto: al cabo de algunos días la hierba adquiere un color verde más oscuro y comienza a crecer más deprisa después de algunas semanas. La absorción por las raíces ha comenzado inmediatamente y dura varias semanas. Este nitrógeno que ha penetrado en la planta ha empezado a ser metabolizado enseguida, dando rápidamente sus primeras moléculas de proteínas, entre ellas clorofila, lo que explica el cambio de color. Estas proteínas van a poder iniciar enseguida su acción sobre el crecimiento: la planta dedicará una mayor parte de su carbono a fabricar hojas y estas captarán más luz, lo que amplificará la acción del nitrógeno.

Por lo tanto, no resulta sorprendente que el *principal efecto de un aporte de nitrógeno sobre el rendimiento se manifieste desde el corte siguiente al aporte.* Este efecto depende de la dosis (págs. 179—181), del tiempo transcurrido entre el aporte y el corte (págs. 181—182) y del estado de la hierba en el momento de la fertilización (pág. 182).

Pero si bien la planta es capaz de exportar aún más nitrógeno del que ha recibido, sin embargo, no absorbe todo, al menos cuando las dosis son elevadas: *Pueden encontrarse restos disponibles para los rebrotes posteriores* (págs. 182—183).

Si se trata de una aportación efectuada después del último corte de otoño, su efecto sobre el rendimiento del primer corte de la primavera siguiente puede depender de las condiciones invernales (págs. 183 a 186).

Efecto de la dosis aportada sobre el rendimiento del corte siguiente

Generalmente se observa una respuesta como las de la figura 13.5: *el rendimiento aumenta linealmente con la dosis cuando esta pasa de cero a un valor medio.* Si aumenta más, el rendimiento continúa mejorando, pero la eficacia del suplemento de fertilización es menor: la pendiente de la curva es menor; a estos niveles la *absorción no cesa sin embargo de aumentar, pero no repercute ya en los rendimientos.*

Es bastante raro observar una curva más bien en S: los aportes más débiles apenas se notan. Se ignoran en el momento actual las causas de esta anomalía, que puede producirse en un rebrote y no en otro en la misma pradera.

La dosis que marca el principio de la meseta es poco variable: para un aporte efectuado entre dos cortes, está comprendida generalmente *entre 40 y 60 unidades/ha,* según las especies. Puede a veces llegar hasta unas 90 unidades/ha, pero sin que se pueda preveer donde ni cuando. *Antes del primer corte de primavera,*

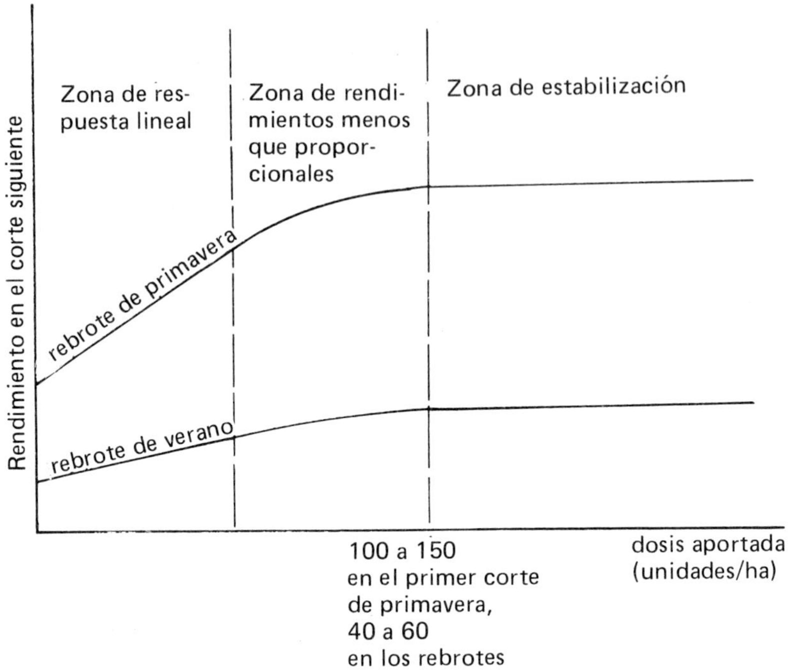

Fig. 13.5: Efecto de un aporte de nitrógeno sobre el rendimiento del corte siguiente.

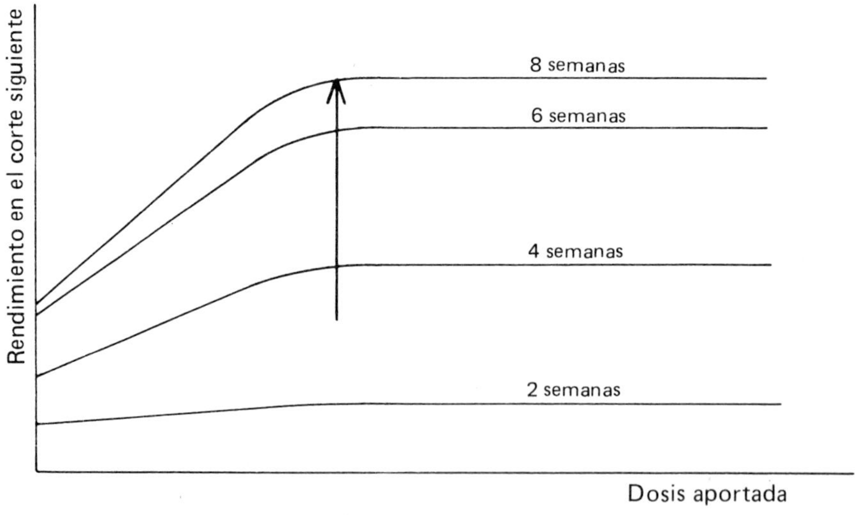

Fig. 13.6: Efecto de la demora entre aporte y corte sobre la respuesta al nitrógeno.

esta dosis límite es mucho más elevada: 100 a 150 unidades/ha, si no ha habido aporte a final de otoño[1].

La eficacia del nitrógeno a dosis bajas (pendiente de la recta) *varía mucho* con el medio: sobre ella se manifiestan esencialmente las diferencias estacionales, por ejemplo (fig. 13.5). No obstante, *por muy variable que sea, esta respuesta muy comunmente resulta ventajosa para el agricultor*: la pendiente no desciende por debajo de 10 kilos de materia seca producida por kilo de nitrógeno aportado[2] más que en casos extremos como el ray-grass italiano en verano seco. Estos cambios en la eficacia del nitrógeno son debidos a diferencias, que se manifiestan en parte en la velocidad de absorción, pero también en las diferentes etapas del metabolismo.

Efecto del desfase entre un aporte y el corte siguiente sobre el rendimiento de este último

El efecto de un aporte de nitrógeno sobre la producción se amplifica generalmente a medida que pasa el tiempo. Si se establecen, en fechas sucesivas, las curvas de respuesta del rendimiento a la dosis recibida (fig. 13.6), estas curvas se sitúan cada vez más arriba. Su pendiente aumenta, de manera que la diferencia entre dosis altas y bajas se acentúa. *Por el contrario, la meseta comienza siempre prácticamente a la misma dosis. Dicho de otro modo, si se quiere obtener el rendimiento máximo, es preciso aportar la misma cantidad de nitrógeno en todos los casos.*

¿A qué corresponde este aumento de eficacia con el tiempo?. Durante las primeras semanas tiene dos orígenes:

- la absorción no ha terminado;
- el nitrógeno, en la planta, debe tener tiempo de franquear todas las etapas de su metabolismo y llegar a formar proteínas para poder acelerar el crecimiento.

Después, llega un momento en que la absorción se detiene. Si a partir de este momento, el crecimiento sigue[3], la eficacia del aporte puede muy bien continuar aumentando durante algunas semanas. Las razones de ellos son las siguientes:

- como consecuencia de la fertilización, la planta se enriquece en proteínas; en tanto que este enriquecimiento no haya desaparecido enteramente, el crecimiento continúa siendo más rápido; este efecto está limitado temporalmente, a causa de la dilución[4];
- si la vegetación no es aún excesivamente densa, cualquier aumento del rendimiento conduce a una interceptación suplementaria de luz de ma-

---

(1) Ver páginas 183 a 186: Efecto de un aporte al final del otoño sobre el rendimiento del primer corte de primavera.
(2) Límite de la rentabilidad, según el ITCF, en 1977.
(3) Ver páginas 127–128: Dinámica de la absorción.
(4) Ver páginas 126–127: Las etapas sucesivas del nitrógeno.

nera que el rendimiento aumenta todavía más, hasta que la vegetación se cierra. Este efecto es el de la inversión en carbono(1).

Ocurre que, contrariamente a la ley precedente, el efecto de un aporte de nitrógeno deja de amplificarse al cabo de algunas semanas cuando la hierba continúa creciendo muy rápidamente: después de este plazo las curvas de la fig. 13.6 siguen subiendo, pero paralelamente a ellas mismas, la pendiente deja de crecer. Se obtiene entonces una eficacia del nitrógeno baja (suplemento de rendimiento por kilo aportado) a pesar de las fuertes producciones. Esto parece producirse cuando el vegetal se hace demasiado denso, en particular a veces, en la fase reproductora de primavera. Por esto *no siempre es exacto decir que la revalorización del nitrógeno es máxima en primavera*. Se puede pensar que esta acción limitada del nitrógeno se deba al fracaso del efecto de inversión en carbono, mencionado antes, a causa de una vegetación demasiado cerrada.

Efecto del estado de la hierba en el momento del aporte

Si después de un corte no se aporta inmediatamente el nitrógeno destinado a preparar la explotación siguiente, se reduce el plazo durante el cual dicha fertilización podrá actuar. Según la ley precedente, ello debería perjudicar al rendimiento. Ahora bien, esto no siempre pasa: *suele ocurrir*(2) *que un aporte retrasado una decena de días permite una producción tan buena, y además con una mejor calidad nitrogenada*. Es como si el metabolismo del nitrógeno en la planta fuera más rápido, compensando así el tiempo perdido.

Es probable que esto se produzca cuando el corte precendente al aporte haya dejado un rastrojo sin órganos verdes (como en el caso de un corte para ensilado con elevado rendimiento). Si el nitrógeno se aporta enseguida, la reducción de los nitratos, que tiene lugar sobre todo en estos órganos verdes, no puede producirse. *Una decena de días más tarde*, por el contrario, *hay suficientes hojas sobre la pradera* para asegurar esta reducción.

Efecto retardado sobre los rebrotes ulteriores

En el momento del corte que sigue a una fertilización nitrogenada, la hierba no exporta exactamente la cantidad recibida, sino más si se ha añadido poco, menos si se ha echado mucho nitrógeno (fig. 9.2, pág. 130). El suelo por lo tanto se empobrece o enriquece. Se encuentra más enriquecido cuanto más elevado ha sido el aporte, y cuando el corte siguiente se ha efectuado próximo a este último. Estos restos de nitrógeno(3) (positivos o negativos) actuarán aún sobre uno y a veces dos o tres rebrotes.

Por otro lado, dosis muy elevadas ocasionan degradaciones. No tienen ninguna consecuencia sobre el primer corte que sigue al aporte, pues es más tarde

---

(1) Ver páginas 93–94: El nitrógeno: una orden de inversión.
(2) Lefebvre, J. M. et Joliet, E., Ann. Agron., 19: 379-396, 1968.
(3) Se ignora en qué forma exacta se encuentran. Ver páginas 274–275: ¿En qué se convierte, en el suelo de una pradera de gramíneas, el nitrógeno que se le aporta?.

cuando la hierba no rebrotará por toda la pradera. Será entonces cuando el rendimiento se verá seriamente afectado(1).

Los efectos retardados de una fertilización nitrogenada se manifiestan de manera diferente según que se efectúe un nuevo aporte o no.

Sin nuevo aporte

Sin nuevo aporte, *el rendimiento* de rebrotes ulteriores *aumenta con la dosis empleada la primera vez. La respuesta por unidad es baja, pero,* en ausencia de degradaciones, es lineal hasta dosis muy elevadas: *prácticamente no se alcanza techo* (fig. 13.7).

Ello se comprende si se observa que los restos de nitrógeno que quedan sólo son una pequeña parte del nitrógeno aportado: difícilmente alcanzan cantidades suficientes para conducir el rendimiento a su máximo.

Si se han producido degradaciones, estas son tanto más graves cuanto mayores hayan sido las dosis, y se observan entonces *descensos importantes del rendimiento* (fig. 13.7).

Después de un nuevo aporte

Un nuevo aporte de nitrógeno después del corte llegará sobre un suelo ya enriquecido o empobrecido por los restos, positivos o negativos, del aporte precedente. Todo ocurrirá más o menos, como si se hubiera echado nitrógeno por segunda vez, cosa que no se ha hecho en realidad. *La curva de respuesta se desplazará hacia la izquierda o hacia la derecha* con respecto a la que se hubiera obtenido en un suelo que hubiera conservado su fertilidad inicial (fig.. 13.8). Dicho de otro modo, según el nitrógeno aportado la primera vez, se precisará más o menos la segunda vez para obtener un resultado dado. Igualmente, *el techo de rendimiento no se alcanzará para la misma dosis* en estos diferentes casos.

Si se han producido degradaciones, el rendimiento de los rebrotes disminuirá y *la curva de respuesta para el segundo aporte bajará* (fig. 13.8).

Efecto de un aporte al final del otoño sobre el rendimiento del primer corte de primavera

El nitrógeno destinado a preparar el primer aprovechamiento de primavera generalmente se incorpora a la salida del invierno pero puede igualmente pensarse en aportarlo en el otoño, *después del último corte*, antes del final de la estación de crecimiento o, incluso, en pleno invierno ¿Cuales serán las consecuencias de ello?.

Los aportes de invierno apenas han sido ensayados excepto para producción

---

(1) Es sin duda por ello por lo que muchas experiencias, que solo estudian los rendimientos en función de las dosis sobre una base anual, concluyen con un efecto depresivo de las dosis muy fuertes, mientras que este efecto es difícil de descubrir con un sólo aporte y un sólo corte.

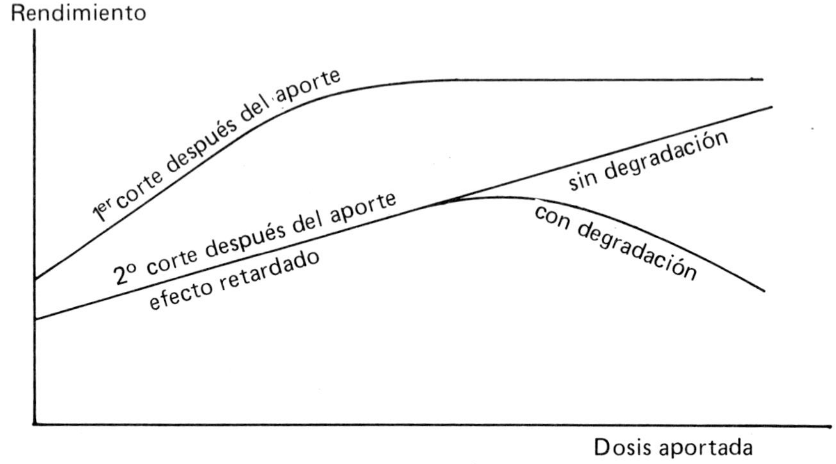

Fig. 13.7: Efecto de un aporte de nitrógeno sobre el rendimiento de los dos cortes siguientes.

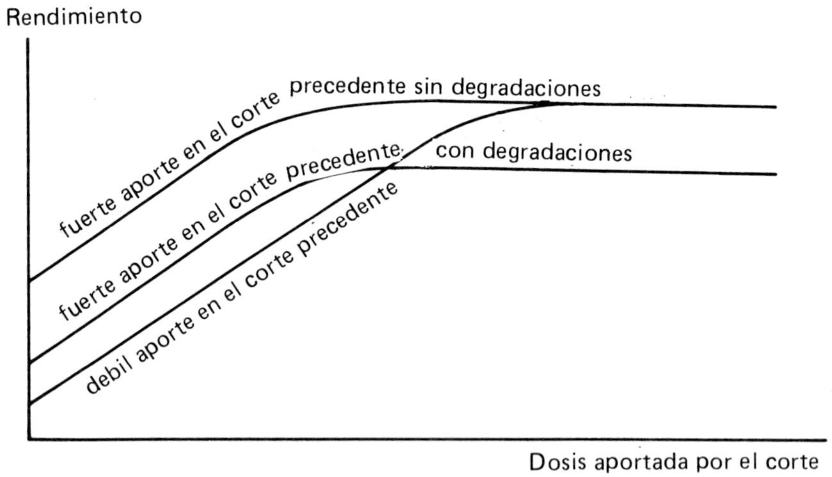

Fig. 13.8: Modificaciones de la respuesta al nitrógeno aportado en un corte, en función del nitrógeno aplicado en el corte precedente.

de semillas. La única enseñanza que puede extraerse aquí es que en esta estación la absorción es posible, al menos en ciertas especies como el fleo.

Los aportes de final de otoño sólo se han ensayado en experiencias con inviernos suaves, con pocas heladas(1). Para casos de inviernos más crudos nos vemos obligados a contentarnos con razonamientos teóricos.

Con inviernos suaves

En invierno suave, *un aporte de nitrógeno verificado a final de otoño se revela mucho más eficaz* que un aporte de fin de invierno, sobre el rendimiento del primer corte de primavera. Esto es tanto más patente cuanto más precozmente se verifique el corte y cuanto más elevada haya sido la dosis de nitrógeno.

Para explicar esta eficacia superior de los aportes de otoño, se pueden invocar, sin duda, tres razones:

- el período transcurrido entre la fertilización y el corte es mucho más largo; esta explicación se confirma por el hecho de que tanto la absorción como la metabolización del nitrógeno son mejores;
- la hierba, en invierno, es muy poco densa, y la luz penetra bien; el pequeño crecimiento suplementario provocado por el abonado de final de otoño permite a la gramínea captar más luz y por lo tanto fijar más carbono, pues las temperaturas bajas reducen poco la fotosíntesis. Como esta ventaja va a durar muchos meses, la inversión en carbono(2) será muy rentable para la planta; y como el crecimiento es casi nulo en invierno, este carbono suplementario servirá para aumentar el nivel de las reservas, lo que permitirá un crecimiento más rápido cuando tenga lugar el rebrote de la vegetación en primavera;
- a la salida del invierno hay más hojas para captar la luz, lo que también es favorable para un crecimiento rápido.

Si el agricultor explota su pradera en primavera temprano, el rendimiento suplementario debido a una fertilización nitrogenada de otoño se acompaña, sin embargo, de una cierta disminución de calidad. En efecto, muchas hojas se han formado ya a principios del invierno y estos órganos después de haber realizado una buena fotosíntesis, han tenido tiempo suficiente para morir, de manera que *tal hierba encierra, en primavera, más biomasa inerte.* No es cierto, por otro lado, que esto constituya un inconveniente.

Si el corte se efectúa más tarde, esta biomasa inerte ha tenido tiempo para descomponerse y desaparecer.

Con inviernos de fuertes heladas

La ventaja de las fertilizaciones nitrogenadas de final de otoño con inviernos suaves no puede ser generalizada al caso de inviernos más crudos, pues se ignora

(1) Gillet, M. no publicado.
(2) Ver páginas 92–93: El crecimiento aéreo: una inversión.

cual será la reacción a las heladas fuertes. Se sabe solamente que *en ciertos casos, tal fertilización ha aumentado gravemente la sensibilidad al frío.*

Esta sensibilidad no responde a las mismas leyes según que se trate de las hojas o de los ápex. No tiene las mismas consecuencias: la congelación de las hojas causa su muerte, pero no la de la planta, contrariamente a la helada de los apex, que es fatal.
La sensibilidad de las hojas al frío parece depender fundamentalmente de la concentración de moléculas solubles en su jugo celular. Estas últimas estan constituidas en las gramíneas forrajeras, esencialmente, por glúcidos de reserva. El principal factor de resistencia será pues *la riqueza en azúcares de la materia verde.* Se puede descomponer en dos factores: *la proporción en materia seca, y el contenido de ésta en azúcares.* Ahora bien, una fertilización nitrogenada aumenta la riqueza de agua de las plantas, lo que resulta desfavorable. A las reservas, al principio les hace disminuir, si hay tiempo para provocar un crecimiento antes de la parada de vegetación. Esta disminución se verifica en provecho de hojas nuevas que deberán permitir un aumento ulterior, lento pero muy importante, de estas mismas reservas. Si este razonamiento es correcto, *podría ser que una fertilización nitrogenada de final de otoño, volviera a las plantas más sensibles a heladas precoces y más resistentes a heladas tardías.* Una vez destruídas las hojas por la helada, no fotosintetizan más: la ventaja eventual del nitrógeno de otoño deberá desaparecer más tarde;
La sensibilidad de los ápex al frío parece depender mucho de su estado, vegetativo o reproductor. Más exactamente, *a partir del estadio Estrias Blancas se volverán más sensibles.* Ahora bien, el nitrógeno, al menos en ciertos casos, es favorable a la inducción. Puede, en renuevos muy viejos, acelerar el paso del estadio Estrias Blancas, aumentando así el número de renuevos sensibles al frío.

Para razonar correctamente sobre los riesgos de las heladas después de una fertilización nitrogenada de final de otoño, sería preciso tener en cuenta además la *modificación de la temperatura de la hierba,* a consecuencia del cambio de altura de la vegetación, y esta acción apenas ha sido estudiada.
En el estado actual de nuestros conocimientos, *sólo una experimentación regional repetida puede por lo tanto permitir conocer cuáles son en cada lugar, las ventajas y los inconvenientes de un aporte de nitrógeno después del último corte de otoño.*

RENDIMIENTO Y ESTACION

Todo el mundo sabe que el crecimiento de las gramíneas es máximo en primavera y mínimo en invierno. Es interesante sin embargo resaltar algunos puntos.

La superioridad de la primavera se debe sobre todo, pero no únicamente, al crecimiento de los tallos

Normalmente, cuando los demás factores son iguales, el crecimiento de las gramíneas es más rápido en fase reproductora que en fase vegetativa, y esto ocurre en primavera. Pero si una especie que no reespiga se corta en el estadio de espiga a 10 cm. se obtendrá un rebrote vegetativo en los alrededores de mayo, que crecerá mucho más deprisa que los rebrotes posteriores de verano y de otoño.

Hay dos explicaciones para ello. De una parte, todos los factores del medio son favorables al crecimiento de las gramíneas en primavera: el agua, la temperatura, la iluminación, la duración del día que aumenta la cantidad de energía luminosa recibida y por último la mineralización del nitrógeno en el suelo. De otra parte, el frío sufrido durante el invierno no solamente ejerce un efecto sobre la floración, sino también un efecto directo favoreciendo el crecimiento en primavera(1).

El crecimiento de verano y de otoño es, con gran diferencia, el más variable(2)

En condiciones excelentes, la hierba puede producir, en verano u otoño, hasta cerca de 100 kg de materia seca por hectárea y por día, o sea la mitad de la velocidad máxima del ciclo reproductor de primavera. Pero si las condiciones son malas y sobre todo si el tiempo es muy seco, las gramíneas pueden no crecer en absoluto y llegar a desecarse, incluso especies de las más adaptadas al crecimiento estival, como el dactilo. En una misma región, de un año a otro, se registran diferencias de rendimiento muy fuertes y al mismo tiempo imprevisibles, en ausencia de irrigación.

Es también en estas estaciones cuando las diferencias de rendimiento entre especies y variedades son más marcadas, salvo en dos casos extremos:

- los veranos muy frescos y muy húmedos, en que las peores especies alcanzan casi a las mejores;
- los veranos muy secos, en que la producción es nula para todos.

Se observa a menudo una compensación entre el verano y el otoño

Se produce a menudo un crecimiento de otoño muy bueno después de un verano seco; lo inverso también se observa.

Se ignoran las causas precisas de esta situación, pero podemos considerar varias. En efecto, después de un verano seco:

- el nitrógeno que se ha aportado no ha sido utilizado: queda totalmente disponible para el rebrote;
- la mineralización del nitrógeno en el suelo es especialmente activa, sin duda porque la tierra está caliente cuando llegan las lluvias;
- las plantas son ricas en glúcidos de reserva, pues la sequía ha reducido más el crecimiento que la fotosíntesis.

Después de un invierno suave, el crecimiento de la hierba en primavera depende de la explotación de otoño

Una detención precoz de los aprovechamientos en el otoño ocasiona un rebrote de vegetación más precoz y un crecimiento más vigoroso en la primavera siguiente, pero solamente si el invierno ha sido suave. Se puede explicar esto con las mismas razones que en el caso de un aporte de nitrógeno a final de otoño.

---

(1) Behaeghe, T. J., 7th Gen. Meet. Europ. Grassl. Fed., **2**: 1-20, 1978.
(2) Gillet, M. et Jacquard, P., Fourrages, **38**: 57-74, 1969.

CAPITULO XIV

El potencial energético

La noción potencial energético es una expresión nueva que nosotros proponemos. Será preciso en principio explicar esta noción y el interés que presenta (págs.188–189).. Entonces será posible comprender por qué sus principales factores limitantes son la ingestibilidad y la digestibilidad (págs. 189 a 191). Estos dos caracteres dependen esencialmente del estadio y de la edad de los rebrotes (págs. 191–193). Se describirá su evolución en la hierba en pie, con referencia a las tablas de valor alimenticio (págs. 193 a 198). La fertilización nitrogenada sólo ejerce una acción indirecta (pág. 198). Las variaciones del potencial energético son generalmente menos intensas que las variaciones de producción, salvo al final del encañado (págs. 198–199).

EL POTENCIAL ENERGETICO: DE LA PRODUCCION FORRAJERA AL PRODUCTO ANIMAL

Cuando un agricultor produce forraje, es para obtener de él la máxima producción animal, recurriendo lo menos posible a los concentrados. Lo que le interesa es pues el número de kilos de leche o de carne que puede cubrir sin complementación, por cada kilo de forraje producido, con una determinada cabaña ganadera. Es de esta forma como él juzgará la eficacia de su producción forrajera.

¿Pero se pueden sumar kilos de carne a kilos de leche para compararlos a una suma de kilos de hierba y kilos de remolacha?. Son realidades muy diferentes. Todos estos productos se reducen a una magnitud común: la energía que podrían desprender por combustión, medida en calorías[1]. Es así como se definió hace ya mucho tiempo el valor energético para representar la *energía contenida en la producción animal que se obtiene por cada kilo de forraje ingerido*. Los

(1) En dietética humana, todo el mundo sabe que un alimento rico en calorías es un alimento muy nutritivo.

métodos de estimación, aproximativos, han sido mejorados recientemente. En Francia, no se expresa este valor energético en calorías, sino en Unidades Forrajeras (U.F.), es decir, con referencia a la cebada(1).

¿Pero por qué referirse sólo al forraje ingerido, cuando un alimento mal aceptado es menos eficaz que otro de igual valor energético?. La ingestibilidad no es de la misma naturaleza que el valor energético. Hay dos diferencias importantes:

- el valor energético se expresa por kilo de forraje ingerido. La ingestibilidad no puede ser referida a kilo de forraje producido, sino solamente al día y al peso del animal;
- una vez el alimento ingerido, toda caloría que no se encuentre en un producto animal, se pierde. Pero si el alimento no es enteramente ingerido, lo que queda no está forzosamente perdido: puede, a menudo, ser ofrecido otro día, o nutrir a otro animal. Es simplemente menos eficaz, a causa de los gastos de concentrados, o de inversión.

No obstante, si se multiplicara la ingestibilidad de un forraje por su valor energético, se obtendría un *número de U.F. ingeridas,* que caracterizaría al forraje y que indicaría su aptitud para permitir por sí mismo una elevada producción por animal. Tal noción tendría la ventaja de ser global, abarcando desde la producción del forraje hasta el producto animal. Traduciría el conjunto de las propiedades energéticas del forraje suministrado sólo. Además, reagruparía los caracteres de calidad, que como acabamos de ver, dependen de las propias características biológicas de la hierba(2). Sin embargo, hasta ahora, esta noción no tenía nombre. Hemos estimado necesario darle uno. En unión de nuestros colegas especialistas en Zootecnia(3), proponemos llamarle: **potencial energético**. Es por lo tanto el producto de la ingestibilidad por el valor energético. Es de hecho una amplificación de la noción del **valor alimenticio** definida por Demarquilly y Weiss(4), como el producto de la ingestibilidad por la digestibilidad(5) que son los dos factores más determinantes del potencial energético.

LOS PRINCIPALES CRITERIOS DEL POTENCIAL ENERGETICO DE LA HIERBA: LA INGESTIBILIDAD Y LA DIGESTIBILIDAD

El agricultor produce hierba, que contiene una determinada energía. En el otro extremo de la cadena, recolecta productos animales, que contienen mucha menos energía. Entre ambos, existen varias etapas cada una de las cuales ocasiona una pérdida. Para comprender cuales son las etapas más determinantes de las variaciones de la eficacia global del proceso, es necesario examinar sucesivamente

---

(1) Ver pág. 191. La energía neta.
(2) Ver págs. 191-193: El potencial energético está ligado sobre todo al estadio en los brotes reproductores y a la edad en los brotes vegetativos.
(3) R. Jarrige, C. Béranger, C. Demarquilly.
(4) Demarquilly, C. y Weiss Ph., SEI, Etude nº 42, 1970.
(5) Con más precisión, la digestibilidad de la materia orgánica.

todas estas etapas. La energía presente en cada una de ellas lleva una nombre diferente.

La energía bruta de un alimento es la *energía total que contiene*. Es la que desprende, en forma de calor, por combustión.

Se llama **materia orgánica** la que se quema en esta combustión. Es la casi totalidad de la materia seca, pues sólo existen de un 8 a un 12 °/o de cenizas en las gramíneas forrajeras. El contenido en materia orgánica de la hierba varía pues muy poco. Por otro lado, los diversos constituyentes de esta materia orgánica desprenden casi el mismo calor por combustión. Se puede pues decir que el *contenido en energía bruta de la hierba es casi constante.*

La energía ingerida es la contenida en la hierba ingerida por el animal. Como la proporción de energía en la materia seca es bastante constante, la *energía ingerida es casi proporcional a la* **ingestibilidad**: esta última es, por lo tanto, un factor fundamental del potencial energético.

La ingestibilidad de un alimento se expresa en gramos por kilo de peso del animal[1] y por día. Es la cantidad de materia seca que puede ingerir, de dicho alimento, un animal no racionado. Para medirla, se utilizan generalmente corderos aislados en jaulas, que es un método largo y pesado.

La energía digestible es teóricamente la que penetra en la sangre del animal. Prácticamente, nos contentamos con la energía digestible aparente: *aquella que habiendo sido ingerida, no es eliminada en las heces*. Es por lo tanto *aproximadamente proporcional a la* **digestibilidad** de la hierba[2] definida así:

$$\frac{\text{Cantidad ingerida} - \text{Cantidad eliminada en las heces}}{\text{cantidad ingerida}} \times 100 = \frac{\text{Cantidad ``digerida''}}{\text{cantidad ingerida}} \times 100$$

Esta digestibilidad varía entre un 50 y un 85 °/o para la hierba verde. Es pues, también, un factor esencial del potencial energético.

La digestibilidad es igualmente engorrosa de medir. Se utilizan generalmente corderos aislados en jaulas especiales que permiten la recogida de las heces. Se emplea también un método *in vitro*: maceración de la hierba seca en el jugo extraído de la panza de un rumiante.

La energía metabolizable es la que habiendo penetrado *realmente* en la sangre *es puesta* luego *a disposición* de los tejidos, que pueden utilizarla. Esta energía metabolizable es inferior a la energía digestible, a causa de dos clases de pérdidas:

- en forma de gases, desprendidos en la panza por las fermentaciones y que son eructados: la energía perdida de este modo no penetra realmente en la sangre;
- en la orina: esta energía ha penetrado realmente en la sangre, pero se ha eliminado después sin poder ser utilizada en los tejidos.

---

(1) En realidad, los especialistas en Zootecnia utilizan el peso metabólico, que es el peso vivo elevado a la potencia 0,75 y que constituye un índice de las necesidades del animal.

(2) Exactamente, es proporcional a la digestibilidad de la materia orgánica, para ello no cambia gran cosa.

Estas pérdidas dependen de la composición del alimento y de las necesidades de los animales, pero en la práctica sólo varían entre un 15 y un 20 °/o de la energía digestible: por lo tanto, *no introducen variaciones importantes* en el potencial energético.

La energía neta es la que *se transforma realmente en producción animal*. Depende del rendimiento de dicha transformación. Se sabe que este rendimiento está influido fundamentalmente por dos cosas:

- *el tipo de producción animal:* los especialistas en Zootecnia distinguen la **Energía Neta de Lactación**, válida para hembras lecheras y animales en mantenimiento o con bajo índice de crecimiento, y la **Energía Neta Carne**, válida para animales en crecimiento rápido o cebo(1). En Francia, miden estos valores en **Unidades Forrajeras Leche (U.F.L.)** y en **Unidades Forrajeras Carne (U.F.C.)** respectivamente, por referencia a los valores correspondientes del kilo de cebada;
- *la digestibilidad del alimento*: cuanto más elevada es ésta, mejor se verifica luego la transformación en productos animales. Esta influencia es especialmente importante en el caso del cebo: es por esta razón por lo que se precisan alimentos altamente digestibles para el acabado de los animales.

En resumen

Para una producción animal determinada, el potencial energético de un alimento depende de dos factores esenciales: la ingestibilidad y la digestibilidad de dicho alimento. Esta última es importante a dos niveles de la cadena: la cantidad de energía metabolizable y el rendimiento de ésta en la producción animal.

El valor alimenticio de Demarquilly y Weiss(2) es por lo tanto un buen índice del potencial energético.

EL POTENCIAL ESTA LIGADO, SOBRE TODO, AL ESTADIO EN LOS BROTES REPRODUCTORES Y A LA EDAD EN LOS BROTES VEGETATIVOS

Los vegetales no tienen, como los animales, un esqueleto o un caparazón para asegurar su sostén: es cada una de sus células la que está rodeada de una membrana rígida, especialmente espesa en los tejidos de sostén. Esta membrana está compuesta por celulosa, más o menos impregnada de lignina que la vuelve todavía más rígida.

---

(1) Se trata, de hecho, de simplificaciones de uso práctico, a partir de una realidad aún más compleja; ver Alimentation des Ruminants, INRA, 597 p., 1978.
(2) S.E.I., estudio nº 42, 1970.

La digestibilidad está determinada por las paredes celulares

El contenido celular (proteínas, glúcidos solubles, etc.) es casi totalmente digestible. Las membranas, en sí, no pueden ser digeridas por los monogástricos, pero pueden serlo parcialmente por los rumiantes, gracias a la acción de los microorganismos de su panza, que degradan la celulosa en la medida en que no esté excesivamente impregnada de lignina. La *digestibilidad de la hierba depende por lo tanto de su proporción en paredes celulares, y de la digestibilidad de éstas.* Por otra parte es por esta razón por lo que las primeras estimaciones de la calidad energética de la hierba (tablas holandesas)se basaban en su contenido en lignina + celulosa difícil de degradar, que se media según un método estandarizado: la fibra bruta[(1)].

La digestibilidad depende un poco también de la cantidad consumida, cuando ésta es muy elevada: en efecto, los microorganismos y los jugos digestivos penetran un poco peor en la masa de alimentos ingeridos, y la digestión es ligeramente menos completa. Igualmente, si el alimento no se consume sólo, su digestibilidad dependerá de los otros alimentos de la ración.

La ingestibilidad está influenciada esencialmente por las paredes celulares

La ingestibilidad es más variable que la digestibilidad. No depende solamente del alimento y del peso del animal, sino también del gusto individual de éste, de su salud, de su estado fisiológico, de las condiciones atmosféricas, etc.

Para una media de animales con buena salud, en unas condiciones dadas, la ingestibilidad del alimento consumido sólo depende:

- de la digestibilidad: la parte digerida ya no ocupa mucho sitio en la panza, el animal puede empezar de nuevo a comer;
- de la velocidad de digestión (a igual digestibilidad) por la misma razón; ahora bien esta velocidad está relacionada con la cantidad y la naturaleza de las paredes celulares;
- de las preferencias del animal: se llama **apetecibilidad** la aptitud de un alimento para ser apreciado por el animal. Esta calidad puede depender de la *dureza* del vegetal en algunos casos extremos, o de *su sabor*, influenciado por el contenido en glúcidos solubles (azúcares) y tal vez por ciertos alcaloides. Señalemos que la dureza del vegetal depende, de nuevo, del espesor y de la lignificación de sus paredes celulares;
- de la *proporción de agua* del vegetal; si no hace demasiado calor, este agua llena la panza y limita las posibilidades de consumo; en verano, por el contrario, e incluso durante la mayor parte de la estación de crecimiento de la hierba, para animales en pastoreo, el contenido en agua favorece el consumo; a groso modo, este parece ser máximo para la hierba con un 18-25 °/o de materia seca.

Las tres causas principales de variación de la cantidad ingerida son pues, bien la digestibilidad, bien factores relacionados, como ella, con las paredes celulares.

---

(1) Método de Wende.

La abundancia y la naturaleza de las paredes celulares están relacionadas con el estadio en los tallos y con la edad en los rebrotes vegetativos.

En fase reproductora, el principal factor de evolución de las membranas es el estadio de los tallos que endurecen y se lignifican a medida que evolucionan. Además, la proporción de hojas disminuye al mismo tiempo, pues los tallos crecen más deprisa y los renuevos vegetativos mueren.

En fase vegetativa, los tejidos de sostén de las hojas endurecen poco, salvo en la festuca alta. Pero las sucesivas hojas mueren: su contenido celular desaparece y no quedan más que las membranas. Estas se descomponen lentamente y se produce una acumulación de esta biomasa inerte, que aumenta la proporción global de membranas en la hierba.

EVOLUCION DEL POTENCIAL ENERGETICO DE LA HIERBA: LAS TABLAS DE VALOR ALIMENTICIO

Las primeras tablas indicando los principales elementos del potencial energético de los forrajes en función de su estadío o de su edad, fueron publicadas en 1970 por Demarquilly y Weiss(1).

Estas tablas se han establecido separadamente para cada especie, pues para un mismo estadio o edad, las diferentes especies y variedades no tienen el mismo valor.

Sin repetir inutilmente las cifras indicadas por estos Autores, es conveniente describir aquí la conducta general de la evolución del potencial energético de la hierba antes de cosechar, para los diferentes tipos de crecimiento, y precisar que es lo que puede extraerse, en cada caso, de las tablas de valor alimenticio(2).

Evolución durante el ciclo reproductor de primavera

A la salida del invierno, si éste ha sido suave, el pontencial energético depende de la explotación y de la fertilización de otoño: si se ha provocado el comienzo de un rebrote antes de la llegada del invierno, se obtiene al final una hierba más precoz y mucho más vigorosa, pero *el potencial energético se ha reducido debido a la presencia de biomasa inerte.*

Al iniciarse la estación de crecimiento, éste se hace muy rápido, *y el potencial energético es el más elevado del año.* Si ya existía hierba, esta aceleración del crecimiento mejora su calidad, tanto más debido a que las hojas muertas se pudren y caen en este momento.

Hasta que se inicia el desarrollo de los tallos, poco antes del estadio espiga a 10 cm, *el potencial energético permanece bastante constante*. Es este el que se menciona en las tablas bajo el epígrafe de *estadio vegetativo.*

---

(1) S.E.I. Etude nº 42, 1970. Estas tablas sólo indican un valor de U.F. global. En el momento en que escribimos estas líneas, está en preparación una reedición, con las U.F. leche y las U.F. carne.

(2) Estas tablas al fin y al cabo se han tomado de l'Alimentation des Ruminants, 597 p. INRA, 1978, con los nuevos criterios de calidad (UFL y UFC) pero con menos precisión sobre los estadios de la hierba. Nosotros nos referiremos pues a las tablas de origen.

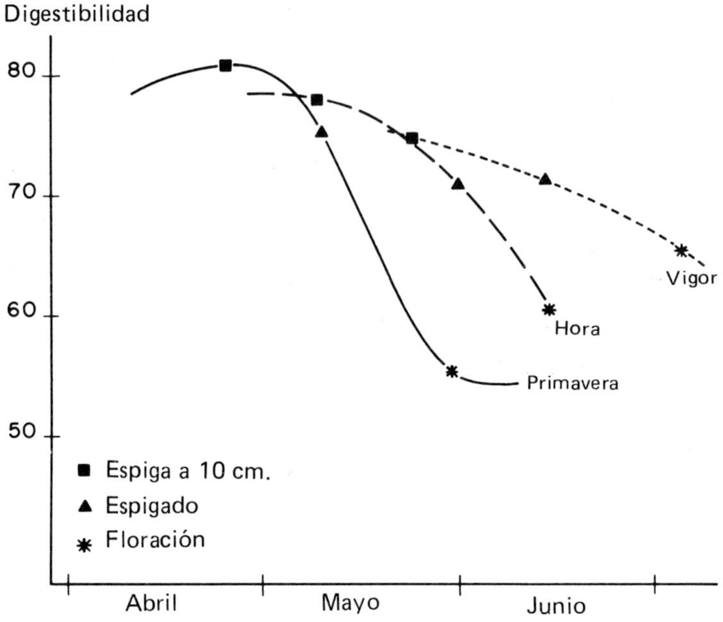

Fig. 14.1: Digestibilidad de tres variedades de ray-grass inglés de precocidad diferente, en primavera.

Estas variedades siguen curvas de evolución desfasadas. A igual estadio, su digestibilidad es del mismo orden, sobre todo en los estadios precoces.
Según una experiencia realizada en Lusignan. Digestibilidades medidas "in vitro".

Desde la iniciación del desarrollo de los tallos hasta la floración, el potencial energético disminuye regular y rápidamente. Además, en pastoreo, en especies cuyos tallos endurecen (*dactilo, festuca alta*) *el consumo disminuye bruscamente,* a partir de una fecha situada poco más o menos *a mitad de camino entre el estadio espiga a 10 cm y el comienzo del espigado.*

Uso de las tablas de valor alimenticio durante el "primer ciclo"

En la sección "primer ciclo", las tablas dan la calidad de la hierba en función del estadio durante el ciclo reproductor de primavera.

En esta época es cuando los valores indicados para los elementos del potencial energético son más precisos, pues el estadio es entonces el factor más determinante (fig. 14.1). Solamente es preciso saber que, *en el caso de que la hierba brote precozmente* a final de invierno, *la calidad puede ser bastante inferior a la indicada* en el apartado estadio vegetativo.

La lectura de los valores que figuran en las tablas para el primer ciclo *permite calcular la complementación de los animales*. Esta es su razón de ser.

Si se trata de programar la explotación en primavera, y sobre todo de elegir

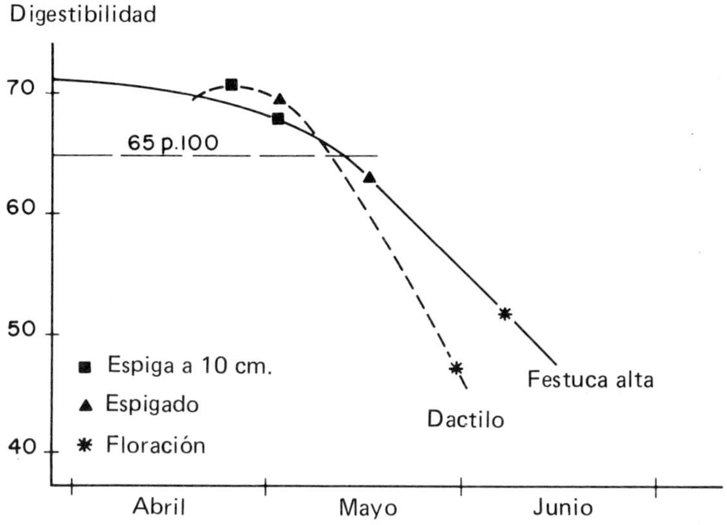

Fig. 14.2: Digestibilidad de un dactilo Germinal y de una festuca alta Ludion en primavera.

En este estadio, el dactilo es superior, pero, al evolucionar demasiado rápido, se conserva menos tiempo por encima del 65 °/o.
Según una experiencia realizada en Lusignan. Digestibilidades "in vitro".

las especies a sembrar, el conocimiento de los valores de la hierba en los diferentes estadios no es suficiente: *es preciso también conocer su velocidad de evolución.* Esta depende de la especie y de la variedad, así como también del clima[1].

En efecto, las gramíneas forrajeras permanecen más o menos tiempo en estadio vegetativo, después franquean más o menos rapidamente los estadios siguientes. Ello tiene al menos tanta importancia como su valor en dichos estadios. El ejemplo de la figura 14.2 muestra un dactilo más digestible que una festuca alta en los estadios espiga a 10 cm, y espigado. Sin embargo, la festuca, que ha iniciado su ciclo más temprano y evoluciona más lentamente, permanece 6 semanas y 1/2 con digestibilidad por encima del 65 °/o, mientras el dactilo solamente 3 semanas.

Evolución durante los rebrotes

Rebrotes vegetativos

Al inicio de un rebrote vegetativo, el potencial energético de la hierba es *menor que al iniciarse la estación de crecimiento en primavera*. Existen dos razones: de una parte el crecimiento es más lento, generalmente; por otro lado, cuando

(1) Ver págs. 223 a 227: La precocidad.

hay hierba suficiente para realizar un aprovechamiento, algunas hojas están ya muertas(1).

Sin embargo, el *descenso de calidad* de la hierba en fase vegetativa es *mucho más lento* que durante las fases reproductoras. También es *mucho menos previsible*. En efecto, la acumulación de biomasa inerte depende mucho de las condiciones climáticas. Una sequía puede reducir considerablemente la calidad. A la inversa, una brusca mejora de las condiciones de crecimiento, aumenta la cantidad de hojas jóvenes, y el potencial energético de la hierba presente, en lugar de disminuir, mejora.

Rebrotes después de un despuntado

Después de un despuntado, la hierba continúa la evolución reproductora que había comenzado, y realiza sus diferentes estadios en las mismas fechas que si no se hubiera cortado. *Su potencial energético parece depender mucho más del estadio que del tiempo de reposo*: un rebrote de 5 semanas de ray-grass inglés tardío después de un despuntado, por ejemplo, puede estar en estadio espiga a 10 cm. o haber sobrepasado ampliamente el espigado, según la fecha del despuntado.

A estadio y fechas iguales, la calidad de la hierba mejora mediante un despuntado.

- *en digestibilidad, gana de un 2 a un 3 o/o*, de manera bastante uniforme(2);
- en ingestibilidad, ello no ha sido estudiado con corderos alimentados a pesebre, pero *en pastoreo, los animales aceptan correctamente los dactilos y festucas altas hasta algunos días después del espigado si ha habido despuntado*, en lugar de rehusarlos desde la mitad del período comprendido entre espiga a 10 cm y espigado como en el primer aprovechamiento(3).

Reespigados

En el ray-grass italiano, es preciso distinguir los reespigados de fin de primavera-principio de verano, y los de fin de verano.

- *A final de primavera-principio de verano*, los reespigados son masivos y cada vez más rápidos. *La calidad de la hierba realmente no depende más que de su estadío.* Cuando el rendimiento es lo suficientemente elevado para permitir un aprovechamiento, *el espigado se encuentra a menudo próximo, y la floración llega muy deprisa. A continuación, es probable que la calidad media baje poco*, pues los granos que se van rellenando en las espigas pueden llegar a compensar la pérdida de valor de los demás órganos;

---

(1) Ver págs. 63 a 65: Los cortes en fase vegetativa.
(2) Grupo de trabajo: Explotación de las gramíneas, INRA (no publicado).
(3) Observaciones realizadas en el INRA, Lusignan.

- *A final de verano*, estos reespigados, aún más rápidos, son menos masivos; no están ya agrupados, de manera que hay, en todo momento, vástagos en todos los estadios. Por último, la proporción de vástagos vegetativos aumenta. Por todas estas razones, *se pasa de nuevo progresivamente a una evolución en función de la edad.*

Uso de las tablas de valor alimenticio en los rebrotes

Las tablas de valor alimenticio no utilizan el término despuntado si no es para las praderas permanentes en que este término no tiene sentido preciso ya que hay en ellas, mezcladas, especies que encañan en momentos diferentes. Las tablas distinguen rebrotes de 2º ciclo espigados, rebrotes de 2º ciclo vegetativos y rebrotes de 3er ciclo. Para el fleo, la sección de rebrotes del 2º ciclo menciona el estadio en primer corte ¿A qué corresponden estas categorías?. Ello depende de la especie.

- en el dactilo, las festucas, el fleo o el ray-grass inglés: los rebrotes de 2º ciclo espigados son rebrotes que siguen a un despuntado y a veces reespigados después de un corte en el estadio espiga a 10 cm; los rebrotes de 2º ciclo vegetativos y, en el fleo, los rebrotes después del 1er corte en estadio de encañado son vegetativos y tienen lugar en mayo o junio; los rebrotes de 3er ciclo y, en el fleo, los rebrotes después del 1er corte en estadío de espigado son también vegetativos, y pueden situarse en cualquier época entre mediados de junio y mitad de octubre, según las fechas de los dos primeros aprovechamientos y el clima de verano;
- en el ray-grass italiano: los rebrotes de 2º ciclo espigados son, bien rebrotes posteriores a un despuntado, bien reespigados. Pueden situarse en cualquier momento de la primavera; los rebrotes del 3er ciclo pueden situarse entre principios de junio y noviembre, según la fecha de los dos primeros aprovechamientos y el clima de verano; en junio, son reespigados masivos, en octubre son vegetativos; entre ambos, el paso es progresivo.

Así, contrariamente al primer ciclo, las categorías distinguidas por las tablas para los rebrotes no corresponden a realidades claras. Además, se dan muy pocas indicaciones sobre los rebrotes espigados de muchas especies. Por eso parece *necesario conocer el estadio y el aspecto de la hierba en la recolección antes de consultar las tablas*. Deberán distinguirse dos casos:

- *el rebrote encaña abundantemente:* ha espigado o va a hacerlo; para conocer su potencial energético, *se estimará aproximadamente su estadio y se leerá la tabla en la sección primer ciclo;* si el corte tiene lugar *antes de mitad de mayo*, se trata sin duda de rebrotes posteriores a un despuntado, por lo que *se aumentarán en algunas unidades* las cifras obtenidas. *Se disminuirán por el contrario algunos puntos* si se trata de un ray-grass italiano recolectado *después del 15 de mayo*, pues se trata probablemente de reespigado;
- *el rebrote encaña poco o nada*: mejor que el tiempo de reposo, *será pre-*

ferible tener en cuenta el aspecto de la hierba: cantidad de biomasa inerte, velocidad aparente de crecimiento. *Se aplicarán entonces cifras más o menos elevadas entre las encontradas en las secciones 2º ciclo vegetativo y 3er ciclo*, secciones por otro lado muy semejantes. En verano, si la hierba está francamente seca, su valor es muy bajo y no figura en las tablas.

EFECTO DE LA FERTILIZACION NITROGENADA SOBRE EL POTENCIAL ENERGETICO DE LA HIERBA

Según las experiencias dedicadas a este tema, *a igual fecha, el nitrógeno apenas modifica el potencial energético de la hierba,* y cuando lo hace, no siempre es en el mismo sentido, no habiéndose podido demostrar claramente por qué.

Tal comportamiento es bastante lógico:
En fase vegetativa, el nitrógeno en muy pequeña cantidad debe ser motivo para perjudicar la calidad asegurando mal la sustitución de hojas muertas por vivas. Demasiado nitrógeno debe tener el mismo efecto provocando el encamado y, por lo tanto, la acumulación de biomasa inerte. Pero entre estos extremos, el nitrógeno aumenta la masa de hojas verdes en cualquier momento del rebrote. Cuando llega el corte, las primeras hojas han llegado a morir, las últimas están vivas, de manera que su proporción debe cambiar poco.
En el ciclo reproductor de primavera, un aporte de nitrógeno efectuado antes del invierno aumenta el número de tallos que encañan, agravando así la desaparición de renuevos vegetativos, lo que más bien debería perjudicar a la calidad. Un aporte de nitrógeno después del invierno debe producir un impacto en el crecimiento y mejorar la calidad de los cortes precoces, pero luego los primeros órganos que se habían originado mueren, compensando el efecto del crecimiento rápido. Al final los riesgos de encamado aumentan.
En los demás ciclos, es probable igualmente que el nitrógeno influya diferentemente sobre la proporción de vástagos reproductores, según el momento en que se aplique.

En la práctica, *el principal efecto del nitrógeno sobre el potencial energético de la hierba es indirecto:* al acelerar el crecimiento, *permite una recolección más precoz: la hierba, al ser más joven, tiene mejor calidad.*

VARIACIONES DEL POTENCIAL ENERGETICO Y VARIACIONES DEL RENDIMIENTO

Suele ocurrir que el rendimiento y el potencial energético varían en el mismo sentido: es lo que ocurre especialmente poco después de que las condiciones de crecimiento mejoran.

Pero más frecuentemente, estas dos magnitudes varían en sentido inverso: cuando la hierba se desarrolla, el rendimiento aumenta y el potencial energético disminuye; un despuntado disminuye la producción y mejora la calidad, etc.

En general, las variaciones del rendimiento son mayores que las del valor energético, de manera que *el rendimiento en unidades forrajeras producidas por hectárea varía en el mismo sentido que la producción de materia seca.*

Esta ley tiene, sin embargo, *una excepción de gran importancia: a partir de un estadío que corresponde poco más o menos al espigado, según las especies,*

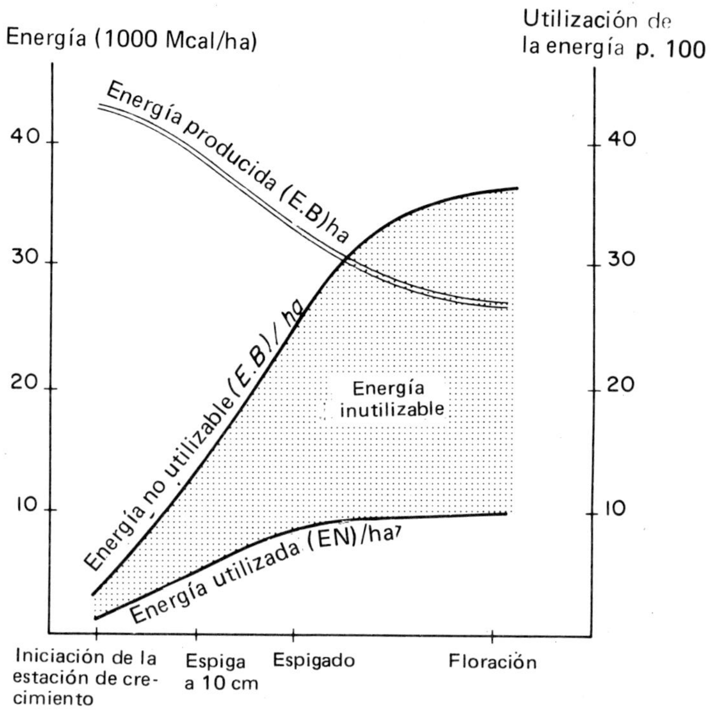

Fig. 14.3: Evolución de la energía producida (Energía bruta) y utilizada (Energía Neta) por hectárea durante el encañado de primavera.

A partir del espigado sólo se acumula ya energía no utilizable.
Según Alimentation des Ruminants, INRA, 1978. La Energía Neta representada es la E.N.L.
La curva de la E.N.C. sería la misma hasta el espigado y luego sería aún más horizontal.

la pérdida de valor energético es tan rápida, prácticamente, como el incremento del rendimiento: la producción de U.F.L./ha apenas aumenta ya, la de U.F.C., nada; *el suplemento de producción acumulado a partir de este momento no es utilizable* (fig. 14.3). No hace más que disminuir la concentración del forraje, y como, *a la vez, la ingestibilidad también disminuye,* el potencial energético se hace, rápidamente, muy pequeño. Este punto es muy importante para el aprovechamiento de la hierba.

CAPITULO XV

La calidad nitrogenada

La calidad nitrogenada de la hierba está en relación con las formas sucesivas del nitrógeno en la planta (págs. 200 a 202). Los conocimientos sobre este punto han sido precisados muy recientemente: el nitrógeno nítrico es un elemento negativo para la calidad, el nitrógeno orgánico insoluble (proteico) un elemento positivo, mientras que la utilidad de la forma intermedia, el nitrógeno orgánico soluble, depende de la calidad energética de la ración. Será preciso por lo tanto, estudiar sucesivamente los contenidos de la planta en estas tres formas. Desgraciadamente, casi la totalidad de las investigaciones del pasado, no distinguían entre las dos últimas. Se creía, en efecto, que todo el nitrógeno orgánico era globalmente útil al animal. Esta forma compuesta, de valor real desigual, correspondía a la noción de Materias Nitrogenadas Totales (M.N.T.). Examinaremos pues sucesivamente los contenidos en nitratos (págs. 203 a 207) y en M.N.T. (págs. 207 a 212) antes de exponer lo poco que se sabe sobre el reparto del nitrógeno orgánico en las dos formas, soluble y proteica (págs. 212–213).

LA CALIDAD NITROGENADA DE LA HIERBA ESTA EN RELACION CON LAS FORMAS SUCESIVAS DEL NITROGENO EN LA PLANTA

El nitrógeno, desde el momento en que es absorbido por las raíces hasta que llega a ser eficaz para el rendimiento, está presente en la planta en tres formas sucesivas principales: la forma nítrica, la forma orgánica soluble, y la forma orgánica insoluble, prácticamente identificable con las proteínas. La forma amoniacal, que puede ser absorbida directamente, es muy fugaz en el vegetal, donde no existen más que trazas[1].

---

(1) Ver págs. 126–127: Las etapas sucesivas del nitrógeno.

El nitrógeno perjudicial: los nitratos

El nitrógeno nítrico es peligroso para el animal, pues provoca *graves accidentes*, que pueden ser mortales. El riesgo es tanto más serio cuanto menos glúcidos solubles haya en la ración: ahora bien, una hierba rica en nitratos es siempre pobre en glúcidos solubles.

En las gramíneas forrajeras, las proporciones consideradas teóricamente peligrosas son del 0,3 al 0,5 °/o de la materia seca. Estas raramente se alcanzan, y cuando ocurre, no siempre provocan accidentes, sin que se sepa muy bien la causa. No obstante, la prudencia se impone.

El antiguo sistema del nitrógeno útil: las M.N.D.

Hasta ahora, *se consideraba que todo el nitrogeno orgánico, soluble o no, era útil* al animal. Se determinaba también globalmente. *Ahora bien, este nitrógeno orgánico representa* del 1 al 5 °/o de la materia seca, es decir, *casi la totalidad del nitrógeno de la planta.* Además, el método de análisis químico utilizado(1) incluía también una parte del nitrógeno nítrico. Por esto se llamaba Nitrógeno total al resultado de dicha determinación. *Al multiplicarlo por 6,25 se obtenían las Materias Nitrogenadas Totales (M.N.T.).* Esta cifra de 6,25 es el cociente: 100/16 ya que las proteínas contienen un 16 °/o de nitrógeno. La operación venía a considerar *que todo el nitrógeno orgánico se encuentra en forma de proteínas: Por otro lado, dichas M.N.T. se designaban también mediante la expresión* **proteína bruta**.

El porcentaje de **Materias Nitrogenadas Digestibles (M.N.D.) o Proteína Bruta Digestible (P.B.D.)** se obtenía sencillamente *restando 4,5* del porcentaje de M.N.T. En efecto, las heces contienen siempre una cantidad de materias nitrogenadas que corresponde a aproximadamente un 4,5 % (2) de la materia seca ingerida.

Las variaciones de las proporciones de M.N.T. y M.N.D. eran, por consiguiente, estrictamente concordantes. *Estudiar una viene a ser estudiar la otra:* ambas son la expresión directa de la proporción de nitrógeno orgánico.

El nuevo sistema para determinar el nitrógeno útil: las P.D.I.

El estudio riguroso del devenir de los alimentos ingeridos, ha mostrado que *una parte no despreciable del nitrógeno digerido es luego eliminado en la orina sin ser útil al animal.* Se trata de una mezcla que es importante minimizar. En efecto, el nitrógeno pasa a la sangre en dos formas:

- los aminoácidos: es la forma útil. Son absorbidos en el intestino y proceden del ataque de las proteínas que llegan allí provinientes de la panza;

(1) El Kjeldahl.
(2) Esta cifra es válida para los forrajes verdes; es ligeramente diferente para los forrajes conservados, pero ello no cambia sustancialmente el problema.

- el amoniaco: es la forma inútil, eliminada luego en la orina. Se absorbe sobre todo en la panza y proviene de la degradación parcial, por los microorganismos, de las materias nitrogenadas ingeridas.

El nitrógeno útil está pues representado por las **proteínas digestibles en el intestino (P.D.I.).**

Pero estas P.D.I. no proceden únicamente de las proteínas de los alimentos. En efecto, todo o parte del amoniaco desprendido en la panza bajo la acción de los microorganismos, es utilizado por estos para multiplicarse y por consiguiente, para resintetizar proteínas, microbianas en este caso. Estas últimas, arrastradas con los alimentos, pasan luego al intestino donde también son digeridas. Solamente el amoniaco en exceso pasa a la sangre. Las proteínas digeridas en el intestino tienen por lo tanto dos orígenes:

- las proteínas de los alimentos, que han escapado de la degradación amoniacal en la panza: son las **P.D.I.A. (P.D.I. alimenticias)**;
- las proteínas microbianas, que proceden de una "recuperación" del amoniaco de la panza: son las **P.D.I.M. (P.D.I. microbianas).**

Ahora bien, si la formación de amoniaco está en relación con el nitrógeno de los alimentos, no ocurre lo mismo con su recuperación, que depende de la riqueza energética de la ración. En el caso en que esta sea proporcionalmente insuficiente, es cuando el nitrógeno amoniacal pasa a la sangre y se pierde en la orina. Este caso parece bastante frecuente en las gramíneas forrajeras que reciben una fertilización nitrogenada suficiente para asegurar una producción abundante. Cualquier aumento del contenido en M.N.T. solo tiene por lo tanto, en el estado actual de nuestros conocimientos, una eficacia asegurada en la medida en que se traduzca en un enriquecimiento en P.D.I. Ahora bien, desde este punto de vista, las dos formas de nitrógeno orgánico son muy diferentes.

- *El nitrógeno orgánico soluble* es degradado enteramente a amoniaco. *No es pues útil más que hasta cierto punto que es función de la energía ingerida*. Con gramíneas forrajeras muy fertilizadas y ofrecidas sin complementación, esta energía puede resultar limitante: *enriquecer la hierba en nitrógeno orgánico soluble no es forzosamente necesario;*
- *El nitrógeno orgánico insoluble (proteínas),* por el contrario, atraviesa la panza, no desprendiendo amoniaco más que en proporciones bastante bajas, actualmente estimadas en un 35 °/o. El 65 °/o restante penetra en el intestino, donde es digerido en una proporción que parece ser del 75 °/o para las gramíneas consumidas en verde, del 60 al 75 °/o para las gramíneas conservadas. En total, *las proteínas del vegetal parecen contribuir a las P.D.I. en razón del 45 al 56 °/o de su cantidad.* Por esta razón, *cuanto más rica es la hierba en nitrógeno insoluble, mayor es su valor nitrogenado*.

El cálculo de las raciones sobrepasa el contenido de esta obra para encontras las fórmulas o las tablas de P.D.I., deberá remitirse a obras y artículos especializados(1).

(1) Alimentation des Ruminants, INRA, 597 p., 1978, y numerosos artículos de divulgación.

LAS VARIACIONES DEL CONTENIDO EN NITRATOS

El contenido en nitrógeno nítrico de la planta es la resultante de tres fenómenos:

- su aparición, por absorción radicular;
- su desaparición, por reducción y organización;
- su dilución en la materia seca: a igual cantidad total de nitratos en la planta, las proporciones son más bajas cuanto mayor es la producción.

En comparación con el nitrógeno total, el nitrógeno nítrico es *siempre muy poco abundante* en la planta, pues proviene de la *diferencia de velocidad entre dos flujos casi iguales*, la absorción y la reducción. Por ello, *son suficientes ligeras variaciones en uno u otro de estos flujos para provocar grandes cambios en los contenidos en nitratos.*

El caso más frecuente es que el nitrógeno sea reducido y organizado a medida que se absorbe, de manera que *no existen nitratos* en la planta. Sin embargo *pueden aparecer* (págs. 203–205) con ocasión de ciertos acontecimientos como un corte o una fertilización. En general, vuelven a desaparecer muy rápidamente de manera que no quedan ya en el corte siguiente, salvo en el caso de un aporte importante (pág. 206). Este último riesgo, por otra parte, varía según las estaciones (págs. 206 a 207).

Aparición de nitratos en la hierba

Inmediatamente después de un corte, incluso aunque no se haya efectuado un aporte de abono a continuación del mismo, frecuentemente se observa un aumento de las proporciones de nitratos de la planta (fig. 15.1). Puede pensarse que la absorción de nitrógeno del suelo por las raíces sólo ha disminuído por efecto del corte, mientras que el crecimiento aéreo casi se ha detenido al principio. Los nitratos absorbidos no pueden pues ser diluidos. Apenas desaparecen por reducción ya que prácticamente no quedan hojas verdes.

Si a continuación no se produce una nueva fertilización, este aumento de los contenidos en nitratos resulta sin embargo muy limitado (0,1 a 0,3 por ciento) y muy fugaz: cesa después de algunos días cuando un mínimo del aparato aéreo se ha reconstituido. Como para explotar la hierba de nuevo, se esperará a que alcance un rendimiento suficiente, no habrá ya, o practicamente, nitratos.

Justamente después de un aporte de nitrógeno se comprueba igualmente un aumento momentáneo de los contenidos en nitratos: el enriquecimiento brusco del suelo en éste elemento se traduce en un aumento inmediato de su absorción, mientras que su reducción alcanza una velocidad suficiente un poco más tarde.

Si, en el momento del aporte, la hierba contiene un mínimo de hojas verdes, este enriquecimiento de la planta en nitratos es limitado y fugaz[1]. Esto ocurre, por ejemplo, cuando se aplica una fertilización al final de un invierno suave, o si se efectúa un aporte una decena de días después de un corte (fig. 15.1).

---

(1) Lefebvre, J.M. y Joliet, E., Ann. Agron., **19**, 3, 379-396, 1968.

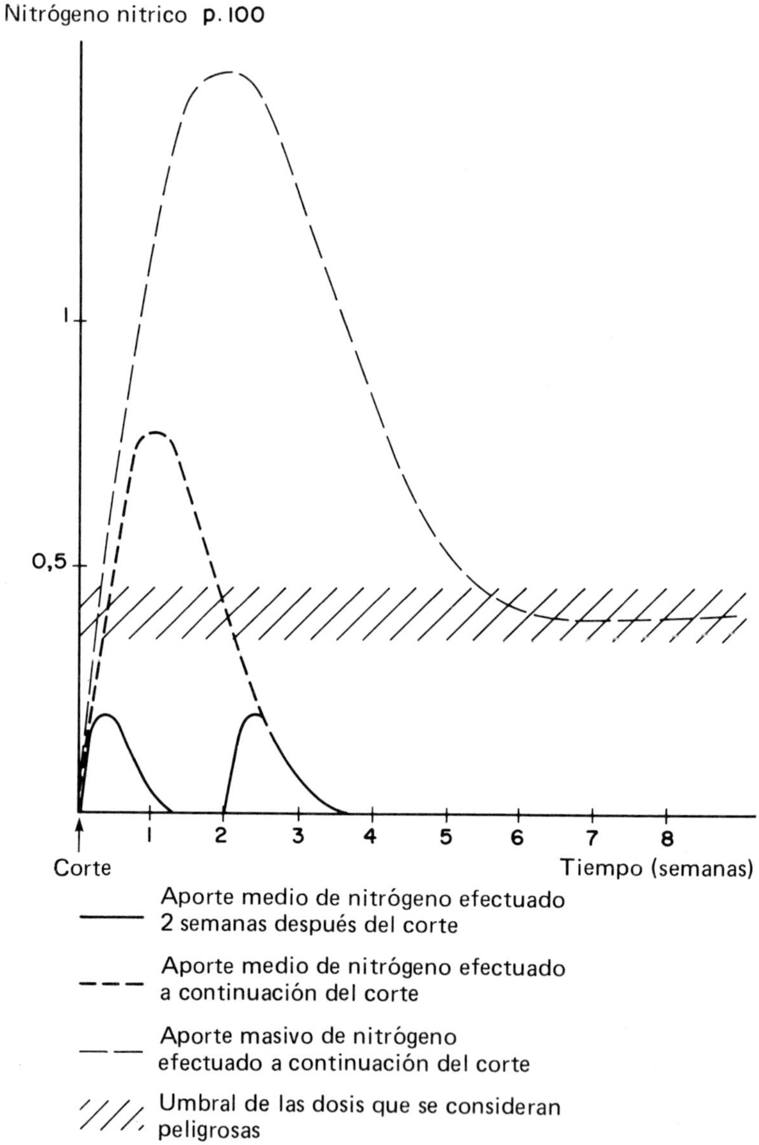

Fig. 15.1: Evolución del contenido en nitratos de la hierba, a partir de un corte.

Si, por el contrario, el nitrógeno es aportado inmediatamente después del corte, los contenidos en nitrógeno aumentan debido a las dos razones mencionadas, y alcanzan valores mucho más elevados, y más duraderos (fig. 15.1). *Con una dosis media* (50 a 60 unidades/ha después del corte), el fenómeno es aún relativamente limitado: se pueden registrar máximos de 0,5 a 0,8 º/o, *seguidos de desaparición a las dos semanas:* cuando la hierba se puede explotar, no *existe ya ningún peligro para el animal. Pero con dosis muy fuertes*, el contenido aumenta durante mucho más tiempo, después disminuye pero menos, a veces incluso nada. Si, experimentalmente, se aplican 200 unidades/ha después de un corte, por ejemplo, pueden obtenerse máximos de 1,5 º/o y mayores al cabo de 2 a 3 semanas y después una *estabilización próxima al 0,4 º/o o por encima de este valor.*

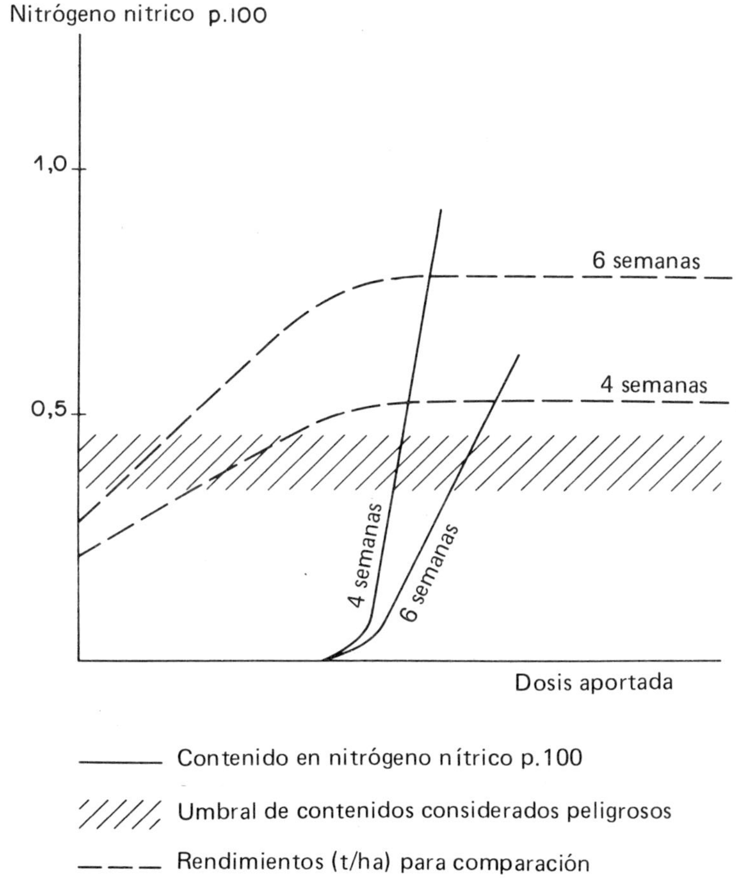

Fig. 15.2: Efecto de la dosis de nitrógeno aportado después de un corte sobre el contenido en nitratos del corte siguiente, en función del periodo de reposo.

Se ha supuesto que la fertilización se efectúa inmediatamente después del corte. Las curvas de rendimiento, que figuran para la comparación, son las de la fig. 13.6. Muestran que los nitratos aparecen con dosis en que el rendimiento alcanza ya techo.

Efecto de la dosis de nitrógeno aportada sobre los contenidos en nitratos del corte siguiente

El contenido en nitratos máximo, tal como acabamos de describir, ha pasado o está a punto de hacerlo cuando llega la fecha de corte. En este momento, el contenido residual de la planta depende de la dosis que se haya aportado: es *nulo para fertilizaciones bajas y medias*, después, a partir de una cierta dosis, aumenta muy bruscamente hasta valores peligrosos (fig. 15.2). *Este enriquecimiento en nitratos* del corte se produce, en general, *para aportes de nitrógeno tan fuertes que no producen ya incrementos de rendimiento* (fig. 15.2).

Si se retrasa el corte sin modificar la fecha de la aportación nitrogenada, la dosis a partir de la cual aparecen nitratos es poco más o menos la misma, pero a dosis superiores, los contenidos aumentan menos (fig. 15.2).

Al comenzar la estación de crecimiento, si el invierno ha sido suave y si el nitrógeno se ha añadido a final de otoño, la hierba contiene muy pocos nitratos, pues han tenido tiempo suficiente para ser metabolizados.

Efecto de la estación sobre los riesgos de presencia de nitratos en el momento de un aprovechamiento

Para que aparezcan nitratos en la planta, es suficiente que su reducción sea ligeramente menos rápida que su absorción. La influencia del medio sobre este fenómeno es muy inestable y dificil de estudiar, sobre todo en la naturaleza donde los diferentes elementos climáticos pueden ejercer, a la vez, influencias contrarias.

Se saben pocas cosas sobre este tema, y no es posible hacer predicciones seguras. Solamente se conoce que *los riesgos de presencia de nitratos en la planta en el momento de una explotación son más elevados en unos momentos que en otros.* De todas formas, sólo existen en praderas que han sido bastante fuertemente fertilizadas, bien en el rebrote en curso, bien en rebrotes precedentes (existencia de abundantes restos de aportes anteriores en el suelo).

Los períodos en que este riesgo es más elevado son los siguientes:

- *al iniciarse la estación de crecimiento* en primavera, sobre todo si el nitrógeno se ha aportado a final de invierno;
- *junio, para los rebrotes vegetativos;*
- *septiembre-octubre*, sobre todo después de un período de sequía. En efecto, la planta absorbe bruscamente todo el nitrógeno no utilizado en verano, más el que le provee el suelo, pues entonces éste mineraliza mucho. Por otra parte, al ser los días cortos, la planta no tiene tiempo de recibir mucha energía luminosa para reducir los nitratos. El peligro puede prolongarse hasta noviembre, o por el contrario el contenido puede descender mucho en este momento.

En estos períodos, las especies más ricas en nitratos pueden alcanzar del 0,4 al 0,6 °/o para fertilizaciones medias (60 unidades por corte, 150 a final de invierno). Para otras especies o en otros períodos, tal riesgo exige fuertes fertilizaciones (100 unidades por corte, 250 al final del invierno) que, en el primer caso habrían dado proporciones del 0,9 al 1 °/o.

LAS VARIACIONES DEL CONTENIDO EN M.N.T.

Los contenidos en Materias Nitrogenadas Totales (M.N.T.) de la planta son iguales a los contenidos en nitrógeno orgánico total multiplicados por 6,25. El porcentaje de Materias Nitrogenadas Digestibles (M.N.D.) es igual al porcentaje en M.N.T. menos 4,5(1). Las variaciones de estas tres magnitudes son pues estrictamente concordantes. Hablar de una o de otra viene a ser lo mismo. Es sobre el nitrógeno orgánico sobre el que resulta más fácil razonar, pues podemos basarnos en la nutrición del vegetal. Esto haremos aquí. Pero las cifras se expresarán en M.N.T., magnitud más familiar para el agricultor.

Los *contenidos extremos* van del 1 al 5 °/o para el nitrógeno orgánico, del *5 al 30 °/o para las M.N.T.*

El contenido en M.N.T. está poco relacionado con el estadío de la planta, pero sí con la absorción radicular y el rendimiento (págs. 207-208. Ello permite comprender su evolución con el crecimiento de la hierba (págs. 209-210), la influencia de la fertilización (págs. 210 a 212) y la de la estación (págs. 212-213).

El contenido en M.N.T. está poco relacionado con el estadio, pero mucho con la absorción radicular y el rendimiento

¿Cómo se origina el contenido en M.N.T.?

El nitrógeno orgánico aparece en la planta cuando el nitrógeno reducido se fija en cadenas carbonadas (organización). Esta fijación sigue inmediatamente a la reducción de los nitratos absorbidos por las raíces, o a la absorción de nitrógeno ya reducido (amoniacal).

Los vegetales no tienen un sistema de eliminación de desechos nitrogenados como la orina de los animales. Por esto *una vez formado, el nitrógeno orgánico*, que es un conjunto artificial que agrupa todas las formas del nitrógeno no mineral, *ya no desaparece. Solamente es "diluido"* cuando la producción de materia seca aumenta, de cualquier forma que esto ocurra. Podemos, por lo tanto, escribir:

$$\text{M.N.T. °/o} = 6{,}25 \times \frac{\text{Nitrógeno reducido}}{\text{Rendimiento M.S.}} \times 100$$

Por otra parte, *la reducción de los nitratos se efectúa prácticamente a medida que tiene lugar su absorción,* pues incluso cuando permanecen a niveles tóxicos representan poca cosa en proporción con el nitrógeno total. Por consiguiente, se puede asimilar el nitrógeno reducido al absorbido. El error introducido es poco importante con respecto al que se comete asimilando absorción y exporta-

(1) Para los forrajes verdes, ver nota(2), pág. 201.

ción, despreciando así las raíces y los rastrojos. Se puede pues igualmente escribir:

$$\text{M.N.T. \%} = 6{,}25 \times \frac{\text{Nitrógeno absorbido}}{\text{Rendimiento M.S.}} \times 100$$

El contenido en M.N.T. depende poco, por tanto, del estadio

Contrariamente a los elementos del potencial energético, el contenido en M.N.T. apenas está ligado a la composición morfológica de la hierba y por consiguiente a su estadio, lo está más bien a la evolución del nitrógeno en la planta. La tasa de M.N.T. aumenta con la absorción, por lo tanto depende mucho de la fertilización y del clima. Disminuye con el rendimiento, naturalmente, en fase reproductora, éste evoluciona con el estadio, pero dependiendo tambien mucho del clima, del período de reposo desde el corte precedente, y de la fertilización.

Las tablas de valor alimenticio de Demarquilly y Weiss(1), sin embargo, indican tasas de M.N.T. y de M.N.D. para cada estadio. De hecho, se trata, como indican los Autores, de simples valores observados. No valen más que en las condiciones de fertilización relativamente homogéneas en que han sido obtenidas, y para los tipos de explotación indicados. Contrariamente a las características energéticas, no son generalizables a otras situaciones(2). Solo un análisis del forraje, relativamente fácil de obtener(3) pero no inmediato, puede dar en cualquier circunstancia indicaciones válidas sobre el contenido en M.N.T.

A igual fertilización existe un antagonismo entre contenidos elevados en M.N.T. y rendimientos en materia seca altos

El aumento de materia seca diluye el nitrógeno orgánico en la planta. El descenso de la proporción de este último, provoca a menudo un suplemento de la absorción. Pero dicho suplemento nunca es suficiente en la naturaleza para compensar la dilución. Por ello, a igual fertilización, cuanto más produce una pradera, menos rica es en M.N.T. Por ello dichos contenidos son menores, generalmente, en las especies y variedades de elevado rendimiento que en las demás, por ello disminuyen también a medida que la hierba crece, etc.

En esta variación inversa del nivel de M.N.T. y de la producción de materia seca, es sin embargo el contenido de M.N.T. el que cambia menos, ya que los aumentos de absorción compensan en parte los efectos de la dilución. Por esto *el rendimiento en M.N.T./ha*(4) *varía en el mismo sentido que el rendimiento en materia seca.*

---

(1) S.E.I. Estudio nº 42, 1970.

(2) Como tampoco el rendimiento en materia seca, indicado también en las tablas.

(3) Método Kjeldahl, realizado en serie en todos los laboratorios.

(4) Que no es otro que 6,25 veces la exportación de nitrógeno de los nitratos aproximadamente.

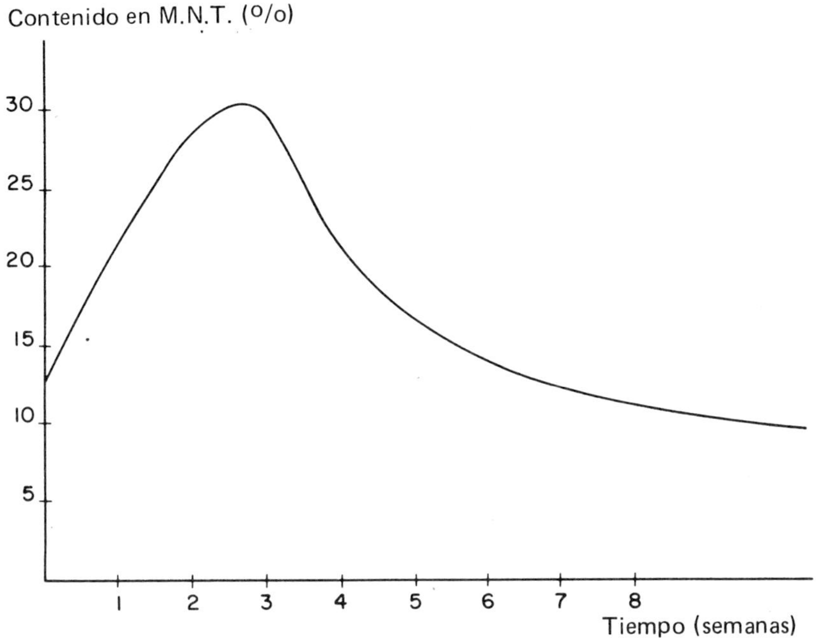

Fig. 15.3: Aspecto de la evolución del contenido en M.N.T. con el crecimiento de la hierba.

Evolución de los contenidos en M.N.T. con el crecimiento de la hierba

Cada vez que la hierba brota después de una siembra, un corte, o un reposo de vegetación, su proporción de M.N.T. sufre una evolución que *tiene siempre el mismo aspecto, independientemente de que la hierba esté en estado vegetativo o reproductor* (fig. 15.3). Esta proporción, en efecto, no depende del estadio(1).

El contenido en M.N.T. aumenta al principio rápidamente . . .

Contrariamente al aparato aéreo, el sistema radicular permanece íntegro y funcional al comienzo del rebrote. Por lo tanto, es capaz de absorber nitrógeno, tanto más cuanto que es este momento, en general, el que se elige para efectuar una fertilización. Este nitrógeno, a medida que se transforma en nitrógeno orgánico, se reparte en una masa pequeña ya que prácticamente no hay formación herbácea. Además, la velocidad de crecimiento es casi nula: no se produce, por consiguiente, dilución. Después de un corte este enriquecimiento dura, en general, alrededor de tres semanas.

---

(1) Ver págs. 207–209: El contenido en M.N.T. está poco relacionado con el estadio, pero mucho con la absorción radicular y el rendimiento.

. . . después disminuye progresivamente

Desde que vuelve a iniciarse el crecimiento de la planta y se acelera, la dilución del nitrógeno se vuelve ya más rápida que su absorción. Los contenidos en M.N.T. disminuyen *rápidamente al principio, después cada vez más lentamente (fig. 15.3). Esta disminución es tanto más pronunciada cuanto mayor es la velociad de crecimiento*, y los contenidos finales son tanto más bajos cuanto más elevado sea el rendimiento alcanzado. *Sólo desde este punto de vista puede influir el hecho de que la hierba esté en fase reproductora o vegetativa*(1).

Cuando la hierba se aprovecha se encuentra en la rama descendente

Ni la rama ascendente, ni incluso el inicio de la rama descendente de la figura 15.3 conciernen directamente al agricultor. En efecto, en este momento, el rendimiento es aún demasiado bajo para que sea posible un aprovechamiento. Así por ejemplo, las proporciones corrientemente citadas al iniciarse la estación de crecimiento en primavera(2) corresponden ya a la rama descendente.

Influencia de la fertilización nitrogenada sobre el contenido en M.N.T.

Efecto de la dosis aportada sobre el contenido en M.N.T. del corte siguiente

El contenido en M.N.T. de un corte *aumenta en función de la dosis aportada (fig. 15.4), pero de manera inversa al rendimiento (fig. 13.6 pág. 180):*

- *con dosis bajas o medias,* a las cuales el rendimiento reacciona bien, *el contenido en M.N.T. varía poco,* o prácticamente nada si la hierba se encuentra en condiciones de brotar muy bien;
- *con dosis superiores,* a las que el rendimiento apenas responde, *la planta se enriquece mucho en M.N.T.:* las curvas se elevan.

Esta reacción se explica por el antagonismo que existe entre la citada proporción y el rendimiento(3).

Efecto del desfase entre aporte y corte

Cuando se añade nitrógeno a una pradera, al principio es absorbido, enriqueciendo a la hierba en M.N.T. Después, transformado en proteínas, acelera el crecimiento, y por ello la dilución de estas M.N.T. La tasa de estas últimas va a

---

(1) Ver pág. 212: Fluectuaciones estacionales del contenido en M.N.T.
(2) Por ejemplo en las tablas de valor alimenticio.
(3) Ver pág. 208: A igual fertilización existe un antagonismo entre elevados contenidos en M.N.T. y rendimientos de materia seca altos.

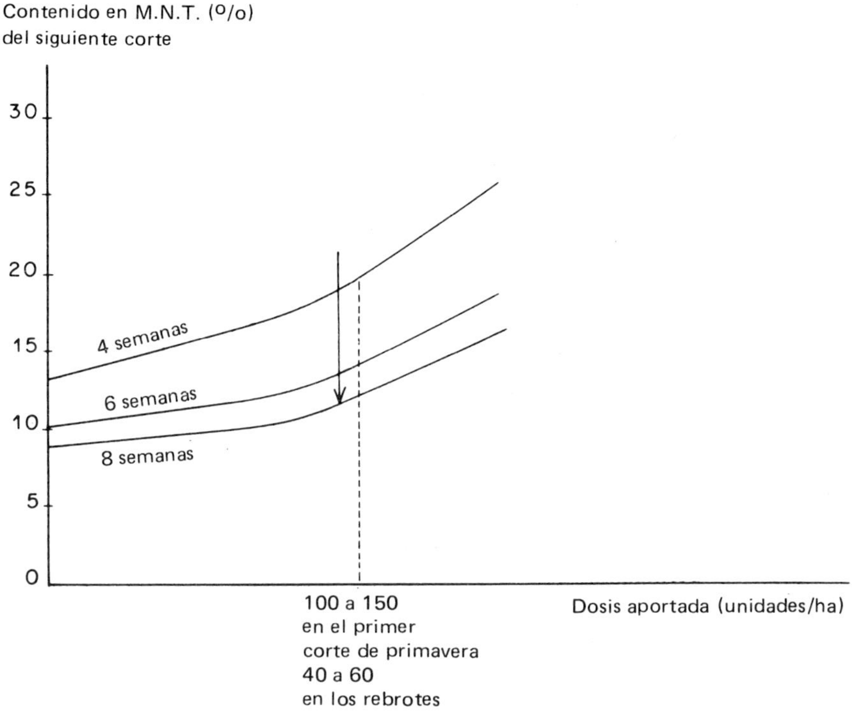

Fig. 15.4: Efecto de un aporte nitrogenado sobre el contenido en M.N.T. del siguiente corte, según el intervalo.

Las curvas se elevan a partir de las dosis que señalan el comienzo del techo de rendimiento (fig. 13.6, pág. 188).
Con el tiempo, las proporciones descienden, según indica la fig. 15.3, y la pendiente de las curvas disminuye pues el nitrógeno incide cada vez más sobre el rendimiento, de acuerdo con la fig. 13.6. Las cifras sólo indican órdenes de magnitud.

disminuir tanto más rápidamente cuanto mayor sea la dosis al principio, tendiendo de este modo a igualarse cualquiera que sea la dosis aportada. Dicho de otro modo, *a corto plazo, un aporte de nitrógeno actúa sobre todo sobre los contenidos en M.N.T., y a largo plazo, incide principalmente sobre el rendimiento en materia seca.* Esto se traduce en la figura 15.4 en el hecho de que, según avanza el tiempo, no sólo desciende el nivel de las curvas, sino que su pendiente también disminuye. Este efecto del desfase entre aporte y corte permite comprender que la dosis de nitrógeno aportada no ejerce prácticamente *ningún efecto retardado sobre los contenidos en M.N.T. de rebrotes ulteriores.* Así como que si se prepara el crecimiento de la hierba en primavera mediante una *fertilización de fin de otoño en lugares de invierno suave, aquélla apenas enriquece a la hierba en M.N.T. al iniciarse la estación de crecimiento.*

Efecto del estado de la hierba en el momento del aporte

Si después de una siega se espera una decena de días antes de aportar el nitrógeno, se comprueba un enriquecimiento de M.N.T.[1] *en el corte siguiente que puede aproximarse al 2 °/o*. Esto no se debe al acortamiento del desfase entre aporte y explotación, pues el rendimiento no ha disminuído[2]. La exportación es pues más fuerte, lo que hace pensar que la absorción ha mejorado.

Puede suponerse que la presencia de una cantidad suficiente de órganos verdes permite una mejor reducción de los nitratos, y, por ello, se acelera su absorción y se mejora su metabolismo.

Fluctuaciones estacionales del contenido en M.N.T.

Las fluctuaciones estacionales del contenido en M.N.T. al depender de las de la velocidad de absorción y de la velocidad de crecimiento, son dificilmente previsibles. No obstante se observan algunas tendencias generales.

Las gramíneas son muy ricas en el momento en que se inicia la estación de crecimiento, en primavera, porque el rendimiento es aún bajo, las fertilizaciones generalmente son muy fuertes y porque en invierno la absorción no se ha detenido al mismo nivel que el crecimiento. Las plantas pueden contener entonces *entre un 15 y un 25 °/o de M.N.T.*

Son muy pobres durante la floración, al menos en la fase reproductora de primavera, y ello a pesar de la importante provisión de nitrógeno por el suelo debido a la mineralización en esta estación. Esta pobreza se explica sencillamente por los enormes rendimientos que se obtienen en este momento y por el largo periodo transcurrido desde el aporte de nitrógeno. Pueden observarse contenidos *mínimos de solamente un 5 °/o*.

Con frecuencia son bastante pobres en verano, a pesar de que el crecimiento es muy escaso. Sin duda la sequía disminuye la actividad radicular antes que el crecimiento.

Frecuentemente son ricas en otoño, ya que el crecimiento no suele ser muy activo mientras que la mineralización en el suelo es lo suficientemente intensa para ocasionar una gran absorción. Los otoños en que la hierba brota bien son los que siguen a un verano seco: la mineralización entonces es extremadamente intensa.

¿NITROGENO ORGANICO SOLUBLE O INSOLUBLE?

La calidad nitrogenada real de la hierba está en relación con su contenido en P.D.I., el cual es más elevado cuando las M.N.T. están en forma insoluble. Será preciso, por lo tanto, saber de qué depende la solubilidad del nitrógeno orgánico. Desgraciadamente, los conocimientos fisiológicos sobre el tema, son casi nulos, y los ensayos, todavía poco numerosos, no dan siempre resultados concordantes.

---

(1) Lefebvre, J. M. y Joliet, E., Ann. Agron. **19**, 3, 379–396, 1968.
(2) Ver pág. 182: Efecto del estado de la hierba en el momento del aporte.

Conocimientos fisiológicos casi nulos

Todavía se ignora el determinismo de la formación de proteínas a partir del nitrógeno orgánico soluble. Se sabe solamente, que este último es la forma metabólica intermedia entre nitratos y proteínas. Se podría pues pensar que actúa también de forma intermedia: la riqueza de la planta en nitrógeno soluble sería tanto más elevada cuando la hierba se recolectase pronto después de una fertilización, y cuanto más abundante haya sido ésta, sobre todo si se ha sobrepasado el techo de rendimiento. Se obtendrían curvas simplemente más atenuadas que las de las figuras 15.3 y 15.4.
Desgraciadamente algunas experiencias que se han realizado, no parecen confirmar este razonamiento.

Ensayos poco numerosos y poco concordantes

Según las experiencias(1), la proporción soluble del nitrógeno orgánico total aumenta, disminuye o permanece constante, cuando varía la fertilización nitrogenada. Se han observado casos, incluso, en que un aporte de nitrógeno muy elevado, incapaz de aumentar el rendimiento que ya había alcanzado techo, enriquecía a la planta en nitratos y en proteínas verdaderas, pero no en nitrógeno orgánico soluble(2).

La evolución de las formas de nitrógeno en la hierba no es más evidente.

De manera general, parece que la importancia respectiva de las formas soluble e insoluble en las M.N.T. no depende mucho de la fertilización ni del desfase entre esta y el corte. En todo caso, *todas las técnicas culturales que aumentan los contenidos en M.N.T. parecen enriquecer a la planta, a la vez en nitrógeno soluble y en nitrógeno insoluble*, en proporciones parecidas.

Existe una variación bastante fuerte de la fracción soluble de las M.N.T.: entre un 10 y un 45 °/o. Pero esta variación es de origen mal conocido: sin duda la especie y/o la estación juegan un papel importante.

(1) Rhykherd, C.L., et al., Proc. X Internat. Grassl. Congr., 214-218, 1966; Lefebvre, J.M. et Joliet, E., Ann. Agron. 18: 5, 529-543, 1967 y 19:3, 379-396, 1968; Goswani et Wilcox, 1969, citados en Chemistry and Biochemistry of Herbage, Academic Press 1976, p. 96; y diversas experiencias realizadas en el INRA, Lusignan.
(2) En el Laboratoire d'Agronomie, INRA, Lusignan, sobre rebrotes de otoño del dactilo y la festuca elevada.

CAPITULO XVI

Contenido en materia seca y en glúcidos solubles

EL CONTENIDO EN MATERIA SECA

Medir la cantidad de materia seca parece muy sencillo: es suficiente pesar el vegetal fresco y pesarlo de nuevo después de un secado artificial. Pero el resultado así obtenido es *extremadamente fluctuante, según que la hierba esté más o menos húmeda*. No es necesario que tenga agua de superficie: ni lluvia, ni rocío. Cuando la hierba es muy tupida puede necesitar mucho tiempo para secarse. El estudio del contenido en materia seca es, por tanto, difícil. Además, las conclusiones que se pueden extraer sólo son aplicables parcialmente, pues en la práctica se tiene que trabajar con la hierba tal como esté, es decir, ocasionalmente, húmeda. Por esta razón se han dedicado pocos trabajos a este tema.

Los valores observados varían en general del 15 al 25 °/o, a veces del 10 al 40 °/o.

Evolución del contenido en materia seca de la hierba

El contenido en materia seca evoluciona en función de la composición morfológica y de la velocidad de crecimiento de la hierba:

- *la proporción de agua de los tallos disminuye rapidamente a partir del espigado*; esto puede explicarse por su lignificación: el agua reside principalmente en el citoplasma, no en las paredes celulares;
- *cuanto más rápido es el crecimiento, más acuoso es el vegetal*: son los órganos jovenes los que contienen más agua; la biomasa inerte tiene muy poca.

Pero *esta evolución no es ni muy regular ni muy previsible:* la hierba tiende a crecer menos rápidamente a medida que sus rebrotes envejecen, pero esto no

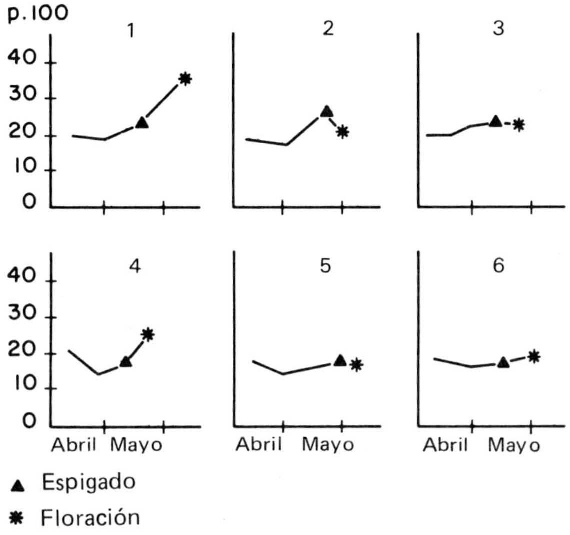

Fig. 16.1: Contenidos en materia seca observados en el ciclo reproductor de primavera en diversos cultivos de gramíneas.

es regular. Lo mismo ocurre con el contenido en materia seca, que tiene *tendencia a aumentar con el tiempo en el curso de un rebrote, pero con fuertes variaciones* en torno a este modelo(1).

En el ciclo reproductor de primavera por ejemplo, la tendencia general es que dicha proporción se mantenga relativamente constante o ligeramente creciente hasta el espigado para, después, aumentar rapidamente (fig. 16.1, 1). Pero puede suceder que comience disminuyendo: (fig. 16.1, 2, 4, 5, 6). Se debe sin duda a la aceleración del crecimiento y a la desaparición de restos vegetales al iniciarse la estación de crecimiento. Puede ocurrir también que la proporción de materia seca disminuya al final del ciclo, a pesar del envejecimiento de los tallos y de la disminución de su velocidad de crecimiento (fig. 16.1,2,5). Ello se debe probablemente a un cese de la crisis de ahijamiento, que ocasiona la aparición de renuevos vegetativos jovenes. Cuando los dos mecanismos intervienen en la misma pradera, se llega a contenidos relativamente constantes (fig. 16.1, 3, 5, 6).

Contenido en materia seca y fertilización nitrogenada

La fertilización nitrogenada *enriquece a la planta en agua, hasta un 3 a un 5 por ciento*. Esta acción subsiste aún, incluso a dosis que no pueden aumentar ya el rendimiento: el nitrógeno no hace más que añadir agua a la planta. El rendi-

(1) Grupo de Trabajo Explotación de las gramíneas del INRA, síntesis Gillet, M. Fourrages, nº **55**: 15-76, 1973.

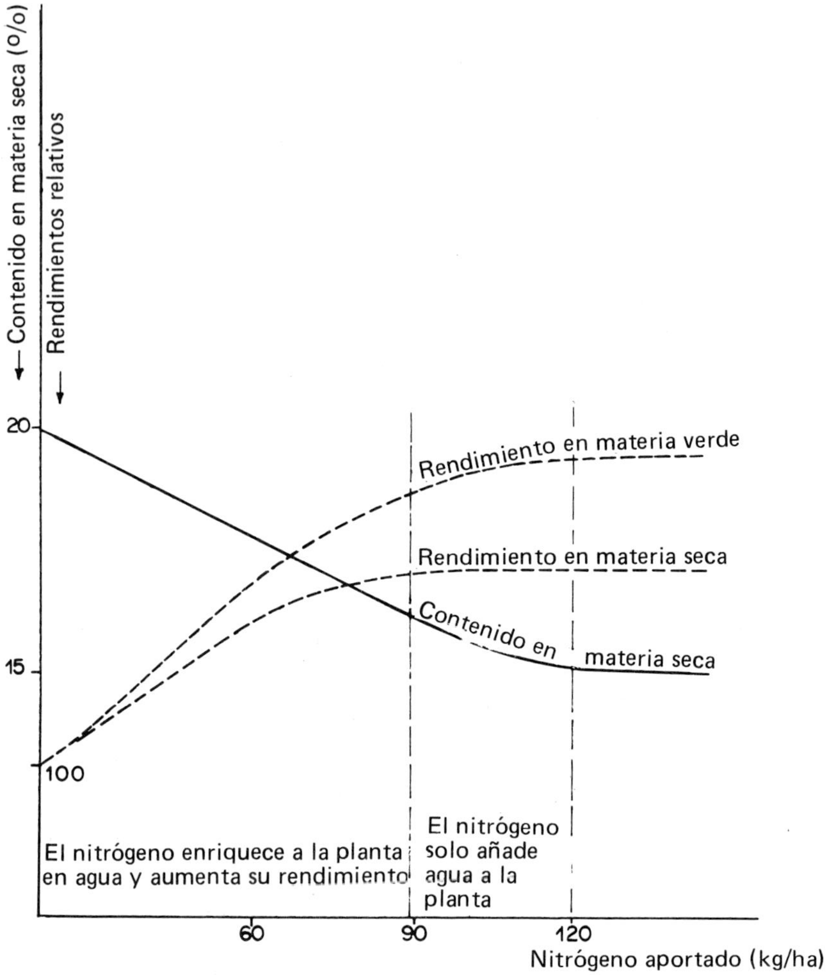

Fig. 16.2: Efecto de la fertilización nitrogenada sobre el contenido en agua.

En trazos, aumento relativo de los rendimientos en materia verde y en materia seca por efecto del nitrógeno (100 = rendimiento sin nitrógeno). Las cifras indicadas sólo representan órdenes de magnitud.

miento en materia verde responde proporcionalmente mejor a esta fertilización que el rendimiento en materia seca, y ello hasta dosis más elevadas (fig. 16.2).

Contenido en materia seca y clima

Es evidente que la *sequía* ocasiona una pérdida del agua de imbibición de los tejidos vivos, seguido de un aumento de biomasa inerte por la muerte de órganos.

Se puede a veces, incluso en estado vegetativo, alcanzar un 30 o un 40 °/o de materia seca.

Contenido en materia seca, especies y variedades

A igualdad de las demás condiciones, existen diferencias del contenido en agua entre especies: el ray-grass italiano por ejemplo, es más acuoso que las festucas y los dactilos (de un 2 a un 4 °/o).

Dentro de una misma especie, las *variedades tetraploides,* cuando las hay, *son más ricas en agua que las variedades diploides* (alrededor de un 2 °/o).

Importancia agrícola del contenido en materia seca

Una hierba rica en agua está poco adaptada a la conservación. Es difícil no solamente de desecar (heno, deshidratación), sino incluso de ensilar.

Para el consumo en verde, el problema es más complejo. Generalmente se admite que la cantidad ingerida aumenta con el contenido en materia seca hasta que éste alcanza alrededor del 20 °/o. Pero las experiencias que lo demuestran se efectúan generalmente con corderos enjaulados, bien abrevados, en el interior de un edificio. Estas conclusiones son transferibles sin duda al prado o a la estabulación cuando el tiempo es húmedo. Pero es completamente distinto si hace bueno, si los animales están fuera, y sobre todo en tiempo seco y cálido. Los alimentos acuosos son entonces los que mejor consumen los animales, aunque estén correctamente aprovisionados de agua, pues, cuando menos, tienen que desplazarse para ir a abrevar.

En resumen, *el agua en las plantas es generalmente un inconveniente para el agricultor. Pero a menudo es un tributo a pagar para obtener ventajas más importantes*: mayor crecimiento (cuando es preciso determinar la fertilización nitrogenada), mejor calidad (cuando se trata de elegir la fecha de recolección).

EL CONTENIDO EN GLUCIDOS SOLUBLES

Interés agrícola: no confundir glúcidos solubles y energía

El interés de los glúcidos solubles de la hierba depende de su localización en la planta: por debajo del nivel de corte, constituyen reservas para los rebrotes; por encima, son un factor de calidad. Es de esta última manera como vamos a considerarlos aquí.

Hemos visto que el contenido de la hierba en energía depende de su digestibilidad. A menudo se cree, sin razón, que ambos están relacionados con la proporción de glúcidos solubles, porque estos son enteramente digestibles. Pero los compuestos nitrogenados lo son casi tanto y la celulosa lo es en una proporción importante. Además existe un antagonismo entre las proporciones de glúcidos solubles y las de compuestos nitrogenados[1], de manera que las variaciones de unos son frecuentemente compensadas, desde el punto de vista de la digestibilidad, por las variaciones de los otros.

El interés real de una hierba rica en glúcidos solubles es doble:

---

(1) Ver página 219: Existe antagonismo entre nitrógeno y glúcidos solubles.

- *se ensila más fácilmente;;*
- *es más apetecible*, a causa sin duda de su sabor azucarado.

Teóricamente, los glúcidos solubles disminuyen también la toxicidad de los nitratos. Pero este interés es aquí ilusorio ya que ambos nunca abundan simultáneamente en las gramíneas[1].

Los valores extremos de glúcidos solubles en la hierba van de alrededor de un 5 % a un 30 %.

¿Cómo se forman los glúcidos solubles?

Los glúcidos solubles se forman mediante la fotosíntesis, de la que constituyen uno de los primeros productos. No tienen otro origen.

Luego son utilizados para el funcionamiento completo del vegetal, tanto como materia prima, como combustible o como reserva[2]. Por lo cual no permanecen en las partes aéreas donde se forman, *sino que emigran a toda la planta casi a medida que se van formando.*

Por lo *tanto están en contínuo flujo*: la cantidad de glúcidos de la planta será tanto más elevada cuanto más intensa sea la fotosíntesis y cuanto menor sea su utilización. Esto permite comprender las variaciones del contenido en glúcidos solubles.

El contenido en glúcidos solubles de la hierba no depende del estadio, sino del tiempo atmosférico que hace

Puesto que los glúcidos solubles son utilizados o emigran a medida que se van produciendo, su proporción sólo puede reflejar la historia reciente de la planta. Esto es lo que en efecto, se ha comprobado: su proporción no depende del estadío, de la edad ni de la proporción de tallos[3], sino que está determinada en gran medida por la temperatura de los días precedentes a la medición[4].

Este efecto del clima es difícil de preveer, pues, como sucede frecuentemente en la naturaleza, los diferentes elementos del clima ejercen, en el mismo instante, influencias opuestas.

- *la luz* aumenta la proporción de glúcidos solubles al favorecer la fotosíntesis;
- *las temperaturas elevadas* la disminuyen acelerando la respiración y, de una manera general, el crecimiento y por consiguiente la utilización metabólica de los glúcidos;
- el efecto de la sequía no ha sido suficientemente estudiado por lo que no puede emitirse una ley general.

En la naturaleza, la temperatura y la luz varían frecuentemente a la vez: según el caso es una u otra la que importará, de manera que toda previsión es difícil. Un viento fres-

---

(1) Ver página 219: Existe antagonismo entre nitrógeno y glúcidos solubles.
(2) Ver página 90: El carbono, principal material y fuente de energía.
(3) Jones, D.I.H., Rep. Welsh Plant Breed. Sta. 157-164, 1961, Jung, G.A. et al., Crop Sci., 16: 3, 353-359, 1976.
(4) Lang, V., Bay. Landw. Jahrb., 4: 421-479, 1975.

co con cielo claro enriquecerá a la planta en glúcidos solubles, un tiempo cubierto y cálido la empobrecerá.

Tendencias estacionales

La importancia del clima instantáneo y la dificultad de preveer su efecto, hacen que los investigadores que han seguido la evolución de los contenidos en glúcidos solubles hayan encontrado resultados contradictorios.
Sin embargo, en clima templado, parece que existe una cierta tendencia en lo que concierne a la evolución *en el curso de la primavera: la proporción de glúcidos pasaría por un máximo hacia final de mayo.* Ello no impide que puedan ocurrir oscilaciones extremadamente importantes que puedan alcanzar el 10 por ciento en algunos días.

El contenido en glúcidos solubles varía a lo largo del día

Cada día, el contenido en glúcidos solubles de las partes aéreas puede variar del 20 al 30 o/o de su valor:

- es máximo por la tarde, cuando la fotosíntesis es más intensa;
- es mínimo al comienzo de la mañana, pues la utilización metabólica continúa durante toda la noche.

Esta oscilación diaria causa grandes dificultades de experimentación. En efecto, para comparar los valores de diferentes hierbas, es preciso recogerlas a la misma hora. Esto impide estudiar muchas a la vez.

Variaciones genéticas del contenido en glúcidos solubles

En condiciones comparables, existen claras diferencias en los contenidos en glúcidos solubles, tanto entre diferentes especies de gramíneas, como dentro de cada especie.
Pero estas diferencias apenas han sido utilizadas hasta ahora por la selección, porque sólo se conocen desde hace poco, mientras que la selección es un trabajo muy lento y este caracter no se ha considerado aún esencial.
Por esta razón las diferencias entre variedades comerciales, sí existen, son mal conocidas.

Existe antagonismo entre nitrógeno y glúcidos solubles

Como todas las substancias de la planta, los *compuestos nitrogenados se fabrican a expensas de los glúcidos solubles.* En el caso presente, esta síntesis no los utiliza solamente como materiales: los consume también mucho en la respiración, pues la reducción de nitratos necesita mucha energía.
Por esto, *la fertilización nitrogenada empobrece a la planta en glúcidos solubles, en la misma medida en que la enriquece en M.N.T.*
De igual modo, *las especies más ricas en materias nitrogenadas son generalmente las más pobres en glúcidos solubles.*
Por otra parte, los nitratos no aparecen en la planta más que cuando esta absorbe mucho nitrógeno, y es muy rica en M.N.T. *Una gramínea que contenga nitratos en dosis peligrosas para el animal, es siempre pobre en glúcidos solubles* que harían inofensivos los nitratos.
Este antagonismo entre nitrógeno y glúcidos solubles no existe sin embargo si se compara el rebrote de una pradera en edades diferentes. En efecto, si bien el contenido en nitrógeno en todas sus formas disminuye según avanza el tiempo, la proporción de glúcidos solubles no aumenta forzosamente, ya que es función del clima instantáneo.

CAPITULO XVII

La persistencia

Se llama **persistencia** de una planta a su *longevidad, a la duración de su vida.* Esta puede naturalmente estar limitada por un accidente fortuito, pero *lo que al agricultor le interesa es la persistencia probable, potencial*, de la gramínea que él implanta.

Aquélla depende esencialmente de la *especie* y de la *variedad*. Basta luego con evitar los errores de explotación que abreviarían la vida de la pradera.

El determinismo de las diferencias de persistencia de las gramíneas se conoce mal. Es probable, incluso, que haya varios mecanismos en juego, según los casos. En efecto, no existe evidencia clara de que la muerte de una planta de gramínea, al tratarse de una colonia, sea inevitable (págs.220–221). Si ésta se produce, puede deberse a razones variadas. Se pueden considerar causas internas (págs. 221–222) ligadas a la evolución fisiológica de la planta, y causas externas (pág. 222) relacionadas con su sensibilidad a diversas clases de ataque.

La muerte de una gramínea no es evidente

Comunmente se admite que si un animal no muere de accidente o de enfermedad, muere de vejez(1), y esto a edades variables según las especies. Se puede pensar que el envejecimiento de los animales obedece a un mecanismo único, más o menos rápido.

No se puede rechazar la idea de que tal mecanismo exista también en las gramíneas, pero esta idea no tiene la misma evidencia. En efecto, una gramínea es una colonia de renuevos sucesivos, y cada uno de estos, poco después de su aparición, emite sus propias raíces, de manera que puede asegurarse por sí mismo

---

(1) En realidad, muere a menudo, quizá siempre, de una enfermedad a la cual se ha hecho más sensible con la edad. Esto no cambia nada del fondo del problema: se puede hablar de envejecimiento en los animales.

su propia nutrición. *Puede pensarse que esta renovación de vástagos asegura un rejuvenecimiento permanente.* Así por ejemplo, parece ser que en viejas praderas naturales, algunas especies no estén representadas más que por algunos individuos que, por ahijamiento, se extenderán en amplias superficies.

Causas internas de desaparición: los ray-grass

En los ray-grass, existe toda una gama de persistencia, desde los westerwolds que duran algún mes, hasta el ray-grass inglés que puede vivir 4-5 años. Esta gradación se da cualquiera que sea el clima, que simplemente, prolonga o abrevia la vida de todos los tipos.
Para explicar estas variaciones, es preciso buscar causas internas en la planta.

Muerte debida a insuficiente renovación de los vástagos

Una población, o una colonia, puede desaparecer si los individuos que mueren no son reemplazados al menos en igual número. Así una gramínea podría morir por renovación insuficiente de sus vástagos.
Ahora bien, la principal causa de mortalidad de los vástagos es la llegada de una fase reproductora: todos los que encañan están condenados, y la crisis de ahijamiento hace desaparecer a otros muchos. La renovación estará asegurada por los renuevos vegetativos que permanecen vivos y por las yemas que van a brotar. En resumen, sobreviven muchos menos vástagos de los que mueren.
Entre dos fases reproductoras, los vástagos se van a multiplicar gracias al ahijamiento. Si el tiempo que separa dos encañados consecutivos es suficiente, la población de renuevos reespigará en su nivel inicial: la renovación estará asegurada. Esta condición se cumple cuando no se produce más que una fase reproductora por año: es el caso de la mayoría de las especies, en particular del ray-grass inglés. Por el contrario, en el ray-grass italiano, especie poco persistente, se producen varios encañados cada año. Las variedades de vida más corta son las más alternativas, es decir las que encañan y reespigan más rápido y más a menudo. Se puede pues suponer que la renovación de sus vástagos es insuficiente. Pero no se trata más que de una hipótesis entre otras posibles.

Muerte por agotamiento de las reservas glucídicas

Cuando el nivel de las reservas glucídicas en los rastrojos llega a ser demasiado bajo, la planta puede morir. Este fenómeno explica quizá también que los ray-grass sean menos persistentes cuanto más a menudo encañan y reespigan.
En efecto, en las gramíneas, las reservas se agotan durante el encañado. En los ray-grass apenas se reconstituyen al final de la fase reproductora, pues la migración de las reservas hacia la base de sus tallos es muy escasa. En cualquier caso es importante resaltar que una explotación frecuente, que interrumpa rápidamente todos los encañados, prolonga la vida de estas especies.

Muerte por envejecimiento

Es imposible de excluir totalmente, en las gramíneas, la hipótesis de un envejecimiento análogo al de los animales. En particular, en el ray-grass italiano, las diferencias de persistencia entre variedades no son enteramente imputables a la frecuencia de sus fases reproductoras. En efecto, una variedad no alternativa sembrada en primavera será menos vigorosa, en la primavera siguiente, que si ha sido sembrada en septiembre, aún cuando en ambos casos esté en su primera fase reproductora.

Muerte por desaparición de raíces

En general, *no parece* que la muerte de una pradera se pueda atribuir a la desaparición de su sistema radicular: éste es mucho más persistente que el sistema aéreo, e incluso las especies con renovación anual de raíces no están muy desprovistas de ellas en verano[1].

Cortes demasiado frecuentes acompañados de un crecimiento aéreo excesivo pueden hacer disminuir la masa de raíces, pero ésta parece que desempeña un papel poco importante sobre el crecimiento y la persistencia del aparato aéreo, dejando aparte el caso de las grandes sequías. Troughton[2], en Gran Bretaña, en clima muy favorable al crecimiento y con una elevada fertilización nitrogenada, hizo desaparecer prácticamente todo el sistema radicular del ray-grass inglés y de fleos efectuando 3 ó 4 cortes espaciados entre sí 30 días: el crecimiento aéreo sólo disminuyó un poco. Uno o dos aprovechamientos después (siempre a 30 días), las praderas habían muerto. Aún en este caso no se puede afirmar que no se tratase de un agotamiento de las reservas de los rastrojos.

Causas externas de desaparición: las gramíneas perennes

Incluso si una gramínea no tiene duración limitada, puede desaparecer como consecuencia de causas de origen exterior, a las que ciertas especies son sensibles: accidentes climáticos, ataques de enfermedades y parásitos, invasión por plantas adventicias. Todos estos factores no corresponden realmente a una falta de persistencia, ya que pueden teóricamente matar praderas de cualquier edad. Pero, cuando son muy frecuentes pueden hacer aparecer clases de longevidad probable, de persistencia, según la sensibilidad de las diferentes especies.

Los factores capaces de reducir la vida de las praderas en nuestros climas son, fundamentalmente los siguientes:

- el frío, para todos los ray-grass y para las festucas elevadas de origen mediterráneo;
- la sequía y sin duda el calor, para todos los ray-grass, la festuca pratense y el fleo; si bien el agotamiento del aparato radicular apenas tiene influencia directa sobre la persistencia, aumenta evidentemente la sensibilidad a la sequía;
- las royas y otras enfermedades, que dañan sobre todo a la persistencia como las royas de los fleos;
- las moscas de numerosas especies, cuyas larvas destruyen los ápex, y que pueden hacer desaparecer praderas enteras de festuca pratense y de festuca elevada;
- las adventicias que son la causa fundamental de la duración relativamente corta de las praderas de festuca pratense y de fleo, así como, sin duda, de las de ray-grass inglés.

---

(1) Ver páginas 164: Renovación de las raíces.

(2) Troughton, A., XII Internat. Grassl. Congr. Biological and Physical aspect of the intensification of grassland utilization, 380-385, 1974.

CAPITULO XVIII

La precocidad

DEFINICION

En las plantas de larga duración como las gramíneas forrajeras, el término precocidad se entiende a veces de forma muy errónea: rapidez para producir después de una siembra, rapidez del primer encañado, etc. En realidad, en estas especies, *la noción de precocidad se refiere al encañado de primavera*, y a todos los acontecimientos o estadios que lo jalonan. Entre estos, al ganadero le interesan tres:

- el inicio de la estación de crecimiento, que condiciona el momento en que un pastoreo puede comenzar, si el suelo soporta;
- el estadio espiga a 10 cm, que condiciona la ausencia de tallos en los rebrotes, o en las especies que reespigan, el tiempo que se dispone antes de aparecer estos tallos;
- el espigado, fecha límite de recolección para conservación, y señal con respecto a la cual se puede situar el comienzo del rechazo, en pastoreo, en algunas especies.

Estos acontecimientos no son sólo interesantes en sí mismos, sino también por los intervalos de tiempo que los separan: cuanto más largos son, más fácil resulta explotar la pradera.

Después del espigado, hay otros dos estadios que son importantes para la producción de semillas y la selección:

- la floración, momento en que se opera la fecundación;
- el desgrane, que condiciona la recolección.

La mejor conocida es la precocidad de espigado pues este estadío es el más fácil de observar. Nosotros situaremos todas las demás con referencia a ella. Por otra parte, *la palabra precocidad empleada sola designa generalmente la precocidad de espigado*.

PRECOCIDAD DE ESPIGADO

Una determinada duración del día seguida de una integral térmica

Un vástago espiga cuando su inflorescencia, comprendido su pedúnculo, se hace más larga que su hoja bandera. Ahora bien, el alargamiento de la inflorescencia comienza en el estadío de Dobles Pliegues, y el de la última vaina pone fin a una serie de alargamientos de entrenudos y de vainas que se desencadena, prácticamente, en ese mismo estadío. Las influencias de diversos factores nutritivos sobre estos dos sucesos casi se compensan, de manera que no queda más que el efecto acelerador de la temperatura. Como, en primavera, ésta raramente sobrepasa el óptimo, este efecto puede considerarse lineal(1). Por tanto, se puede concluir: *una gramínea espiga cuando ha acumulado una cierta integral térmica a partir de su estadio de Dobles Pliegues.*

Ahora bien, en general, *el estadio de Dobles Pliegues se franquea cuando la duración del día alcanza cierto umbral.* Este se produce pues, en una fecha prácticamente fija para cada lugar(2).

La duración del día y la integral térmica necesarias son características de cada variedad. *Dentro de una misma especie,* la integral térmica es la menos variable, de manera que *la clasificación de precocidades de espigado está condicionada por las exigencias en días largos. Entre especies, no ocurre lo mismo.* Así el ray-grass italiano, que es muy precoz para el estadío Dobles Pliegues, es tardía para el espigado.

Una clasificación constante

La duración del día es muy poco variable en Francia en una determinada fecha. La variación de las fechas de espigado de una variedad es allí por lo tanto, casi enteramente dependiente de las temperaturas primaverales. Esto origina una consecuencia importante: la clasificación de precocidades de espigado es prácticamente constante *a lo largo de los años y regiones en dicho país. Solo varía la amplitud de las diferencias entre las distintas variedades:* la fecha de espigado de las más precoces es en efecto más variable que las de las tardías, pues se prepara en un período en que el clima es más inestable.

La clasificación de precocidades sólo se perturba por el efecto de fuertes heladas en variedades precoces sensibles al frío, que sufren un retraso debido a ello, como ocurre en ciertas festucas elevadas.

La precocidad de espigado, después de una siembra de otoño, es imprevisible

Cuando se efectúa la siembra después del verano, el rebrote, y por lo tanto el espigado, corre el riesgo de *sufrir un retraso y ser escalonado e incompleto, y ello de*

---

(1) Ver páginas 83 a 86: Las nociones de integral térmica y de cero de vegetación.

(2) Niqueux, M. y Arnaud, R., Ann. Physiol. Veget., 9: 1, 29–64, 1967, han encontrado la constancia de estas fechas examinando únicamente las lecturas meteorológicas de los meses precedentes al espigado.

forma muy imprevisible: En efecto, si la fase juvenil termina demasiado tarde, la inducción primaria no se habrá adquirido antes de la llegada de los días largos, o incluso antes de final de invierno. En las plantas que se encuentran en el primer caso, la inducción secundaria no podrá asegurar su papel agrupador y encañarán a medida que se complete su inducción primaria. Las plantas que estén en el segundo caso, no encañarán.

Ahora bien, la fase juvenil se alcanza, para una variedad dada, en fechas variables, no solo de un año a otro a causa del clima de otoño, sino incluso de una planta a otra, debido a dos razones:

- no todas tienen las mismas necesidades pues las variedades de gramíneas forrajeras no son nunca fijas;
- los azares de la competencia crean diferencias de velocidad de crecimiento muy fuertes entre plantas vecinas.

Este riesgo se presenta a partir de una fecha de siembra que será tanto más precoz cuando la especie o la variedad tengan una fase juvenil más larga o las necesidades de inducción primaria sean mayores.

PRECOCIDAD DEL COMIENZO DE LA ESTACION DE CRECIMIENTO

En explotaciones tradicionales, o en regiones de invierno frío: es una noción clara y precisa

En el tipo de explotación tradicional, se hacía que los animales pastasen la hierba muy rasa hasta final de otoño. De modo que, en invierno, prácticamente no había hierba presente. Se denominaba entonces inicio de la estación de crecimiento *el momento, relativamente preciso, en que la pradera comenzaba a brotar de nuevo en primavera.* Poco después se podía ofrecer a los animales.

En la montaña, o en el Este de Francia, esta definición aún se aplica pues las heladas destruyen prácticamente toda la masa foliar que hubiera podido existir.

En todos casos el comienzo de la estación de crecimiento, para cada variedad, depende fundamentalmente de la *respuesta de dicha variedad al incremento de temperatura.*

En las regiones de inviernos suaves es una noción poco precisa

Si durante el invierno la masa foliar no se ha destruído y puede tener lugar un ligero crecimiento, habrá, al final, una cierta cantidad de hierba presente que, a veces, podrá ser pastada antes de que las temperaturas cálidas vengan a acelerar el crecimiento. En cualquier caso, dicha aceleración del crecimiento será menos frecuente y menos visible que en los casos precedentes. En tales regiones, se llamará comienzo de la estación de crecimiento *al momento en que haya hierba suficiente para ofrecer a los animales*.

Este momento dependerá siempre, en parte, de la *respuesta de la variedad a la temperatura,* pero también, en gran parte, de *la explotación de la pradera en el otoño precedente* (corte, fertilización[1]).

(1) Ver páginas 183 a 186: Efecto de un aporte al final del otoño sobre el rendimiento del primer corte de primavera.

Una precocidad poco estable

Para una variedad dada, la precocidad del comienzo de la estación de crecimiento es mucho menos estable que la precocidad de espigado: *puede variar hasta en un mes*. Existen tres razones para ello:

- el crecimiento vegetativo es más sensible a la temperatura que el crecimiento reproductor;
- a principios de primavera, las temperaturas son más fluctuantes que un poco más tarde;
- la influencia de la explotación de otoño es importante si el invierno ha sido suave.

Dentro de una especie, las variedades más precoces con respecto al espigado lo son en general también para el comienzo de la estación de crecimiento. No obstante, *el período de tiempo entre ambos estadíos frecuentemente es superior en las variedades tardías* y dentro de un mismo grupo de precocidades, puede depender de la variedad, pues los seleccionadores buscan el aumento de este desfase. *Entre distintas especies, apenas existe relación entre la precocidad del comienzo de la estación de crecimiento y la de espigado.*

PRECOCIDAD DEL ESTADIO ESPIGA A 10 cm

Precocidad un poco menos estable que la del espigado

El estadio espiga a 10 cm. corresponde a una determinada longitud de los tallos. Está pues relacionado con el crecimiento reproductor. Por esto, *es más estable que el comienzo de la estación de crecimiento* con relación a las variaciones de temperatura.

Por el contrario, es un poco menos estable que el espigado, pues todos los factores nutritivos que actúan sobre la longitud de los tallos modifican la fecha a la cual estos alcanzan diez centímetros, mientras que prácticamente no alteran la fecha del espigado.

Así, *para una misma variedad, el estadio espiga a 10 cm. varía en alrededor de una semana más que el espigado. En particular, el despuntado lo retrasa de 5 a 10 días.*

Con relación al espigado, un intervalo muy diferente según las especies

Dentro de una misma especie, la clasificación de las variedades según su precocidad para el estadio espiga a 10 cm. es casi la misma que para el espigado. No ocurre lo mismo entre especies.

El período entre los dos estadios depende a menudo de la altura del tallo cuando tienen lugar el espigado, lo que resulta lógico: es largo en los ray-grass italianos y los fleos, que espigan alto; es corto en los dactilos, que espigan bajo. Pero hay excepciones, como el ray-grass inglés tardío, que espiga bajo pero mucho tiempo después de su estadio espiga a 10 cm. pues el alargamiento de sus tallos es lento.

PRECOCIDAD DE FLORACION

Estable y agrupada

Para que se produzca la floración, es necesario un cierto tiempo de maduración después del espigado, pero también un determinado clima instantáneo. Ahora bien, el clima tiende a ser más estable al final de primavera que al principio. Por todas estas razones, la floración del conjunto de las gramíneas tiene tendencia a ser más estable y más agrupada que su espigado.

El desfase con el espigado puede variar de dos a cuatro semanas, según la especie y el año.

PRECOCIDAD DEL DESGRANE

Muy estable y muy agrupada

Se ignora qué es lo que determina el desgrane. Se comprueba solamente que este estadio es el más estable de todos, cualesquiera que sean el año, el lugar, la especie y la variedad: se produce siempre *de final de junio a principios de julio.*

CAPITULO XIX

La alternancia y el reespigado

La alternancia y el reespigado son aptitudes de determinadas gramíneas para realizar otras fases reproductoras aparte de la de primavera: alternancia en el caso del primer encañado en el mismo año de una siembra de primavera, reespigado en los demás casos. *No se considera como reespigado la fase reproductora que sigue a un despuntado:* ésta es sencillamente, la primera del año, que el despuntado no ha detenido sino sólo modificado.

Los mecanismos de alternancia y de reespigado son complejos (págs. 228–230). No obstante permiten comprender los principales factores de variación encontrados en la naturaleza (págs. 230 a 232).

MECANISMOS DE ALTERNANCIA Y DE REESPIGADO

La alternancia y el reespigado tienen mecanismos comunes, que están relacionados con la naturaleza y con la intensidad de la fase juvenil y con las necesidades de inducción primaria. Dichos mecanismos actúan solos en el caso de la alternancia, que es la más fácil de explicar. En el reespigado se complican a causa de las relaciones entre los renuevos.

La alternancia

Gramíneas muy alternativas, son aquéllas en las que las *necesidades de inducción primaria se anulan después de una fase juvenil corta* y no estricta: estas plantas se satisfacen de días largos desde que alcanzan una edad temprana, como los cereales alternativos de primavera. En la figura 11.2 pág. 146, que representa el efecto de la edad de la planta sobre las necesidades de inducción primaria, estas gramíneas estarían representadas por curvas de los tipos III o IV, que se unirían rápidamente al eje de abscisas.

En este tipo de plantas el encañado que sigue a la siembra se presenta agrupado. *La precocidad de dicha alternancia* es una característica varietal, *ligada al grado de alternancia mismo*, hecho que se explica por el mecanismo del carácter: cuanto más rápidamente se anulen las necesidades de inducción primaria, más rápida y fácilmente encañará la planta. La precocidad de alternancia *no está pues relacionada con la precocidad de espigado* clásica, la del encañado de primavera, la cual depende de la longitud del día.

Las gramíneas medianamente alternativas son de dos clases:

- las que no tienen *necesidad estricta de inducción primaria* pero poseen una *fase juvenil muy larga*, con un *elevado umbral de días largos* (fleo).
- las que *normalmente tienen necesidad de inducción primaria* mediante el frío o los días cortos, *pero pueden satisfacer también dichas necesidades mediante intensidades luminosas fuertes o quedar anuladas a una edad avanzada*(1) (figura 11.2 pág. 146 curva IV que se unirá muy lentamente al eje de abscisas); con siembras de primavera, en efecto, la planta a menudo está expuesta a condiciones de mucha iluminación y muy favorables al crecimiento, lo cual puede permitir a algunos vástagos alcanzar una edad fisiológica avanzada.

El reespigado

Cuando una gramínea ha realizado ya durante el año una fase reproductora interrumpida por un corte, su crecimiento vuelve a iniciarse a partir de renuevos vegetativos muy jóvenes que hay en su base. Se produce reespigado si estos renuevos a su vez florecen. Pueden hacerlo por las mismas razones que acabamos de evocar para la alternancia. Pero si solo entrasen en juego éstas, la clasificación de las gramíneas para ambos caracteres sería la misma. La situación no es ésta, como lo muestra el caso límite de los ray-grass italianos no alternativos, que son capaces de reespigar por completo después del encañado de primavera.

Es probable que *la diferencia con la alternancia provenga de las interacciones entre los renuevos*(2). En efecto, durante la fase reproductora precedente, la inducción de algunos vástagos ha sido facilitada merced a dichas interacciones. Entre ellos:

- unos han podido encañar ya en la primera ola. Algunos, que hubieran sido alternativos no lo serán ya para el reespigado. Este, por consiguiente, puede ser menos intenso que la alternancia;
- otros han sido bloqueados en el último momento. Casi habían sido inducidos gracias a sus vástagos-madres, pero no eran forzosamente alternativos. Ahora bien, se observan casos de reespigados más intensos que la alternancia. Parece ser que son estos renuevos los que, después de haberse cortado su planta-madre pueden reemprender su evolución reproductora.

---

(1) Gillet, M., Ann. Amelior. Plantes, **26**: 4, 629-637, 1976.

(2) Ver páginas 152 a 154: Relaciones entre vástagos para la floración: mecanismos de agrupación.

El balance puede inclinarse en favor del reespigado o de la alternancia y ello de forma poco previsible a causa del gran número de factores que entran en juego: fecha de siembra, condiciones invernales más o menos inductoras, fecha de corte, importancia de las correlaciones entre vástagos.

FACTORES DE VARIACION

Especies y variedades

Las gramíneas presentan una variabilidad genética extrema frente a la alternancia y el reespigado. Citemos por ejemplo:

- los bromos, totalmente alternativos y que también presentan reespigado;
- los ray-grass italianos, que presentan toda la gama posible de alternancia, pero que todos reespigan, una vez pasado el primer invierno;
- las festucas elevadas, que tienen alternancias entre medias a nulas y no presentan reespigados en los años siguientes;
- los dactilos precoces, muy poco alternativos y que, pasado el año de la siembra, presentan un ligero reespigado una vez cada año.

En alternancia y reespigado, los tallos siempre son menos abundantes que en el ciclo de primavera

La alternanacia o el reespigado pueden, si son masivos, dar la impresión de ser totales: todos los renuevos presentes encañan. Pero el número total de tallos por unidad de superficie, no obstante, permanece siempre inferior al de la fase reproductora de primavera. Esta última es, en efecto, la única para la cual durante numerosos meses, se produce acumulación previa de renuevos que esperan su inducción secundaria mediante días largos.

Alternancia: efecto de las temperaturas frescas después de la siembra

Para una variedad dada, medianamente alternativa, existe una variación muy grande del número de tallos que van a espigar después de una siembra de primavera. Esto depende de la existencia de temperaturas frescas en los meses que siguen a la nascencia. Tales temperaturas ejercen un efecto de inducción primaria que *facilita la floración*.

Reespigado: efecto del número de rebrote de que se trate

El reespigado de una determinada variedad depende del rebrote al que pertenezca: en especies que reespigan moderadamente, se produce una sola vez, en las que reespigan mucho, cambia de conducta de un rebrote al siguiente.

Especies que presentan una facultad de reespigado moderada: algunas espigas en el primer rebrote después del descabezamiento de primavera

Las especies que reespigan poco son todas ellas gramíneas poco o medianamente alternativas, y presentan débiles interacciones entre renuevos para la floración. En estas especies, sólo el encañado de primavera implica un grado de inducción bastante importante para transmitirse a un cierto número de vástagos-hijos. Entre ellos, algunos, próximos al encañado, serán bloqueados(1).

Puede pensarse que sea en estos en los que, en el rebrote que sigue al primer descabezamiento, se producen reespigados, aunque nunca muy abundantes. Esta inducción debe agotarse aquí pues todos los rebrotes posteriores son enteramente vegetativos.

Especies que tienen gran aptitud para reespigar: reespigados cada vez más rápidos, pero menos agrupados

En las especies que reespigan facilmente, los primeros reespigados del año son masivos y agrupados: todos los renuevos encañan y espigan a la vez. Este espigado se produce cierto tiempo después del corte, tanto más rápidamente cuanto más facilidad tenga la variedad para reespigar.

Después, en rebrotes sucesivos, los vástagos no espigan ya conjuntamente. *Los más rápidos de entre ellos evolucionan cada vez más rápidamente* después del corte, y *sus tallos son cada vez más cortos*. Puede llegar a observarse espigas florecidas en tallos de 10 centímetros, quince días después de un corte. Paralelamente, *otros renuevos evolucionan más lentamente*: se pueden ver, a la vez, renuevos que se desgranan mientras otros solamente están comenzando a alargar sus tallos, y que a primera vista parecen vegetativos. Por esto *el reespigado parece menos masivo, aunque solamente es menos agrupado*.

Cuando llega el otoño, los días se hacen más cortos y los nuevos vástagos ya no encañan. A simple vista, se confunden con los que encañan lentamente y el retorno al estado vegetativo aparece progresivamente.

Podemos imaginar que esta evolución se explique de la siguiente manera:

Las gramíneas que reespigan muy facilmente pueden no ser alternativas en absoluto(2). Pero presentan interacciones muy fuertes entre sus renuevos para la floración: todo renuevo que entra en fase reproductora transmite una gran parte de su inducción a todos sus vástagos-hijos. Estos, por tanto, florecen ya facilmente, es decir más jóvenes. Así se explicaría su encañado más rápido.

Pero a causa de ello, su tallo tendría menos entrenudos, de ahí su longitud menor.

De ello se deduce que sus necesidades nutritivas serían menores. Ellos impedirían, en menor cuantía, a los renuevos más jóvenes realizar su evolución floral(1). El mecanismo de agrupamiento sería así menos eficaz, de ahí la heterogeneidad de los estadios en un momento dado.

Cuando se realiza un corte, podrían existir vástagos tardíos que no hubieran alargado suficientemente su tallo para que su ápex fuera eliminado: el corte actuaría sobre ellos como un despuntado, de ahí que sus floraciones se muestren todavía más rápidas luego y con tallos aún más cortos.

---

(1) Ver páginas 152 a 154: Relaciones entre vástagos para la floración: mecanismos de agrupación.

(2) Es lo que ocurre en los ray-grass italianos no alternativos.

Reespigados el mismo año de la siembra: paralelos a la alternancia

Las especies muy alternativas, como el ray-grass italiano, reespigan también en los cortes siguientes del mismo año, hasta el otoño.

Además, *las variedades más alternativas, que encañan más rápidamente después de la siembra, son también las que continúan reespigando más tardiamente al final del año.*

Podemos pensar que la inducción floral es más fácil en estas variedades, y que por consiguiente se transmite durante más tiempo de planta-madre a vástago-hijo[1] en épocas en que las condiciones exteriores se vuelven menos favorables para la inducción.

Alternancia y reespigado: influencia de la densidad de colonización

La alternancia y el reespigado son *tanto más intensos cuando la colonización es menos densa.* Gramíneas prácticamente no alternativas con densidad normal, como el fleo, espigan en un 100 °/o el año de la siembra en los viveros de plantas aisladas de los seleccionadores. *Para la producción de semilla*, que se siembra muy claro y a gran distancia, hay tallos con mucha más frecuencia que en las praderas. Tales fenómenos se producen también *cuando una pradera está mal implantada: se forman matas de hierba que tienen tendencia, ocasionalmente, a espigar en cualquier estación* y a perjudicar el pastoreo.

Este efecto de la densidad de colonización es más o menos fuerte según la especie o la variedad. Así, para igual alternancia en plantas aisladas, un dactilo encañará menos en una pradera que una festuca elevada.

Esta influencia de la densidad de colonización puede interpretarse a dos niveles:

- fase juvenil: el efecto de la edad sobre las necesidades de inducción primaria se ejerce esencialmente renuevo por renuevo. A elevada densidad, la competencia reduce el crecimiento de todos los renuevos, que serán por ello fisiológicamente más jovenes, a igual fecha. Si bien la densidad ejerce poca influencia sobre el rendimiento de la hierba porque el número de renuevos compensa su bajo peso, influye mucho sobre la floración;
- inducción primaria: se facilita por medio de iluminaciones intensas. Ahora bien, la penetración de la luz es mucho mejor con colonizaciones poco densas que en las muy densas.

---

(1) Ver páginas 152 a 154: Relaciones entre vástagos para la floración: mecanismos de agrupación.

Quinta parte

Aplicaciones al cultivo de la hierba

El objetivo de esta obra, no es en modo alguno hablar sobre el cultivo de la hierba: sería preciso recordar conocimientos que desbordan ampliamente la biología vegetal. Los capítulos que siguen intentan únicamente mostrar las relaciones que existe entre dicha biología y los principales aspectos del cultivo de las gramíneas forrajeras: implantación (capítulo XX), explotación (capítulo XXI), fertilización nitrogenada (capítulo XXII), e incluso lucha contra la sequía (capítulo XXIII). Esta visión de conjunto se completará con un examen de los problemas específicos de la producción de semillas en estas especies, (capítulo XXIV).

Cuando llegue el caso, se propondrán algunos consejos, tratando de tener en cuenta no sólo la biología de estas plantas, sino todos los demas aspectos. A veces estos consejos no coincidirán con los que se dan habitualmente. Y es que, a nuestro parecer, dos tipos de errores, por otra parte inevitables en un problema tan nuevo, han podido desvirtuar ciertas recomendaciones:

- los razonamientos válidos para los "grandes cultivos", en particular los cereales, se han generalizado a las gramíneas a falta de otras bases de reflexión;
- los ensayos han intentado desembocar demasiado directamente en conclusiones prácticas, sin profundizar en el conocimiento de la planta, lo cual ha producido a menudo resultados contradictorios entre sí: por ejemplo, comparar alturas de corte constantes, cuando la respuesta de las gramíneas depende de su estructura en cada aprovechamiento[1]; o comparar dosis de nitrógeno anuales, cuando estas especies reaccionan corte por corte[2].

(1) Ver páginas 268 a 271: Altura de corte y siega de rechazos.

(2) Ver páginas 272 a 274: El problema de la fertilización nitrogenada se plantea corte por corte.

CAPITULO XX

Implantación de praderas

El establecimiento de praderas de ray-grass italiano es bastante fácil pues esta especie posee una gran velocidad de implantación y un poder competitivo muy elevado, desde la nascencia, frente a las plantas adventicias. Pero para la mayoría de las gramíneas forrajeras, el débil vigor de las plántulas y su crecimiento muy lento al principio plantean problemas serios. El más difícil, el que deberá tener prioridad, es sencillamente tener éxito con la siembra (pág. 235 a 238). La lentitud de la entrada en producción plantea también el problema de la época de siembra que a su vez plantea, por razones económicas, el de la siembra bajo cultivo protector (págs. 238 a 242). Es preciso también regular la cuestión de la fertilización nitrogenada en los comienzos (págs. 242–243) y el de la defensa de la nueva pradera frente a sus enemigos (pág. 243).

EL IMPERATIVO NUMERO UNO: TENER EXITO CON LA SIEMBRA

El éxito de la implantación condiciona todo el porvenir de la pradera

Una pradera que nace dificilmente y de forma rala, presentará durante mucho tiempo los siguiente inconvenientes:

- el espacio que no está ocupado por la hierba que se ha sembrado, queda libre para las *plantas adventicias*. Las que se instalan a la vez que la pradera pueden ser eliminadas por diversos métodos, pero otras se instalarán sin tregua si los calveros son demasiado amplios para ser ocupados rapidamente por el ahijado de la gramínea. *Una pradera mal implantada está, por así decirlo, degradada desde sus comienzos;*
- una densidad de colonización baja aumenta la alternancia y el reespigado

así como la rapidez e intensidad del encañado de primavera[1]. En el caso de una siembra con poco éxito, la colonización no es regular: densa y con abundancia de hojas en unos lugares, presenta en otros un aspecto de *matas llenas de tallos*, de ahí que proliferen los rechazos y la dificultad de hacerlas aceptar en pastoreo;

- las gramíneas son como todos los seres vivos: *un daño sufrido al comienzo de su vida puede debilitarlas definitivamente*. Incluso si, después de una implantación difícil, una pradera llega a ocupar todo el terreno a fuerza de cuidados, puede tener un crecimiento inferior a su potencial durante al menos un año y a menudo más.

Granos pequeños: Dificultades grandes

Las dificultades de implantación de las gramíneas forrajeras provienen esencialmente de la pequeñez de sus granos. Ello hace difícil un buen contacto con el suelo. Además, un grano pequeño no puede tener muchas reservas: su implantación será lenta y la plántula débil. Será preciso mantener la cama de siembra húmeda durante mucho tiempo, y minimizar el obstáculo opuesto por el suelo. No obstante, no sólo entra en juego la cantidad de reservas: su calidad es variable de una especie a otra pues los ray-grass italianos germinan rápida y vigorosamente, a pesar de tener granos casi tan pequeños como las festucas.

Hay que mantener un buen contacto

Los granos de gramíneas forrajeras tienen dimensiones de uno a algunos milímetros, solamente. El contacto con el suelo será bueno si las partículas de este último son igualmente de algunos milímetros en la zona donde están situadas las semillas: por lo tanto hay que procurar una *tierra muy fina en superficie.*

Hay que conservar la humedad mucho tiempo

A partir del momento en que el cariópside empieza a hincharse, la desecación le resulta fatal. Para evitarlo, se precisan tres condiciones:

- evaporación no excesivamente rápida: *el grano no debe estar en contacto con la superficie;*
- buen ascenso del agua por capilaridad desde las zonas profundas; esto implica un *suelo muy apelmazado en profundidad,* que no tenga ningún hueco;
- mantenimiento de una reserva de agua suficiente para asegurar dicho ascenso: es preciso *sembrar en una estación en la que llueva.*

---

(1) Ver páginas 162–163: Los tallos reproductores y las inflorescencias y página 232: Alternancia y reespigado: influencia de la densidad de colonización.

Reducir al mínimo el obstáculo del suelo

Una plántula poco vigorosa no puede desplegar esfuerzos mecánicos importantes. Es preciso que se cumplan dos nuevas condiciones, que son difíciles de conciliar con las precedentes:

- *sembrar muy poco profundamente*, para que las reservas carbonadas no se agoten antes de que la llegada de la plántula a la luz le permita comenzar la fotosíntesis;
- *evitar la costra superficial.*

Algunas indicaciones prácticas

La manera de actuar para satisfacer todas las condiciones citadas más arriba sólo puede ser determinada por cada agricultor, en función del suelo, del clima, etc. No obstante es posible dar algunas indicaciones de alcance bastante general:

Preparación del suelo

Esta preparación solo debe hacerse sobre una *tierra muy seca* para evitar la compactación.

También hay que tener cuidado de no crear una solera de labor que las raíces no pudieran atravesar. La nascencia podría ser buena pero la pradera sería poco productiva y sensible a la sequía.

Para terminar estas labores, el *cultipacker o el rodillo crosskill* dejan un suelo bastante bien comprimido en profundidad y desmenuzado en superficie, que es lo que se busca. El pase de rulo después de la siembra está proscrito en tierras húmedas o con tendencia a la compactación. La grada tradicional también está desaconsejada: recubre demasiado los granos.

Profundidad de la siembra

Cuanto mayor y más vigoroso sea el grano, podemos permitirnos mejor enterrarlo sin riesgos. La profundidad máxima varía entre 1 y 5 cm según la *especie y la variedad.*

Dosis de siembra

Para sembrar un número determinado de granos por hectárea, se precisarán pesos de semilla tanto menores cuanto más pequeñas sean. Esta pequeñez de la semilla que causa una germinación poco vigorosa, podría tentarnos a aumentar el número de granos, pero ello no serviría gran cosa: lo que es preciso cuidar mejor es la preparación de la siembra. Por la misma razón, estaríamos equivocados pensando que se podría mejorar un lecho de semillas mal logrado aumentando las dosis de siembra: *no sirve de nada sembrar tupido, es preciso preparar el suelo.*

Las dosis aconsejadas se indicarán, para cada especie, en la 6ª parte.

En experimentos que se efectúan con lotes de semillas no certificadas (familias que se están seleccionando por ejemplo), no obstante, se desea obtener una población muy precisa en la nascencia(1). La densidad de siembra se corrige frecuentemente, mediante una regla de tres, teniendo en cuenta la facultad germinativa. Esta práctica es correcta, siempre que la energía germinativa sea buena. Si no, no nacerán. Cuando no se pueda cambiar el lote de semillas, es preferible cuidar más minuciosamente la preparación del suelo.

¿Siembra en líneas o a voleo?

Generalmente se aconseja la siembra *en líneas*, que permite un control muy bueno de la profundidad de enterramiento. Las líneas deben estar bastante juntas para permitir una colonización suficiente del terreno: *la separación no debe sobrepasar los 20 cm.*

No obstante, algunas escuelas preconizan la siembra *a voleo* (con abonadora, o con sembradora ordinaria modificada). Esta técnica permite, indudablemente, *una mejor cobertura del suelo al principio y limita la invasión por las malas hierbas,* a condición de recubrir las semillas con una fina capa de tierra y probablemente, de aumentar las dosis de siembra. Por el contrario, diversas experiencias parecen indicar que *aproximadamente después de un año, el rendimiento es algo inferior* que con la siembra en líneas. Podemos también preguntarnos si una menor competencia entre las plantas no ocasiona *un aumento de los encañados*, que podría resultar molesto(2).

No descorazonarse

La nascencia del dactilo, de la festuca o del fleo es muy lenta, tarda alrededor de tres semanas, y las plántulas, parecen no crecer. ¡Hay agricultores poco experimentados que se descorazonan y levantan una pradera que, sin embargo, estaba perfectamente implantada!. *Es preciso no juzgar el éxito de una siembra únicamente por la regularidad de la nascencia.*

¿CUANDO SEMBRAR?
EL PROBLEMA DE LA SIEMBRA BAJO CULTIVO PROTECTOR

Si se tratara exclusivamente de un problema técnico, lo mejor sería sembrar en primavera sobre suelo desnudo. Pero el problema económico, unido a la lentitud con que la hierba comienza a producir, o a las épocas en que se tiene necesidad de ella, obliga a plantear la cuestión de otra forma.

---

(1) Cuando una semilla no está certificada, su germinación no está garantizada.

(2) Ver páginas 162–163: Los tallos reproductores y las inflorescencias y página 232: Alternancia y reespigado. Influencia de la densidad de colonización.

Aspecto técnico

Para el éxito de la implantación, dos épocas posibles: primavera u otoño . . .

Si solamente nos proponemos tener éxito con la siembra, la podríamos efectuar en cualquier época que reuniera las siguientes condiciones:

- facilidad para preparar bien la tierra;
- temperatura y humedad suficientes hasta que se produzca una buena implantación de las raíces y un buen ahijamiento.

Estas condiciones se cumplen en momentos variables según la región y el terreno. Por ejemplo, en una zona muy húmeda en terrenos bastante pesados, se podría sembrar en cualquier momento entre mayo y septiembre. En otro lugar, con terrenos particularmente difíciles, ello no será posible más que en períodos muy breves e incluso no todos los años. Pero en la mayoría del territorio francés, en donde el verano suele ser seco, las condiciones favorables se alcanzan bien en primavera, bien después de la época de sequía, a fines de verano o principios de otoño.

En siembras de primavera, el terreno deberá estar seco para facilitar las labores, y la temperatura suficiente para permitir una nascencia rápida. Por otra parte, la pradera deberá haber cubierto el suelo antes de que llegue la parada estival de vegetación: la mayoría de las veces, será interesante sembrar en *abril*.

En la llamada *siembra de otoño*, será preciso que hayan comenzado las lluvias, y que la hierba pueda empezar a retoñar antes del invierno, a fin de que resista el frío. En líneas generales se podría sembrar de *final de agosto a principios de octubre*, según las regiones, si lo único que pretende es tener éxito en la implantación. La palabra "otoño" no es muy adecuada pues el período considerado está a caballo entre el final del verano y el principio del otoño.

. . . pero la siembra de otoño no garantiza un encañado normal en la primavera siguiente

Cuando se siembra a final de verano, la fase juvenil se desarrolla bajo temperaturas muy inciertas y energía luminosa escasa pues los días son más cortos que en primavera. Además, estas condiciones son cada vez menos favorables según va avanzando la estación: cualquier retraso del desarrollo adquirido en un momento cualquiera no se podrá recuperar. Por esta razón existe siempre el riesgo de que el encañado de la primavera siguiente sea tardío, heterogéneo e incompleto, y esto no se puede preveer en el momento de la siembra(1).

Estas perturbaciones del encañado no impedirán un crecimiento interesante de la hierba, y como ésta puede permanecer durante mucho más tiempo en fase vegetativa, *será más fácil de pastar. Pero el calendario de explotación será difícil de establecer*. ¿Cuando se podrá empezar a pastar? ¿Cuando tener sufi-

(1) Ver páginas 224–225: La precocidad de espigado es imprevisible después de una siembra de otoño.

ciente hierba para ensilar? ¿En qué momento es preciso preveer un ensilaje para eliminar las espigas que perjudicarían el pasto?. Tantas preguntas y sin respuesta posible. *La explotación de una pradera sembrada tardíamente no llega a ser planificable hasta un año y medio después.*

Naturalmente, este riesgo depende de las especies, según su rapidez de implantación, la duración de su fase juvenil, sus necesidades de inducción primaria y el umbral de días largos de su inducción secundaria. *Para cada especie y en cada región se puede establecer una fecha-límite de siembra.* Los límites extremos los constituyen las gramíneas que acumulan todos estos caracteres en el límite, bien favorable, bien desfavorable, respectivamente:

- el ray-grass italiano alternativo, que frecuentemente puede sembrarse sin inconveniente hasta final de octubre;
- el dactilo, que es absolutamente preciso sembrarlo antes del 1 de septiembre.

Además, es necesario que la nascencia no se retrase debido a una sequía prolongada.

La mayoría de las gramíneas forrajeras están, desde este punto de vista, más próximas al dactilo que al ray-grass italiano. Es decir, que la *siembra de primavera es, técnicamente, muy preferible.*

Aspecto económico para el ray-grass italiano: sembrar según las necesidades

La rapidez de establecimiento del ray-grass italiano, así como su facilidad de inducción, permiten elegir su época de siembra en función, únicamente, de las necesidades de explotación.

Interés de la siembra de otoño

Si la siembra de otoño se realiza con facilidad, *es suficiente para asegurar una buena producción de hierba en la primavera siguiente.* Si se ha efectuado bastante pronto, provoca un pasto interesante ya desde noviembre.

Sin embargo, cuando la siembra se realiza *después de un cultivo de maíz*, existe el riesgo de que sea excesivamente tardía para asegurar un encañado normal en la primavera siguiente: habrá hierba, pero no se puede preveer cuando, ni con qué cantidad de tallos. Para atenuar este inconveniente se podrá *elegir un tipo alternativo* (más fácil de inducir) pero esto implica que *no podrá subsistir más allá de mayo.*

Interés de la siembra de primavera

Un ray-grass italiano que ya ha encañado en primavera, prácticamente no produce un verano. Por el contrario, en el año de implantación si la siembra se hace en primavera, esta especie provee *el mejor crecimiento estival de todas las gramíneas perennes:* es la que mejor rentabiliza las lluvias (o los riegos) en esta época. *Con los tipos alternativos,* se pueden obtener así *varias cosechas de heno.* A veces puede conservarse todavía el cultivo en la primavera siguiente. Pero la siembra de primavera es sobre todo interesante *con los tipos no alternativos*, para suministrar un *pasto de excelente calidad*, constituido únicamente por hojas *desde junio a noviembre.*

Aspecto económico para las demas especies: el problema de la siembra bajo·cultivo protector

La siembra de primavera en suelo desnudo: ideal, y rentable, pero a largo plazo

Para garantizar la buena implantación del cultivo y su encañado normal durante el año siguiente, el ideal técnico para la mayoría de las gramíneas es la siembra de primavera. Para que el éxito esté plenamente asegurado, es preciso también, sembrar en suelo desnudo pues cualquier planta-abrigo es en realidad una competidora demasiado agresiva, que amenaza dejar tras ella una colonización irregular de la gramínea.

Sin embargo, la producción de hierba durante este año será baja: 3 a 10 Tm de materia seca/ha según la especie, el clima, etc. Este sacrificio merece ser considerado *sobre todo con especies que pueden durar 10 años* si están bien implantadas. Pero es un hecho, el que la mayor parte de los agricultores se descorazonan y adoptan otras soluciones.

Las siembras de otoño en suelo desnudo: dos peligros a evitar

No existe ninguna razón para que la siembra de otoño deba hacerse bajo cultivo protector. Puede proyectarse en suelo desnudo a condición de saber que *no se podrá hacer entrar la parcela en el calendario de previsiones de la primavera siguiente.*

Si se adopta esta solución, será necesario evitar *dos riesgos: las adventicias,* particularmente peligrosas en esta estación y el *frío*, a los cuales las plántulas serán sensibles si no han comenzado a retoñar antes del invierno. Estos dos riesgos serán tanto mayores cuanto más tarde se haya sembrado, y cuando se trate de una especie de implantación lenta[2]. Es preciso por lo tanto, procurar efectuar la siembra lo más pronto posible, y en todo caso, antes del 15 de septiembre. *Un cereal es pues un precedente correcto, pero no el maíz.*

---

(1) Ver páginas 239–240: . . . pero la siembra de otoño no garantiza un encañado normal en la primavera siguiente.

(2) Salvo el fleo, muy resistente al frío, que no teme más que a las adventicias.

La siembra de primavera bajo cereal de primavera: no forzar al cereal

En siembras de primavera, muchos agricultores siembran bajo un cereal, por razones económicas. Pero *esta "planta abrigo" es en realidad una temible competidora* para la gramínea:

- le quita los elementos más esenciales: la luz y el agua;
- puede encamarse, suprimiendo la luz a la gramínea;
- si el verano es seco, la recolección del cereal hace pasar a la gramínea bruscamente de un microclima húmedo a plena sequía.

Buscar el máximo rendimiento en grano, puede ocasionar la muerte de la futura pradera. Recíprocamente, la presencia de la gramínea que forma "verde en el pie" del cereal, no facilita la recolección de este último. *Por lo tanto, si se adopta la siembra bajo cubierta de un cereal de grano, éste se sembrará con una densidad baja, o incluso a una gran separación, y se le aplicará una fertilización nitrogenada moderada. Se elegirá una especie o una variedad precoz, de paja corta, con escaso ahijamiento y resistente al encamado.*

Una solución a estudiar: la siembra de primavera bajo un cultivo protector forrajero

Si se siembra bajo un cultivo protector que se va a explotar en verde, para forraje, la competencia por la luz debe ser limitada ya que la vegetación se levanta bastante más pronto que en el caso de un cereal para grano.

Algunos deshidratadores, en Bretaña, siembran un cereal de invierno en primavera y lo cortan a final de junio o en julio; obtienen un rebrote formado por una mezcla de las dos especies, después la gramínea forrajera toma el relevo. La dificultad parece ser la roya del cereal en el segundo corte. Por otra parte, los ganaderos hacen lo mismo, pero con un cereal de primavera que ellos ensilan a final de mayo-principio de junio, lo que permite a la gramínea hacerse más vigorosa antes de la sequía. Otros agricultores introducen un pequeño porcentaje de ray-grass italiano (3 a 5 kg) en su gramínea perenne. Ello es suficiente para obtener una hierba casi tan densa como un ray-grass puro, pero luego la gramínea toma el relevo. En los ensayos rigurosos que se han realizado hasta ahora, esto no parece económicamente interesante, pero no se han probado todas las combinaciones.

Se puede pensar también en otras cubiertas forrajeras: colza, trébol violeta, etc. Sería conveniente estudiar más de cerca estas posibilidades.

LA FERTILIZACION NITROGENADA EN LA SIEMBRA

Dada su pequeña talla, una plántula en germinación no puede sacar partido de mucho nitrógeno. Pero la semilla, durante su imbibición, puede absorber este elemento, lo que activa el crecimiento. Por otra parte, el nitrógeno puede servir también para compensar el eventual enterramiento, justo antes de la siembra, de una materia orgánica excesivamente rica en carbono como la paja (para evitar el "hambre" de nitrógeno).

Por el contrario una cantidad excesiva no carece de riesgos: en siembras de primavera, presencia de nitratos en la hierba en el primer aprovechamiento; en siembras de otoño, aumento de la sensibilidad al frío.

En *suelo desnudo,* se aconsejan generalmente *de 50 a 60 unidades/ha en la siembra. En siembra bajo cultivo protector, se ajustará sobre las dosis de la planta abrigo, pero moderándolas* pues esta última especie es la que se aprovecha más de él, y, a causa de la competencia, esto se vuelve contra la gramínea.

LA LUCHA CONTRA LOS ENEMIGOS DE LA PRADERA

Una pradera jóven recién implantada debe hacer frente a dos tipos de adversarios: siempre a las plantas adventicias, y a los parásitos animales en un cierto número de circunstancias, en particular cuando el precedente cultural era ya una pradera.

Las adventicias

Para luchar contra las adventicias, son eficaces tres tipos de acciones, siempre que sean posibles:

- destrucción, *entre la preparación del suelo y la siembra,* mediante *falsas siembras o herbicidas no persistentes,* por ejemplo en una implantación de primavera sobre laboreo de invierno;
- *herbicidas.* No es aquí el lugar de enumerarlos, con mayor razón puesto que en este terreno las técnicas mejoran cada año. Esta práctica, *necesaria siempre, es indispensable en siembras de otoño*, en las que deberá aplicarse lo más rápidamente posible pues en esta época las malas hierbas surgen masivamente y crecen muy rápidamente. La mayoría de ellas serán eliminadas por los herbicidas pero contra las gramíneas indeseables, muy numerosas también en esta época, no se podrá contar más que con la competencia de la especie implantada. Razón de más para no sembrar en esta época una especie de implantación lenta;
- en caso de fracasar las técnicas precedentes, una o dos *siegas* resultan muy eficaces. Pero ello no permite obtener un heno rentable y no es conveniente el pastoreo de esta hierba todavía demasiado fácil de arrancar. Por otro lado, aminora la implantación de la gramínea y sobre todo el crecimiento de sus raíces antes del verano.

Los parásitos animales

Después de la siembra de cualquier pradera son de temer las babosas: se deberá vigilar la nascencia y extender cebos desde el principio del ataque.

Si el *precedente cultural era ya una pradera*, la tierra estará generalmente infestada de eláteros, gusanos blancos y larvas de típulas. Será preciso *tratar el suelo* al mismo tiempo que se efectúan las labores superficiales.

Los riesgos de los demás parásitos animales son variables según la región: deberá remitirse a la experiencia local.

CAPITULO XXI

Explotación de las gramíneas

El problema más complicado del cultivo de la hierba consiste en saber cuando explotarla. Es preciso tener en cuenta algunos principios generales (págs. 244 a 249) pero la respuesta concreta varía según la forma de aprovechamiento planeada: ensilaje (págs. 249 a 252), heno (págs. 252 a 254), pastoreo (págs. 254 a 264), forraje en verde (pág. 264), deshidratación (págs. 264 a 265). La facilidad para resolver estas cuestiones define la flexibilidad de explotación de la hierba, (págs. 265 a 268).

Es necesario considerar, siempre que ello sea posible, los problemas de altura de corte y siega de rechazos (págs. 268 a 271), conjuntamente.

PRINCIPIOS GENERALES PARA UNA BUENA EXPLOTACION

Según ideas aún demasiado extendidas, explotar correctamente las gramíneas forrajeras consistiría en respetar un buen estadio y un mejor intervalo entre aprovechamientos. Pero estas nociones son excesivamente teóricas (págs. 244 a 246). Por otro lado, en la práctica, no es posible la explotación de una forma tan rígida, pues existen multitud de necesidades que conciliar a la vez. En cada explotación, en efecto, es preciso cuidar que la pradera no se debilite (págs. 246), obtener hierba de calidad suficiente (págs. 247–248), en cantidad adecuada (pág. 248) y posibilitar la explotación siguiente en condiciones satisfactorias (pág. 248).

Además, cuando las gramíneas se cultivan en asociación con leguminosas, su explotación deberá tener en cuenta a éstas (pág. 249).

El buen estadio y el intervalo entre aprovechamientos óptimo: nociones excesivamente teóricas

La noción de buen estadio es familiar a los agricultores para los grandes cultivos, como los cereales, cuya recolección se efectúa en un momento preciso.

Por error se ha extendido a los forrajes, en los que es mucho más restingido. El concepto de intervalo óptimo entre aprovechamientos tiene, paradójicamente, el mismo origen: se ha tratado un problema propio de las praderas, aplicándoles un criterio válido para otras especies, pero relativo aquí por completo, al de rendimiento máximo. Esta noción es, también, mucho más restringida, y por otro lado, no siempre resulta conciliable con la precedente.

El rendimiento máximo es una noción relativa

Frecuentemente se ha aconsejado respetar intervalos entre aprovechamientos de seis semanas ya que numerosos experimentos habían demostrado que el rendimiento anual máximo, en materia seca, se alcanzaba con este ritmo. Ello se debe a la forma de la curva de crecimiento de la hierba[1].

Pero la producción de materia seca no es el fin perseguido con los forrajes, solo es un criterio indirecto. Se hubiera podido elegir otro criterio, por ejemplo el rendimiento en M.N.T., quizás más válido en el caso de vacas lecheras de alto potencial. Ahora bien, el nitrógeno es absorbido y transformado en M.N.T. mucho antes de que se acelere el crecimiento de la hierba[2]. Se obtendría así un ritmo óptimo del orden de 3 a 4 semanas.

En realidad, el único criterio válido para medir el rendimiento es la producción animal. Esta, teniendo en cuenta los problemas de utilización de la hierba, no alcanza un máximo con iguales intervalos entre aprovechamientos, según el modo de explotación empleado o la especulación animal. De todos modos en pastoreo, el ritmo óptimo, siempre que sea posible, resulta claramente más frecuente que cada 6 semanas.

Optimo estadio y óptimo intervalo entre aprovechamiento no siempre serán conciliables

La noción de estadío se aplica no sólo al primer aprovechamiento del año, sino a todos aquéllos en los que existen tallos. La noción de intervalo entre aprovechamientos, evidentemente, se aplica además de al primero a todos los demás aprovechamientos, sean en fase vegetativa o no.

¿Qué decir *en el caso de rebrotes reproductores,* como ocurre después de un despuntado y en los siguientes rebrotes del ray-grass italiano y de los bromos?. En tales casos pueden aplicarse ambos criterios y raramente resultan conciliables. En particular, un intervalo de 6 semanas corresponde generalmente a una hierba que ha sobrepasado ampliamente el espigado y, por lo tanto, es de muy mala calidad. *Por consiguiente si hubiera que basarse en un estadío preciso y en un único intervalo entre aprovechamientos, no se sabría qué elegir.*

Una explotación rígida no es aplicable

En pastoreo, los animales comen la hierba a medida que brota. Durante su primer pase por la pradera la consumen pues a edades y estadios en evolución.

(1) Ver págs. 168 a 171: Evolución del rendimiento durante la fase vegetativa.
(2) Ver pág. 273: El objetivo de un aporte de nitrógeno: preparar el corte siguiente.

Lo mismo sucede en el primer aprovechamiento posterior a un ensilaje, a una henificación o a un pastoreo con siega de rechazos o sin hilo posterior. Si, por el contrario, a un pastoreo racionado le sigue otro, el intervalo real entre ambos aprovechamientos en cada emplazamiento de la pradera, depende de la velocidad de avance de los animales, la cual está relacionada con el crecimiento de la hierba, determinada a su vez por las condiciones atmosféricas contra las cuales nada puede hacerse.

Los mismos supuestos se aplican evidentemente a la alimentación con forraje en verde, e incluso a la deshidratación, pues por razones de rentabilidad, la máquina deshidratadora debe ser alimentada todos los días.

Para henificar, por el contrario, se interviene una sola vez, en una fecha precisa. Pero esta fecha depende del tiempo que haga: no se puede elegir totalmente con anticipación.

Sigue siendo para ensilaje cuando resulta más fácil seguir reglas precisas para elegir el momento de explotación. Pero estas reglas no permiten forzosamente disponer del rebrote siguiente cuando se tenga necesidad de él . . .

Es preferible, mejor que buscar cuáles son los mejores momentos para explotar la hierba, definir gamas de intervalos, tan amplios como sea posible, y diferentes según el modo de utilización planeado.

Algunas precauciones para no debilitar la pradera

Con las gramíneas forrajeras, el agricultor dispone felizmente de *especies extremadamente plásticas,* que soportan explotaciones en momentos muy variados, sin daño para su potencial ulterior, tanto en lo que concierne al estadio como al intervalo entre aprovechamientos. *En todos los casos, sólo deben evitarse dos extremos:*

- *no dejar que se acumule una producción demasiado elevada:* cuando se llega a rendimientos de 8 toneladas de materia seca/ha o más, lo cual sólo se logra en primavera después de una intensa fertilización nitrogenada, *la pradera corre el riesgo de desaparecer* en placas enteras, después del corte, donde ya no rebrota(1); habrá que tener en cuenta este riesgo cuando se quiera efectuar un ensilaje;
- *evitar el sobrepastoreo:* es preciso evitar el pastoreo *demasiado frecuente y raso: la pradera acabaría degradándose;* en caso de vernos obligados a ofrecer un rebrote todavía joven, será conveniente hacer pasar el rebaño rápidamente a fin de que, al menos, no paste demasiado cerca del suelo(2).

Por otra parte, parece que el ray-grass inglés y quizás también el ray-grass híbrido mantienen durante más tiempo su potencial de producción cuando sus ta-

(1) Ver págs. 136–138: Degradación después de un único corte en primavera.
(2) Ver págs. 270–271: Inconvenientes de los cortes excesivamente rasos.

llos se cortan tempranamente: una explotación frecuente en primavera les favorecería.

Para obtener hierba de calidad: no recogerla excesivamente desarrollada

Sería vano investigar con el fin de conseguir una hierba de calidad máxima: sería incompatible con una buena producción por hectárea. Por otra parte la hierba es, en sí misma, un excelente alimento que permite muy buenos resultados zootécnicos. Pero, al menos, es preciso no recogerla demasiado desarrollada.

En fase reproductora, el límite extremo es el espigado, o incluso antes

Durante la fase reproductora de primavera, llega un momento en que la pérdida de potencial energético es más rápida que el incremento de rendimiento: prácticamente no se acumula energía utilizable en la producción animal. Por el contrario, el suplemento de materia seca, hace a la hierba más voluminosa para la panza, y su ingestibilidad disminuye. Si por el contrario, se siega, se provoca un rebrote que, al menos al principio, es de buena calidad. Se obtiene por lo tanto la ventaja de poder explotar sin necesidad de esperar. El umbral que nunca existe interés en sobrepasar es, poco más o menos, el espigado. Según la especie puede ser algo antes, o muy pocos días después. Además los especialistas en Zootecnia consideran que ya *desde que aparecen las primeras espigas* la calidad llega a ser insuficiente para animales en producción. Un aprovechamiento más tardío, sobre todo si sobrepasa el espigado, sólo puede concebirse a título completamente excepcional y para animales en mantenimiento.

Si se trata de reespigados, o de un rebrote posterior a un despuntado, el problema no está tan bien estudiado, pero sería imprudente sobrepasar mucho el espigado.

Es conveniente recordar aquí la definición del estadio de espigado: el 50 °/o de las espigas han comenzado ya a salir, las otras todavía no.

Para algunas especies cuando se utilizan en pastoreo se puede considerar, con relación a la calidad, *un límite más precoz: la aparición de rechazos*, debidos al endurecimiento de los tallos.

En fase vegetativa, un límite aproximado: seis semanas de rebrote, cuatro para la festuca alta

En general, en fase vegetativa, la calidad disminuye lentamente debido a la *acumulación de biomasa inerte*, a medida que la hierba brota. Puede estimarse que se llega a niveles insuficientes cuando el rebrote alcanza seis semans en general, pero ello depende del clima.

Por el contrario, la calidad de la hierba y en particular su aceptabilidad, pueden disminuir por otras razones: ataque de enfermedades, o, en el caso de la festuca alta, endurecimiento de las hojas. *Las enfermedades* son raras en fase reproductora antes del espigado y apenas se producen en rebrotes vegetativos muy jovenes. Suelen aparecer cuando la hierba tiene alrededor de *seis semanas* en general, *pero depende* de la estación, de la región y principalmente *de la sensibilidad de las diferentes variedades*.

Por último, el *endurecimiento de las festucas altas* llega a ser grave al cabo de *cuatro semanas en general*, pero en el futuro se producirán cada vez más *variedades que endurezcan más lentamente*.

Teniendo en cuenta todos estos elementos, se adoptarán los siguientes límites de explotación:

- para especies diferentes de la festuca elevada: límite a definir región por región, y variedad por variedad en función de la experiencia local. En su defecto: 6 semanas.
- para la festuca alta: límite a definir para cada variedad y tipo de animal. En su defecto: 4 semanas.

La cantidad: ni demasiado, ni excesivamente poco en cada explotación

Producir una cantidad máxima de hierba en cada aprovechamiento no es lo más interesante: un rendimiento excesivamente elevado puede ser mal utilizado (en pastoreo) o perjudicial para la conservación (heno). Existen gamas óptimas, que dependen de la forma de aprovechamiento[1].

Posibilitar la explotación siguiente

Para que una explotación sea correcta, no basta con que satisfaga las condiciones precedentes: es preciso, además, que permita satisfacerlas también en el aprovechamiento siguiente. Ya que lo uno depende de lo otro: he aquí algunos ejemplos:

- cuando dos pastoreos racionados deban realizarse sucesivamente en la misma superficie total, el intervalo entre ambos aprovechamientos será, como máximo, igual a la duración del primer pastoreo;
- cuando el aprovechamiento consista en un despuntado, los tallos que crezcan espigarán en la fecha normal: es preciso que el aprovechamiento siguiente termine, lo más tarde, en esa fecha.

Este problema de preparar la explotación siguiente es dificil de resolver sobre todo cuando los animales consumen la hierba en verde[2]. Pero incluso cuando se corta para conservación, es necesario un buen dominio de su fecha de recolección.

---

(1) Ver páginas siguientes los epígrafes dedicados a cada una de ellas.
(2) Este problema es tratado más ampliamente págs. 254 a 265: ¿Cómo organizarse para el pastoreo?

Las asociaciones con leguminosas

Las leguminosas cultivadas en Francia pueden clasificarse en dos grandes grupos:

- la alfalfa y el trébol violeta, con tallos aéreos largos y rectos soportan mal el corte en un estadio juvenil, sobre todo en primavera;
- el trébol blanco, con tallos subterráneos, soporta muy bien cualquier tipo de aprovechamiento, pero no debe ser dominado por una gramínea tupida que le quite la luz.

Las asociaciones de gramíneas *con alfalfa o trébol violeta* están destinadas a utilizarse para conservación, al menos en primavera, y *deberán explotarse en función de las exigencias de la leguminosa.*

Las asociaciones con *trébol blanco* están destinadas esencialmente al pastoreo, y *se explotarán según las exigencias de la gramínea.*

¿QUE HIERBA ENSILAR?

Para que un ensilaje sea interesante, es preciso disponer de hierba suficiente de una vez, pues no se llena un silo poco a poco. Cuanto más concentrada esté está hierba en pequeñas superficies, los gastos de la operación serán menos elevados. Teóricamente tendría interés obtener rendimientos lo más elevados posible, a condición de que la calidad sea suficiente. Desde este único punto de vista, la solución ideal sería ensilar el primer aprovechamiento, en la fecha más tardía compatible con el nivel de calidad perseguido.

Pero podemos vernos obligados a ensilar antes o a utilizar los rebrotes, por otras razones: poseer pequeños silos para evitar recurrir a una empresa exterior; determinar la fecha de ensilaje en función de disponer de los rebrotes ulteriores cuando se quiera; si se vuelve la pradera, poder sembrar el cultivo siguiente bastante temprano (maíz después de ray-grass); aprovechar los excedentes de hierba en una época en la que resulte difícil henificar (en Francia, hasta final de mayo, en general).

Por tanto, hay que definir los límites a respetar. La amplitud de los intervalos no es la misma según se trate de un primer aprovechamiento (págs. 250–251) o de rebrotes (págs. 251–252).

En caso de un ensilaje normal, puede añadírsele una pequeña superficie en la que el rendimiento sea bajo, o que no caiga por completo en el intervalo adecuado: ello puede aportar grandes servicios a la hora de ajustar a las necesidades del rebaño superficies que, por otro lado, se aprovechan en pastoreo[1].

(1) Ver págs. 262–264: Hacia el pleno empleo de gramíneas forrajeras mediante sistemas sencillos.

Ensilaje de los primeros brotes

El límite inferior: el estadio de espiga a 10 cm

Se puede estimar que una operación de ensilaje es rentable a partir de un rendimiento del orden de 3 toneladas de materia seca/ha, sobre una superficie suficiente. Con una hierba correctamente fertilizada, tal rendimiento se alcanza a menudo, desde el estadio de espiga a 10 cm, e incluso un poco antes. *Si se ensilara antes de este estadio,* sería poco tiempo antes: *existiría gran riesgo de que el rebrote estuviera muy espigado en el momento del aprovechamiento.*

En efecto, los ápex habrían escapado al corte, pero por escaso margen: apenas quedaría, antes del espigado, más tiempo del que existe entre el estadio de espiga a 10 cm y espigado (fig. 21.1). Ahora bien, este período varía entre 10 y 30 días según la especie, la variedad y las condiciones meteorológicas. Aun aumentado en algunos días sería también insuficiente para asegurar un rendimiento que permitiera un nuevo ensilado. La henificación apenas se concibe en esta época (mayo). Si el aprovechamiento del rebrote debe hacerse en pastoreo, se precisan un mínimo de 3 semanas para poder comenzarlo; será suficiente en algunos casos favorables. Pero el pastoreo dura un cierto tiempo: hay muchas oportunidades de que pueda terminar bastante después del espigado.

El límite superior: un rendimiento de 6 a 7 toneladas de M.S./ha no encamada ni espigada

Cuando la fertilización ha sido muy intensa(1), se pueden alcanzar, en el espigado, rendimientos de 8 a 10 toneladas de materia seca/ha, sobre todo si el

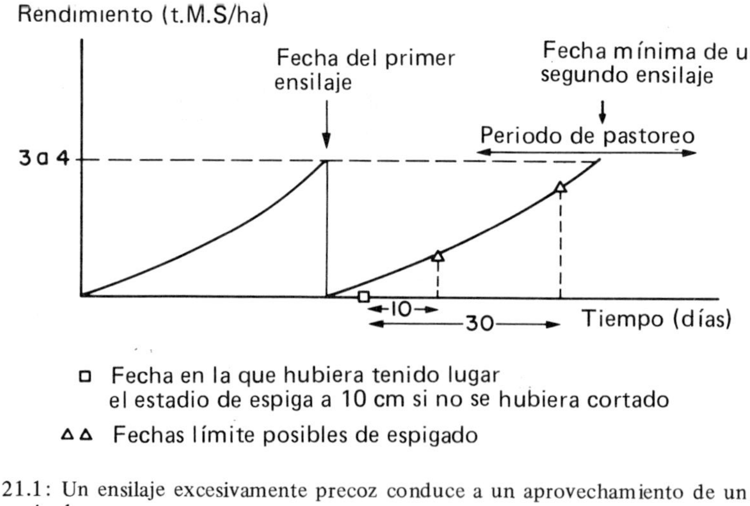

Fig. 21.1: Un ensilaje excesivamente precoz conduce a un aprovechamiento de un rebrote muy espigado.

(1) Para los órdenes magnitud, ver fig. 13.5, pág. 180.

invierno ha sido suave y si la explotación de otoño se detuvo temprano. Tal cantidad de hierba en fase reproductora, en primavera, presenta algunos peligros:

- encamado;
- retraso importante en el rebrote, cuando la crisis del ahijamiento ha sido muy fuerte;
- rebrote estival malo, si el corte se sitúa muy poco tiempo antes de los calores del verano(1); este peligro no existe más que en las variedades tardías; no se da en la montaña, donde el verano es fresco; sólo es grave para las especies que prometen una cierta producción estival: dactilo, festuca alta, bromos;
- en el peor de los casos, desaparición de la pradera por agotamiento de las reservas;

Para evitar la recolección de tales masas de hierba, se dispone de tres medios:

- explotar tardiamente en otoño las parcelas que se van a ensilar en primavera;
- fertilizar menos, pero se le priva entonces de una parte del potencial de producción, en este caso, no se explotará después del espigado, aún cuando no se hayan alcanzado las 6 toneladas;
- ensilar más temprano: la hierba comenzará a rebrotar más pronto. Aún así, es preciso que este rebrote llegue en un momento interesante para el agricultor.

Ensilaje de rebrotes

El límite inferior: un rendimiento de alrededor de 3 toneladas de M.S./ha

En los rebrotes, el único límite inferior que es preciso considerar está relacionado con la rentabilidad de la operación, pues en este caso no existe el riesgo de encontrarse con espigas en la explotación siguiente a causa del ensilaje actual. En efecto:

- o bien la hierba está en fase vegetativa y permanecerá en ella;
- o bien está en fase reproductora, y entonces el encañado es rápido y el estadio de espiga a 10 cm se habrá sobrepasado ampliamente cuando se alcance el rendimiento de 3 toneladas de M.S./ha.

El límite superior: el espigado, o seis semanas (cuatro para la festuca alta)

Es practicamente imposible alcanzar rendimientos de 6 a 7 toneladas de M.S./ha en aprovechamientos que no sean el primero del año. En los rebro-

(1) Ver pág. 161: Los dos casos en que el ahijamiento limita el rendimiento.

tes, sólo existe el peligro, por lo tanto, del descenso de calidad, que fija los límites en el espigado si la hierba está en fase reproductora, en seis (o cuatro) semanas de reposo si está en fase vegetativa(1).

¿QUE HIERBA HENIFICAR?

Tradicionalmente, el heno se hacía en el primer aprovechamiento, en junio o más tarde. Esta práctica estaba adaptada a las técnicas y conocimientos de la época: la fertilización nitrogenada no existía, se necesitaba mucho tiempo para obtener un rendimiento interesante. Era preciso llegar a junio para que el tiempo fuera bueno. La flora de las praderas era muy compleja, comprendiendo muchas otras plantas además de gramíneas, de manera que la calidad, por mediocre que fuera, no era catastrófica, sobre todo teniendo en cuenta los niveles de producción animal de la época. Por otra parte, se ignoraba que el descenso de calidad después del espigado fuera tan rápido.

Con las técnicas y los conocimientos actuales, esta solución no es ya posible:

- con gramíneas puras, sabemos ahora que la calidad sería muy mala en las épocas en que los animales tienen mayores exigencias;
- al ser demasiado abundante, esta hierba secaría mal;
- la pradera sufriría mucho con una recolección tan tardía(2).

Pero es irracional – e irreal – pedir al agricultor que henifique ya en el espigado, cuando llueve a menudo, y cuando, por otra parte, la hierba es ya demasiado densa para secar facilmente.

Para resolver este problema, la mejor solución consiste en *no henificar los primeros brotes, sino los rebrotes que se producen en junio*. Sin embargo, podemos vernos obligados a henificar el primer brote (parcelas alejadas con imposibilidad de ensilar, etc.). Se efectuará en el espigado, pero será preciso proceder a cierto número de adaptaciones.

Es preciso considerar aparte, la henificación del fleo en la montaña, que plantea un problema particular.

Henificar los rebrotes en junio-julio

Con una producción intensiva de hierba el aprovechamiento que se puede efectuar en junio es ya el segundo o tercero del año. En cualquier caso, los tallos han sido cortados ya.

En el caso del ray-grass italiano tienen lugar reespigados. Si se trata del segundo aprovechamiento, en el espigado, habrá alcanzado un rendimiento interesante sin llegar a ser excesivo (3 a 5 toneladas de M.S./ha), pero se situará un

---

(1) Ver págs. 247–248: Para obtener hierba de calidad: no recogerla excesivamente desarrollada.

(2) Ver págs. 136–138: Degradación después de un único corte en primavera.

poco temprano: fin de mayo-principio de junio. Si se trata de rebrotes posteriores, espigan antes de alcanzar un rendimiento realmente suficiente. Pero, precisamente por esta razón, *es dificil aprovecharlos para otra cosa diferente que un heno.*

En el caso de especies que no reespigan, se trata de hierba de excelente calidad, pudiendose alcanzar producciones de 2 a 4 toneladas de M.S./ha. La lentitud de la evolución de su calidad permite, si llueve, esperar un poco. *Los henos así obtenidos son de un valor nutritivo y de una apetecibilidad completamente excepcionales* para tratarse de henos(1).

Si estamos obligados a henificar en mayo

Si, en el momento del primer encañado, que ocurre en mayo, no tenemos otra posibilidad que emplcarlo para heno, será absolutamente necesario arreglárnoslas para *que el rendimiento no sea excesivo*. Para ello existen dos soluciones:

- *disminuir la fertilización nitrogenada;* pero nos privamos de una parte del potencial de producción;
- *efectuar un pastoreo rápido al iniciarse la estación de crecimiento.* Se produce así un despuntado: ello disminuye el rendimiento del corte destinado a henificación, además, al mejorarse la calidad se posibilita, si el tiempo es muy malo, retrasar la operación de henificación, pero solamente algunos días.

Si este problema se presenta bastante a menudo en una explotación agrícola, será necesario equiparse además para facilitar la desecación artificialmente, primero mediante *segadoras acondicionadas*, después mediante instalaciones de *secado en granja o torres de henificación.*

El fleo en montaña

En la montaña, el primer corte del fleo se utiliza a menudo para heno en estadios muy avanzados, en parcelas próximas a la granja. Esta práctica tradicional, se corresponde con una ausencia de fertilización nitrogenada mineral.

Sin embargo, no se puede suprimir, por tres razones:

- los animales, en este momento, están en el pasto de montaña;
- se tiene gran necesidad de reservas invernales;
- apenas se puede adelantar la fecha de la operación, pues se henifica cuando el tiempo lo permite.

Pero el recalentamiento primaveral se hace sentir antes en el nivel de la granja que en el pasto de montaña. *Se podría hacer salir el rebaño para despuntar los*

(1) Los henos del segundo corte de praderas naturales son apreciados desde hace mucho tiempo, sin embargo llevan algunos tallos.

fleos antes de enviarlo a los pastos de verano. El nitrógeno, en este caso, no habrá servido para aumentar el rendimiento en heno, sino para disminuir la necesidad de reservas invernales.

¿COMO ORGANIZARSE PARA EL PASTOREO?

El problema del pastoreo es el escollo del cultivo de la hierba, y todavía no ha sido muy bien resuelto en la práctica, hasta el punto de que algunos han preconizado la conservación integral de la misma. Pero la Unidad Forrajera en pastoreo es, con mucha diferencia, la menos cara.

Comunmente se admite que la dificultad es debida al exceso de hierba en primavera, consecuencia del estado reproductor de las gramíneas en ese período. Pero también se debe al importante descenso de calidad, ligado al desarrollo de los tallos, lo que complica mucho la cuestión, pues se puede hacer una mala utilización de la hierba, aún cuando ésta no sea excesivamente abundante.

Para resolver este problema, durante mucho tiempo sólo se consideró la elección del método de pastoreo. Como sólo se pensaba en el exceso de hierba, la idea básica consistía en racionar a los animales, asignándoles pequeñas superficies a intervalos muy próximos (pastoreo rotacional o racionado). El pastoreo contínuo intensivo es otro tipo de solución, del que se habla mucho actualmente, pero sobre el cual aún es demasiado pronto para extraer conclusiones.

Nosotros trataremos en principio los problemas que se plantean en cada pastoreo, en el caso de que se racione a los animales. Para ello, propondremos algunas definiciones y una forma de representación, (págs. 254–255) antes de abordar los límites a respetar en cada aprovechamiento. Estos límites no son los mismos según se trate del primer brote (págs. 255–257) o de un rebrote (págs. 257–258) y según la naturaleza de éste. En este último caso, el problema se complica por el hecho de que el estadio espiga a 10 cm, franqueado durante un pastoreo, determina en el terreno dos zonas donde, en el pastoreo siguiente, la naturaleza del rebrote será diferente (págs. 258–259).

Por último, desbordando el caso único en que se raciona el pasto, abordaremos el problema del sistema de pastoreo a utilizar (págs. 259 a 264). En efecto, *la elección de un método de pastoreo único no es más que una solución muy parcial del problema:* explotar cada una de las praderas dentro de los límites deseables, está bien, pero es preciso poder hacerlo. Para ello *es necesario que las praderas formen un todo coherente entre sí*, considerando para ello su explotación y los demás elementos adoptados para solucionar la alimentación de los animales y la constitución de stocks de reserva. *Este conjunto es lo que se llama un* **sistema**. Con ocasión de ello, trataremos de situar el pastoreo contínuo intensivo, que es un método que implica un sistema.

Definiciones y forma de representación

En el pastoreo racionado con cerca eléctrica delante y detrás, *los animales avanzan* sobre el terreno progresivamente, en cada aprovechamiento. En el pastoreo rotacional, se puede considerar que avanzan también a pequeños saltos de algunos días, lo que en una primera aproximación viene a ser lo mismo.

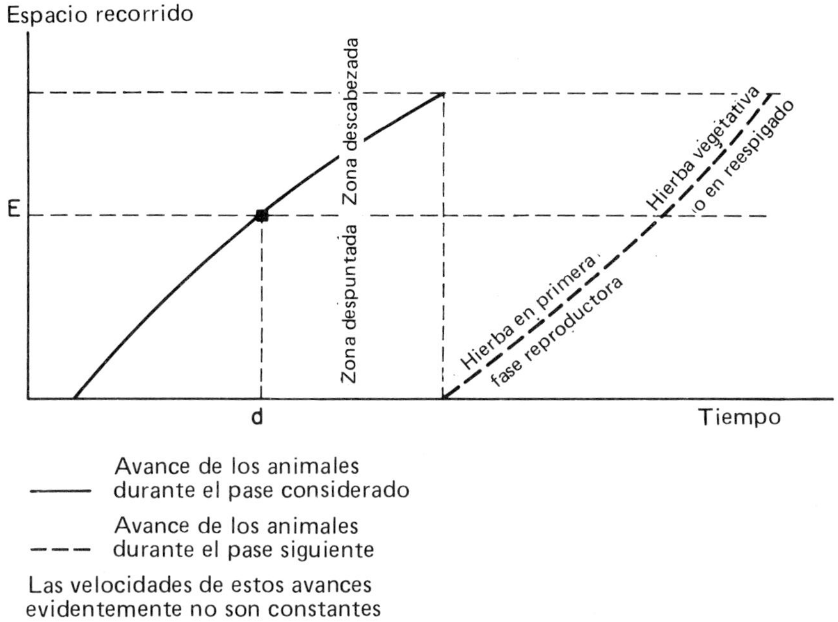

Fig. 21.2: Las dos zonas determinadas por el estadio espiga a 10 cm.

Se puede hablar de una **velocidad de avance**, rápida si la producción de hierba es pequeña, lenta si hay mucha hierba.

Se puede representar también la historia del pastoreo mediante una curva, en abscisas el tiempo y en ordenadas la superficie recorrida (ver más adelante, fig. 21.2 y 21.3). Tal representación muestra que en pastoreo, a cada fecha corresponde un lugar alcanzado por los animales. Y como cada estadío de la hierba se realiza en una fecha precisa, se puede decir que *a cada estadío de un pasto le corresponde un emplazamiento en la pradera*.

También puede decirse que *los animales* **pasan** *sobre las praderas, mientras que en pastoreo libre* **permanecen** *en ellas*. Se puede hablar de la **fecha de paso** por un determinado lugar. El **número de pases** sobre un emplazamiento o sobre una pradera entera *será sinónimo del número de pastoreos*. Por último, el **tiempo de paso** *será el tiempo empleado por el rebaño para recorrer la totalidad de la pradera. Es preciso no confundirlo con el* **tiempo de permanencia** *en cada parcela en el pastoreo rotacional*. Si dos pastoreos se efectúan consecutivamente sobre una misma superficie global, su tiempo de paso será prácticamente igual al intervalo entre ambos aprovechamientos de la hierba.

Límites a respetar en los pastoreos del primer brote.

El límite inferior: tres condiciones a cumplir

Para comenzar el pastoreo a la salida del invierno, son necesarias tres condiciones: es preciso

- que el clima sea aceptable para los animales;
- que el suelo fije bien;
- que la producción de hierba sea suficiente. En pastoreo, de 1,5 toneladas de M.S./ha a 1 tonelada, son bien utilizadas. Pero queda el problema de la carga: con tales rendimientos, se necesitarán grandes superficies. Felizmente, en el primer brote, a medida que los animales avanzan, la producción de hierba aumenta. Este crecimiento es más o menos rápido según la especie, la variedad y el clima. Este último depende de la re-

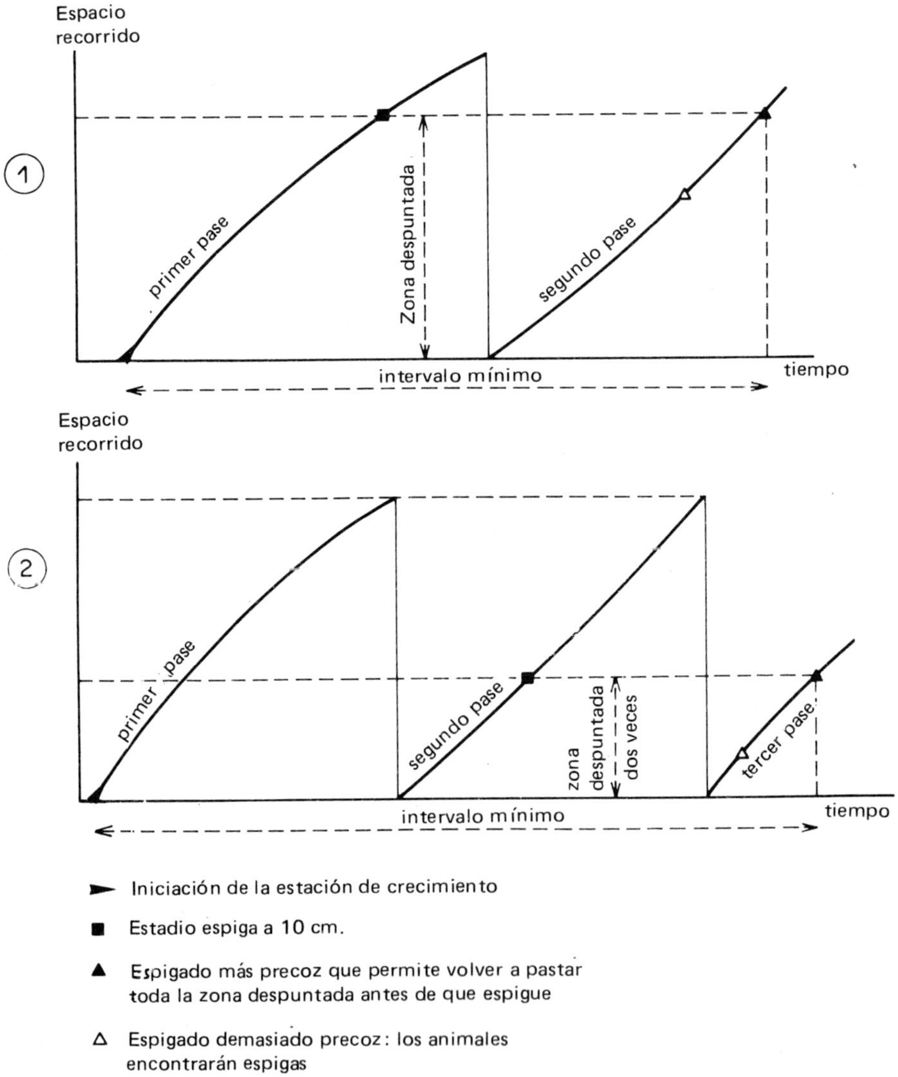

Fig. 21.3: Interés de un largo intervalo entre iniciación de la estación de crecimiento y espigado.

gión, del año y también del momento en que haya comenzado el pastoreo cuanto más tempranamente comience, más frío e inestable es el tiempo.

Unicamente la experiencia regional puede mostrar en qué momento pueden salir los animales a pastar para que la superficie recorrida en el primer pase sea razonable.

La hierba a la salida del invierno, es siempre pobre en minerales y puede existir riesgo de que sea rica en nitratos. *Será absolutamente preciso asegurar a los animales un período de transición* de al menos una semana entrándolos todas las tardes para darles un complemento de ración de invierno: el ensilaje de maíz es excelente para ello.

El límite superior: tres obstáculos a evitar

Deberá detenerse el pastoreo, lo más tarde, cuando se produzca uno de los obstáculos siguientes:

- **despilfarro**: *cuando la hierba es demasiado alta*, los animales la aplastan al andar o al acostarse; después allá donde está aplastada, la desdeñan. Ello puede ocurrir, incluso cuando la calidad sea aún buena. Este obstáculo se produce con rendimientos tanto más bajos cuanto más erecta sea la especie. Es importante en el *ray-grass italiano*. Existen dos medios de impedirlo, pero son costosos en mano de obra: desplazar la valla varias veces al día, o segar la hierba para el día cada mañana y dejarla sobre el lugar;
- **rechazos**: se trata de una mala utilización de la hierba, pero en este cacaso, está *en relación con el endurecimiento de los tallos* y no con su crecimiento. Los animales la consumen muy mal, y no hay ningún medio de remediarlo. Este inconveniente es grave sobre todo en los *dactilos* y *las festucas elevadas*, para los cuales se produce, en el primer brote, hacia la mitad del período entre el estadío de espiga a 10 cm y el espigado. La hierba puede ser todavía de calidad correcta para ensilado;
- disminución del valor nutritivo: en las especies cuyos tallos no endurecen deprisa, y si el despilfarro es poco probable (bien porque se impide, bien porque la vegetación sea densa y corta como en el ray-grass inglés), la hierba será consumida correctamente, pero la calidad llegará a ser insuficiente antes del espigado para animales de producción elevada.

Límites a respetar en los pastoreos de los rebrotes

Los límites a respetar en los rebrotes dependen de la naturaleza de éstos: vegetativos o reproductores. Pero será preciso no olvidar que, en ciertos rebrotes, dicha naturaleza puede ser diferente de un lugar a otro de la misma pradera[1].

---

(1) Ver páginas 258–259: El estadio de espiga a 10 cm. determina dos zonas sobre el terreno.

Rebrotes vegetativos

Normalmente, los rebrotes vegetativos *son muy fáciles de hacer pastar*. Los dos únicos límites son:

- una producción de hierba suficiente para que el pasto dure suficiente tiempo;
- una edad del rebrote inferior a seis semanas o cuatro para las festucas elevadas para preservar la calidad.

Sin embargo, *con la vuelta de las lluvias después de un verano seco, es preciso esperar al menos tres semanas* de crecimiento efectivo de la hierba antes de poner los animales a pastar, pues existen graves peligros de intoxicación por los nitratos.

Rebrotes reproductores

Para explotar correctamente los rebrotes reproductores en pastoreo, es preciso respetar únicamente dos condiciones:

- obtener un rendimiento suficiente para que el pasto dure bastante tiempo;
- no sobrepasar el espigado a causa de la calidad de la hierba. *Los rechazos no son de temer antes de este estadio cuando se trata de rebrotes*, inclusive con los dactilos y las festucas altas. El despilfarro, apenas suele producirse antes, pues los rendimientos y alturas de los tallos son, a igual estadio, bastante menores que en el primer brote.

Sin embargo, no puede decirse que los rebrotes reproductores sean siempre fáciles de hacer pastar. Cuando el encañado es rápido (como ocurre con ciertas especies después del despuntado, o con el ray-grass italiano en junio), la amplitud del intervalo autorizada puede ser muy corta. Por otra parte, la necesidad de posibilitar el aprovechamiento siguiente impone cortapisas que, según los estudios en curso sobre sistemas de pastoreo(1), son particularmente difíciles en estos casos de encañado rápido.

El estadio espiga a 10 cm. determina dos zonas sobre el terreno

En un pastoreo en el curso del cual se realiza el estadio espiga a 10 cm, éste corresponde a un lugar preciso alcanzado por los animales(2). Este lugar delimita *dos zonas en las que el rebrote tendrá una naturaleza diferente* (fig. 21.2):

---

(1) Ver págs. 262–264: Hacia el pleno empleo de las gramíneas forrajeras mediante sistemas sencillos.
(2) Ver págs. 254–255: Definiciones y forma de representación.

- la zona que ha sido recorrida antes ha sufrido un despuntado: en el rebrote siguiente, la hierba continuará allí su primera fase reproductora;
- la zona que será recorrida después sufrirá un descabezamiento: en el rebrote siguiente, la hierba estará allí en fase vegetativa o reespigará, según la especie de que se trate. Si reespiga, lo hará más tardiamente que en la zona despuntada.

Estas realidades fisiológicas importantes que son el *despuntado y el descabezamiento corresponden, para el agricultor, a una topografía de su terreno* más que a un modo de explotación. Así habrá que tener en cuenta, una vez cada primavera, como media, límites diferentes según el lugar, para un mismo pase de los animales.

Es imposible saber de antemano, de manera precisa, cual será la superficie respectiva de estas dos zonas, pues la velocidad de avance de los animales depende del momento en que el pastoreo considerado haya comenzado, y del brote de la hierba, por lo tanto de las condiciones atmosféricas.

Un sistema de pastoreo a poner en práctica

Planteamiento del problema

Una pradera tiene una superficie fija. Pero, si se quiere utilizar toda la producción, no puede imponerse a los animales recorrerla en un tiempo dado previsible. En efecto, su velocidad de avance está determinado por la cantidad de hierba que vayan encontrando, y esto depende del clima, que no se conoce de antemano.

Más aún, en pastoreo, *si se sigue el crecimiento de la hierba, todo error cometido en un momento dado tiende a amplificarse luego*, a menos que una variación del clima venga a corregirlo. En efecto, supongamos que se sepa de antemano el tiempo que hará: teoricamente se podría saber qué día debería comenzar un pastoreo para que se termine en la fecha deseada. Supongamos ahora que se comience con cinco días de antelación. La hierba tendrá cinco días menos de crecimiento, su rendimiento será inferior. Será necesario ofrecer a los animales una superficie mayor que la superficie prevista. Se deberá pues "morder" lugares que han sido pastados más tarde: el retraso medio se acentuará, y así sucesivamente.

Resulta que, salvo adaptaciones particulares que van a ser examinadas más tarde es imposible que un pase de los animales, sobre una parcela dada, acabe cuando se desea. El pastoreo siguiente se puede comenzar siempre en seguida (volviendo al principio de la misma parcela, o pasando a otra) pero el desfase se agravará. *Pronto o tarde, nos encontraremos en uno de los dos casos siguientes:*

- se habrá avanzado demasiado deprisa y faltará hierba: *habrá un bache a rellenar* en el calendario;
- se habrá avanzado demasiado lentamente, y *se encontrará* antes de haber recorrido toda la superficie prevista, que *delante hay hierba demasiado desarrollada*. Si se quiere aprovechar adecuadamente toda la producción de la pradera, *será necesario en seguida, cortocircuitar la su-*

perficie restante y después recolectarla para conservación. Al mismo tiempo, habrá que ofrecer al rebaño otro pasto. No es seguro que pueda hacerse. Dicho de otra forma, *un exceso de hierba puede, como una escasez de la misma, ocasionar un hueco en el calendario de pastoreo.*

Es este problema del calendario el que no se ha resuelto aún correctamente con éxito. A falta de mejor, se ha recurrido a tres grandes tipos de soluciones que por otra parte, no siempre se excluyen. En una, se da prioridad a la utilización total de la hierba sembrada, pero se siembra poca. El pastoreo se reduce en este caso a un simple complemento de una ración a base de forrajes conservados, incluso en primavera. Las gramíneas son bien utilizadas, pero subempleadas. Esta solución se llama **pastoreo parcial** (pág. 260). En otra solución, se parte del principio de que el despilfarro es inevitable y se trata solo de simplificar el problema gracias a una explotación definida de antemano y por tanto bastante rígida: se establecen **parcelas con tiempo de permanencia constante** (págs. 261). La tercera solución es de aparición reciente, muy sencilla en los países de origen, y sin despilfarro, pero está lejos de ser cierto que la hierba en este caso desarrolle todo su potencial de crecimiento: esta solución es el **pastoreo contínuo intensivo** (págs. 261–262).

Pero es una lástima renunciar a utilizar plenamente todo el potencial de producción de las gramíneas forrajeras cuando *hasta aquí se ha desestimado un elemento de solución importante: las complementariedades posibles entre especies y variedades en materia de calendario*(1). Activas investigaciones están en marcha sobre este punto(2), permitiendo esperar un *pleno empleo de las ventajas de las gramíneas, con sistemas de explotación flexibles pero sencillos* (págs. 262–264).

Buena utilización pero sub-empleo de las gramíneas: el pastoreo parcial

En el pastoreo parcial, se ajusta a voluntad la velocidad de avance de los animales completando el pastoreo con forraje conservado (generalmente, ensilado de maíz), cuya distribución se modula en función del crecimiento de la hierba. Se plantea de este modo para que toda la hierba producida vaya siendo consumida incluso en la fase más intensa del crecimiento de primavera. Se completará con forraje conservado. Se puede pues hablar de un sub-empleo de las gramíneas, a pesar de la perfecta utilización de estas pequeñas superficies.

Aparte de este inconveniente, este sistema conlleva otros:

- si bien resuelve el problema del despilfarro debido a una hierba demasiado alta, no resuelve el de los rechazos en el caso de especies de espigado rápido(3): no es pues adecuado para estas especies;
- la complejidad del ajuste no se ha suprimido, sólo se ha desplazado: en

(1) Una tentativa se llevó a cabo en los años 60 con las cadenas de pastoreo empleando numerosas variedades, pero su aplicación se reveló difícil; desde entonces, se ha renunciado a esta vía.
(2) Ver págs. 262–264: Hacia el pleno empleo de las gramíneas forrajeras mediante sistemas sencillos.
(3) Ver págs. 257: El límite superior: tres obstáculos a evitar.

este caso no se efectúa sobre la superficie de la pradera sino sobre la distribución del ensilado, incluso cuando, en libre servicio, se efectúa espontáneamente cierta regulación.

Despilfarro de gramíneas pero sencillez: parcelas con tiempo de permanencia constante

Se trata de un pastoreo rotacional, con parcelas de igual tamaño, en las cuales los animales permanecen durante un periodo constante o apenas variable (3 ó 4 días). El número de parcelas se calcula de manera que los animales lleguen en general a las últimas cuando el rebrote sea bueno en las primeras: vuelven a comenzar así un nuevo pase. Entre ambos, en primavera, algunas parcelas son eventualmente aprovechadas para conservación. En verano por el contrario, se les añade lo que ha sido ensilado en primavera.

Este sistema puede completar al precedente simplificándolo.

Puede también utilizarse sólo, pero entonces la dimensión de las parcelas debe ser ajustada en relación con los momentos en que el rendimiento sea el más bajo para que al animal no le falte nunca hierba. Pero cuando el rendimiento sobrepasa este mínimo, el suplemento es despilfarrado ya que no se deja al rebaño más tiempo. Lo mejor es adoptar una solución intermedia asegurándole un régimen mixto pasto-forraje conservado, cuando el rendimiento de la hierba es mínimo: en la salida de los animales al pasto (es una precaución necesaria) y en verano. Ello permite disminuir la superficie de las parcelas y por consiuiente el despilfarro.

Para poder funcionar correctamente de forma bastante intensiva, tal sistema supone que la hierba tenga un crecimiento lento (para disminuir el despilfarro), regular y previsible (para fijar de antemano el intervalo entre aprovechamientos). Esto se consigue con una buena elección de la especie y con un clima regular. En particular, a comienzos de primavera, el tiempo es muy inestable: si se quiere asegurar una salida de los animales al pasto precoz, se deberá preveer un largo período de "transición" en régimen de pastoreo parcial.

Por último, este sistema no resuelve, tampoco, el problema de los rechazos en el caso de espigados excesivamente rápidos.

Por todas estas razones, esta solución está particularmente adaptada al ray-grass inglés tardío en clima oceánico.

¿Y el pastoreo contínuo intensivo?

El pastoreo contínuo intensivo ha aparecido recientemente en los países del Norte de Europa, que tienen clima fresco y húmedo. Consiste en atribuir a los animales, globalmente, una superficie fija durante toda la primavera, a la cual se añade, en verano, una superficie suplementaria en la que la hierba ha sido previamente ensilada. Existen algunas variantes en que se modifica dos veces en lugar de una la superficie asignada. *La diferencia con el pastoreo libre extensivo tradicional estriba en la aplicación de una fertilización nitrogenada intensa y frecuente* (60 unidades/ha, todos los meses) y en el *empleo de una carga elevada.*

El pastoreo contínuo intensivo, así descrito, aportaría una simplificación considerable, y una economía no despreciable en vallas y mano de obra. Pero conlleva quizás también importantes fuentes de gasto que no tienen los otros sistemas. En efecto, los cortes a diente, al ser muy frecuentes en cada emplazamiento, aprovechan la planta siempre al principio del rebrote. Esta tendrá pues un crecimiento muy lento(1) y será inutilmente rica en nitrógeno(2). Por otra parte, este último elemento al ser aportado incluso en presencia de los animales, hará que la hierba, al amenos en algunos momentos, sea excesivamente rica en nitratos. Todo esto ocasionará gastos particularmente elevados:

- en fertilización nitrogenada(3), este elemento es exportado sin haber rendido una gran eficacia: en ocho meses a razón de 60 unidades por mes, se aportan 480 unidades; se podrá obtener el mismo resultado con mucho menos mediante otro sistema;
- en concentrado energético, pues para compensar la elevada proporción de nitrógeno en las plantas y hacer inofensivos los nitratos, podemos vernos obligados a complementar fuertemente a los animales en energía.

Es lo mínimo que puede pensarse teniendo en cuenta las leyes habituales de la fisiología de las gramíneas, descritas en esta obra. Pero es posible que con tal modo de explotación, dicha fisiología se modifique bastante, como parece que sucede, por ejemplo, en los céspedes.

Según los primeros estudios realizados en los países en que el pastoreo contínuo se inició, este sistema alcanzaría las mismas producciones animales por hectárea, con las mismas cantidades de nitrógeno y concentrado, que el pastoreo rotacional. Pero estas comparaciones se han hecho con un sólo nivel de carga, igual para los dos sistemas. Podemos suponer que este nivel sería óptimo para el pastoreo contínuo intensivo, y que se hubiera podido mantener una carga más elevada con el pastoreo rotacional. Este correspondía al sistema con tiempo de permanencia constante: admitía por tanto, cierto nivel de despilfarro. Se puede esperar que los sistemas actualmente en estudio, utilizando la complementariedad de las diferentes gramíneas (ver más adelante), permitirán hacerlo mejor.

Un último factor desconocido de este método, es su validez en las condiciones francesas, con climas mucho más variables y con especies diferentes que en los países oceánicos donde ha sido puesto a punto. Es en el oeste donde resultará menos difícil de transponer. Por otra parte, quizás podría planearse limitarlo a la primavera, o modificar sus modalidades.

Hacia el pleno empleo de las gramíneas forrajeras mediante sistemas sencillos

Un sistema que permitiera utilizar al máximo las potencialidades de las gramíneas forrajeras sería interesante desde varios puntos de vista:

- suprimiría las necesidades de forraje de maíz durante casi toda la primavera, la ración de base estaría provista únicamente por el pasto;

(1) Ver fig. 13.1, pág. 169.
(2) Ver fig. 15.3, pág. 209.
(3) Este sistema ha sido propuesto por industrias de abonos nitrogenados.

- disminuiría estas necesidades de maíz en otras estaciones, mediante la conservación de toda la hierba no pastada.

Ello vendría a suponer igual producción animal utilizando superficies de hierba más o menos perenne en lugar de cultivos anuales con los inconvenientes que estos conllevan: frecuencia de rotaciones, puestos de trabajo, incertidumbre en la realización de las operaciones. Supondría economizar también superficies forrajeras, pues las gramíneas al ocupar el suelo durante todo el año, permiten las mayores producciones por hectárea.

Para que pueda generalizarse, tal sistema debe contar con un *calendario provisional de explotación, fácil de explicar y de aplicar, y lo suficientemente preciso para poder servir de guía al agricultor*.

Para utilizar todas las potencialidades de las gramíneas forrajeras, el sistema debe satisfacer además tres condiciones:

- *ajustar la velocidad de avance de los animales a la cantidad de hierba presente, es decir debe ser flexible.* Esto parece opuesto con la necesidad de un planning preciso, ya que el mínimo desfase entre previsión y utilización tiende a amplificarse luego[1]. La única solución consiste en corregir este desfase cuando llegue a ser suficientemente importante. *El sistema deberá preveer pues "correcciones de pastoreo".* Una de ellas puede ser, también en este caso, la duración del período de transición en la salida de los animales al pasto;
- *retirar del pastoreo toda superficie que corra riesgo de ser mal utilizada, y recolectarla para conservación*. Esto es fácil de realizar a partir de junio, en que siempre resulta posible henificar. Pero en abril-mayo, no se puede proyectar más que un ensilado. Ahora bien, las superficies a corto-circuitar pueden ser insuficientes para llenar un silo. La única solución consiste en *añadirlas a otro ensilaje, previsto por otro lado*. Señalemos que no es obligado verificar esta operación inmediatamente después del cese del pastoreo en la parte correspondiente. Pero si se prevee con antelación, el retraso no debe ser largo, a fin de permitir una estimación correcta de la superficie a retirar. La fecha de esta recolección debe tener en cuenta el momento en que será necesario utilizar los rebrotes;
- *no dejar ningún vacío en el calendario forrajero*, al menos en primavera. Es aquí donde habrá que considerar el problema de la *elección racional de las gramíneas complementarias a sembrar y de las superficies respectivas a dedicar a cada una.* Ello exige el conocimiento, región por región, de los momentos en los que las diferentes gramíneas puedan alcanzar los límites que se precisa respetar en pastoreo[2].

Las investigaciones en curso permiten esperar la puesta a punto de tales sistemas comprendiendo sólo dos variedades de gramíneas. El ensilado de una de ellas, en un momento previsto en la planificación, servirá para la corrección del

---

(1) Ver págs. 259–260: Planteamiento del problema.
(2) Ver págs. 255–258: Límites a respetar en los pastoreos del primer brote y límites a respetar en los pastoreos de los rebrotes.

pastoreo de la otra, permitiendo poner fuera de circuito una superficie determinada, a juicio del técnico(1).

¿COMO ORGANIZARSE PARA EL APROVISIONAMIENTO DE FORRAJE EN VERDE?

El problema de suministrar el forraje a pesebre es casi igual que el del pastoreo. Por lo tanto deberá remitirse a las páginas correspondientes. Las únicas diferencias consisten en algunos límites a respetar y, naturalmente, en el sistema global a adoptar.

Límites a respetar

Estos límites son algo menos estrictos para la alimentación a pesebre que para el pastoreo:

- en el período inicial que correspondería al de la salida de los animales al pasto, no hay que preocuparse del clima para los animales;
- un rendimiento de 1 a 1,5 toneladas de M.S./ha es insuficiente para ser recolectado válidamente: se necesitan al menos 2 toneladas;
- la fecha en que el suelo rinde bien no es obligatoriamente la misma, puede depender de la naturaleza de las tierras;
- no existe ningún riesgo de *despilfarro a causa de una hierba excesivamente alta.*

El sistema de la alimentación a pesebre

El sistema de pequeños recintos así como el pastoreo contínuo intensivo no son aplicables, evidentemente, a la alimentación a pesebre.

En realidad, el problema de tal sistema no se ha planteado todavía, pues *ocurre que la gramínea más extendida, el ray-grass italiano, va muy bien* a esta forma de explotación ya que su hierba muy alta no presenta inconveniente en este caso. Con el interés creciente puesto en especies más perennes, este problema va a adquirir importancia. Se puede, también, esperar que se pongan a punto sistemas sencillos con planificación flexible, permitiendo un pleno empleo de las gramíneas.

¿COMO ORGANIZARSE PARA LA DESHIDRATACION?

Aunque se trate de un método de conservación, el problema de la deshidratación es muy semejante al del pastoreo y al de la alimentación a pesebre, pues,

(1) Estas investigaciones, realizadas en el INRA, Lusignan, están en curso de publicación en una serie de artículos de la revista Fourrages, de septiembre de 1979 a septiembre de 1980. Ellas conducen a sistemas aplicables en el Centro-Oeste así como a un método miniaturizado, aplicable por los organismos de desarrollo para poner a punto tales sistemas en otras regiones.

por razones económicas, *es preciso alimentar la instalación* durante toda la estación. Pero los límites a respetar son aún menos estrictos que para la alimentación a pesebre[1]. En efecto, el condicionante de emplear la hierba una vez desecada suprime los inconvenientes del endurecimiento de los tallos y aumenta el valor nutritivo. Por consiguiente, *el problema de los rechazos desaparece* y es válido recolectar una hierba netamente espigada. Prácticamente, *sólo quedan dos límites:*

- el rendimiento, que debe ser al menos de 2,5 a 3 toneladas de M.S./ha en cada corte;
- la fuerza de sustentación del suelo, para la cual las exigencias dependen del material de recolección utilizado.

Lo ideal parece ser una festuca alta muy precoz: mantiene particularmente bien el suelo y permite alargar al máximo la estación de deshidratación, pues brota muy pronto en primavera, utiliza bien las lluvias de verano, y se detiene muy tarde en otoño.

El problema del sistema de cultivos dedicados a la deshidratación no concierne exclusivamente a las gramíneas pues hay que completarlas, en verano, con otras familias vegetales.

LOS ELEMENTOS QUE INTEGRAN LA FLEXIBILIDAD DE EXPLOTACION

Los límites a respetar en los diferentes modos de explotación de las gramíneas forrajeras dejan al agricultor márgenes de maniobra más o menos amplios. Por otro lado, este podrá organizarse mejor cuando dichos límites estén situados en fechas regulares durante años sucesivos.

Entre todos estos elementos, los que dependen de la planta conducen a la **flexibilidad de explotación**. Esta flexibilidad no es pues la misma para las diferentes especies o variedades, y varía a lo largo del año y según la forma de explotación. Es hoy uno de los principales objetivos de los seleccionadores.

Las características que rigen dicha flexibilidad pueden deducirse de los límites de explotación examinados en el curso de este capítulo. Son las siguientes:

Intervalo entre iniciación de la estación de crecimiento y espigado

Esta característica, conjuntamente con la siguiente, rige la facilidad para poder realizar sin despilfarro ni rechazo, varios pastoreos o aprovisionamientos en verde consecutivos al comienzo del año.

En efecto, en el momento de un primer aprovechamiento en verde, toda o parte de la superficie es despuntada[2]: esta zona debe ser consumida, una segunda vez, antes de la fecha normal de espigado (fig. 21.3, 1). Llega a suceder que una parte de la pradera es despuntada dos veces, si el segundo aprovecha-

(1) Afortunadamente, pues la escala geográfica cubierta por una fábrica de deshidratación plantea otros problemas de organización muy complejos.

(2) Ver págs. 258–259: El estadio espiga a 10 cm determina dos zonas en el terreno.

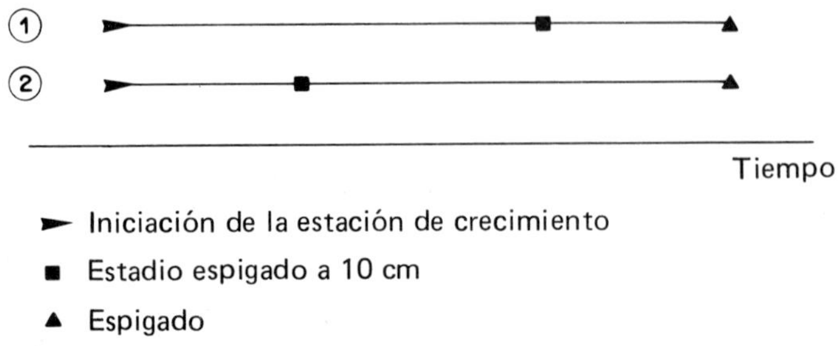

Fig. 21.4: Interés de un largo intervalo entre estadio de espiga a 10 cm y espigado.

2 tiene más flexibilidad de aprovechamiento que 1.

miento empieza antes del estadío de espiga a 10 cm: será preciso disponer de tiempo para aprovechar una tercera vez esta parte antes del espigado (fig. 21. 3, 2). Estas condiciones serán tanto más fáciles de cumplir cuando la gramínea tarde mucho tiempo en espigar, desde los comienzos de su estación de crecimiento.

Igualmente, si, después de un despuntado, se quiere explotar el rebrote para ensilado o incluso para heno, se podrá hacer si el intervalo antes del espigado es suficientemente largo.

Intervalo entre estadio espiga a 10 cm y espigado

Supongamos dos gramíneas que tengan el mismo intervalo entre iniciación de la estación de crecimiento y espigado (fig. 21.4). De las dos, la que tenga el estadío espiga a 10 cm más precoz será más fácil de utilizar en verde. En efecto, la zona despuntada en la primera explotación será más pequeña[1]. Ahora bien esta es la zona que resulta más difícil de utilizar en rebrote, ya que es la que debe estar explotada antes de la fecha normal de espigado.

De esta observación se podría llegar a una conclusión errónea: sería únicamente el intervalo entre iniciación de la estación de crecimiento y estadío de espiga a 10 cm el que debería ser corto. Pero ello sólo será interesante si el intervalo entre estadio de espiga a 10 cm y espigado se alarga tanto, a fin de que no disminuya la suma de los dos, que constituya la primera característica de la flexibilidad de explotación (ver más arriba). Por tanto, es más exacto decir que es el intervalo entre el estadio espiga a 10 cm y espigado el que debe ser largo.

Por otro lado, este intervalo facilita también la explotación en ensilaje, para el cual el estadio de espiga a 10 cm marca el límite inferior, y el espigado, el límite superior.

(1) Ver págs. 258–259: El estadio espiga a 10 cm determina dos zonas en el terreno.

Aspecto de la vegetación

En pastoreo, una gramínea cuya vegetación es tupida y corta, será mucho más fácil de explotar que una gramínea alta y poco densa. En efecto, podría alcanzar rendimientos mucho más elevados y estadíos más avanzados antes de ser despilfarrada, ya que el despilfarro está relacionado con la altura de la hierba. Comparemos por ejemplo, dos gramíneas que tengan largos intervalos entre la iniciación de su estación de crecimiento y el espigado, así como entre el estadío de espiga a 10 cm y el espigado: un ray-grass italiano y un ray-grass inglés tardío. El primero será despilfarrado desde que alcance 3 a 4 t de M.S./ha, el segundo no lo será antes de producir de 6 a 7 toneladas.

En recolección mecánica, las gramíneas erectas son por el contrario las más fáciles de explotar.

Débil reacción a la temperatura

Una especie cuya velocidad de crecimiento depende mucho de la temperatura es más difícil de explotar que otra, en primavera, pues sus rendimientos en un momento cualquiera son menos *previsibles*. Crece menos rápidamente en periodo fresco, y su vegetación explosiona en el momento en que el tiempo se hace más cálido.

Reespigado escaso o lento

Un rebrote reproductor es más difícil de aprovechar que un rebrote vegetativo. Una gramínea es pues menos flexible en su explotación cuando tiene capacidad de reespigar, y cuando sus reespigados son rápidos.

Resistencia a las enfermedades

Las enfermedades, y en particular las royas, perjudican considerablemente la *calidad y la apetecibilidad* de las gramíneas. Los rebrotes pueden ser aprovechados durante más tiempo en una variedad resistente que en una sensible. Las diferencias entre ellas, dentro de una misma especie, pueden ser muy importantes. *La inscripción de una variedad en el Catálogo Francés, muy exigente para este carácter, ofrece desde este punto de vista, una buena garantía al que la va a utilizar.*

Apetecibilidad de las festucas altas

Las festucas altas son famosas por su escasa apetecibilidad, pero este defecto sólo aparece con el envejecimiento de la hierba. Esto es lo que marca un límite de solamente 4 semanas de crecimiento para el aprovechamiento de los rebrotes vegetativos de esta especie. Los seleccionadores tratan de luchar contras este defecto. Toda variedad de apetecibilidad mejorada debe poder explotarse durante más tiempo en cada rebrote: de ello puede esperarse, fácilmente, una ganancia de una semana.

ALTURA DE CORTE Y SIEGA DE RECHAZOS

El problema de la altura de corte es en parte un falso problema pues el agricultor tiene pocas posibilidades de acción. En recolección mecánica, todas las máquinas no permiten un reglaje tan bueno como sería deseable. En pastoreo puede efectuarse cierto control, por medio de la carga instantánea, pero es muy limitado. En particular, con animales de gran producción, no se puede permitir obligarles a pastar muy raso. Todo lo que puede hacerse es segar los rechazos, pero el problema se complica, por el hecho de que esta operación a menudo se verifica solo unos días después del pastoreo.

Antes de poder formular conclusiones prácticas (pág. 271), es preciso hacer un balance de los inconvenientes de los cortes demasiado altos (págs. 268–270) o excesivamente rasos (págs. 270–271), y de las ventajas e inconvenientes de una siega de rechazos (pág. 271). En cada caso, no nos encontraremos solamente problemas de fisiología de la planta, sino también cuestiones zootécnicas o prácticas.

Inconvenientes de los cortes demasiado altos

Los cortes demasiado altos no sólo producen un abandono sobre el terreno de una parte del rendimiento: a la larga se provocan modificaciones en la planta y ello puede llegar a ser grave.

Abandono de una parte del rendimiento

El rendimiento que se deja en el terreno con ocasión de un corte alto no es despreciable, pues es en la base donde la vegetación es más densa. Pero generalmente es la parte menos nutritiva de la hierba, la que es más rica en celulosa y lignina, y la que contiene más biomasa inerte. *El rendimiento zootécnico resulta poco o nada afectado* por la altura de corte.

Acumulación de biomasa inerte

Los órganos respetados por el corte están destinados a secarse. Se ha estimado que para ello se precisarían 9 semanas en el ray-grass inglés en estado vegetativo en clima británico[1]. Esta desecación es sin duda más rápida en especies con vainas bastante duras (dactilo, festuca alta) y en los tallos de todas las especies, sobre todo en la estación seca en que estos viejos órganos tienen menos tendencia a desapararecer por podredumbre.

---

(1) Jackson, D. K., XII Internat. Grassl. Congress. Grassland Utilization, 273-281, 1974.

Estos restos vegetales o biomasa inerte, que se acumulan *son perjudiciales para la pradera y para los animales.*

- para la pradera: entorpecen la penetración de la luz y por lo tanto el rebrote. En los renuevos vegetativos, esta biomasa está constituida por viejas vainas en el interior de las cuales las hojas jovenes no fotosintetizan(1). En los renuevos espigados, las bases de tallos secos harán sombra a las yemas que deben salir de nuevo de la base(2), y ello, tanto más cuanto más numerosos y rectos sean estos tallos, como en el fleo por ejemplo;
- para los animales: al menos, estos restos disminuyen el valor medio del forraje en el rebrote. En el peor de los casos, se endurecen; el animal se pinchará el hocico y no consumirá la hierba que se encuentre por debajo de su nivel. Ello ocurre en dos casos: los viejos tallos de todas las especies, y todos los órganos de los dactilos, de las festucas altas y quizás de los bromos.

Al principio del encañado: descabezamiento incompleto

En las proximidades del estadío "espiga a 10 cm", el número de ápex que serán eliminados depende de la altura de corte. Lo que está en juego es la presencia de espigas no retrasadas en el rebrote siguiente y por lo tanto la dificultad de aprovechar éste.

En ciertas especies: ahijado aéreo

En ciertas especies como el *ray-grass inglés*, los cortes altos permiten a los ápex, incluso en estado vegetativo, crecer lentamente por encima del suelo. Esto ocasiona un ahijamiento aéreo que hace que las plantas sean más fáciles de arrancar y disminuye su enraizamiento(3). Así, puede verse cómo praderas sub-explotadas de ray-grass inglés se degradan completamente.

Inconvenientes graves a la larga, otros inmediatos

La acumulación de biomasa inerte y el ahijamiento aéreo, son inconvenientes graves, que pueden perjudicar seriamente a la productividad del vegetal y del animal, e incluso a la supervivencia de la pradera. Pero sólo se instalan lentamente. Por lo que los cortes altos son muy nefastos cuando se aplican permanentemente pero pueden ser tan buenos o mejores que los bajos por muy de vez en cuando que estos últimos se efectúen(4).

(1) Ver fig. 4.1, págs. 66–67.
(2) Ver fig. 4.4, pág. 72.
(3) Ver pág. 65: Caso en que los tallos estén ligeramente alargados.
(4) Jackson, D. K., op. cit., et Ollerenshaw, J.H. et Hodgson, D. R., J. Agric. Sci. Camb., 89: 425-435, 1977.

No obstante, cuando existe el riesgo de que un aprovechamiento deje restos duros como muñones de tallos, o de que no elimine más que una parte de los ápex en curso de encañado, un corte alto es siempre perjudicial.

Inconvenientes de los cortes excesivamente rasos

Los cortes bajos, si bien son necesarios de vez en cuando, no lo son tampoco sin inconvenientes, ni sobre todo sin peligro si realmente son demasiado rasos.

Retraso en el rebrote

La iniciación de un rebrote después de un aprovechamiento corre el riesgo de ser tanto más lenta cuanto más abajo se ha cortado la hierba: esto es debido a un déficit de carbono(1). En efecto, las reservas carbonadas al estar situadas en el rastrojo, son tanto menos abundantes cuanto más corto es éste.

Sin embargo, esta disminución de las reservas disponibles *puede no tener importancia si el rastrojo es suficientemente verde*. Este caso se presenta bastante a menudo en pastoreo, sobre todo con ganado bovino: en cada dentellada, su lengua lía la hierba, tumbándola ligeramente, de manera que una pequeña parte, especialmente hojas, más flexibles, escapa al diente. Se encuentra también un rastrojo verde cuando el corte bajo se sigue de uno más alto: las vainas no se han desecado aún. En todos estos casos, la fotosíntesis de algunos órganos clorofílicos que subsisten, permite a la planta proveerse de reservas. De modo que es necesario que el aprovechamiento no sea tan raso hasta el punto de que pueda llevarse todos estos órganos verdes.

Arranque de la hierba

En pastoreo, si se fuerza a los animales a pastar raso, pueden tener tendencia a tirar de las plantas y arrancarlas. Este caso se da frecuentemente con ganado ovino por ejemplo. Ese riesgo puede llegar a ser muy serio si anteriormente la hierba ha sido explotada durante mucho tiempo demasiado alta y cuando se trata de una especie que tenga propensión al ahijamiento encaramado(2).

En recolección mecánica, el terreno no está nunca perfectamente plano. Con una máquina reglada demasiado baja existe también riesgo de arrancar hierba en algunos lugares.

El arranque de la hierba significa su muerte, ya que no le quedan ni reservas ni yemas para asegurar su rebrote.

---

(1) Y no a la eliminación de las zonas de crecimiento; ver págs. 63 a 65: Los cortes en fase vegetativa.

(2) Ver pág. 65: Caso en que los tallos estén ligeramente alargados.

Ensucie de la cosecha

Si una máquina reglada demasiado baja puede arrancar hierba en algunos lugares, contamina a la vez la cosecha con tierra.

Ventajas e inconvenientes de una siega de rechazos

La ventaja de la siega de rechazos es que, a menudo, constituye el único medio de evitar los inconvenientes de un pastoreo no suficientemente raso, en particular si existen rechazos ocasionados por las deyecciones anteriores.

Su inconveniente está relacionado con el hecho de que esta operación no se efectúe paso a paso, sino a la salida de una parcela. Si los animales no han tenido acceso a toda la parcela hasta el final (por ejemplo, cuando se utiliza cable posterior, o subdivisión en pequeños recintos), la hierba ha tenido tiempo de rebrotar algo, de manera que la supresión de estos brotes jovenes disminuye el periodo de reposo de la hierba antes del aprovechamiento siguiente.

Conclusiones prácticas

Es posible conciliar todas las exigencias anteriores basándose en algunos principios.

Es preciso aprovechar la recolección mecánica para cortar relativamente bajo (5 cm), ya que un corte bajo es necesario de vez en cuando. En efecto, en pastoreo, esto sería más difícil: o bien sería preciso racionar severamente a los animales lo que puede perjudicar sus resultados, o permitirles que arranquen hierba, o bien sería necesario segar los rechazos.

En pastoreo, es necesario obligar a los animales a cortar raso, o segar los rechazos, en los siguientes casos:

- *al principio del encañado (estadio de espiga a 10 cm)*, durante una decena de días para evitar al máximo un rebrote espigado. Este estadío es dificil de observar a simple vista, es preciso, bien hendir los renuevos con una navaja[1], bien basarse en las fechas señaladas, para cada variedad, en investigaciones regionales;
- *en pleno encañado* (después del estadio de espiga a 10 cm), *pero solamente si la explotación siguiente debe ser otra vez un pastoreo.* Se trata de eliminar los muñones de los tallos excesivamente largos, generalmente bien visibles después del pastoreo. Si el aprovechamiento siguiente debe hacerse mecánicamente, eliminará automáticamente estos muñones;
- *una vez, de cada 2 ó 3*, si se verifican numerosos pastoreos consecutivos.

En el caso de que no se pueda obligar a los animales a pastar raso, será preciso tener en cuenta, para organizar los pastoreos, la reducción de los periodos de reposo ocasionada por la siega de rechazos, o imponerse efectuar esta operación cada 2-3 días en pequeñas superficies.

---

(1) Ver pág. 70: Modo de determinación.

CAPITULO XXII

Fertilización nitrogenada de las gramíneas

La fertilización nitrogenada debe tener en cuenta a la vez al suelo, a la planta y al animal. Las reacciones de este último no son aún perfectamente conocidas(1), las de la planta no lo son más que en sus grandes líneas(2), y las del suelo se conocen muy mal en el caso de las praderas. Por lo tanto, *el problema de conjunto está lejos de estar a punto.*

Actualmente se puede afirmar que es necesario estudiar la fertilización nitrogenada en cada corte (págs. 272 a 274). Aparte de ello, no se puede más que pasar revista a los puntos peor conocidos (págs. 274 a 280) y para el resto, dar algunos consejos provisionales (págs. 280 a 284). *Hay mucho que esperar de las investigaciones en curso y de las futuras.*

EL PROBLEMA DE LA FERTILIZACION NITROGENADA SE PLANTEA CORTE POR CORTE

El problema de la fertilización nitrogenada es confuso por el hecho que todavía se llama "dosis de nitrógeno" a la dosis anual. Es un vocabulario adaptado a los problemas de compatibilidad financiera del agricultor, pero en absoluto a las reacciones de la planta.

Este vocabulario impregna de tal manera las mentes que los experimentos se montan todavía sobre estas bases. Por ejemplo, si se quiere comparar varios ritmos de explotación implicando diferente número de cortes por año y varias dosis de nitrógeno, éstas últimas se definen sobre una base anual y se aportan en fracciones iguales en cada corte. Así un tratamiento de cuatro cortes y recibiendo 60 unidades/ha en cada corte se considera que ha recibido la misma dosis (240 u) que otro, de 6 cortes y que sólo ha

(1) Lo que se conoce está resumido en las páginas 200 a 202: La calidad nitrogenada de la hierba está en relación con las formas sucesivas del nitrógeno en la planta.
(2) Ver páginas 126 a 133: Evolución del nitrógeno en la planta.

recibido 40 unidades/ha cada vez. Tales experiencias, todavía frecuentes, acusan un efecto del ritmo de corte ilusorio, que se explica por el efecto de la dosis de nitrógeno, desconocido por los Autores.

El objetivo de un aporte de nitrógeno: preparar el corte siguiente

El efecto de un aporte de nitrógeno es anulado en su mayor parte, desde el corte inmediatamente posterior al mismo, pues dicho elemento se exporta en gran cantidad en este momento, mucho más allá de las apariencias. Se tiene, en efecto, tendencia a enjuiciar la exportación de nitrógeno según su efecto sobre el rendimiento. Este error procede sin duda del hábito de razonar en plantas de cultivo extensivo, cuya composición química en la recolección es relativamente fija. No ocurre lo mismo en las gramíneas forrajeras. En éstas, aún cuando todo o parte del nitrógeno no sirva para elevar el rendimiento, penetra en gran cantidad, por lo menos en las partes recolectables de la planta, donde su proporción puede doblarse. Las enriquece así en M.N.T., interese o no al agricultor. Para darse cuenta de ello, es suficiente cotejar los capítulos dedicados al metabolismo del nitrógeno, y al efecto de éste elemento sobre el rendimiento o la proporción en M.N.T.:

- en el curso de un rebrote, la proporción de nitrógeno aumenta muy rápidamente, después vuelve a disminuir (fig. 15.3, págs. 209[1]), mientras que el rendimiento aumenta mucho más lentamente (fig. 13.1, pág. 169). El resultado es que la exportación se aproxima o alcanza su máximo mucho antes que el rendimiento (fig. 9.1, pág. 128);
- la proporción de nitrógeno aumenta sobre todo en respuesta a fertilizaciones muy elevadas (fig. 15.4, pág. 211[1]), para las que el rendimiento no reacciona ya (fig. 13.6, pág. 180). El resultado es que todo cambio de dosis repercute de la misma forma en la exportación, se modifique o no el rendimiento (fig. 9.2, pág. 130).

Será preciso estudiar la fertilización nitrogenada corte por corte, y en función del aprovechamiento venidero, mejor que en función del precedente del que sería presuntamente necesario restituir las exportaciones.

¿Se pueden tener en cuenta los restos de aportes anteriores no utilizados?

Aunque pequeños, existen restos de fertilización nitrogenada: después de un corte, el suelo es más rico cuanto más elevados hayan sido los aportes anteriormente y cuando los cortes se hayan verificado próximos a los aportes. Estos restos quedan disponibles para rebrotes posteriores[1].

---

(1) En estas figuras la curva se expresa en M.N.T., pero explica también la proporción de nitrógeno: es suficiente multiplicar por 6,25 la escala de ordenadas.

(2) Ver páginas 274–275: ¿En qué se convierte en el suelo de una pradera de gramíneas el nitrógeno que se le aporta?.

Sin llegar al extremo de planificar la fertilización sobre una base anual, podemos estar tentados de utilizar estos restos para economizar las operaciones de esparcimiento, aportando de una vez una dosis masiva para varios cortes. Tal política es mala, pues presenta graves inconvenientes:

- la nutrición nitrogenada es excedentaria en el próximo corte, con todos los riesgos que ello comporta: elevada proporción de nitratos y baja de glúcidos, de ahí el peligro de intoxicaciones, o bien rendimiento demasiado elevado implicando despilfarro, encamado, podredumbre y luego riesgo de muerte de la pradera después del corte;
- el nitrógeno se despilfarra y su eficacia es baja: con una dosis masiva se corre el riesgo de sobrepasar el techo de rendimiento en el próximo corte, con una proporción de M.N.T. inutilmente elevada. Es un despilfarro de nitrógeno. Por otro lado, los restos, de cualquier forma escasos, son poco variables en valor absoluto y consiguientemente el suplemento aportado en previsión de rebrotes ulteriores será poco eficaz;
- el reparto de la producción en los diversos cortes está mal controlado: si bien la exportación de nitrógeno en un corte varía poco en función del rendimiento, la variación es en ambos en el mismo sentido(1). Por tanto, cuanto más abundante sea la hierba en el primer corte posterior al aporte, menos nitrógeno quedará para los cortes siguientes. Ahora bien, no porque los animales hayan estado mejor alimentados, o hayan sido más numerosos (o porque hayan despilfarrado), sus necesidades serán luego menores, sino al contrario.

No resulta pues conveniente provocar voluntariamente la presencia de restos de abonado nitrogenado. Pero fatalmente se originan por el sólo hecho de fertilizar. En particular, las dosis necesarias para obtener un rendimiento máximo raramente se exportan totalmente, sobre todo si se trata del primer corte del año para el cual se precisan dosis elevadas(2). *Sería interesante utilizar estos inevitables restos,* reduciendo o suprimiendo alguna aportación. *Desgraciadamente* no se sabe estimar con precisión la cantidad de nitrógeno que ha quedado en el suelo, se ignora en qué forma se encuentra y en qué momento se encontrará en una forma asimilable. Por esto, *actualmente, es imposible aconsejar una política precisa. La investigación en este tema es activa.*

LOS PUNTOS PEOR CONOCIDOS

¿En qué se convierte, en el suelo de una pradera de gramíneas, el nitrógeno que se le aporta?

El devenir del nitrógeno en una pradera ha sido mucho menos estudiado que en un cultivo arable. Ciertos hechos están bastante bien establecidos, pero su de-

(1) Como la producción de M.N.T., rigurosamente proporcional a las exportaciones de nitrógeno, ver página 207: A igual fertilización, hay antagonismo entre elevada proporción en M.N.T. y elevado rendimiento en materia seca.

(2) Ver página 280: en principio, elegir una dosis que corresponda casi al techo de rendimiento.

terminismo preciso se conoce mal: por ejemplo, la *intensa mineralización* del nitrógeno orgánico en primavera, y sobre todo *después de un verano seco*, cuando vuelven las lluvias sobre un terreno caliente.

Por el contrario, se constatan un conjunto de hechos que plantean cuestiones no resueltas:

- *raramente existe lixiviación en una pradera que lleva instalada más de un año*, dejando aparte los casos de mineralización intensa en algunos otoños[1];
- tres semanas después de un abonado nitrogenado mineral, aunque sea masivo, no existe ya nitrógeno nítrico ni apenas nitrógeno amoniacal; sin embargo, la absorción puede continuar siendo activa más allá de éste período, aunque menos rápida que al principio (fig. 9.1, pág. 128)[2];
- en algunos casos, la exportación se detiene, aún cuando el nitrógeno aportado no se haya exportado enteramente. Sin embargo, la planta continua creciendo;
- los restos de fertilización nitrogenada, aunque poco abundantes, subsisten después de un corte y no son absorbidos completamente por el corte siguiente, sino progresivamente en varios aprovechamientos[3].

Parece difícil de explicar todo ello sin plantear *la hipótesis de una reorganización microbiana* del nitrógeno aportado en el suelo. ¿Pero en qué forma y cómo este nitrógeno se pone a disposición de la planta, en períodos a veces breves?.

Podemos imaginar que esta reorganización se debería a una multiplicación de los cuerpos microbianos, que se efectuaría en competencia con la absorción por la planta. A continuación, estos microorganismos suplementarios acelerarían la mineralización de la materia orgánica preexistente en el suelo. O bien su muerte liberaría este nitrógeno en una forma facilmente mineralizable.

Por otra parte, ¿cómo una planta en crecimiento puede no aumentar ya las exportaciones? ¿Deja de absorber? ¿Pierde en forma de biomasa inerte tanto nitrógeno como el que absorbe?.

De la respuesta a estas cuestiones dependen todos nuestros conocimientos sobre la disponibilidad del nitrógeno aportado por el hombre para la planta.

¿Cual es la importancia de los riesgos de presencia de nitratos en la hierba?

Las proporciones de nitrógeno nítrico generalmente consideradas peligrosas van del 0,3 al 0,5 °/o de la materia seca, según la proporción en glúcidos solu-

(1) Tyson, K. C. et Garwood, E. A., Grassl. Res. Inst. Ann. Rep. for 1976, página 40; 1977.
(2) Trabajos del laboratorio de Agronomía del INRA, Angers-Lusignan.
(3) Hunt, I.V., J. Brit. Grassl. Soc., 29: 1, 69, 73, 1974.

bles. Las gramíneas forrajeras que contienen nitratos son siempre pobres en glúcidos solubles. Los animales en pastoreo, alimentados exclusivamente de gramíneas, deberían pues sufrir alteraciones cada vez que apareciesen nitratos en la hierba, y en particular, poco después de una fertilización nitrogenada.

Ahora bien, está lejos de ocurrir esto siempre. Se han señalado proporciones que van hasta un 1,8 °/o de nitrógeno nítrico, sin que ocurran accidentes[1]. En pastoreo contínuo intensivo, el nitrógeno se aporta a la pradera en presencia de los animales que permanecen luego en la parcela sin sufrir aparentemente daños. Es cierto que en este caso, el rastrojo es verde[2] y también que *los nitratos de la hierba verde son menos peligrosos para el animal que los de otros alimentos. Este peligro reaparece en el heno*[3].

Sin embargo, se producen alteraciones, especialmente cuando los animales salen por primera vez al pasto o en otoño después de un verano seco. No es posible, incluso, afirmar que la presencia de nitratos no tenga relación con la tetania de la hierba. Por esta razón, *en caso de duda, conviene ser prudente* y considerar este riesgo en serio[4].

¿Es necesario añadir nitrógeno para el verano?

En verano son posibles dos errores:

- añadir nitrógeno para nada, si hace tiempo seco;
- no añadirlo, si llueve.

Como no se sabe de antemano el tiempo que hará, es preciso reducir los riesgos, y para ello, conocerlos.

¿Qué es lo que se arriesga añadiendo nitrógeno si no llueve?

Si no llueve el nitrógeno aportado dejará de ser utilizado por la planta pronto, aún cuando esta siga creciendo gracias al agua que encuentra en profundidad, pues el fertilizante se echa en superficie en la zona seca.

El nitrógeno que no es utilizado no se pierde, salvo cuando se aplica en forma de urea. Cuando el tiempo es seco, éste, en efecto, desaparece en la atmósfera en estado de amoniaco gaseoso.

Podemos pues pensar que es preciso aportar nitrógeno en espera de lluvias. Desgraciadamente, si éstas no llegan antes de septiembre, este nitrógeno vendrá a añadirse, en un momento en que la mineralización proporciona ya mucho, teniendo en cuenta que las capacidades de crecimiento de la hierba son moderadas en esta época. Ello se traducirá en riesgos, aún más graves de nitratos, y eventualmente en lixiviación a final de año[5].

---

(1) George, J.R. et al., Agron. J., **64**: 1, 24-26, 1972.

(2) Ver páginas 203–205: Aparición de nitratos en la hierba.

(3) Kemp, A. et al., Proc. VII Gen. Meet. Europ. Grassl. Fed., 9: 1-15, 1978.

(4) Ver página 281. Suprimir el nitrógeno entre dos aprovechamientos muy próximos y suprimir el nitrógeno al principio del otoño después de un verano seco.

(5) Ver páginas 274–275: ¿En qué se convierte, en el suelo de una pradera de gramíneas, el nitrógeno que se le aporta?.

¿Qué es lo que se arriesga no añadiendo nitrógeno si llueve?

En verano, la hierba es muy apreciada pues escasea. Es necesario hacer que produzca al máximo, utilizando lo mejor posible el agua que cae, y que también es valiosa, pues desaparece rápidamente por evapotranspiración. Ahora bien, este agua sólo se utiliza bien cuando la nutrición nitrogenada de la hierba es suficiente.

¿No pueden bastar los restos procedentes de las fertilizaciones primaverales?. En cantidad, es posible, si dichas fertilizaciones han sido abundantes en todos los cortes. Desgraciadamente, se ignora hasta qué punto estos restos son asimilables por las plantas en condiciones de relativa sequía.

¿Qué solución adoptar?

En casos extremos, la solución es fácil: si estamos seguros de que no lloverá (sur mediterráneo), no es preciso evidentemente fertilizar en verano. Si por el contrario se sabe que el verano será lluvioso, es necesario normalmente aplicar nitrógeno. Ello es aún más evidente si se riega, pues el agua es cara.

Los casos más difíciles son los de las regiones donde, según los años, en verano llueve mucho, un poco o nada. Entonces es difícil formular un consejo. Cada cual elegirá en función de sus necesidades de hierba verde en cada época, de la naturaleza de su suelo y . . . de sus ideas personales.

No obstante, nos parece útil asegurar la presencia de un mínimo de nitrógeno asimilable. Después del último corte de primavera, se aplicarán 30 unidades, a menos que los aportes precedentes hayan sido abundantes en todos los cortes[1]. Después, si llueve lo suficiente como para autorizar un aprovechamiento, se volverán a aplicar otras 30 después de este último.

¿En pastoreo, es preciso tener en cuenta el nitrógeno de las deyecciones?

Las recomendaciones que pueden elaborarse en materia de fertilización nitrogenada para las gramíneas forrajeras en cultivo intensivo[2] son suministradas por experimentos realizados en parcelas segadas a ritmos que simulan un pastoreo. Un razonamiento frecuente consiste en decir que en pastoreo real, sería preciso sustraer de las cifras mencionadas anteriormente el nitrógeno contenido en las "restituciones", es decir, en las deyecciones. Estas dependen de la carga y, por lo tanto, indirectamente, de la producción de hierba. Se podría fertilizar intensamente al inicio de la vida de la pradera para permitir una carga elevada, para después, desde que comienza el pastoreo, disminuir otro tanto los aportes. Si se considera que, cuando los animales permanecen en la parcela, las únicas exportaciones de nitrógeno son las de la leche y más tarde, el cuerpo del animal cuando se mata, en praderas muy intensivas, se obtienen cifras que no sobrepasan 50 a

(1) Es decir suficientes para asegurar el rendimiento máximo, ver fig. 13.5, pág. 180.
(2) Ver páginas 280 a 284: Algunos consejos provisionales.

80 kg/ha/año. Por pocos alimentos que los animales consuman provinientes de otras tierras, o comprados en el exterior como las tortas de oleaginosas, se podría deducir que la fertilización nitrogenada no es necesaria realmente.

¿Pero estas restituciones son verdaderamente eficaces?. Los escasos estudios dedicados a este tema(1) hacen pensar que su eficacia es muy baja o nula. Ello puede comprenderse por varias razones:

- una parte de las deyecciones se pierde en los caminos que conducen a la sala del ordeño;
- muchas se concentran cerca del punto de agua, donde existe tanto pisoteo que no puede crecer nada;
- en el resto de la pradera, las restituciones se reparten muy desigualmente en cada pastoreo, la mayoría de la superficie no recibe nada; a la larga, cada emplazamiento acaba por recibirlas, pero muy raramente y a dosis muy elevadas cada vez;
- si, en general, no existe lixiviación en la pradera, es probable que la haya bajo las deyecciones, pues allá, el nitrógeno es extremadamente abundante;
- en el emplazamiento de los orines, formados por urea, pueden tener lugar, en verano, pérdidas en forma de amoniaco gaseoso hacia la atmósfera;
- las boñigas recubren enteramente la hierba: esta muere la mayor parte tiempo, y por tanto no puede beneficiarse del nitrógeno que se encuentra allí; el terreno debe ser recolonizado progresivamente;
- el nitrógeno de las boñigas está en forma orgánica, y sólo se incorpora al suelo lentamente gracias a las lombrices de tierra; se ignora a qué velocidad y en qué proporciones se mineraliza; es posible que contribuya sobre todo a enriquecer cada vez más el suelo en materia orgánica o en humus, antes que a suministrar a las plantas nitrógeno asimilable;
- el pisoteo, en la medida en que estropea la pradera (suelos húmedos, etc.) disminuye su respuesta al nitrógeno;
- el nitrógeno de las restituciones se mineraliza a la vez que el de la materia orgánica del suelo: no permite alargar la estación de crecimiento de la hierba como puede hacerlo una fertilización.

Teniendo en cuenta todas estas incertidumbres y esperando estudios más profundos, *es preferible no considerar las restituciones a la hora de decidir la fertilización nitrogenada.*

¿Cómo fertilizar una asociación gramínea-leguminosa?

Interés y límites del nitrógeno aportado por la leguminosa

En una asociación entre una gramínea y una leguminosa, esta última proporciona nitrógeno a la gramínea: es éste uno de sus principales intereses. Si no se

(1) Wheeler, J. L., J. Brit. Grassl. Soc., 15: 3, 252-257, 1960, et Richards, I. R., Proc. Internat. Meet. Anim. Prod. for Temp. Grassl. 45-49. Dublin, 1977.

aporta nitrógeno, el que proviene de la leguminosa se revaloriza plenamente. *Pero no es suficiente para obtener una producción intensiva*, por dos razones:

- este nitrógeno se libera a la vez que el procedente de la mineralización de la materia orgánica del suelo; por lo tanto, no permite hacer crecer la hierba fuera de estas épocas, como el nitrógeno de las fertilizaciones;
- es suministrado en cantidad limitada: 50 a 100 unidades/ha por año, liberadas lenta y progresivamente, está lejos de ser suficiente para las posibilidades de crecimiento de las gramíneas.

Fertilizar la asociación perjudica a la leguminosa

Para paliar la insuficiencia del nitrógeno proveniente de la leguminosa, la solución parece simple: añadir nitrógeno mineral. Pero es ahí donde comienza la dificultad, pues la leguminosa resulta perjudicada por tal aporte. Más concretamente *no es el aporte de nitrógeno en sí mismo el que le perjudica, sino la competencia de la gramínea, favorecida por el abonado.* Por consiguiente, cuanto más nitrógeno mineral se aplica, menos se beneficia del de la leguminosa.

Este inconveniente no es inmediato, pues incluso después de que la leguminosa ha desaparecido, ejerce aún durante algún tiempo un efecto favorable: la ex-asociación puede conservar durante al menos un año una producción intensiva, con la mitad de nitrógeno del que necesitaría una gramínea pura(1). Sin duda, se puede explicar este efecto retardado de dos maneras:

- la leguminosa suministra su nitrógeno por descomposición de sus órganos subterráneos: ello puede continuar durante cierto tiempo después de su muerte;
- la desaparición de la leguminosa deja calveros en la vegetación: al penetrar mejor la luz, se favorece la fotosíntesis de la gramínea.

Aún cuando el efecto favorable de la leguminosa dura más tiempo que ella, con una asociación resulta difícil de obtener, sin desaparición de la leguminosa, un rendimiento tan elevado como el que puede obtenerse con una gramínea pura intensamente fertilizada.

Un compromiso difícil

En cultivo extensivo, el interés de la asociación gramínea-leguminosa consiste en aumentar el rendimiento sin gastar en nitrógeno.

En cultivo intensivo, como no es posible aumentar el rendimiento mediante la asociación, se tratará de *economizar la máxima cantidad posible de nitrógeno disminuyendo lo menos posible la producción.* Es preciso encontrar la fertilización nitrogenada que permita la producción máxima sin perjudicar a la leguminosa. Si el equilibrio entre los componentes de la asociación evolucionara regular-

(1) Planquaert, Ph. Fourrages, 66, 31-61, 1976.

mente se podría ajustar el nivel de fertilización de acuerdo con ello. Desgraciadamente no es así, por varias razones:

- existe una variación estacional normal en las proporciones de dichos componentes: esta variación es debida a las diferencias de sus ritmos de crecimiento. Pero enmascara, aparentemente, las verdaderas rupturas de equilibrio;
- el equilibrio es inestable: desde que un constituyente comienza a dominar al otro, existe tendencia a eliminarlo rápidamente;
- el equilibrio está bajo la dependencia estrecha de las condiciones climáticas. Ahora bien, en el momento en que se decide un aporte de nitrógeno, se ignora el tiempo que hará.

El resultado es que *cuando un constituyente desaparece, lo hace bruscamente, de manera inesperada.* El problema está lejos de estar resuelto. Para conseguirlo, será necesario tener en cuenta la región, el modo de explotación, el tipo de suelo, la naturaleza exacta de los constituyentes, etc. *Será necesario, actuar no sólo sobre las dosis, sino también sobre las fechas de fertilización.* Se puede por ejemplo, tratar de aportar el nitrógeno en las épocas del año en que perjudice menos a la leguminosa. Pero estas épocas son aquellas en que la gramínea responde mejor, ya que es el crecimiento de la gramínea el que soporta mal la leguminosa.

Parece ser que la respuesta a esta cuestión sea más fácil en los dos tipos de asociación siguientes:

- gramínea-trebol blanco en pastoreo, pues los aprovechamientos frecuentes, bien soportados por el trébol, disminuyen la competencia por la luz;
- ray-grass italiano – trebol violeta, asociación a la que no se pide que dure más que dos años.

ALGUNOS CONSEJOS PROVISIONALES

En principio, elegir una dosis que corresponda casi al techo de rendimiento

En general, el rendimiento de las gramíneas responde a la dosis de nitrógeno de forma lineal, después se curva para llegar muy rápido a un techo (fig. 13.5 y 13.6, pág. 180). En la medida en que esta respuesta sea rentable, interesa aprovechar toda la zona lineal, es decir aportar una dosis que corresponda casi al techo. *En general, la calidad nitrogenada de la hierba permite producciones al menos tan elevadas como las permitidas por la energía. Es por tanto inútil aportarle más.*

Esta dosis es del orden de *100 a 150 unidades/ha para preparar el primer corte del año, 40 a 60 unidades para los demás.* Puede llegar a ser más elevada en ciertas condiciones, que solo pueden ser determinadas localmente y para cada especie.

Suprimir el nitrógeno entre dos aprovechamientos muy próximos

Puede ocurrir que se necesite proceder a un pastoreo muy rápido. Por ejemplo, después de un despuntado, en especies de encañado rápido, se pretende eliminar las espigas en todas las superficies antes de que salgan. Es preciso que el rendimiento entonces sea de bajo a muy bajo. El tiempo de reposo en toda o parte de las parcelas debe pues ser corto, eventualmente inferior a dos semanas.

En tales casos, que deben ser previstos en el planteamiento de la explotación, no se aportará nitrógeno: *se puede provocar la aparición de nitratos y por otra parte, la fertilización no tendrá tiempo para aumentar el rendimiento* de manera rentable (fig. 13.6, pág. 180).

Suprimir las aplicaciones de nitrógeno de principios de otoño después de un verano seco

Cuando el verano ha sido seco, el retorno de las lluvias provoca una intensa mineralización de la materia orgánica del suelo, enriquece los restos dejados por fertilizaciones anteriores(1). Puede haber allí más nitrógeno mineral del que el crecimiento vegetal, limitado por el clima, pueda utilizar: entonces se encuentran *nitratos en la hierba*, e incluso se produce *lixiviación*. En estas condiciones, *en praderas correctamente fertilizadas hasta ese momento, todo aporte de nitrógeno destinado a preparar el primer rebrote de otoño no podría más que agravar estos inconvenientes.*

Aparte de los casos precedentes, no disminuir la dosis más que cuando se tema un exceso de hierba

Paradójicamente, no es cuando la hierba crece peor cuando es preciso disminuir las dosis de nitrógeno. En efecto, las figuras 13.5 y 13.6, pág. 180, muestran que la respuesta sigue siendo lineal prácticamente entre las mismas dosis, tanto cuando esta respuesta es débil como fuerte. Entonces, ocurre que: o bien esta respuesta es rentable (por ejemplo 10 kg de materia seca por unidad de nitrógeno), o bien no lo es.

Si la respuesta no va a ser rentable, no es en absoluto preciso añadir nitrógeno. Pero estos casos han sido examinados ya antes: conciernen bien al verano, bien a dos aprovechamientos muy próximos.

Si la respuesta va a ser rentable, deberá estar dentro de la zona lineal, es decir casi en el máximo de rendimiento. Mientras no haya hierba en exceso, y con mayor motivo si se teme que falte, *interesará obtener el máximo*, aunque, al cabo de algunos aportes semejantes, se pueda suprimir o disminuir una fertilización teniendo en cuenta los restos de abonado que permanezcan en el suelo(2). Por el contrario, si se tiene suficiente hierba, sería irracional producir un

(1) Ver páginas 274–275: ¿En qué se convierte, en el suelo de una pradera de gramíneas, el nitrógeno que se le aporta?.
(2) Ver páginas 273–274: ¿Se pueden tener en cuenta los restos de aportes anteriores no utilizados?.

rendimiento suplementario que no se podría utilizar sin despilfarro, y que favorecería el encamado, o, en caso extremo, se correría el riesgo de ocasionar la desaparición de la pradera.

No es pues por temor a una moderada rentabilidad por lo que se disminuirá la dosis de nitrógeno, sino por temor de un exceso de hierba.

Para preparar el primer aprovechamiento en verde del año

En el primer aprovechamiento del año, cualquier que sea y cualquiera que sea su fecha, el rendimiento aumenta con la fertilización nitrogenada hasta *dosis muy elevadas (100 a 150 unidades/ha).*

Pero si este nitrógeno se aporta a final de invierno, las primeras parcelas pastadas o utilizadas para forraje corren el riesgo de ser aprovechadas muy poco tiempo después, por lo tanto cuando tienen muchos nitratos. Esta es una de las razones por las cuales es indispensable asegurar un periodo de transición, de al menos una semana entre la alimentación invernal y la hierba verde.

En las regiones en las que el invierno es suave, se puede igualmente considerar el aporte de una fracción importante del nitrógeno inmediatamente después del último corte de otoño, al menos en las primeras parcelas que se ofrecerá a los animales. Ello evitará el riesgo de nitratos y provocará un inicio de la vegetación más precoz que hará adelantar sensiblemente la salida de los animales al pasto(1). Habrá biomasa inerte pero, en tanto que una parte de la ración esté constituida aún por ensilado, ello no presentará muchos inconvenientes.

Para preparar el primer aprovechamiento del año en ensilado

Si la primera explotación del año debe ser para ensilado, podemos vernos tentados, en regiones de invierno suave, a aplicar nitrógeno antes del invierno, a fin de aumentar el rendimiento al máximo. Esta solución deberá rechazarse, pues el aumento de rendimiento se haría sentir especialmente mucho tiempo antes de la recolección, lo que agravaría seriamente los riesgos de encamado y de desaparición de la pradera. Además, tal aporte disminuiría la calidad nitrogenada de la hierba, calidad que es probable sea baja si el ensilado se hace tardíamente (principio del espigado).

Para mejorar esta calidad nitrogenada, podemos estar tentados, igualmente, de aportar una dosis de nitrógeno superior a la que produciría un rendimiento máximo. Pero por una parte, ello no tiene gran interés, pues, en el momento de efectuar el ensilado, el potencial energético es casi tan limitante como la calidad nitrogenada; por otra parte, tal aumento de fertilización presentaría numerosos inconvenientes:

- obligación de obtener un rendimiento máximo, con los riesgos que ello implica: encamado, podredumbre, etc.;
- aumento de los riesgos de desaparición de la pradera después del corte;
- presencia de nitratos en la hierba recolectada, al menos en algunas especies.

---

(1) Ver página 185: Con inviernos suaves.

La única solución consiste, cuando es posible, en adelantar la fecha de ensilaje. Se mejorará así a la vez el potencial energético y la calidad nitrogenada de la hierba recolectada.

¿Cuándo aportar el nitrógeno después de un aprovechamiento?

Después de cada aprovechamiento, es preciso preparar el siguiente mediante un nuevo aporte de nitrógeno ¿Hay que añadirlo enseguida, o esperar un poco?

Cuando se ha efectuado una siega en toda una parcela de vez, sea para conservación o para cortar los rechazos, *es preciso practicar dicha fertilización desde el momento en que el rastrojo vuelve a ponerse verde* (lo cual puede suceder, aunque raramente, desde que se efectúa el corte). Una aplicación más precoz sería metabolizada peor(1), una más tardía aumentaría inutilmente la proporción de nitrógeno en detrimento del rendimiento(2).

En pastoreo, la hierba se aprovecha todos los días, pero sólo se aporta nitrógeno de vez en cuando, cuando los animales salen de una parcela por ejemplo. En caso de pastoreo racionado, la hierba ha comenzado ya a rebrotar en los emplazamientos consumidos en primer lugar. Pero en general, el rastrojo es verde por todo. Es necesario entonces *aportar el nitrógeno sobre pequeñas superficies,* a fin de alargar al máximo el desfase antes del corte siguiente, desfase que condiciona la eficacia del nitrógeno sobre el rendimiento.

Para forraje en verde, el problema se parece al del pastoreo racionado, con la diferencia de que el rastrojo suele ser marrón. *Se aportará el nitrógeno sobre pequeñas superficies pero solamente en los emplazamientos que hayan reverdecido.*

¿En qué forma aportar el nitrógeno?

La forma nítrica es directamente asimilable y teóricamente es la más eficaz. Pero es cara, no se encuentra siempre, y dificilmente se almacena.

La forma amoniacal es también directamente absorbible. Si su absorción no sobrepasa la cuarta parte del nitrógeno total (siendo el resto nítrico), esta forma aumenta la eficacia de la fertilización(3). La razón de ello es sin duda que el ión amonio, al estar reducido, cortocircuita en el vegetal la barrera de la nitrato-reductasa, lo que produce una ganancia de tiempo y de carbono. Si la absorción amoniacal sobrepasa la cuarta parte del total, alcanza su nivel de toxicidad para la planta y la eficacia disminuye. Pero este caso es raro en la naturaleza, pues el amonio se nitrifica en unos pocos días siempre que el suelo no esté impregnado de agua y no haga demasiado frío. Es por esta razón quizá por lo *que la forma amónico-nítrica parece en general la más eficaz,* mientras que el amoniaco anhidro parece dar peores resultados.

---

(1) Ver página 182: Efecto del estado de la hierba en el momento del aporte.

(2) Ver páginas 181–182: Efecto del desfase entre un aporte y el corte siguiente sobre el rendimiento de este último.

(3) Blanc, D., Ann. Physiol. Végét., 1: 2, 163-178, 1959; Blanc, D., C.R. Acad. Agric., 912-917, 1961; Blondel A.M. et Blanc, D., C.R. Acad. Sci., Ser D, 277: 1325-1327, 1973.

La urea, a la que se puede vincular la purina, se nitrifica también muy rápidamente, pero solo si la estación se presta a ello, y una de las etapas de transición de esta nitrificación es la forma amoniacal. En caso de sequía, pueden ocurrir pérdidas gaseosas hacia la atmósfera. También parece dar peores resultados que la forma amoniconítrica.

Las formas orgánicas, estiercol sólido y estiercol líquido, tienen los mismos defectos, a los que se añade una nitrificación muy lenta, lo que ocasiona dos inconvenientes suplementarios:

- dejan a la planta sin nitrógeno en épocas de escasa nitrificación;
- no es cierto que se nitrifiquen tan deprisa como son aportados; es posible que una parte contribuya a enriquecer el suelo en materia orgánica y no a nutrir a la planta.

Parece pues que hay que recomendar la incorporación del estiercol sólido y del líquido en abonados de fondo y aportar las dosis de nitrógeno aconsejadas más arriba, de preferencia en forma amonico-nítrica.

Aportar los demás minerales en proporción con el nitrógeno

Una intensa fertilización nitrogenada acarrea un crecimiento de la hierba muy fuerte. Esta extrae grandes cantidades de los otros minerales (P, K, oligoelementos, etc.). Se pueden alcanzar así, sobre todo a largo plazo, determinadas carencias, si estos otros minerales no se aportan proporcionalmente.

No obstante es preciso hacer una *restricción para el potasio*, para el que existe otro peligro: las gramíneas realizan un consumo de lujo, llegando a tasas excesivamente elevadas para los animales, y absorben menos otros iones más útiles como el calcio o el magnesio. *La solución consiste quizás en fraccionar la fertilización potásica,* de forma algo similar a la del nitrógeno, a fin de no aportar nunca demasiado de un golpe.

CAPITULO XXIII

¿Se puede luchar contra la sequía?

La mayor parte de las gramíneas forrajeras resisten la sequía, por eso rebrotan en otoño y su persistencia no disminuye apenas[1]. Pero a menudo es al precio de su producción estival[2]. Para el agricultor, luchar contra la sequía, consiste, esencialmente, en obtener hierba verde en verano.

Medios diferentes de lucha y su eficacia

Para mejorar la producción estival, lo primero que se piensa es en el método directo: regar. Pueden imaginarse también medios indirectos: elegir racionalmente las especies, favorecer un enraizamiento profundo, aportar nitrógeno en verano, disminuir la demanda de agua (E.T.P.).

¿Regar?

En el estado actual de las técnicas, *la eficacia de la irrigación* de una gramínea depende mucho de la E.T.P.: *es máxima en las regiones de poca sequía* (Oeste, montaña) y allí, apenas sobrepasa *2,5 kg de materia seca por tonelada de agua.*

Por otra parte, las investigaciones en curso muestran que la sensibilidad de las plantas a la sequía varía mucho en el curso de un rebrote[3]. *Se puede pues esperar que la eficacia de la irrigación llegue a mejorar* mediante una distribución racional en el tiempo.

---

(1) Algunas especies tienen al menos cierta sensibilidad: ver especie por especie, 6ª parte de esta obra.

(2) Ver páginas 96 a 99: Posibilidades de defensa de la planta contra la sequía.

(3) Trabajos del Laboratorio de Agronomía del INRA, Angers-Lusignan.

¿Elegir las especies?

El dactilo y la festuca alta, una vez bien implantados, y más todavía el ray-grass italiano no alternativo cuando se ha sembrado en primavera, así como los bromos, rentabilizan al máximo tanto el agua natural como la de riego, y *su superioridad* con respecto a otras especies *es máxima en las regiones de E.T.P. moderada.* Parece ser sobre todo una cuestión de temperatura: si el verano, aunque seco, es fresco, todas las especies responden relativamente bien al aporte de agua; y cuando realmente hace exceso de calor (Africa del Norte), ya no responde ninguna.

¿Favorecer el enraizamiento?

Una planta de raíces profundas crece mejor en verano. Pero para favorecer el enraizamiento, es necesario que los aprovechamientos sean poco frecuentes y las dosis de nitrógeno bastante bajas durante las estaciones lluviosas. No resulta fácil dominar el primer punto pues la hierba se utiliza en función de las necesidades. En cuanto al nitrógeno consistiría en privarse de una fuerte producción en primavera, para obtener una ligera mejora en verano. Todo ello *probablemente sea ilusorio*. De cualquier forma, nunca se ha verificado ni cuantificado.

¿Aportarle nitrógeno en verano?

El problema ha sido tratado en el capítulo precedente: se revela muy complejo y es difícil formular un consejo seguro.

¿Disminuir la demanda de agua?

Si se pudiera disminuir la E.T.P., se obtendría mejores rendimientos con menos agua, como lo muestra la fig. 6.2, pág. 101. Si en efecto, en esta figura, nos encontramos en un caso en que la demanda es elevada, y el agua del suelo permite una E.T.R. igual a Q, se obtiene un rendimiento R_3. Si se trata sólo de satisfacer la demanda integramente, se deberá aportar agua suficiente para que la E.T.R. suba a E.T.M_3, y el rendimiento subirá a P_3. Pero si se pudiera restablecer la demanda climática (E.T.P.) a un nivel medio, sería suficiente llevar la E.T.R. al valor E.T.M_2, y se obtendría un rendimiento P_2, superior a P_3.

¿De qué medios se dispone para disminuir la demanda de agua?

El primero es la *irrigación* que actúa de dos maneras:

- crea, por encima de las plantas, una zona en que el aire es más húmedo;
- debido a su evaporación en el aire y sobre las hojas, disminuye la temperatura.

Estas dos acciones, relativamente de menor importancia, serán más eficaces cuando el agua se aplique sobre espacios amplios. Ese es el origen de los perímetros de riego, muy conocidos en los países mediterráneos.

Además de la irrigación, para disminuir la demanda de agua, podemos pensar en la producción de sombra o en la instalación de corta-vientos. Resulta difícil sombrear una pradera entera. *Los corta-vientos* son más realizables. Pero *son instalaciones fijas y por lo tanto pesadas*, sólo resultan eficaces en lugares en donde el viento tiene una dirección claramente predominante. *No carecen de peligro* pues pueden crear zonas de aire estancado, en donde la temperatura puede elevarse lo suficiente como para anular todo el beneficio producido. Se trata de una técnica difícil, a manejar con muchas precauciones, y teniendo muy en cuenta la experiencia local. De hecho, es un problema de ordenación regional. Evidencia el interés que presentaría, en el Oeste que no es una región excesivamente cálida, una política de mantenimiento de un paisaje rural bien comprendido.

En resumen

Los únicos medios con los que el agricultor puede contar, relativamente, son la *elección de las especies* si la sequía no es excesiva, y *los riegos*. Pero ésto ¿es rentable?.

Interés económico de los riegos

Expresado en materia seca producida por tonelada de agua aportada, la respuesta de las gramíneas forrajeras es pequeña. Por ello frecuentemente se llega a la conclusión de que es mejor, por ejemplo, aportar el agua de que se dispone al maíz. Este razonamiento es incompleto, y por otro lado, cuando un agricultor se ha equipado para regar su maíz, con frecuencia encuentra interesante aprovecharlo en sus praderas. Por dos razones:

- la verdadera cuestión es la siguiente: ¿para obtener el suplemento de producción esperado del agua, es preciso dedicar cierta superficie a sembrar maíz que se regará, o por el contrario regar una superficie doble de gramíneas, eligiendo bien la especie?. La siembra del maíz hay que hacerla anualmente y solo produce en verano. La gramínea ha sido ya utilizada en primavera (dactilo, festuca alta) o lo será en la primavera siguiente (siembra joven de ray-grass italiano no alternativo). La rentabilidad de la operación debe expresarse en producción animal suplementaria por franco gastado. *En el caso de la pradera, los únicos gastos son el riego y el nitrógeno. Para el maíz es preciso añadirle los gastos de instalación del cultivo.*
- en muchas regiones de Francia (Centro-Oeste), el clima de verano es tan variable que la producción estival de una buena gramínea puede variar, por ejemplo, de 6 toneladas de M.S./ha a cero, o sea, para simplificar, una media de alrededor de 3 toneladas. El agricultor, que debe alimentar su rebaño durante todo el año, se verá obligado a preveer lo peor a la hora de calcular la siembra de sus superficies forrajeras: una producción de verano nula para las gramíneas. Si el verano es muy húmedo habrá forraje en exceso. Por esta razón *el interés esencial del agua consiste en no aumentar el rendimiento, sino en asegurarlo.* Si el riego asegura

> un rendimiento que varía entre 4 y 6 toneladas, ello proporciona una media de producción de 5 toneladas, o sea 2 por encima de la que se obtiene sin agua. Este suplemento de producción es el que se suele comparar al del maíz. Pero si se consideran las superficies a sembrar, son los mínimos los que es preciso comparar: 4 toneladas en lugar de cero, o sea un suplemento económico de 4, y no de 2 toneladas.

El cálculo económico no se ha hecho nunca sobre estas bases. Es muy probable que si se hiciera, pondría en evidencia que la irrigación resulta rentable más a menudo de lo que se cree.

CAPITULO XXIV

Producción de semillas de gramíneas forrajeras

Aparte de las bases biológicas descritas en esta obra, otros dos factores intervienen de manera decisiva en la producción de semillas. Estos son:

- *el tamaño y la forma de los granos, que hacen que sean difíciles de separar* de los de las diversas plantas adventicias, en particular de otras gramíneas. El peligro que representan las malas hierbas desborda pues ampliamente el cuadro de la simple competencia en la producción, y la *eliminación de las malas hierbas llega a ser un punto central de este cultivo;*
- *la fecundación cruzada,* que es característica de las gramíneas forrajeras(1): su polen es transportado por el viento. Esto acarrea dos consecuencias: riesgo de hibridaciones incontroladas, y riesgo de evolución de una generación a otra(2), *de ahí la necesidad de lucha contra las resiembras.*

Por otro lado, la experiencia muestra que *el factor principal en la producción* de granos, sobre el que se puede actuar mediante las técnicas culturales, *es el número de tallos reproductores.*

No es aquí cuestión de describir toda la técnica de los cultivos para producción de semilla en gramíneas. Ello conllevaría la exposición de gran número de conocimientos no concernientes a la biología de estas plantas (maquinaria, pesticidas) y de muchas "fórmulas" muy adaptadas a cada variedad y región puestas a punto por las firmas y organismos de producción de semillas. Por otra parte, este

(1) Salvo los bromos, que se autofecundan naturalmente. Pero esta autofecundación no es total, de manera que los riesgos ligados a la fecundación cruzada también existen, aunque reducidos.
(2) Contrariamente a las especies de autofecundación natural como el trigo, las especies de fecundación cruzada no son estables en sus descendencias.

cultivo está sometido a reglamentos oficiales muy precisos, destinados a ofrecer garantía total, al comprador de las semillas. Nos contentaremos con mostrar cómo se relacionan con la biología de las gramíneas forrajeras algunas de las medidas recomendadas o impuestas. Conciernen a la elección del lugar (pág. 290–291), a la fecha de siembra que vuelve a plantear aquí el problema de la siembra bajo cultivo protector (págs. 291–292), a la separación y densidad de siembra (págs. 292–293), a su ocasional aprovechamiento en forma de forraje (págs. 293–294), a la fertilización nitrogenada (págs. 294–295), a la recolección del grano (págs. 295-296) y a la duración del cultivo (pág. 296).

Elección del lugar

Para los cultivos de gramíneas destinados a producción de grano, la elección de la región y sobre todo la de la parcela son mucho más difíciles que para la producción de hierba.

Una región bien adaptada

Será preciso tener en cuenta, como siempre, la adaptación de la variedad elegida a la región. Pero en esta adaptación, un criterio, de menor importancia en los cultivos de gramíneas para forraje, llega a ser esencial para la producción de semillas: la *resistencia al frío*. En efecto, el órgano más sensible al frío es el ápex, cuando ha empezado su evolución floral (estadios de Estrías Blancas y Dobles Pliegues). Las heladas, sobre todo las tardías, destruirán principalmente las futuras inflorescencias. Esta pérdida, ocasionará naturalmente una competencia menor. Pero esto no se compensará como en los cereales, con un beneficio de las espigas supervivientes, sino en beneficio de los renuevos vegetativos, que sufrirán una crisis de ahijamiento menos intensa. El rendimiento en semillas resulta aún mucho más afectado, por las heladas, que el rendimiento en hierba.

Una parcela limpia

El campo debe estar exento de aquellas plantas adventicias cuyas semillas se eliminarían mal en la selección efectuada en la recolección. En general se trata de otras gramíneas imposibles de hacer desaparecer al eliminar las malas hierbas. Su lista la suministran, para cada especie, los reglamentos oficiales, así como las tolerancias, que son muy severas.

El terreno no debe contener tampoco semillas de la especie: no se trataría de la misma variedad (otra variedad, o forma silvestre), o en todo caso de la misma generación, y ello ocasionaría hibridaciones incontroladas, alterando la naturaleza de la variedad. El peligro es particularmente frecuente en el caso del ray-grass italiano.

Los reglamentos imponen condiciones precisas en materia de precedente cultural, para eliminar las principales causas de una insuficiente limpieza de la parcela.

Una parcela bien aislada

Para evitar una fecundación de la variedad por polen extraño, no es suficiente que el campo esté limpio, es preciso además que esté lejos de toda fuente posible de tal polen: otro cultivo de la misma especie, praderas naturales, bordes de setos que lo puedan contener. Los reglamentos dictan las distancias a respetar.

Fecha de siembra: problema de la siembra bajo cultivo protector

Para la fecha de siembra es preciso distinguir el ray-grass italiano por un lado y las especies perennes por otro (festucas, dactilos, fleo, ray-grass inglés). No existe aún experiencia con los bromos.

El ray-grass italiano sembrarlo en otoño sobre suelo desnudo

El ray-grass italiano se implanta rápidamente, es agresivo frente a las adventicias, tiene relativa facilidad para florecer y se instala para la obtención de una sola cosecha de granos[1]. Por esto deberá sembrarse en otoño para recogerlo en el mes de julio siguiente. Así pues, el problema de la siembra bajo cultivo protector no se plantea.

Pero será preciso *realizar la siembra bastante temprano* para que las plantas resistan bien el frío. Para las variedades no alternativas es preciso también que la inducción floral tenga tiempo de producirse, pues para ello tienen necesidad del invierno. Para estos tipos, las fechas límite varían entre el 20 de septiembre y el 20 de octubre, según la región. Las variedades alternativas deberán poder sembrarse más tarde, pues el problema de la inducción primaria no se plantea en ellas. Pero falta experiencia, pues se multiplican poco. Se podría pensar sembrarlas en primavera, pero la recolección se efectuaría demasiado tarde para no sufrir por la sequía.

Las gramíneas perennes sembrarlas mucho tiempo antes bajo cultivo protector

En otras gramíneas diferentes del ray-grass italiano y quizás el bromo, el poder competitivo frente a las adventicias es más o menos débil y la floración es de larga a menos larga. Por estas dos razones, la siembra a final de verano justo el año anterior al de recolección ha sido progresivamente abandonada: se siembra mucho tiempo antes. El suelo desnudo no está justificado económicamente, pues una gramínea destinada a producción de semillas perdura mucho menos tiempo que una pradera[1].

La técnica más corriente es la *siembra de primavera bajo cubierta de cereal de primavera*. Como en la implantación de una pradera, es preciso velar de no

(1) Ver página 296: Duración del cultivo.

forzar demasiado el rendimiento del cereal (en particular por la fertilización nitrogenada), y elegir una variedad precoz, de paja corta, escaso ahijamiento y resistente al encamado, a fin de no perjudicar demasiado a la gramíneas[(1)].

Desde hace poco tiempo, algunos agricultores, buscando un aumento de cosecha de cereal, tratan de sembrar bajo un cereal de invierno. Esta siembra puede proyectarse en dos momentos:

- en primavera y por lo tanto después de la siembra del cereal, en las interlíneas de este. El cereal deberá sembrarse a gran distancia. Al no ser posible el laboreo del suelo, tal solución exige una tierra blanda, no compactada. La competencia del cereal es aún más peligrosa que cuando se emplea la técnica clásica: se precisa que al menos no sea excesivamente exuberante en primavera, por lo tanto hay que sembrar tarde y el invierno no debe ser frío. Es necesario que tampoco haya sequía, ya que existe competencia por el agua. Todas estas consideraciones restringen esta técnica a zonas bastante limitadas (Norte y Este del Bajo Pirineo por ejemplo);
- en otoño, al mismo tiempo que el cereal, es decir un año y medio antes de la recolección de granos de la gramínea. En la primavera, el cereal encañará solo pues la gramínea habrá abordado el invierno demasiado joven[(2)]. En el otoño que sigue a la siega, deberá haber buen pasto, y en la primavera siguiente, la primera producción de semillas. Pero los riesgos de tal sistema parecen numerosos. Con una siembra tan tardía, es difícil luchar contra las adventicias. Existe el riesgo de que sean sensibles al frío. Un invierno suave parece preferible por favorecer el ahijamiento de la gramínea antes de que el cereal la recubra. Por estas razones, esta técnica, no parece planteable más que en el Oeste, y se buscará un cultivo protector de siembra temprana.

Separación y densidad de siembra

Sembrar lo más claro posible

Para obtener el máximo de tallos reproductores, es preciso reducir la competencia entre los vástagos, es decir, tener una colonización escasa. Se sembrará pues, la menor cantidad posible de granos por hectárea. Y como la competencia se intensifica con el tiempo, los cultivos deberán ser tanto más claros cuanto más tiempo deban durar. *El único límite inferior consiste en obtener una densidad de colonización regular.* Este límite depende del suelo, del precedente, del clima, del material de que dispone el agricultor, y también de su tino. No puede conocerse más que por tanteo y experiencia. En su defecto, se seguirán los consejos dados por los organismos competentes, a partir de una experiencia media.

---

(1) Ver página 242: La siembra de primavera bajo cereal de primavera: no forzar al cereal.
(2) Ver páginas 224–225: La precocidad de espigado es imprevisible después de una siembra de otoño.

¿Es preciso sembrar en líneas, y, a qué distancia?

Para responder a esta cuestión, se debe tener en cuenta no sólo las bases expuestas sobre el encañado, sino también el problema de las adventicias y de las resiembras.

Para los ray-grass italianos, bastante agresivos frente a las adventicias y *que no perduran ni un año*, los reglamentos dejan la elección al agricultor. La técnica más frecuente es la siembra en líneas con *separación normal* (15-20 cm). Solamente se reduce la densidad en la línea.

Para las especies perennes que se mantienen durante varias cosechas, los reglamentos exigen la siembra en líneas, que facilita el control de la cantidad de resembrados. Estos deben ser eliminados, para poder comercializar una generación bien determinada[1]. Si se teme la nascencia de gramíneas resistentes a las escardas selectivas (ray-grass), se utilizará una *gran separación* (al menos 50 cm.), que se elegirá en función del material de bina química o mécanica de que se disponga. Si no se teme tal peligro, se sembrará una fila de cada dos. En ambos casos, el cereal protector se implantará, si es posible en las interlíneas, si no, a su través.

Aprovechamiento para forraje

En un cultivo para producción de grano, el crecimiento reproductor está destinado evidentemente a la producción de semillas, pero los brotes vegetativos pueden ser utilizados como forraje, lo que constituye un subproducto muy interesante si el agricultor-multiplicador es al mismo tiempo ganadero. Aún así es preciso que ello no perjudique al rendimiento en grano. Este problema se plantea en otoño, y también durante todo el primer rebrote de primavera.

Es conveniente explotar la hierba de otoño

Cuando los ray-grass italianos se siembran pronto a final de verano, pueden suministrar un pasto antes de fin de año si las condiciones son favorables. En las gramíneas perennes, tal pasto está prácticamente asegurado, e incluso, a veces, dos. En efecto, se cortan con ocasión de la recolección del cereal el primer año, y con la de la siembra los años siguientes. Después de este corte, ocupan el terreno, prestas a crecer con las primeras lluvias, sobre todo cuando se eliminan los rastrojos que hubieran podido dejarse altos.

El aprovechamiento de estos rebrotes es no sólo interesante económicamente, sino también muy favorable para la próxima recolección de semillas: se elimina una vegetación que hubiera ocasionado, al envejecer, podredumbre de hojas, mohos, mala fotosíntesis, etc. Además, esta explotación favorecerá el ahijamiento y, si se efectúa mediante pastoreo, eliminará, por pisoteo y por la acción de pacer, una cierta cantidad de adventicias de la interlínea.

---

(1) Ver página 289: La introducción de este capítulo.

¿Se puede aprovechar el primer rebrote del año?

En principio y en la mayoría de las variedades de gramíneas forrajeras, se puede hacer pastar el pequeño brote de invierno, si existe, pero *es preciso suspenderlo desde el inicio de la vegetación:* un despuntado perjudica a la producción de semillas al disminuir el vigor de los tallos, y una explotación que se aproxime al estadío "espiga a 10 cm" (el cual, recordémoslo, no es visible a simple vista) corre el riesgo de cortar los ápex y por lo tanto eliminar futuras espigas.

Actualmente se dan, no obstante, *dos excepciones*:

- *el ray-grass italiano, que se ensila voluntariamente en abril, después del estadio de espiga a 10 cm.* Esto equivale a decir que *se cosecha* el grano de los reespigados, al haberse retrasado la operación una decena de días. Ello se hace porque los tallos de los reespigados son más cortos que los del primer rebrote, lo que disminuye considerablemente los riesgos de encamado. Por otro lado, en el primer rebrote, después de la floración, reaparecen nuevos vástagos que al estar aún verdes durante la recolección molestan en la recogida. En el reespigado este ahijamiento no se produce pues hace ya demasiado calor. Otras dos ventajas de este corte previo son la eliminación de futuras espigas de algunas gramíneas adventicias que no reespigan (alopecuro), y naturalmente, el interés económico del ensilado realizado;
- *la festuca elevada Manade, muy precoz:* Esta variedad tiene tendencia a producir algunas panículas que se desarrollan prematuramente, desde final de invierno. Estas panículas perjudican la recolección pues confunden al agricultor sobre el grado de madurez alcanzado por el conjunto de las inflorescencias. Se aconseja, por lo tanto, hacer pastar esta variedad a *finales de febrero, para eliminar los tallos que desarrollan demasiado deprisa.*

Fertilización nitrogenada

No se abordará aquí más que la fertilización nitrogenada destinada específicamente a aumentar la recolección de semillas. *En los rebrotes de otoño explotados para forraje, se harán los mismos aportes que para una pradera.* En la siembra, cuando se hace bajo cereal protector, se fertilizará en función del cereal, pero empleando dosis muy moderadas(1).

Para la producción de grano propiamente dicha, la fertilización nitrogenada es importante en dos épocas: inmediatamente después de la recolección del cereal protector, y en los alrededores del invierno, es decir, entre el último corte de otoño y la primavera.

Después de la recolección del cereal protector

El cereal es un competente severo por la luz. Después de la cosecha, la gramínea es endeble y está poco ahijada. Por ello *se forzará el aporte de nitrógeno*

(1) Ver páginas 291-292: Las gramíneas perennes sembrarlas mucho tiempo antes bajo cultivo protector.

en aquel momento (60 a 90 unidades/ha) a fin de estar seguros de que el crecimiento y el ahijamiento aumenten en cuanto retornen las lluvias. Esto tiene una doble finalidad:

- permitir a la gramínea cubrir el terreno lo mejor posible antes de la nascencia de las adventicias;
- aumentar el número de vástagos susceptibles de espigar en primavera(1).

Alrededores del invierno

El nitrógeno aportado en los alrededores del invierno tiene diferente influencia sobre la producción de semillas, según la época en que sea absorbido, situándose el límite un poco después del inicio de la estación de crecimiento:

- si se absorbe antes de este momento, el nitrógeno de invierno aumenta el número de tallos reproductores y el número de flores de estos tallos, y tanto más cuanto antes se aporte. Pero aumenta también la sensibilidad al frío, y como los ápex son los órganos más sensibles, ello puede perjudicar al número final de inflorescencias. Este nitrógeno es pues muy eficaz, pero presenta riesgos;
- si, claramente, se absorbe después del inicio de la estación de crecimiento cuando las condiciones inductoras del invierno han desaparecido, este nitrógeno sólo puede alimentar ya a los vástagos reproductores existentes, es decir a sus inflorescencias, lo que es útil, pero también a sus tallos, lo cual no sirve de nada. Al mismo tiempo, aumentará el número de renuevos vegetativos, que dificultarán la recolección, y agravará los riesgos de encamado. Es por lo tanto poco eficaz y presenta inconvenientes serios.

En la práctica, deberán aportarse *alrededor de 150 unidades de nitrógeno/ha, entre el último corte de otoño y el comienzo de la estación de crecimiento*, repartidas en función de la experiencia local para la variedad considerada (riesgos de heladas, posibilidades de absorción invernal). Este aporte deberá hacerse *en una forma directamente asimilable*: nitratos o amonitros.

Luego, *al iniciarse el brote de la hierba* (final de marzo en general), se podrán añadir de *30 a 50 unidades/ha solamente.*

Recolección de los granos

Las semillas de gramíneas forrajeras son muy delicadas de recoger:

- el desgrane tiene lugar cuando la semilla está aún demasiado húmeda para poder conservarse bien;
- el encamado es bastante general;
- los rebrotes vegetativos se mezclan con las inflorescencias encamadas;

---

(1) Ver página 162: Número de tallos alargados.

- la maduración es escalonada en el seno de una misma planta, sobre todo en el dactilo.

Para la mayoría de las especies, la técnica que, con la experiencia, da mejores resultados, es la *recolección directa con una segadora-trilladora*, efectuada en el momento en que los granos caen en la mano por simple golpeteo de las inflorescencias. La humedad es entonces del 30 al 35 °/o y *es preciso secarlos en seguida*, para lo que la granja necesita una instalación adecuada. Sólo se dispone de un intervalo de *cuatro a cinco días para efectuar esta recolección*. Antes, los granos están demasiado húmedos e inmaduros, germinan mal. Después, el desgrane disminuye no solo el rendimiento, sino también la energía germinativa media, ya que no se recogen más que los granos menos maduros.

La *segadora-trilladora* deberá reglarse según los consejos de los organismos y establecimientos de multiplicación de semillas. Estos reglajes están basados todos en los conceptos de *lentitud* y *suavidad* (para no perder los granos ni romperlos, pues son pequeños y frágiles). Podemos incluso vernos obligados a hacer pequeñas modificaciones en las máquinas (cambios de poleas por ejemplo).

Para el dactilo, se tiene que elegir entre dos métodos:

- recolección con la *segadora-trilladora* como acabamos de ver, pero en *dos tiempos:* la primera vez, con reglajes particularmente suaves, se recogen las semillas más maduras y se corta alto. Después de algunos días, se repite la hilera en la cual han madurado ya los demás granos;
- *rastrillado de los manojos*: se siega primero muy alto dejándose sobre el sitio. En las hileras, poco sacudidas por el viento, el grano apenas cae, y, gracias a la corrieente de aire en los rastrojos, se seca rápido. Cuando *se repite la hilera al cabo de 3 ó 4 días con una segadora-trilladora* especialmente equipada, la trilla es fácil y rápida, y la humedad ha descendido hasta aproximadamente un 20 °/o, lo que evita, en general, los gastos de secado. Pero existen grandes riesgos en tiempo de tormentas (desgrane) o humedad prolongada (rebrote del cultivo). Esta técnica *exige pues que el tiempo sea relativamente previsible*, y no se hilerara, cada día, más que una superficie que pueda ser recogida en una tarde. Es preciso también, naturalmente, poseer una hileradora.

Duración del cultivo

La perdida progresiva de vigor de las gramíneas al envejecer, la lucha cada vez más difícil contra las adventicias, los riesgos crecientes de enfermedades muy graves para la producción de semillas (rueca del dactilo), por último los elevados niveles de rendimiento necesarios para rentabilizar los gastos, *hacen que raramente se conserven los cultivos de producción de granos de las gramíneas más allá de la tercera recolección*, si no es de la segunda.

El ray-grass italiano, solo se cosecha una vez, por dos razones:

- poco perenne, estaría demasiado débil al año siguiente;
- sus resiembras se implantan demasiado vigorosamente para que puedan ser eliminadas eficazmente.

Sexta parte

Las principales especies de gramíneas forrajeras

Si las leyes generales de la biología de las gramíneas son bastante bien conocidas, las de cada especie en particular lo son mucho menos. Las estudiaremos aquí empezando por la más extendida en Francia, el ray-grass italiano (capítulo XXV), después el dactilo (capítulo XXVI) y la festuca alta (capítulo XXVII), igualmente muy estudiados, el ray-grass inglés (capítulo XXVIII), muy extendido en los países anglosajones, la festuca pratense (capítulo XXIX) y el fleo (capítulo XXX), peor conocidos. Por último un conjunto de especies de aparición reciente en cultivo, los bromos (capítulo XXXI), así como los ray-grass híbridos (cap. XXXII), muy imperfectamente estudiados. Los festucololiums que juegan, agronómicamente, el mismo papel que una festuca alta, los clasificaremos junto con esta especie.

La descripción de cada especie será somera, pues se encuentra en cualquier flora, y muchos caracteres distintivos no tienen ninguna importancia agrícola.

Las particularidades de las diferentes variedades las indicaremos sólo excepcionalmente: en este terreno en efecto, la situación cambia todos los años, debido a la inscripción de nuevas variedades o a la exclusión de antiguas en los catálogos. Por el contrario, la variabilidad de conjunto de una especie la trataremos teniendo en cuenta los tipos varietales susceptibles de aparecer en un futuro previsible como consecuencia de la selección.

Las características particulares del metabolismo nitrogenado o fotosintético de las diferentes especies son muy mal conocidas, al estar excesivamente en interacción con un medio cambiante, para que se pueda intentar explicar las posibilidades de crecimiento, las proporciones de nitrógeno o de glúcidos solubles. Nos hemos contentado con situar los rendimientos y la composición de las diferentes especies, no en valor absoluto, sino unas con respecto a otras.

Las fechas en que tienen lugar los diferentes estadios han sido reagrupadas en una sola figura, al final de esta 6ª parte, para facilitar la comparación. Inclusive ahí, las cifras no deben ser consideradas de forma absoluta. Hemos elegido valores medios para la región que mejor conocemos, Poitou, que es, también media desde este punto de vista con relación al conjunto de Francia.

CAPITULOS XXV

El ray-grass italiano

El ray-grass italiano, *Lolium multiflorum* Lam., es la gramínea forrajera más fácil de implantar y una de las más fáciles de utilizar. Gracias a sus cualidades ha sido la primera en ser cultivada a gran escala. Sus principales inconvenientes son ser poco perenne, totalmente reespigante y no crecer en verano.

Las variaciones en esta especie consisten esencialmente en una amplia gama de persistencia y de alternatividad, los tipos alternativos tienen, en general, la vida más corta.

En toda esta gama, los seleccionadores han creado variedades llamadas *tetraploides*, al lado de las variedades tradicionales o *diploides*. Esta diferencia no aporta más que *ligeras modificaciones,* la principal se refiere al contenido de agua.

CARACTERISTICAS BIOLOGICAS

Descripción de la planta

Las semillas del ray-grass italiano son de tamaño medio para una gramínea forrajera. Son vestidas, y muy compactas: 1000 granos pesan de 2 a 2,5 gramos en las variedades diploides, 3 a 4,5 en las tetraploides. Las envolturas son adherentes al cariópside, lo que facilita la imbibición. La semilla es aristada, no se desliza muy bien, a menos que se desbarbe artificialmente.

Las hojas son brillantes y muy flexibles. Las de los tetraploides son más oscuras y anchas que las de los diploides. La vaina es cilíndrica y los limbos jovenes están enrrollados en su interior. La lígula es corta y las orejuelas son ampliamente abrazadoras.

Los tallos son largos y ligeramente surcados: en fase reproductora (es decir la mayor parte del tiempo), el ray-grass italiano *tiene una vegetación muy alta* y, a simple vista, *hay tendencia a sobreestimar su rendimiento*, tanto más por cuanto que apenas posee más que tallos[1], *encaman facilmente.*

La inflorescencia es una espiga de espiguillas, con dos filas solamente.

La cantidad y dimensiones de los órganos son variables: son menos numerosos y más gruesos en los tetraploides que en los diploides.

Los restos de órganos muertos se descomponen bien y desaparecen bastante fácilmente.

Las *raíces son muy superficiales*: están concentradas principalmente en los 5 primeros centímetros, y apenas exploran el suelo por debajo de 15-20 cm, aún cuando algunas pueden llegar hasta un metro.

Características de crecimiento

Las semillas de ray-grass italiano se conservan bien; pueden conservar una buena energía germinativa en un local cerrado y caliente, sin precauciones especiales, durante 4-5 años a partir de su recolección.

Una vez sembrada, esta especie *nace rápida y vigorosamente*. Es muy competitiva frente a las adventicias, durante gran parte de su corta vida.

Su *persistencia* no sobrepasa 2 años, pero es muy variable según las variedades:

- *las que tienen vida más corta pertenecen todas al tipo más alternativo (Westerwold).* Sembradas en primavera, las peores pueden durar 4 meses[2], las mejores producen todo el verano e incluso en la primavera siguiente. Sembradas en otoño, suministran todas al menos un corte en primavera, y algunas sobreviven a veces hasta la segunda primavera.
- *los tipos más perennes, por el contrario, son no alternativos.* Sembrados en primavera, dan un rendimiento abundante hasta final de la primavera siguiente, y aún una cierta producción en la primavera posterior. Sembrados en otoño, producen durante dos primaveras más que en el caso precedente;
- a alternatividades iguales existen sin embargo diferencias de persistencia entre variedades.

El ray-grass italiano está adaptado a temperaturas frescas. Su óptimo está en los alrededores de solamente 18-20° C. Sin embargo, su comportamiento estival depende enormemente de su edad[3]. Su cero de vegetación es bajo: crece algo en inviernos suaves. Pero es *sensible a la sequía*, y, al menos según la literatura anglosajona, se considera *sensible al frío*. Ello afecta a sus rebrotes después del verano o el invierno.

---

(1) Ver pág. 301: Características de la floración y del espigado.
(2) Tales variedades no figuran en el Catálogo Francés.
(3) Ver pág. 303: Producción estacional y anual.

Características de la floración y del encañado

El ray-grass italiano no posee fase juvenil absoluta, pues cuando tiene necesidad de vernalización, ésta puede ser aplicada a los granos en germinación. La inducción primaria puede ser producida por los días cortos y por el frío, ambos parecen necesarios. Pero las necesidades son muy variables según las variedades, lo que explica la *extrema gama de alternatividades* que presenta. Sembrados en primavera, los tipos más alternativos espigan desde junio, y por otra parte, los menos perennes de entre ellos no rebrotan más que cuando se ha cortado dichos tallos; los tipos menos alternativos permanecen totalmente vegetativos hasta el invierno, al menos en céspedes densos (en plantas aisladas, producen algunas espigas). Por el contrario, la transmisión de la inducción floral entre los vástagos probablemente sea total, pues cuando el ray-grass ha espigado una vez, *reespiga masivamente en cada corte*, en tanto que los días sean largos. Los reespigados son cada vez más rápidos, cada vez más bajos y menos agrupados a medida que el año avanza, y cesan en otoño cuando los días vuelven a acortarse(1). En siembras de primavera, las variedades más alternativas, que espigan más precozmente, son también las que se detienen más tarde de espigar en otoño, en la medida en que sobreviven.

Los umbrales de inducción secundaria son poco variados en esta especie, en la cual *todas las variedades espigan en primavera casi a la vez, hacia mitad de mayo en una región media. A pesar de esta fecha relativamente tardía, el inicio de su estación de crecimiento es el más precoz de todas las gramíneas,* dejando aparte ciertos tipos de festucas elevadas y de bromos. Dicha iniciación es aún más precoz para los tipos alternativos que para los demás (fig. 31.1, pág. 337). Es ligeramente más tardía para los tetraploides que para los diploides. Para los tipos no alternativos, lo suficientemente persistentes como para poder haber sido sembrados hace un tiempo más o menos largo, este estadio depende también de la edad de la pradera, pues está ligado a su vigor. Es para una siembra de septiembre cuando resulta más precoz. *El estadio de espiga a 10 cm es precoz también* con respecto a las demás gramíneas: en una región media se sitúa hacia principios de abril, con variaciones paralelas a las del inicio de la estación de crecimiento.

Si el espigado es tardío, es porque se verifica al final del crecimiento de los tallos. Las plantas son entonces bastante altas.

En el espigado, no hay ya ningún vástago vegetativo: ello se debe a que la crisis del ahijado, sin duda muy fuerte, se conjuga con la transmisión de la inducción floral a todos los vástagos.

Ya que el tallo se ha desarrollado ya mucho en el espigado el desfase entre espigado y floración es breve: 2 a 3 semanas, según las condiciones atmosféricas(2). A veces incluso, una espiga florece antes de haber salido enteramente de la vaina. La floración tiene lugar sobre todo por la mañana.

Una enfermedad grave bien conocida: la roya

Una sola enfermedad es actualmente bien conocida en el ray-grass italiano: la roya coronada, que cubre la hoja de pústulas ovales, desde junio a octubre, ex-

(1) Son descritas en detalle págs. 230–231: Reespigado: efecto del número del rebrote.
(2) Ver págs. 151–152: Iniciación de la floración propiamente dicha.

cepcionalmente desde mayo. Por lo tanto es importante durante todo el año de una siembra de primavera, y en los rebrotes, desde fin de primavera hasta el invierno, sobre todo en las regiones de verano húmedo, en que estos rebrotes se producen y son muy apreciados. Tales regiones son, en efecto, particularmente propicias al desarrollo de las royas. La gravedad de esta enfermedad se debe a que las *plantas muy atacadas no son ya consumidas* por los animales, y pueden llegar a morir. Para evitarlo, se precisa cortar tanto más a menudo cuanto más sensible sea la variedad.

Ha sido muy difícil seleccionar variedades resistentes. *Las variedades inscritas en el Catálogo Francés son de un nivel correcto, sobre todo las más recientes,* pues este catálogo es muy severo en este tema. Pero, entre las que no lo están, las hay tan sensibles que prácticamente sólo son utilizables en Francia en cultivo cubierto de invierno de muy corta duración.

Además de la roya, algunas enfermedades son a veces capaces de perjudicar a la producción de primavera obligando a una recolección precoz, so pena de podredumbre. No están claramente identificadas, tanto más debido a que a menudo actúan conjuntamente. Helmintosporiosis, septoriosis, virosis, ajamiento bacteriano, podrían estar implicadas.

En general, las variedades tetraploides parecen menos sensibles a las enfermedades que las diploides, pero no es una garantía.

CARACTERISTICAS AGRONOMICAS Y MODO DE EMPLEO

Implantación

Incluso un agricultor poco habituado a las gramíneas forrajeras *tiene éxito generalmente con la siembra* de ray-grass italiano, por poco cuidadosamente que trabaje[1]. Las gramíneas soportan ser enterradas hasta 4-5 cm. La dosis de siembra será de 15 a 20 kg/ha para los diploides, 20 a 30 para los tetraploides. La nascencia se produce en 10-12 días.

En siembras de primavera precoz en suelo desnudo, una variedad no alternativa dará un corte de 3 a 4 toneladas de M.S./ha en junio. Después, todo dependerá de las condiciones estivales. El rendimiento total entre la siembra y el invierno puede variar según el año de 5 a 12 t de M.S./ha en 3 a 4 cortes, enteramente vegetativos. Una variedad alternativa, producirá sobre todo tallos. Durante el año, en total, no producirá más, frecuentemente incluso menos, pero comenzará más rápida: el primer corte será más abundante o más precoz, los últimos serán más escasos, si no nulos si se trata de un tipo "Westerwold", ya muerto en este momento.

Si se siembra después del verano, precozmente (septiembre) en una tierra húmeda permitiendo una nascencia rápida, se garantiza un corte interesante (1 a 3 t M.S./ha) antes del invierno. Una siembra ejecutada tarde (fin de octubre) no garantiza un espigado normal en la primavera siguiente más que en las variedades muy alternativas, que no han tenido necesidad de inducción primaria. Aún así es

(1) Se trata de una gramínea forrajera: no se descuidarán las precauciones indicadas págs. 237 a 238: Algunas indicaciones prácticas.

preciso al menos no tardar demasiado, pues estos tipos son todavía más sensibles al frío que los no alternativos.

Producción estacional y anual

El ray-grass italiano es una planta que se desarrolla *esencialmente en primavera*: durante cerca de 4 meses (marzo a junio) su crecimiento, sin ser explosivo, es regular y sostenido, en una forma cada vez más reproductora.

En verano, el comportamiento de esta especie es muy diferente según su edad: *si acaba de ser sembrada en primavera, es la especie que mejor produce en verano*. Se comprende mal por qué, dado su bajo óptimo de temperatura y su enraizamiento superficial. Pero *si ha producido ya en primavera, no crece apenas en verano*, solamente un poco si hace fresco y es muy húmedo.

En otoño, reacciona a las primeras lluvias como ha reaccionado en verano: bien en el año mismo de la implantación (si no se trata de un tipo demasiado perenne), mal en los años siguientes. A final de otoño, crece poco, como el dactilo.

En invierno, los ray-grass italianos tienen un crecimiento muy ligero si el tiempo es beningno, sobre todo los tipos alternativos sembrados en otoño, que son más sensibles al frío.

En resumen, después de su primer invierno, el rendimiento anual de esta especie es medio, si consideramos su corta estación de crecimiento: 8 a 14 toneladas de M.S./ha en 2 a 4 cortes. Después de su segundo invierno, los tipos que aún perviven producirán de 4 a 6 toneladas de M.S./ha en 1 ó 2 cortes y será conveniente levantarlos.

Factores de calidad

Potencial energético

En siembras de primavera, los tipos no alternativos conservan una excelente calidad hasta el invierno, ya que son vegetativos. Los tipos alternativos, que espigan y reespigan muy rápidamente, son mucho peores, pero su valor preciso apenas se ha estudiado.

Después de un invierno, la calidad del ray-grass italiano es media con relación a las demás gramíneas forrajeras. A lo que debe su buena reputación es a su lentitud de evolucionar *de marzo a mayo,* gracias a lo cual permanece *mucho tiempo a un nivel bueno*, aún cuando se considera que éste llega a ser insuficiente desde antes del principio del espigado. Por el contrario *en junio y verano, los rápidos reespigados hacen de él una especie mediocre* desde que alcanza rendimiento suficiente para ser explotable. En otoño, su calidad vuelve a ser buena ya que está de nuevo en fase vegetativa.

Cualquier ataque de roya hace disminuir bruscamente esta calidad.

Calidad nitrogenada

Comparado con otras especies en igual estadio el ray-grass italiano tiene tendencia a ser más *pobre en M.N.T.*, pudiendo resultar más a menudo limitante en la producción animal.

Por el contrario, el riesgo de proporciones elevadas de nitratos parece menor que en otras gramíneas forrajeras, salvo durante el año de una siembra de primavera.

Proporciones de glúcidos solubles

El ray-grass italiano tiene tendencia a ser más *rico en glúcidos* solubles que otras gramíneas en condiciones comparables, lo que no es de extrañar, teniendo en cuenta su relativa pobreza en M.N.T.

Contenido en agua

El ray-grass italiano tiene fama de ser la gramínea más rica en agua. En todos los casos, esto plantea problemas para su ensilaje. *Las variedades tetraploides contienen todavía más agua que las diploides* (+ 2 a 4 puntos °/o).

Explotación

Utilizado sólo el ray-grass italiano es sin duda una de las especies menos difíciles de manejar. De ahí, sin duda, su reputación de ser muy fácil de explotar de cualquier modo. Esta reputación se ha sobreestimado. Si su porte le hace muy apto para la siega, su explotación en pastoreo en primavera dista mucho de carecer de problemas. Pero los agricultores no tienen aún experiencia de una explotación correcta de las gramíneas en pastoreo y razonan por comparación(1).

En realidad, es preciso distinguir cuatro épocas, en las cuales esta especie no está adaptada a la misma forma de explotación: el año de una siembra de primavera; luego, después de un invierno, el periodo de marzo a mayo; a continuación junio y comienzos de verano y por último, el final del verano y el otoño.

El año de una siembra de primavera

Los tipos *no alternativos* que solamente producen hojas, están particularmente bien adaptados al *pastoreo,* aunque se prestan igualmente a cualquier otra forma de explotación.

Los tipos *alternativos* son interesantes sobre todo para *henificar,* pues espigan en junio, cuando hace buen tiempo. Se pueden también ensilar, prehenificándolos, o suministrarse en verde, muy temprano.

---

(1) Ver págs. 259 a 264: Un sistema de pastoreo a poner en práctica.

De marzo a mayo

Es el periodo de gran encañado, y el comienzo de los primeros reespigados.

Entonces el ray-grass italiano, se puede *ensilar o deshidratar*, a condición de no esperar encamado. Sin embargo, *el elevado contenido de agua es un inconveniente.*

En pastoreo, existe una gran dificultad ligada al porte de la planta: se produce despilfarro(1) ya que, cuando *la hierba* es aún muy apetecible y los tallos están todavía poco desarrollados, *es ya excesivamente alta: a veces, desde el estadio de espiga a 10 cm.*

- si el suelo sustenta bien, los animales pueden salir desde que comienza la estación de crecimiento, es decir, muy pronto en el caso de esta especie. El tiempo que dure la primera pasada antes de que comience el despilfarro permitirá quizás un rebrote suficiente para empezar el segundo pastoreo en seguida, al menos en ciertas regiones. El segundo pase se efectuará sin problemas pues el espigado es aún lejano. Podrá comenzarse un tercer pase siempre que la hierba en ciclo reproductor, no haya reespigado aún;
- si el suelo sustenta mal, por el contrario, el pastoreo comenzará más tarde, pero no el despilfarro que está ligado a la altura de la hierba. Por consiguiente, el primer pase será de menor duración, y el tiempo de reposo no será suficiente: *habrá un vacio en el calendario* antes del segundo pase, a menos que este no comience en seguida, en cuyo caso irá muy rápido, falto de rendimiento y se producirá un bache todavía más largo antes del tercer pase. *En general, se rellenan estos baches aceptando despilfarro*(2). Esta dificultad es tanto mayor en el caso de una siembra de septiembre, que está en su máximo vigor: brota antes, exigiendo un suelo todavía más productivo y alcanza más pronto la altura que ocasiona despilfarro. Se encuentra también el mismo género de problema, incluso en un suelo que produzca bien, si el clima no permite un rebrote suficientemente rápido.

En primavera, el ray-grass italiano es pues mucho menos flexible para explotar en pastoreo de lo que parece. Para forraje en verde la altura de la hierba no presenta inconveniente. Se aprovecha entonces todo el beneficio del largo periodo entre estadios que caracteriza al ray-grass italiano. Se puede decir que en este periodo, dicha especie está *perfectamente adaptada para suministrarse como forraje en verde.*

En junio y principios de verano

La planta se encuentra entonces al final de los primeros reespigados, y en los reespigados siguientes, muy rápidos. El único método válido para explotar el ray-

---

(1) Ver medios de limitarlo, pág. 257: El límite superior: tres obstáculos a evitar.
(2) Es este género de dificultades lo que se trata de eliminar, ver págs. 262–264: Hacia el pleno empleo de gramíneas forrajeras mediante sistemas sencillos.

grass si no se levanta, es para *conservación*. En particular, es facil de hacer *heno* pues la estación se presta a ello.

A final de verano y en otoño

Los rebrotes son entonces débiles o medios, en buena parte han vuelto a ser vegetativos; los tallos presentes son muy cortos (10 cm) y si algunos están muy desarrollados, no son muy numerosos. Esta hierba se puede *pastar*, o si hay hierba suficiente, utilizarla de otro modo si el tiempo se presta a ello.

Balance: ¿cómo utilizar el ray-grass italiano en pastoreo?

Parece posible utilizar el ray-grass italiano solo como base de un pastoreo sin despilfarro, a condición de que se reunan todas las condiciones siguientes:

- suelo que produzca muy bien;
- región en que los rebrotes de marzo-abril sean rápidos;
- siembra de primavera y variedad no alternativa: así, a final de mayo-principio de junio, se levanta o henifica el viejo ray-grass y se pasta el nuevo. Aún es necesario haber podido sembrar;
- verano no demasiado cálido y muy húmedo, o regar, para beneficiarse del crecimiento estival de la siembra de primavera.

Si una cualquiera de estas condiciones no se cumple el ray-grass italiano no podrá ser plenamente revalorizado más que combinando con otra especie en un sistema de pastoreo, o tal vez a veces combinando siembras de primavera y de otoño.

Fertilización nitrogenada

Sin sobrepasar la gama de dosis indicadas para el conjunto de las gramíneas forrajeras(1), es necesario fertilizar el ray-grass italiano al máximo, para obtener el mejor rendimiento y a la vez para mejorar las proporciones de M.N.T. Además será necesario a menudo aportar un complemento nitrogenado a los animales si el estadio es un poco avanzado (espigado). Naturalmente, tal fertilización no tiene sentido más que en estaciones en que esta especie crece: en verano, será interesante si la siembra se ha efectuado en primavera, pero raramente en cultivos de más edad.

Podrá efectuarse un aporte a fin de otoño para adelantar el inicio de la estación de crecimiento en la primavera, pero siempre que se cumplan dos condiciones solamente:

---

(1) Ver págs. 280 a 284: Algunos consejos provisionales.

- invierno suave y sin grandes heladas pues el ray-grass italiano sería sensible a ellas;
- suelo que produzca muy bien en primavera[1].

En pastoreo, si no se ha tenido éxito combinando el ray-grass italiano con otra gramínea mediante un sistema coherente, se podrá tratar de atenuar el despilfarro durante la primavera. Este despilfarro se produce en el primer pase de los animales, sobre las últimas parcelas pastadas, que se encuentran en el estadio "espiga a 10 cm" o más adelante. Una de las soluciones puede consistir en subfertilizar estas parcelas, a fin de no producir inutilmente un rendimiento que se perdería. Es preciso saber que la calidad nitrogenada en estas parcelas resultará muy insuficiente.

(1) Ver pág. 305: De marzo a mayo.

CAPITULO XXVI

El dactilo

El dactilo, *Dactylis glomerata* L., es una de las gramíneas más perennes y más capaces de crecer en verano. Es difícil de implantar, así como de explotar mediante pastoreo en primavera. Apenas tiene afinidad por las tierras excesivamente húmedas. Las principales variaciones en la especie consisten en una amplia gama en relación con la precocidad y con la sensibilidad a las enfermedades.

CARACTERISTICAS BIOLOGICAS

Descripción de la planta

Las semillas del dactilo son relativamente pequeñas, inclusive para una gramínea: 1000 granos pesan entre 0,9 y 1,4 gramos. Son vestidas pero las envolturas no son adherentes al cariopside, de manera que, para que este último embeba el agua, ésta debe atravesar un pequeño espacio de aire. Esta ausencia de adherencia tiene otra consecuencia: una determinada proporción de granos desnudos se encuentran, sobre todo en lotes antiguos que han sido muy manipulados. El embrión es entonces sensible a los choques, que lo matan en un cierto número. Ello disminuye la facultad germinativa sin disminuir la energía germinativa.

Las hojas son anchas, de color mate, y muy flexibles. La vaina es aplanada, y los jovenes limbos que se encuentran en su interior están plegados, aplanados también entre sí. Cuando la hoja es adulta, forma un ángulo muy abierto: así, los limbos tienen un aspecto bastante extendido y el dactilo da la impresión de cubrir bien el suelo. *A simple vista, se tiene tendencia a sobreestimar su rendimiento*: La lígula es larga, no tiene aurículas.

Los tallos son muy gruesos en la base y endurecen rápidamente. Resisten bien al encamado.

La inflorescencia es una panícula muy particular, en la que las espiguillas están aglomeradas en bloques, de ahí el nombre de dactilo aglomerado.

En general, el dactilo es una espceie de órganos grandes poco numerosos.

Los restos de órganos muertos se descomponen con dificultad: se secan, endurecen y permanecen en el lugar.

Las raíces pueden descender muy profundamente, facilmente a más de un metro. Su renovación se opera poco a poco durante todo el año(1).

Características de crecimiento

Las semillas de dactilo no se conservan muy bien a partir de su recolección, no conservan una buena energía germinativa más que durante 2 a 3 años, en un local cerrado y caliente, a menos que se observen precauciones especiales (desecación, conservación en frío).

Una vez sembrada, esta especie se *implanta lenta y bastante dificilmente,* pero luego, si el suelo es sano, *su persistencia es muy grande:* bien cultivadá puede vivir *de 6 a 8 años* en buen estado. Sus praderas no se degradarán finalmente más que por invasión muy lenta de las adventicias.

Entre las gramíneas forrajeras de origen templado, ésta está adaptada a temperaturas relativamente elevadas. Su óptimo está en los alrededores de 25 °C, lo que contribuye a su buen comportamiento estival si llueve. Además, tiene un cero de vegetación elevado, que le hace reaccionar bruscamente a las variaciones de temperatura de la primavera: disminuye fuertemente su crecimiento al menor enfriamiento y estalla en el momento en que el tiempo mejora. En invierno, pierde facilmente sus hojas. Es así como resiste el frío, volviendo a brotar muy bien en primavera.

El dactilo no tiene afinidad por el exceso de agua: en tierras demasiado húmedas, asfixiantes, crece mal. *Resiste muy bien la sequía:* es una de las gramíneas que utilizan mejor el agua durante el verano y vuelve a crecer muy bien en otoño, cuando llegan las lluvias.

Comparado con otras especies (ray-grass italiano, festuca alta), el dactilo parece tener necesidad de mayor proporción de nitrógeno para iniciar un crecimiento comparable. Esto se traduce a nivel de calidad y de reacción a la fertilización.

Características de la floración y del encañado

El dactilo posee una fase juvenil muy larga, que corresponde a la aparición de al menos 7 a 8 hojas en el vástago principal. Tiene, igualmente, importantes necesidades de inducción primaria que pueden ser satisfechas, bien por el frío, bien por los días cortos. Estas necesidades disminuyen cuando la energía luminosa suministrada es muy elevada. El resultado es que el dactilo es poco alternativo; y como la manifestación de este caracter es particularmente sensible a la densidad de colonización en esta especie, se deduce que *en pradera tiene una*

(1) Lo que no le proporciona ninguna ventaja en verano, ver pág. 164. Renovación de las raíces.

alternancia prácticamente nula. No ocurre lo mismo con el reespigado en las variedades precoces y semi-precoces: la transmisión de una parte de la inducción floral de unos vástagos a otros, sin duda, no es despreciable en estas variedades, pues a menudo se observan *algunos reespigados después del descabezamiento de la primavera.* Ello no es suficiente para perjudicar la calidad, pero puede molestar un poco a los animales en pastoreo, si esta segunda ola de espigas está bastante desarrollada. Cuando este rebrote ligeramente reespigado se corta, *no hay ya reespigados hasta el invierno*.

Los umbrales de inducción secundaria son muy diferentes según las variedades. De tal modo que el dactilo posee una *amplia gama de precocidades de espigado*, que puede ir, en una región media del 25 de abril al 22 de mayo (fig. 31.1, pág. 337). El dactilo espiga relativamente bajo: su tallo se alarga más después de este estadio que antes. Y como este alargamiento una vez comenzado, es muy rápido, el espigado se realiza muy próximo al estadio de espiga a 10 cm. El resposo invernal del dactilo y su elevado cero de vegetación ocasionan un inicio tardío de la estación de crecimiento, inmediatamente antes del estadio de espiga a 10 cm. Así pues, *los tres acontecimientos, inicio de la estación de crecimiento, estadio espiga a 10 cm y espigado, son muy próximos* con diferencias de 10 a 20 días (fig. 31.1, pág. 337). Estos desfases, sin embargo, han comenzado a aumentarse por la selección.

Durante el encañado, la crisis del ahijamiento del dactilo, es bastante fuerte: si se deja a la planta evolucionar hacia la floración, todos los vástagos vegetativos mueren.

Ya que el tallo se alarga principalmente después del espigado, el intervalo entre espigado y floración es largo: alrededor de un mes. La floración tiene lugar principalmente por la mañana.

La madurez de las semillas es bastante escalonada en el tiempo.

Principales enfermedades

La *roya amarilla*, constituida por numerosas pústulas pequeñas, ataca a las hojas desde fin de mayo a octubre. La *roya negra,* que se desarrolla en forma de pústulas más grandes, comienza más tarde en julio, pero puede producirse hasta octubre. La *Scolecotrichosis*, caracterizada por amplias manchas marrón claro que se van uniendo, conjuga sus ataques con los de las royas amarillas en las mismas estaciones. La *Mastigosporiosis*, a menudo confundida sin ningún motivo con una roya a causa de sus pequeñas manchas romboidales marrón-violáceo, se da en abril-mayo, sobre todo en el Este.

Todas estas enfermedades resultan *catastróficas para la apetecibilidad* y pueden aclarar la pradera. Todas atacan a los rebrotes que están envejeciendo. Para evitarlo, se precisa cortar tanto más a menudo cuanto más sensible sea la variedad.

Las enfermedades más frecuentes y las más graves son las royas. No es muy difícil obtener *variedades resistentes a las royas: las que están inscritas en el Catálogo Francés* lo son y son aceptables frente a otras enfermedades, pero *fuera de las de este catálogo, se encuentran niveles extremos de sensibilidad,* que hacen que estas plantas sean prácticamente inutilizables en Francia.

En cultivos *destinados a la producción de semillas,* otra enfermedad plantea problemas serios: *la rueca*, que encierra tallos y vainas, matando el tallo antes de que espigue.

CARACTERISTICAS AGRONOMICAS Y MODO DE EMPLEO

Implantación

Dada la dificultad de implantación del dactilo, será necesaria una *preparación muy cuidadosa del suelo.* Los granos no deberán enterrarse a más de 1,5 cm. La dosis de siembra será de 15 kg/ha. La nascencia será muy lenta (3 semanas) sin que por ello haya que inquietarse.

En siembras de primavera sobre suelo desnudo, se puede esperar, si las condiciones son favorables, un pequeño corte (2 t de M.S./ha) en julio. Después todo dependerá de las condiciones estivales: el rendimiento total entre la siembray el invierno puede variar de 4 a 10 toneladas de M.S./ha en 2 a 4 cortes, según los años.

Si se siembra después del verano, existe el riesgo de que el espigado sea débil y retardado en la primavera siguiente. Si se desea al menos tener la oportunidad de que sea normal, será preciso sembrar *antes de final de agosto*, esperando que la lluvia permita una nascencia inmediata. En este caso, y si el otoño es suave, podrá obtenerse a veces un pequeño corte (1 t M.S./ha) a final de octubre.

Producción estacional y anual

En invierno, el dactilo no crece por debajo de + 4,5 °C.

En primavera, el comienzo de su estación de crecimiento es una de las más tardías, pero se pone a crecer muy deprisa y recupera así su retraso: en el espigado, producirá casi tanto como un ray-grass italiano en el mismo estadio, aunque esta última especie haya comenzado a crecer antes que él y espigue después.

El retraso en el rebrote que sigue al corte de los tallos puede ser importante (+ 15 días) si este corte se ha realizado después del espigado, debido a la intensa crisis del ahijamiento.

En verano, el dactilo es una de las especies que mejor crece. Se admite comunmente que en esta estación es más productivo que la festuca alta pero es una ilusión debido al aspecto muy verde del dactilo y a su forma de cubrir bien el suelo. En peso, la clasificación relativa de las dos especies depende del lugar y del año, sin que todavía se sepa por qué. Tampoco es cierto que la diferencia se origine en el mismo verano, sino quizás en el invierno anterior, por ejemplo.

En otoño, el dactilo es una de las especies que responde mejor al retorno de las lluvias. Después entra en reposo antes del invierno: prácticamente no crece más allá de octubre, en una región media.

Su capacidad de producción, para igual fertilización, es ligeramente inferior a la de la festuca alta en cualquier estación, salvo en verano[1]. Pero ya que nenecesita una mayor porporción de nitrógeno, es posible que su rendimiento má-

(1) Trabajos de la Station d'Amelioration des Plantes Fourragères, INRA, Lusignan.

ximo sea comparable en cualquier momento, a condición de aportarle más nitrógeno. Teniendo en cuenta su capacidad de producción estival, el rendimiento total anual de esta especie puede alcanzar 12-16 toneladas de M.S./ha en condiciones favorables, una de las más elevadas de todas las gramíneas forrajeras después de la festuca alta y tal vez algún bromo.

Factores de calidad

Potencial energético

En primavera, los tallos del dactilo endurecen rápidamente. Pero el crecimiento es muy rápido y el espigado se sitúa en un momento preciso del alargamiento de los tallos. Es por eso por lo que cuando se compara esta especie a las demás en igual estadio, su potencial energético es uno de los mejores, incluso hasta el espigado. Pero esta conclusión está muy temperada por dos hechos:

- esta ventaja sólo existe en el caso de recolección mecánica (forraje en verde, conservación). *En pastoreo, en el primer pase, los rechazos llegan a ser rápidamente muy importantes desde la mitad del periodo entre el estadio de espiga a 10 cm y el espigado;*
- *el dactilo no permanece mucho tiempo con un nivel de calidad elevado*, ya que los estadios correspondientes se suceden rápidamente.

Una vez cortados los tallos, la calidad del dactilo es, durante todo el año, una de las mejores: no reespiga o apenas y crece regularmente. *Solamente la aparición de enfermedades en las variedades sensibles, hace descender bruscamente dicha calidad.*

Calidad nitrogenada

Comparado con otras especies en igual estadio o rendimiento, el dactilo tiene tendencia a ser más *rico en M.N.T.*, de manera que la producción animal, frecuentemente, solo estará limitada por el potencial energético de la hierba.

Las proporciones de nitratos, sin embargo, no son más elevadas: es una de las especies para las que dicho riesgo es menos frecuente.

Proporción de glúcidos solubles

El dactilo tiene tendencia a ser *menos rico en glúcidos solubles* que otras gramíneas en condiciones comparables, lo que no es extraño, teniendo en cuenta su relativa riqueza en M.N.T.

Contenido en agua

El dactilo parece más rico en agua que las otras gramíneas, dejando aparte el ray-grass italiano(1).

Explotación

Si la *primera explotación* del año se efectúa para aprovechar *en verde* (pastoreo, forraje) el dactilo es muy *difícil de utilizar:* espiga muy rápido. El abanico de límites a respetar no permite recorrer una gran superficie. El tiempo de reposo es insuficiente para que se pueda explotar una segunda vez en seguida y no es posible esperar, pues la hierba sobrepasa rápidamente el espigado. Cualquier superficie pequeña podría ser manejada para aprovecharse en verde sola, a condición de darle una prioridad absoluta. Ello no tiene gran interés. Podemos esperar que, mediante selección, se obtengan dactilos tan fáciles de pastar como las festucas altas tardías. En el momento en que escribimos estas líneas(2), se han realizado ya progresos con las variedades más recientes. La experiencia dirá si, para algunas de ellas, es suficiente. *La vocación del dactilo en la primera explotación, es pues el ensilaje*. Se realizará éste en un estadio un poco más avanzado, próximo al espigado, o incluso algunos días después, pues la calidad es todavía correcta y ello permitirá al haberse sobrepasado holgadamente el estadío de espiga a 10 cm, obtener rebrotes lo menos reespigados posible. Pero *será preciso no sobrepasar el espigado más de algunos días* pues la calidad desciende muy rápidamente en este momento.

En los rebrotes de después del ensilaje y durante el resto del año, se podrá utilizar el dactilo como se quiera: Su hierba en estado vegetativo y su abundante crecimiento lo hacen interesante tanto para pastoreo como para cualquier modo de conservación. La única precaución será la siguiente: si un pastoreo deja un rastrojo alto y debe seguirse de otro pastoreo, será conveniente cortar los rechazos, para eliminar los restos que endurecerán.

A final de otoño, será preciso detener bastante pronto la explotación si se quiere adelantar el rebrote de la vegetación en la primavera siguiente.

Fertilización nitrogenada

El dactilo exige mucho nitrógeno para crecer: parece ser que, para obtener su máximo, se pueden sobrepasar un poco las dosis indicadas en el capítulo XXII y alcanzar 70-80 unidades/ha por corte y 120-180 para preparar la primera explotación.

Dada la precoz iniciación del reposo invernal del dactilo, será preciso aportarle pronto, después del último corte (octubre), la fertilización nitrogenada de final de otoño destinada a adelantar el crecimiento en primavera si el invierno es suave.

---

(1) Allerit, R., Laboratoire du GEVES, INRA, Lusignan, no publicado.

(2) 1979.

CAPITULO XXVII

La festuca alta y sus variantes

Los botánicos consideran al conjunto de las festucas altas como una sola especie: *Festuca arundinacea* Schreb. En realidad, *se trata, genéticamente, de un grupo de especies* bastante próximas, pero diferentes, originarias de diversas regiones del globo. Su inventario apenas está esbozado. La mayor parte de las *variedades* existentes, que se pueden considerar *clásicas,* pertenecen a un *tipo europeo.*

La festuca alta de este tipo es sin duda la gramínea más perenne, la más productiva y una de las más capaces de crecer en verano. Soporta tan bien el frío como el calor, la sequía como el exceso de agua. Pero sólo desarrolla su potencial en tierras ricas y profundas. Es muy difícil de implantar. Igualmente es difícil de explotar, durante todo el año, aunque lo sea menos que el dactilo en primavera. Gracias a la selección, son inminentes claros progresos.

Esta especie presenta una *variabilidad extrema, desde todos los puntos de vista:* por lo tanto es muy mejorable. En particular, ofrece una amplia gama de precocidades.

Existen variantes y aparecerán cada vez más en forma de variedades: tipos de origen mediterráneo; híbridos europeos x mediterráneos; híbridos festuca alta x ray-grass italiano, que, agronómicamente, son como festucas altas que tienen algunas ventajas e inconvenientes de los ray-grass.

CARACTERISTICAS BIOLOGICAS DE LAS FESTUCAS ALTAS CLASICAS

Descripción de la planta

Las semillas de la festuca alta son de tamaño medio para una gramínea forrajera: 1,8 a 2,5 gramos para 1000 granos. Las espesas envolturas, constituyen una parte no despreciable de este peso. Son adherentes al cariópside.

Las hojas son anchas y brillantes. *Endurecen al envejecer*. Pero su anchura y su dureza son extremadamente variables en la especia. La vaina es cilíndrica y las hojas jovenes están enrolladas en su interior. El ángulo entre vaina y limbo no es muy abierto y el limbo, dada su dureza, cae poco, de manera que la festuca alta en estado vegetativo tiene un aspecto erecto y aparenta cubrir mal el suelo. *A simple vista, se tiene tendencia a subestimar su rendimiento.* La lígula es corta y las orejuelas, abrazadoras, están provistas de largos cilios.

Los tallos son de diámetro muy variable y *endurecen rápidamente*. Su resistencia al encamado es media, e igualmente muy variable. Al final del crecimiento (floración) pueden alcanzar 2 metros, de ahí el nombre de festuca alta.

La inflorescencia es una panícula de gran dimensión.

La cantidad y dimensión de los órganos son extremadamente variables.

Los restos de órganos muertos se descomponen con dificultad: se secan, endurecen y permanecen en el sitio.

Las raíces pueden descender muy profundamente, hasta cerca de dos metros si el suelo lo permite. La festuca alta posee estolones horizontales muy cortos (algunos centímetros) y muy espesos, gracias a los cuales se extiende progresivamente a lo ancho y *retiene el suelo.*

Características de crecimiento

Las semillas de festuca alta pueden conservar una buena energía germinativa durante cerca de 3 años a partir de su recolección, en un local cerrado y caliente, sin precauciones especiales.

Una vez sembrada, esta especie *se implanta muy lentamente* y es muy frágil. *Es poco competitiva* frente a las adventicias.

Pero luego, *su persistencia es casi ilimitada*, al menos en las variedades más antiguas: la mejor conocida desde este punto de vista, Manade, está todavía en excelente estado al cabo de 10 años. Pero como esta especie es muy variable para muchos criterios y no se conoce ningún medio de someter precozmente a prueba la persistencia, únicamente la práctica dirá cual es la duración real de la vida de las otras variedades. De todas formas, parece muy grande. Esta cualidad está ligada al hecho de que *una vez bien implantada*, la festuca alta se hace *muy competitiva* frente a las adventicias, sin duda debido, en parte, a sus cortos estolones gracias a los cuales invade el terreno. Tiene tendencia a limpiarse de sí misma al envejecer. Al cabo de algunos años, ya no se distinguen bien las líneas y las interlíneas.

La festuca alta está adaptada a una amplia gama de temperaturas: su óptimo está en los alrededores de 25 °C y sin embargo su cero de vegetación es bajo: por lo que su estación de crecimiento es muy larga(1), lo que no le impide *resistir el frío y la sequía,* en el sentido de que rebrota bien a continuación. *Sus hojas tienen cierta tendencia a enrollarse y desecarse* a partir de sus puntas *en verano*. Pero existen grandes variaciones entre variedades en torno a estos modelos generales. Esta especie *resiste igualmente muy bien el exceso de agua*. Es incluso una de las que mejor soporta la inundación.

(1) Ver pág. 317: Producción estacional y anual.

La festuca alta es pues una gramínea muy rústica. Pero *no crece bien más que en tierra profunda,* muy adaptada a su sistema radicular.

Características de la floración y del encañado

La fase juvenil de la festuca alta no ha sido estudiada. Es probable que sea bastante larga. Sus necesidades de inducción primaria son de medias a muy elevadas. Deben ser satisfechas por el frío, los días cortos lo reemplazan muy difícilmente. Pero pueden también satisfacerse por temperaturas muy elevadas (27 °C). Disminuyen cuando la energía luminosa es muy intensa. En consecuencia, la *alternancia* es muy diferente según las variedades. Según la densidad de las praderas, *va de media a nula* (en plantas aisladas, de total a muy escasa). Por el contrario después del descabezamiento de primavera, la mayoría de las festucas altas *prácticamente no reespigan*: permanecen en estado vegetativo hasta el invierno.

Los umbrales de inducción secundaria son también muy variados, lo que proporciona a la festuca alta *una gama muy amplia de precocidades de espigado*, que puede ir, en una región media, del 20 de abril al 20 de mayo (fig. 31.1, pág. 337). *La festuca alta es una de las especies que más pronto empieza a crecer después del invierno:* inmediatamente antes o inmediatamente después que el ray-grass italiano y algunos bromos. Desde luego, existen desfases entre las variedades según su precocidad, pero estos desfases son mucho más pequeños en este estadio que en el espigado. De modo que *el intervalo entre el inicio de la estación de crecimiento y el espigado es tanto mayor cuanto más tardía es la variedad*, al menos esto se cumple hasta las semi-tardías. En las variedades precoces, dicho intervalo, no es más largo que en ciertos dactilos; pero en las semitardías y tardías, lo es mucho más, pudiendo sobrepasar los 50 días en una región media (fig. 31.1, pág. 337). *El estadio de espiga a 10 cm no se produce mucho tiempo antes del espigado*, aunque este periodo es un poco más largo que en el dactilo.

Durante el espigado, la crisis de ahijamiento parece menos brusca que en otras especies.

Si bien la festuca alta espiga más alto que el dactilo, su altura definitiva es igualmente superior, de manera que el desfase entre espigado y floración es también largo: alrededor de un mes. La floración tiene lugar preferentemente por la tarde.

Principales enfermedades y parásitos

Las principales enfermedades de la festuca alta conocidas actualmente son la *roya negra* y la *roya coronada*, que forman abundantes y grandes pústulas, principalmente en verano y otoño. Raramente afectan mucho al rebrote pero pueden *perjudicar gravemente el consumo* por los animales. Las variedades inscritas en el Catálogo francés ofrecen plena garantía en este aspecto. Muy ocasionalmente la *Helmintosporiosis*, que forma manchas marrones de mayo a octubre, puede provocar daños bastante graves.

La festuca alta es atacada también a veces por pequeñas *moscas*, que hacen la puesta en los tallos jovenes. La larva devora el apex, después emigra a un vástago vecino, etc. Entre estas moscas se encuentran oscinias y algunas otras especies cuyo inventario completo no parece haberse hecho. *Su ataque es bastante raro*, pero cuando se produce en una siembra joven o en un rebrote joven, puede destruir las tres cuartas partes de los vástagos y una buena parte de la superficie y *la pradera resulta muy dañada para poderse guarnecer de nuevo*.

CARACTERISTICAS AGRONOMICAS Y MODO DE EMPLEO DE LAS FESTUCAS ALTAS CLASICAS

Implantación

Dada la gran dificultad de implantación de la festuca alta, será preciso una *preparación extremadamente cuidadosa del suelo*. Los granos no deberán ser enterrados a más de 2 cm. La dosis de siembra será de 20 a 25 kg/ha. La nascencia será muy lenta (3 semanas) sin que haya que inquietarse por ello.

En siembras de primavera sobre suelo desnudo, se puede esperar, si las condiciones son favorables, un pequeño corte (1 a 2 t de M.S./ha) a final de julio. Después todo depende de las condiciones estivales: el rendimiento total entre la siembra y el invierno puede variar de 4 a 10 toneladas de M.S./ha en 2 a 4 cortes, según los años.

Si se siembra después del verano, existe el riesgo de que el encañado sea débil y tardío en la primavera siguiente sobre todo en las variedades menos alternativas: es preciso sembrar estas últimas *antes de final de agosto* y que la lluvia permita una nascencia inmediata, si quiere tenerse garantía de que dicho espigado sea normal. En este caso y si el otoño es suave, se podrá esperar un corte (1 a 2 t de M.S./ha) en octubre o noviembre. Para las variedades más alternativas, la fecha límite es un poco más tardía, pero sin duda no después del 15 de septiembre.

Producción estacional y anual

La festuca alta es la especie que más regularmente crece a lo largo de todo el año. Facilmente permanece verde en invierno, se inicia pronto en primavera, crece en verano en promedio como el dactilo(1) y es la última en detenerse en otoño, bastante después que el dactilo. El rebrote que sigue al corte de tallos en primavera, se produce poco retrasado, al ser bastante débil la crisis de ahijamiento.

El ritmo de crecimiento es superior generalmente al del dactilo(1). Las excepciones se producen en la implantación, o en mitad de primavera cuando hace buen tiempo, o en verano. Teniendo en cuenta este ritmo y su larga estación de crecimiento, la festuca alta es la *especie que produce mayor rendimiento anual,* dejando aparte, quizás, a algún bromo: puede suministrar hasta 13 a 18 toneladas de M.S./ha en condiciones favorables.

Pero de nuevo aquí, esta producción estacional y total es extremadamente variable dentro de la especie, aún considerando solamente el tipo clásico.

---

(1) Trabajo de la Station d'Amelioration des Plantes Fourragères, INRA, Lusignan.

Factores de calidad

Potencial energético

Teniendo en cuenta el *endurecimiento rápido de sus tallos y de sus hojas*, el comportamiento de estas últimas en verano(1) y tal vez otros factores todavía desconocidos, la festuca alta es conocida por tener, en cualquier estadio, un consumo y una proporción de U.F. netamente inferiores a las demás especies. Ello se muestra en particular, en las tablas de valor alimenticio(2).

Este inconveniente, real, debe reducirse a proporciones más modestas por dos razones:

- estos defectos disminuirán cada vez más en las variedades nuevas, pues los seleccionadores trabajan activamente en ello;
- las festucas elevadas semi-tardías y tardías permanecen mucho tiempo, en primavera, en un estadio vegetativo, que corresponde a un buen nivel de calidad (fig. 31.1, pág. 337).

En el primer pastoreo de primavera, la festuca alta es rehusada, como el dactilo, *desde la mitad del periodo entre los estadios espiga a 10 cm y espigado.*

Calidad nitrogenada

En condiciones comparables, la festuca tiene proporciones intermedias de M.N.T. entre las del dactilo y el ray-grass italiano, es decir *bastante equilibradas* con relación al potencial energético de la planta.

Por el contrario, *el riesgo de proporciones elevadas de nitratos* parece más frecuente que en las otras especies.

Contenido en glúcidos solubles

En condiciones comparables, el contenido de la festuca alta en glúcidos solubles es intermedio entre el del dactilo y el del ray-grass italiano, como la proporción de M.N.T.

Explotación

La explotación de la festuca alta plantea problemas diferentes en la época del encañado de primavera y en los rebrotes vegetativos. En general, esta especie está *adaptada de igual manera a los diferentes modos de explotación.*

---

(1) Ver página 221: Muerte por agotamiento de las reservas glucídicas.
(2) Demarquilly, C. et Weiss Ph., SEI, estudio nº 42, 1970.

En el encañado de primavera

Desde la salida del invierno hasta que los tallos sean cortados, *la facilidad de explotación de las festucas altas depende de su tardanza en espigar.*

Las variedades muy precoces son tan difíciles de explotar en pastoreo como el dactilo: sus diferentes estadios se suceden casi tan rápidamente (fig. 31.1, pág. 337) situándose más tempranamente en el año, en épocas en que las fechas de realización de los mismos son más fluctuantes y en que los rebrotes después de un corte son más lentos. Igualmente, en esta época, *el tiempo no facilita el ensilaje*. Por eso estas variedades no tienen interés, en este momento, más que en pequeñas superficies, para poder sacar los animales más pronto que con el ray-grass italiano, sea porque comienzan a crecer antes que él, o bien porque, gracias a sus cortos estolones, soportan mejor el pisoteo de los animales.

Contrariamente, *las variedades semi-tardías y tardías*, que no comienzan a crecer mucho más tarde que las precedentes, *son muy fáciles de hacer pastar en el primer pase* a causa de la larga duración de su crecimiento vegetativo. *El segundo pase deberá ser rápido* pues se sitúa en la época del espigado de los tallos y se dispone de poco tiempo para cortarlos todos entre el estadio de espiga a 10 cm y el espigado. Si el rendimiento es elevado y se dispone de una gran superficie, será necesario ensilar una parte de él. *Raramente podrá comenzar un tercer pastoreo en seguida*, ya que el segundo habrá debido ser rápido.

En los rebrotes vegetativos

El endurecimiento de las hojas con la edad y su desecación parcial en verano, hacen que sea indispensable *explotar la festuca elevada muy a menudo* so pena de verla rehusada por los animales, sobre todo en pastoreo. En general, no es preciso sobrepasar 4 semanas de rebrote efectivo. Se llega a ello gracias a la fertilización nitrogenada.

No obstante aparecerán cada vez más variedades mejoradas en este aspecto: son menos duras, o permanęcen más verdes en verano. Estas variedades deben permitir alargar el tiempo de reposo tolerable.

Fertilización nitrogenada

Parece ser que la festuca alta responde bien a la fertilización nitrogenada. Si sólo se tratara de hacerle producir un rendimiento correcto, podríamos contentarnos en los primeros años de la pradera, con proporcionarle aportes moderados. Luego, al agotarse el suelo, sería preciso aumentar las dosis.

Pero *el problema consiste en hacer consumir esta especie*, en especial los rebrotes vegetativos. Para ello, es necesario *conseguir un crecimiento muy rápido*, a fin de obtener rendimiento suficiente para efectuar un pastoreo cada 4 semanas. Por esta razón la dosis se situará regularmente en el máximo de las indicadas en el capítulo XXII: 60 unidades para preparar cada explotación. Es por esta única razón por lo que la festuca alta es conocida como "ávida de nitrógeno".

En regiones de inviernos suaves, se podrá adelantar el inicio de la estación de crecimiento mediante un aporte a final del otoño precedente, al cual responderá muy bien. Esto podrá ser interesante, en particular, en las variedades semitardías y tardías, cuando no sean demasiado sensibles al frío.

VARIANTES DEL TIPO CLASICO

Festucas altas mediterráneas

Variedades de este tipo están ya inscritas en el Catálogo Frances.

Su principal interés se debe a su *crecimiento invernal*, mucho más activo que en el tipo europeo. Ello permite *salir a los animales al pasto desde final de febrero* si soportan el frío en ese momento y si el suelo produce bien. Por otra parte, su precocidad de espigado no es diferente de la de las variedades clásicas. Algunas son tardías. Por consiguiente son mucho más *flexibles para explotar en pastoreo*.

Pero son *extremadamente sensibles al frío*. Pueden ser destruidas completamente por temperaturas del orden de −10 °C en invierno, o de −5 °C después de un corte precoz. Este último punto es particularmente grave. En efecto, la única manera de utilizar la ventaja de estas variedades, es hacerlas pastar en febrero-marzo. *Cuando sobreviene una brusca helada, habrá una parte de la superficie que habrá sido pastada unos días antes*. En esta zona, la pradera desaparecerá durante varios meses. Si a continuación vuelve a guarnecerse, lo hará muy lentamente con un fuerte riesgo de invasión por las adventicias. Incluso en el caso en que el frío no sea lo bastante fuerte para provocar daños a las hojas, es frecuente que mate las primeras espigas que crecen. Las que salen lo hacen con retraso, de manera imprevisible y poco agrupadas. Es probable que sean de reespigados. Esto resulta tan frecuente que es difícil de tener una idea exacta de su precocidad real, incluso en el Sur-Este de Francia: *su explotación en primavera no es pues facilmente planificable*. Por todas estas razones, conviene *reservar estas variedades* a las zonas de inviernos suaves y sobre todo sin riesgo de heladas tardías: *regiones meridionales* y quizás en algunos puntos particularmente bien abrigados del oeste.

Además de su crecimiento invernal, estas festucas tienen la ventaja de ser *totalmente resistentes a las royas*. Pero, aparte de su sensibilidad al frío, tienen los siguientes inconvenientes: *implantación particularmente difícil y sobre todo* lenta, elevado grado *de alternancia, ausencia de crecimiento estival* (el verano es su estación de reposo).

Híbridos europeos x mediterráneos

Las festucas altas híbridas entre tipos europeos y mediterráneos no están aún presentes en el mercado, pero se están seleccionando activamente. Genéticamente, son híbridos interespecíficos[1].

Su crecimiento invernal y su sensibilidad al frío son intermedios entre las de sus progenitores. Ello debería permitir utilizar más facilmente la *iniciación de su*

---

(1) Con más precisión, anfidiploides, que se comportan de forma parecida, con respecto al tipo clásico, que los ray-grass tetraploides respecto a los diploides.

estación de crecimiento muy precoz, sin estar limitada por la fuerza de sustentación del suelo, ni por el frío para los animales. Asímismo, *deberían resistir al frío en una amplia zona*, dejando aparte las montañas, el Norte y el Este de Francia.

Sus granos son muy gruesos (1000 granos pesan de 3 a 3,5 gramos), lo que les confiere una *implantación más fácil y rápida que a los tipos europeos.*

En verano, su crecimiento es del mismo orden que el de los tipos clásicos, un poco superior o inferior según los años. Pero permanecen siempre *muy verdes y se consumen muy bien* en esta estación.

Su alternancia y su resistencia a las enfermedades son intermedias entre las de su generación parental. Las variedades que se obtengan serán resistentes a las royas.

Estos tipos poseen órganos muy gruesos y muy poco numerosos, pero se sabe ya que resisten el pastoreo de ganado ovino y soportan el pisoteo, al menos tan bien como el tipo europeo.

Sus hojas son espesas y aparentemente duras, pero esto no daña su apetecibilidad, antes al contrario. Es probable que su dureza no se deba a la lignificación, sino al hecho de que están repletas de agua: estos tipos son más ricos en agua que las variedades ordinarias (+2 a 3 puntos por cien). Pero como la festuca alta no es una especie particularmente acuosa, no parece que ello pueda perjudicar al ensilaje como ocurre en el ray-grass italiano.

Híbridos festuca alta x ray-grass italiano

A veces se llama a estos híbridos *Festucololium* o *Festulolium* pero es mejor no utilizar estos términos, que engloban a todos los híbridos entre cualquier festuca y cualquier ray-grass.

Una variedad de este tipo está inscrita en el Catálogo Francés de las festucas altas, pero no es aún cierto que esté en el mercado. Tampoco es cierto que otras variedades de este tipo aparecerán en un futuro próximo, pues su selección es extremadamente dificil.

Agronómicamente, estos híbridos son esencialmente *festucas altas muy apetecibles, pero de persistencia mediocre*. Su persistencia puede alcanzar 3 ó 4 años, quizá más, pero es *poco previsible*: la pradera no se debilita progresivamente, sino que desaparece de golpe. Una misma variedad, sembrada el mismo año en diferentes lugares, puede desaparecer en un lugar al cabo de 2 años y estar todavía muy bien en otra parte después de 4 años.

Existen otras modificaciones, pero de menor importancia, con relación a las festucas altas ordinarias:

- su implantación es ligeramente más fácil, pero no mucho más rápida;
- su comportamiento invernal es próximo al de los tipos mediterráneos pues el ray-grass italiano que es uno de sus progenitores crece algo en invierno y es bastante sensible al frío;
- su producción estival está disminuida.

CAPITULO XXVIII

El ray-grass inglés

El ray-grass inglés, *Lolium perenne* L., es una gramínea de persistencia media, de vegetación baja y densa, bastante fácil de implantar y que no crece en verano más que en las regiones en que esta estación es fresca y húmeda. Es la especie más sembrada para pasto en los países anglosajones. Las principales variaciones consisten en una amplia gama de precocidades.

Los seleccionadores han creado variantes llamadas *tetraploides*, al lado de las variedades tradicionales, llamadas *diploides*. Esta diferencia sólo aporta *ligeras modificaciones*.

CARACTERISTICAS BIOLOGICAS

Descripción de la planta

El ray-grass inglés tiene semillas de tamaño medio para una gramínea forrajera. Son vestidas y bastante llenas, 1000 granos pesan alrededor de 2 gramos en las variedades diploides, 3 en las tetraploides. Las envolturas son adherentes al cariópside, lo que facilita la imbibición.

Las hojas son estrechas y bastante cortas, brillantes y muy flexibles. Son de un verde oscuro, las de las variedades tetraploides todavía más que las de las diploides. Dentro de la vaina, los jovenes limbos están plegados antes bien que enrollados, pero mucho menos aplanados que en el dactilo. La lígula es corta; no tiene prácticamente aurículas.

Los tallos son cortos, finos y *encaman facilmente*.

La inflorescencia es una espiga de espiguillas, con dos filas solamente.

En esta especie, todos los órganos son pequeños, estrechos y muy numerosos, sobre todo en los diploides. Ello origina una *vegetación baja muy densa*. A simple vista, *se tiene tendencia a subestimar su rendimiento*.

Los restos de órganos muertos se descomponen bien y desaparecen bastante fácilmente.

Las raíces son muy superficiales: se concentran sobre todo en los 5 a 10 primeros centímetros y no exploran el suelo muy profundamente.

Esta especie tiene cierta tendencia a la caulescencia, pero los entrenudos que se alargan no alcanzan una dimensión suficiente para que se note a simple vista en una pradera. Es suficiente sin embargo para entorpecer el enraizamiento.

Asímismo, cuando los tallos normales de primavera se tumban como consecuencia del encamado, las yemas que están en sus nudos suelen producir vástagos que enraízan.

Características de crecimiento

Los granos de ray-grass inglés se conservan bien: en un local cerrado y caliente, sin precauciones particulares, conservan una buena energía germinativa durante 4 a 5 años a partir de su recolección.

Una vez sembrada, esta especie *nace rápida y vigorosamente*, las plántulas crecen más rápidamente que las de otras gramíneas bastante perennes, pero menos que las del ray-grass italiano. Es *muy competitivo* frente a las adventicias.

Su *persistencia es de 3 a 6 años* en general, pero *relativamente dependiente de la sequía*. Esta especie suele desaparecer por exceso de fertilización nitrogenada(1). Es tanto más perenne cuanto más precozmente se cortan sus tallos(2).

El ray-grass inglés está adaptado a temperaturas frescas: su óptimo está en los alrededores de 18-20 °C solamente y su cero de vegetación es bajo. Pero es *sensible* al frío y sobre todo *a la sequía*, que pueden perjudicar a su rebrote posterior. Soporta bastante bien el exceso de humedad.

Características de la floración y del encañado

El ray-grass inglés no posee fase juvenil absoluta, pues los granos en germinación son vernalizables. Sus necesidades de inducción primaria son importantes. Son satisfechas por el frío, pero los días cortos pueden influir. Esta especie es pues *poco o nada alternativa*. No ocurre lo mismo con el reespigado. Sin duda, la transmisión de una parte de la inducción floral entre los vástagos no es despreciable, pues se obserban a menudo *algunas plantas reespigadas después del descabezamiento de primavera*, tanto más cuanto más precoz es la variedad. Ello no es suficiente para perjudicar mucho la calidad, pero puede molestar a los animales en pastoreo, si esta segunda ola de espigas se produce demasiado adelantada. Cuando este rebrote reespigado se ha cortado, *no se producen ya reespigados hasta el invierno*.

Los umbrales de inducción secundaria, todos bastante elevados, son muy diferentes según las variedades. El ray-grass inglés, en promedio *bastante tardío*, posee una *amplia gama de precocidades de espigado*, que pueden ir, en una región media, del 5 de mayo al 10 de junio (fig. 31.1, pág. 337). El inicio de la estación de crecimiento de las diferentes variedades se clasifica en el mismo orden

(1) Este riesgo solo existe si se permiten elevados rendimientos en primavera y se explota mecánicamente, ver páginas 136–138: Degradación después de un único corte en primavera.
(2) Ver página 221: Muerte por agotamiento de las reservas glucídicas.

que su precocidad de espigado, pero los desfases son mucho menores. Para el estadio de espiga a 10 cm, la situación es intermedia. El resultado es que *los intervalos entre estadios extremos van de muy cortos en los ray-grass ingleses precoces* (como en los dactilos) *a muy largos en los tardíos* (casi tanto como para los ray-grass italianos).

Una vez espigado, el ray-grass inglés florece bastante deprisa (15 días a 3 semanas). La floración tiene lugar preferentemente por la mañana.

Enfermedades graves: las royas

Las únicas enfermedades conocidas, actualmente importantes para el ray-grass inglés, son las royas: especialmente la roya coronada, que cubre la hoja de pústulas anaranjadas desde junio a octubre, pero también la roya negra, cuyas pústulas son marrón oscuro y que se produce cuando hace más calor. Estas enfermedades son muy graves: *las plantas muy atacadas no son consumidas por los animales,* pueden morir. Para evitarlo, es imprescindible cortar tanto más a menudo cuanto más sensible sea la variedad.

Es dificil seleccionar variedades resistentes. *Entre las que no están inscritas en el Catálogo Francés, se encuentran variedades tan sensibles que dificilmente son utilizables en Francia.*

Las variedades tetraploides tienen tendencia a ser algo menos sensibles que las diploides, pero ello no constituye una garantía.

CARACTERISTICAS AGRONOMICAS Y MODO DE EMPLEO

Implantación

Por poco cuidadosamente que se trabaje, es *bastante fácil tener éxito con una siembra* de ray-grass inglés. Los granos soportan el enterramiento hasta 2,5 a 3 cm y la dosis de siembra será de 20 kg/ha para los diploides, 25 para los tetraploides. La nascencia necesita de 12 a 15 días.

En siembras de primavera sobre suelo desnudo, se puede esperar un corte de 2 a 3 t de M.S./ha a final de junio principio de julio. Luego todo dependerá de las condiciones estivales: el rendimiento total entre la siembra y el invierno puede variar de 5 a 11 toneladas de M.S./ha en 3 a 4 cortes, según los años.

Si se siembra después del verano, existe el riesgo de que el encañado sea escaso y retardado en la primavera siguiente. La fecha límite de siembra para evitar esto (si la lluvia permite una nascencia inmediata) está comprendida probablemente entre mediados y final de septiembre, teniendo en cuenta la corta fase juvenil y el umbral bastante elevado de días largos, los cuales dejan mucho tiempo para que la inducción primaria pueda realizarse en invierno. Una siembra de septiembre seguida de una nascencia rápida permite a veces un corte antes del invierno (1 a 3 t de M.S./ha).

Producción estacional y anual

Si no hiela demasiado, el ray-grass inglés permanece bastante verde en invierno.

En primavera, la vegetación se inicia bastante tardiamente, como en el dactilo, después crecerá bastante rápido y muy regularmente hasta final de junio.

En verano, su comportamiento depende mucho de la temperatura: si hace fresco, utiliza bastante bien el agua de lluvia o de riego. Pero desde que comienza a hacer un poco de calor, como ocurre en la mayoría de las regiones francesas, entra en reposo.

En otoño, es una de las especies que responde mejor al retorno de las lluvias, después baja de nuevo al final de otoño para encontrarse al nivel del dactilo o del ray-grass italiano.

En resumen, su producción anual puede alcanzar 9 a 13 t M.S./ha en condiciones favorables.

Factores de calidad

Potencial energético

El ray-grass inglés parece tener, en igual estadio, aproximadamente la misma calidad que el ray-grass italiano. Pero después del descabezamiento de primavera reespiga mucho menos y después nada en absoluto, lo que le da un valor mucho mayor.

Cualquier ataque de roya hace disminuir fuertemente dicha calidad.

Calidad nitrogenada

En condiciones comparables, la proporción de M.N.T. del ray-grass inglés parece del mismo orden que la del ray-grass italiano, o ligeramente superior.

Explotación

En primavera, el ray-grass inglés *puede pastarse*, en un primer pase de los animales, *hasta el principio del espigado*, sin rechazo ni despilfarro pues sus tallos no endurecen deprisa y su vegetación se mantiene baja.

Las variedades precoces, que tienen estadios tan próximos como el dactilo, son a pesar de todo un poco más flexibles de explotar. En cuanto a las *variedades muy tardías*, son ciertamente *las más fáciles de hacer pastar de todas las gramíneas.* Su único defecto consiste en no permitir, por sí solas, una salida precoz del rebaño al pasto.

El ray-grass inglés es bastante *difícil de cortar mecánicamente* debido a su vegetación baja, densa y flexible, que tiene tendencia a tumbarse bajo las máquinas, o de atascarlas.

Un descabezamiento tardío (principio del espigado) como se practica para el ensilaje, si se practica repetidamente, perjudica a la persistencia del ray-grass inglés.

Por todas estas razones, esta gramínea es *típicamente una especie de pastoreo*, sobre todo en los países anglosajones, donde crece en verano y donde el clima no permitiría un inicio precoz de su estación de crecimiento.

CAPITULO XXIX

La festuca pratensa

Agronómicamente, la festuca pratense *Festuca pratensis* Huds, es una especie de ray-grass inglés semi-precoz adaptado a situaciones muy húmedas y frescas. En estas condiciones, tiene quizás una producción estival superior al ray-grass inglés. Es la gramínea que mejor resiste la inundación. Pero es difícil de implantar.

Existen pocas variaciones en esta especie, excepto para la resistencia a las enfermedades y la producción.

CARACTERISTICAS BIOLOGICAS

Descripción de la planta

La festuca pratense tiene semillas de talla media para una gramínea forrajera: 1000 granos pesan alrededor de 1,5 gramos. Las envolturas están adheridas al cariópside.

Las hojas son bastante anchas, brillantes y flexibles. La vaina es cilíndrica y las hojas jovenes estan enrolladas en su interior. La lígula es corta y las aurículas ampliamente abrazadoras.

Los tallos son de diámetro y altura medios y *resisten mal el encamado*.

La inflorescencia es una panícula típica.

El número y dimensión de los órganos son medios con relación a las otras gramíneas.

Los restos de órganos muertos se descomponen bien y desaparecen bastante facilmente.

Las raíces son bastante superficiales.

Características de crecimiento

Las semillas de festuca pratense apenas se conservan, con buena energía germinativa, más allá de 2 años a partir de su recolección, en un local cerrado y caliente, a menos que se tengan precauciones especiales.

Una vez sembrada, esta especie *se implanta muy lenta y difícilmente. Su persistencia es de 3 a 5 años* en general, pero es *extremadamente dependiente de la sequía*. Esta especie tiene bastantes probabilidades de desaparecer por exceso de fertilización nitrogenada(1).

Su óptimo de temperatura es bajo, así como su cero de vegetación. Es *bastante resistente al frío*, pero *muy sensible a la sequía sobre todo al calor*, que pueden hacerle desaparecer. Es muy resistente al exceso de humedad: es la única gramínea que *soporta una inundación prolongada, prácticamente sin daño*.

Características de la floración y del encañado

La festuca pratense posee una larga fase juvenil, que corresponde a la aparición de al menos 4 a 5 hojas en el vástago principal. Tiene igualmente muy importantes necesidades de inducción primaria, de manera que es *práticamente no alternativa*. Por el contrario, la transmisión de una parte de inducción floral de unos vástagos a otros no es despreciable. Es sin duda por esta razón por lo que se observan a menudo *algunas plantas que reespigan después del descabezamiento de primavera*. Ello no es suficiente para perjudicar mucho la calidad, pero puede molestar a los animales en pastoreo, si ésta segunda ola de espigas está demasiado avanzada. Cuando este rebrote reespigado ha sido cortado, *no se producen ya reespigados hasta el invierno*.

El umbral de inducción secundaria es medio: la festuca pratense realiza sus estadios de *espiga a 10 cm y espigado en casi el mismo tiempo que una festuca alta tardía*, es decir, en una región media, hacia el 27 de abril y el 15 de mayo, respectivamente. La iniciación de su estación de crecimiento es un poco más tardía que en la especie citada: hacia el 3 de abril. *Los desfases entre los diferentes estadios no son por lo tanto muy largos* (fig. 31.1, pág. 337).

Durante el encañado, la crisis del ahijado es menos intensa que en otras especies.

Una vez espigada, la festuca pratense florece bastante deprisa (15 días a 3 semanas). La floración tiene lugar principalmente por la tarde.

Una sóla enfermedad importante: la roya

La única enfermedad importante conocida actualmente en la festuca pratense es la *roya coronada*, que cubre la hoja de pústulas ovales, desde junio a octubre. Raramente afecta mucho al rebrote pero puede *perjudicar gravemente al consumo* por los animales. *Las variedades inscritas en el Catálogo Francés ofrecen toda garantía* respecto a ello.

---

(1) Este riesgo sólo existe si se permiten elevados rendimientos en primavera y se explota mecánicamente, ver páginas 136–138: Degradación después de un único corte en primavera.

Muy ocasionalmente, la *Helmintrosporiosis*, que forma manchas marrones de mayo a octubre, puede provocar daños bastante graves.

CARACTERISTICAS AGRONOMICAS Y MODO DE EMPLEO

Implantación

Dada la gran dificultad de implantación de la festuca pratense, será precisa una *preparación extremadamente cuidadosa del suelo*. Los granos no deberán ser enterrados a más de 2 cm. La dosis de siembra será de 15 a 20 kg/ha. La nascencia será muy lenta (3 semanas) sin que haya que inquietarse por ello.

En siembras de primavera sobre suelo desnudo, se puede esperar, si las condiciones son favorables, un pequeño corte (1 t de M.S./ha) en julio. Después todo dependerá de las condiciones estivales. El rendimiento total entre la siembra y el invierno podrá variar entre 3 y 10 toneladas de M.S./ha en 1 a 4 cortes, según los años.

Si se siembra a final de verano, se corre el riesgo de que el encañado sea débil y retardado en la primavera siguiente. Si al menos se quiere tener la garantía de que sea normal, será preciso sembrar *antes de fin de agosto*, esperando que la lluvia permita una nascencia inmediata. En este caso y si el otoño es suave, podrá obtenerse a veces un pequeño corte (1 a 2 t de M.S./ha) antes del invierno.

Producción estacional y anual

En invierno, la festuca pratense permanece con facilidad verde.

En primavera, a pesar de la iniciación de su estación de crecimiento relativamente tardía crece rápidamente y produce casi tanto como las otras especies en el espigado. El retraso del rebrote siguiente al corte de los tallos no es muy importante.

Al principio del verano, esta especie continua creciendo. Es por ello probablemente por lo que no resiste la sequía. Cuando esta sobreviene, no sólo se detiene el crecimiento, sino que buen número de vástagos, si no de plantas, mueren.

El rebrote de otoño es bueno si el verano no ha sido demasiado seco, pero no perdura mucho tiempo al final del otoño, pues la planta amarillea.

En resumen, el rendimiento anual puede alcanzar de 8 a 13 toneladas de M.S./ha en condiciones favorables.

Factores de calidad

La festuca pratense es, *según parece, la mejor gramínea* desde el punto de vista de la calidad. El potencial energético, se clasifica en cabeza en todos los estadios, bien sean vegetativos o reproductores, mientras que otras especies, que pueden estar en cabeza con ella en ciertos momentos, no lo están en otros. En M.N.T. es prácticamente tan buena como el dactilo.

Explotación

La festuca pratense se presta bien a la recolección mecánica, en cualquier momento.

En pastoreo, en primavera, presenta características parecidas a una festuca alta semi-tardía:

- el primer pase es fácil. De hecho es un poco más tardío: el inicio de la estación de crecimiento es más tardio, pero el comienzo del despilfarro también lo es, pues no nos vemos limitados por el endurecimiento de los tallos como en la festuca alta y sí, pero no mucho, por la altura de la hierba. Podemos por tanto aprovechar mucho más el espigado;
- el segundo pase debe ser rápido, pues se dispone, en este caso también, de poco tiempo para cortar todos los tallos entre el estadio de espiga a 10 cm y espigado;
- el tercer pase dificilmente puede comenzar en seguida, al ser insuficiente el tiempo de reposo.

Los rebrotes vegetativos pueden ser pastados sin dificultad, hasta el invierno.

CAPITULO XXX

El fleo

El fleo, *Phleum pratense* L., es típicamente la gramínea de los países fríos: tradicionalmente es en zonas altas y en los países escandinavos, donde se utiliza sobre todo para heno. Pero puede igualmente ser interesante en llanos, de zonas húmedas. Es muy difícil de implantar y medianamente perenne. Las principales variaciones dentro de la especie consisten en una amplia gama de precocidades (todas muy tardías) y de sensibilidad a las enfermedades.

Los datos aportados aquí corresponden desgraciadamente al comportamiento del fleo allá donde ha sido estudiado, es decir en llanura.

CARACTERISTICAS BIOLOGICAS

Descripción de la planta

El fleo tiene *semillas minúsculas:* 1000 granos pesan entre 0,3 y 0,7 gramos. Son vestidas, pero las envolturas se adhieren muy mal al cariópside y se separan de él muy facilmente, de manera que nos encontramos una cierta proporción de granos desnudos, sobre todo en lotes que han sido muy manipulados. El embrión no está entonces protegido contra los choques, que lo matan en una determinada proporción lo que disminuye la facultad germinativa sin modificar la energía germinativa.

Las hojas son anchas, de color mate, un poco más oscuro y azulado que las del dactilo y muy flexibles. La vaina es cilíndrica y las hojas jovenes están enrolladas en su interior. El limbo de las hojas adultas, bastante desplegado con respecto a la vaina, tiene una ligera tendencia a retorcerse en zarcillo. La lígula es larga, no tiene aurículas.

Los tallos son gruesos y resisten bastante bien el encamado, pero como llegan a ser muy altos (1,5 m), pueden acabar encamándose. Los entrenudos de la base de los tallos tienen la propiedad de especializarse en la acumulación de reservas y se hinchan formando "rosarios" sobre todo al final del espigado. La inflorescencia tiene estructura de panícula, poco condensada alrededor del eje central, de manera que tiene la apariencia de una espiga.

En general, el fleo tiene tendencia a poseer órganos gruesos y poco numerosos. Las raíces son superficiales.

Características de crecimiento

La energía germinativa de los granos de fleo se conserva mal más allá de 2 años, a partir de su recolección, en un local cerrado y caliente, a menos que se tengan precauciones especiales.

Una vez sembrada, esta especie *nace muy lenta y dificilmente.* Es y se mantiene *poco competitiva* frente a las adventicias. Durante el periodo de implantación es muy sensible a la sequía. *Su persistencia* es de alrededor de 4 a 6 años.

Está muy adaptada a temperaturas bajas: su óptimo está en los alrededores de 18 °C y su cero de vegetación es muy bajo. Sin embargo, *resiste muy bien el frío*, no solamente porque sobrevive sino porque sus hojas permanecen vivas. Raramente, parece resistir bien a la sequía, que no le impide rebrotar a continuación. Soporta bastante bien el exceso de agua.

Características de la floración y del encañado.

El fleo parece tener una fase juvenil muy larga, pero no tiene necesidad estricta de inducción primaria. No obstante, temperaturas relativamente frescas (inferiores a 18 °C) parecen adelantar la floración. Esta especie es pues, teóricamente, totalmente alternativa, y lo es de hecho en plantas aisladas(1). Pero esta alternancia es muy sensible a la densidad de colonización, de manera que en pradera, el fleo se comporta *prácticamente como no alternativo.* Asimismo, *prácticamente no reespiga.*

Los umbrales de inducción secundaria son muy elevados y muy diferentes según las variedades. El fleo posee una *amplia gama de precocidades de espigado, todas muy tardías*, que pueden ir, en una región media, del 5 al 25 de junio (fig. 31.1, pág. 337). *Comparativamente a esta tardanza, el inicio de la estación de crecimiento es sumamente precoz*, ya que se produce en la misma época que en los dactilos y el ray-grass inglés (fig. 31.1, pág. 337). Ello se debe al buen comportamiento invernal del fleo, que le permite, al salir de esta estación, tener una buena cobertura de hojas capaces de fotosintetizar. El estadio de espiga a 10 cm es mucho más tardío, ya que está ligado a la floración y esta exige ya días largos. Pero se produce mucho tiempo antes del espigado pues el fleo espiga alto. *Los desfases que separan los diferentes estadios son por lo tanto muy largos*, del mismo orden que en el ray-grass italiano (fig. 31.1, pág. 337).

---

(1) Es igualmente caulescente, cuando a final de verano los días vuelven a hacerse demasiado cortos para que el estadio Dobles Pliegues pueda ser franqueado. Pero esta caulescencia, tampoco, no se manifiesta en las praderas debido a la densidad de plantas.

La crisis del ahijado es muy brusca en esta especie, *en la cual todos los vástagos vegetativos mueren rápidamente, poco después del estadío de espiga a 10 cm.*

Si el fleo espiga alto, florece aún mucho más alto: el intervalo entre espigado y floración es largo: un mes. La floración tiene lugar principalmente por la mañana.

El desgrane es menos pronunciado en el fleo que en las otras gramíneas.

Principales enfermedades

El fleo es atacado por dos enfermedades principales: la *roya negra*, que forma pústulas bastante grandes desde junio a septiembre y la *scolecotricosis* cuyas anchas manchas se van juntando y que ataca de junio a agosto. *Las dos dañan gravemente a la apetecibilidad y la roya afecta seriamente al rebrote*, del que condiciona el vigor y la supervivencia.

La heterosporiosis es a veces confundida sin razón con la roya a causa de sus pequeñas manchas redondeadas, rojo-violeta. Se parece a la Mastigosporiosis del dactilo. Se presenta de junio a octubre, es muy espectacular, pero no extremadamente grave por sus consecuencias.

CARACTERISTICAS AGRONOMICAS Y MODO DE EMPLEO

Implantación

Dada la gran dificultad de implantación del fleo, será necesaria *una preparación extremadamente cuidadosa del suelo.* Los granos deberán ser recientes. Debido a su tamaño no deberán enterrarse a más de 1 cm, lo que es muy difícil de realizar. La dosis de siembra será de 6 a 8 kg/ha. La nascencia será lenta (3 semanas) sin que haya que inquietarse por ello.

Si la siembra se realiza en primavera, deberá ser precoz (marzo): el frío no afectará apenas a la nascencia y las plantas se implantarán mejor antes de la sequía, tan grave para las siembras jovenes de esta especie. En suelo desnudo, se puede esperar, si las condiciones son favorables, un pequeño corte (1 t de M.S./ha) en julio. Después, en general, se esperará al otoño, para obtener todavía uno o dos cortes. El rendimiento total entre la siembra y el invierno podrá de esta forma variar entre 3 y 7 toneladas de M.S./ha en 1 a 3 cortes, según los años.

Si se siembra después del verano, el encañado seguramente será bastante normal en la primavera siguiente, pues la planta sólo tiene que franquear su fase juvenil antes de llegar al umbral bastante tardio de los días largos. La fecha limite de siembra no ha sido bien precisada. Es probablemente suficiente que la planta haya comenzado a ahijar antes del invierno.

Producción estacional y anual

En invierno, el fleo permanece muy verde y aprovecha la menor elevación de temperatura para crecer un poco. Aborda así la primavera con una buena cobertura vegetal y se pone a crecer rápidamente hasta final de junio aproximadamente.

El retraso del rebrote siguiente al corte de los tallos es muy importante, a causa de la crisis del ahijado. Si este corte es poco tardío, no es raro que el fleo rebrote antes del verano.

Ahora bien, *en verano, si es seco, tampoco crece*. Una variedad muy tardía que no ha espigado todavía, puede a veces detenerse hacia final de junio y secarse sin espigar jamás. *Pero si llueve, el crecimiento del fleo es mejor que el del ray-grass o el de la festuca pratense*.

En otoño, el fleo es una de las especies que mejor responde al retorno de las lluvias y que más tarde continúa creciendo a final de otoño, estación en la que se sitúa justo después de la festuca alta para el rendimiento.

En resumen, su producción anual puede alcanzar 8 a 13 toneladas de M.S./ha.

Factores de calidad

El potencial energético del fleo está en general, a igual estadio, entre los peores de las gramíneas forrajeras. En el espigado, es con mucha diferencia, el peor. Pero este defecto es paliado ampliamente, al menos en llanura, por el hecho de que esta especie permanece mucho tiempo, en primavera, en un estado vegetativo en que su calidad es muy correcta.

Explotación

La explotación clásica del fleo, en montaña, donde su cultivo es tradicional, consiste en henificar en un estadio avanzado del encañado. Teniendo en cuenta las necesidades locales, este sistema apenas puede ser modificado, pero puede tener interés el hacerle preceder un pastoreo rápido en despuntado[1].

Por otra parte, el fleo se *presta bien a cualquier modo de explotación*: su porte erecto y sus gruesos órganos facilitan la recolección mecánica; los largos desfases entre estadios en primavera así como su carencia de reespigado facilitan su utilización en pastoreo. Podría suceder que en algún caso, los cortes frecuentes que implica un pastoreo perjudicarían a la persistencia de esta especie, pero en general no es cierto.

En todos los casos, *será necesario haber terminado la primera explotación al menos 15 días antes del comienzo del espigado,* a causa del descenso de calidad, y, en pastoreo, debido a la gran altura de la hierba que ocasiona despilfarro.

(1) Ver páginas 253-254: El fleo en montaña.

CAPITULO XXXI

Los bromos

Los bromos constituyen un conjunto muy amplio de especies de orígenes geográficos extremadamente variados. Tres de estas especies han dado origen, más o menos recientemente, a variedades seleccionadas en Francia: *Bromus catharticus* Val., adaptado a zonas muy variables, *Bromus sitchensis* Trin. y *Bromos carinatus* Hook. adaptados a zonas más templadas. De estas tres especies trataremos aquí. Las dos últimas se juzgan según colecciones bastante poco variadas.

Todas son de implantación muy fácil, de persistencia media y adaptadas a situaciones de sequía.

Las principales variaciones conciernen a la precocidad de una parte y a la alternancia y reespigado de otra.

En muchos puntos, la biología y empleo de los bromos son todavía mal conocidos.

CARACTERISTICAS BIOLOGICAS

Definición de la planta

Las semillas de bromo son muy gruesas para una gramínea forrajera: 1000 granos pesan 8 a 9 gramos en B. sitchensis y B. carinatus, 18 a 19 gramos en B. catharticus. Son vestidas. La de B. sitchensis y B. carinatus muy largamente aristadas: se deslizan muy mal a menos que se desbarben artificialmente. Las de B. catharticus no tienen aristas pero se deslizan mal a causa de múltiples pequeñas espículas silíceas.

Las hojas son de anchas o muy anchas, mates, muy flexibles. Las hojas jovenes estan enrolladas en las vainas. Las lígulas son muy altas y no hay aurículas.

Los tallos son gruesos, con surcos, bastante resistentes al encamado. *En fase reproductora prácticamente no hay vástagos vegetativos.* Los tallos de B. catharticus se vuelven muy duros en las proximidades del espigado.

La inflorescencia es una panícula muy laxa.

En los bromos todos los órganos son gruesos y poco numerosos.

Los restos de órganos muertos se descomponen difícilmente: secándose y permaneciendo en el lugar.

Las raíces son profundas.

Características de crecimiento

Los bromos *germinan vigorosamente*, pero no más que el ray-grass italiano, a pesar de que sus granos son mucho más gruesos.

Son *muy competitivos* y sin embargo no invaden todo el terreno; pero las adventicias se instalan mal en un bromo: entre las líneas, la tierra se encuentra a menudo desnuda y limpia.

La persistencia es media, como en un ray-grass inglés.

Los bromos *resisten a la sequía*: crecen en verano y vuelven a salir bien en otoño. Esta resistencia se manifiesta desde el estadio de plántula: la implantación no resulta perjudicada por la sequía. Por el contrario, estas especies *no soportan el exceso de agua:* si el suelo está repleto de agua, la pradera desaparece. *Soportan* igualmente *mal el pisoteo*, sobre todo en tierras húmedas donde no lo resisten.

En invierno, B. sitchensis y B. carinatus entran en reposo y resisten el frío; B. catharticus, según la variedad, se comporta como los precedentes, o bien continua creciendo, pero es muy sensible al frío.

De modo general, los bromos se distinguen por *rebrotar muy lentamente después de un corte*. Pero el rendimiento final no es inferior, pues *una vez comenzado, el crecimiento es muy rápido.*

Características del encañado

Bromus catharticus, es una especie *totalmente alternativa y totalmente reespigante*; además, en cada ocasión, *encaña muy deprisa*, como un ray-grass italiano y sus *tallos tienen muy pocas hojas*. No cesa de reespigar hasta noviembre y por tanto sólo es *vegetativa en invierno*. Su *espigado* es muy variable según los tipos, pero siempre *muy precoz*: los más tardíos espigan, en promedio, hacia el 5 de mayo (fig. 31.1). *La iniciación de su estación de crecimiento es aún más precoz:* fin de febrero o principios de marzo. Por el contrario, su *estadio de espiga a 10 cm* no se produce más que *una quincena de días antes del espigado*. El desfase entre espigado y floración es breve: 2 a 3 semanas. La floración tiene lugar sobre todo por la tarde.

Bromus sitchensis es *totalmente alternativo y totalmente reespigante* pero solamente *hasta agosto*. Además, sus espigados sucesivos son bastante lentos y sus *tallos con bastantes hojas. Su espigado es tardío* (hacia el 20 de mayo), la iniciación de su estación de crecimiento media (principio de abril). El estadio de espiga a 10 cm sólo precede al espigado en una veintena de días (fig. 31.1).

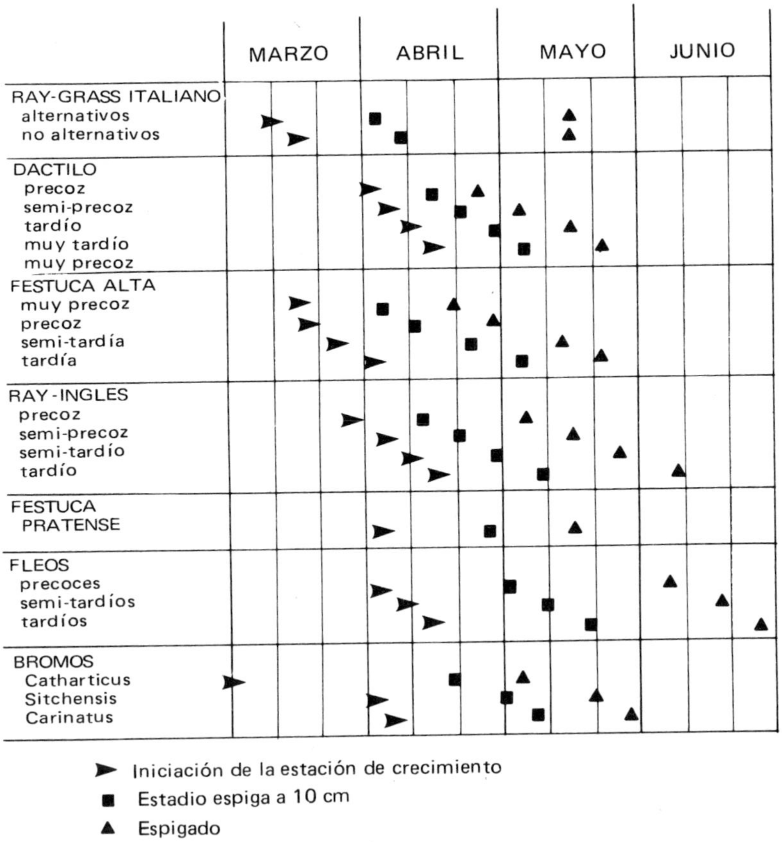

Fig. 31.1: Fechas de realización de los principales estadios de las gramíneas forrajeras en primavera.

en un año de tipo medio en Poitou, región asímismo media con relación a Francia.

La floración sigue de cerca al espigado: 2 a 3 semanas. Tiene lugar principalmente por la tarde.

Bromus carinatus no es *ni alternativo ni reespiga*. En todos los estadios es algunos días más tardío que el precedente. En esta especie, la fecundación tiene lugar solamente algunos días después del espigado y la salida de las anteras (antesis) sólo algunos días después[1].

Especies poco sensibles a las enfermedades

Actualmente, los bromos tienen pocas enfermedades. Solo el tizón puede perjudicar a la producción de semillas de B. catharticus.

(1) Son especies autógamas, es decir que se autofecundan, no tienen pues necesidad de que las anteras salgan para ello.

Pero con el auge de este cultivo, la aparición de enfermedades no se debe excluir. Se han señalado ya ataques de royas.

CARACTERISTICAS AGRONOMICAS

Implantación

Incluso un agricultor poco habituado a las gramíneas forrajeras *puede tener éxito con una siembra* de bromo, *con tal de que* trabaje cuidadosamente(1) y de que *emplee semillas desbarbadas*. Estos granos soportan el enterramiento hasta 6-8 cm. casi como la permanencia en superficie, gracias a su resistencia a la sequía. La dosis de siembra será de 40 kg/ha para B. sitchensis y B. carinatus, 80 para B. catharticus. La nascencia se produce a los 10-12 días.

En siembras precoces de primavera en suelo desnudo, estas especies darán un corte de 3 a 4 toneladas/ha a final de junio. Después todo dependerá de las condiciones estivales. El rendimiento total entre la siembra y el invierno puede variar de 5 a 12 t de M.S./ha en 3 a 5 cortes, según los años.

Si se siembran después de verano, una operación precoz (septiembre) sobre una tierra húmeda permitiendo una nascencia rápida, puede permitir un corte interesante (3-4 t de M.S./ha) antes de invierno. No se conoce la fecha límite de siembra necesaria para obtener un encañado normal al año siguiente, como tampoco la que simplemente permita a las plántulas pasar el invierno.

Producción estacional y anual.

Después de iniciar su estación de crecimiento, parece ser que los bromos crecen tanto como las festucas altas hasta el otoño y apenas se detienen antes de diciembre. En invierno, B. catharticus permanece verde y crece un poco, pero sus hojas se destruyen al menor enfriamiento. Las otras dos especies se vuelven violáceas y dejan de crecer, resistiendo así muy bien el frío.

El rendimiento total anual parece ser igual o superior al de la festuca alta en B. sitchensis y B. catharticus (13 a 19 t de M.S./ha en condiciones favorables), inferior para B. carinatus (9 a 15 t).

Factores de calidad

Es prematuro actualmente dar datos serios sobre la calidad de los bromos.

---

(1) Se trata de gramíneas forrajeras: No se descuidarán las precauciones indicadas en las páginas 237 a 238: Algunas indicaciones prácticas.

Explotación

La experiencia adquirida sobre los bromos apenas permite dar indicaciones concernientes a su explotación. Su porte erecto debería facilitar la recolección mecánica. En pastoreo, si el inicio de la vegetación es realmente tan precoz como se piensa con respecto al espigado de los tallos, el primer pase debería ser fácil. El aspecto rígido de los tallos y el tiempo bastante corto entre estadio de espiga a 10 cm y espigado, podrían hacer creer que, en el encañado, el pastoreo sería difícil, pero parece que los animales lo consumen bien hasta un estadio avanzado. Los rebrotes sin tallos de B. carinatus deberían igualmente facilitar el pastoreo.

Fertilización nitrogenada

Teniendo en cuenta la producción de estas especies, y en ausencia de datos más complejos, parece preferible aplicarles las dosis de nitrógeno máximas indicadas en el capítulo XXII.

CAPITULO XXXII

Los ray-grass híbridos

Los ray-grass híbridos, son el resultado del cruzamiento entre el ray-grass italiano y el ray-grass inglés. Es preciso hablar de ellos en plural pues teóricamente se pueden obtener tipos muy variados, más o menos próximos de los dos de la generación parental, sin contar con que los tipos intermedios pueden ser muy diferentes entre sí según la forma en que combinen los caracteres parentales.

Todas las variedades examinadas en el Catálogo hasta 1978 son de hecho *agronómicamente, ray-grass italianos* que poseen algunas de las ventajas del ray-grass inglés, pero también alguno de sus inconvenientes. *Sólo, la última variedad inscrita, es realmente intermedia entre los dos antecesores: es aún demasiado pronto para decir a qué uso agronómico puede ser destinada.* Nosotros la trataremos aparte, después de las otras.

La mayoría de las variedades actuales

Dejando aparte la última, las variedades actuales están destinadas a utilizarse como los ray-grass italianos no alternativos, siendo más perennes, reespigan menos en verano y son menos flexibles en explotación de primavera.

La *persistencia mejorada* debería permitir una producción superior y más segura, en la primavera que sigue al segundo invierno. El ray-grass híbrido toma una morfología más próxima de la del ray-grass inglés: órganos más pequeños y numerosos pero parece que esta mejora de la persistencia *no se manifiesta siempre:* la única variedad un poco estudiada desde este punto de vista, Sabrina, exigiría, para exteriorizar su persistencia, ser cortada siempre bastante alta (8 cm) en la primera primavera[1].

El *menor reespigado*, argumento de venta importante según los promotores de estas variedades, es una ventaja *relativamente ilusoria:*

---

(1) Jones, E.L., Welsh Plant Breed. Sta. Ann. Rep. for 1977, 50-51, 1978.

- en junio, el reespigado generalmente es total, como en el ray-grass italiano: solamente disminuye, más o menos según la variedad. Pero si como en Sabrina, el rebrote disminuye tanto al menos, la pradera puede haber reespigado antes de poder efectuarse una nueva explotación;
- en verano, el reespigado es realmente menos abundante y ello puede facilitar un pastoreo, pero esta ventaja está limitada a las regiones en que estas especies crecen en verano, lo que resulta bastante restringido.

Su *peor flexibilidad de explotación* en primavera es debida a dos razones:

- duración menor entre iniciación de la estación de crecimiento y espigado;
- en la variedad Sabrina, al menos, velocidad de rebrote menor.

La última variedad inscrita

La variedad Inca, inscrita en el Catálogo Francés en 1979, tiene un aspecto y un tipo de crecimiento verdaderamente intermedio entre el ray-grass italiano y el ray-grass inglés.

Su reespigado es realmente inferior.

Su flexibilidad de explotación en primavera es mejor: esta variedad tiene un inicio de vegetación menos precoz que un ray-grass italiano, pero contrariamente a los demás ray-grass híbridos, el espigado también es más tardío, de manera que los intervalos entre estadios son también largos y como esta planta hereda del ray-grass inglés órganos más pequeños y numerosos que un ray-grass italiano, *es probable que esté más adaptada al pastoreo.*

Su persistencia ha sido claramente mejorada.

Su crecimiento de verano parece ser mejor que el de un ray-grass italiano, si llueve.

Desgraciadamente, esta variedad sólo tiene una *resistencia media a las royas*, lo que resulta perjudicial ya que sus ventajas se sitúan en buena parte en verano o en otoño. Pero nadie duda que se podrán seleccionar un día ray-grass híbridos que tengan las mismas ventajas y que sean poco sensibles a las royas.

Para mayores conocimientos

Algunas pistas bibliográficas

El lector que quisiera confirmar nuestras afirmaciones deberá remitirse a los artículos citados al pie de página en los capítulos. Además, los que deseen profundizar en todo o parte de los temas que hemos tratado se verán enfrentados a una bibliografía inmensa. Aquí sólo indicamos las principales pistas: por una parte podemos referirnos a cierto número de obras y por otra, seguir los trabajos de diversos investigadores. Nos contentamos con citar la literatura que trata de forrajes: la que trata de fisiología general es casi infinita.

Obras a consultar:

Hay en primer lugar una serie de obras generales concernientes a las gramíneas:

F.L. Milthorpe y J.D. Ivins : *The growth of cereals and grasses,* Butterworths, 1966.

J. Caputa : *Les Plantes Fourragères,* Maison Rustique, 1967.

C. Moule : *Fourrages,* Maison Rustique, 1971.

V.B. Youngner y C.M. Mackell : *The biology and utilization of grasses,* Academic Press, 1972,

así como las conclusiones de actividades de la Station d' Amelioration des Plantes Fourragères de l'I.N.R.A. en Lusignan, a partir del conjunto de investigaciones forrajeras del I.N.R.A.

Lusignan 1962-68, aparecido en *Fourrages n°* **41**, 1970.

Lusignan 1969-71, aparecido en *Fourrages n°* **62**, 1975.

Toutes stations 1972-76, editado en la obra *Nouvelles des Fourrages à l'I.N.R.A.,* S.E.I., 1977.

Citemos aún tres obras sobre temas más limitados:

W.A. Wheeler y D.D. Hill : *Grasslands seeds,* Van Nostrand, 1957.

A. Troughton : *The underground organs of herbage grasses,* C.A.B. Bull. n° **44,** 1957.

D.C. Whitehead : *The role of nitrogen in grassland productivity* C.A.B. Bull. n° **48,** 1970.

Trabajos de investigadores a seguir

No citaremos más que los investigadores que, según nuestro conocimiento, han dedicado al menos dos publicaciones a la biología de las gramíneas(1), o que estamos seguros de que lo harán. Algunos trabajan sobre un tema más o menos concreto, otros abordan todos los aspectos del problema, frecuentemente en un mismo artículo, por ejemplo los que estudian la evolución de los componentes de la vegetación en diferentes condiciones de medio y de técnicas culturales.

Cuando varios investigadores han publicado en común, no indicaremos más que el primero, el que se necesita para una investigación bibliográfica. No daremos la lista de artículos de cada autor citado, sino solamente los nombres de revistas, congresos, etc. en los que han escrito y el periodo en el que lo han hecho: algunos en efecto han podido cambiar de tema, jubilarse o fallecer.

A continuación indicamos la lista de autores que han trabajado sobre un tema relativamente concreto. Dichos temas se presentan, siempre que es posible, en el orden en que se han expuesto en esta obra.

El ápex:

B.C. Sharman, *Nature,* London; *Bot. gaz.; New Phytol.;* 1942 a 1947.

Efecto de una explotación sobre la morfología de una gramínea y sobre el rendimiento:

I. Davies, *Rep. Welsh Plant Breed. Sta.; Welsh Plant Breed. Sta. Techn. Bull; J. Agric. Sci.,* Cambridge; *J. Brit. Grassl. Soc.,* Congrès d'Eucarpia; desde 1974.

La temperatura:

M. Hallaire, INRA, *C.R. Acad. Sci.,* Paris, 1950 a 1952.

El agua:

— *en relación con la fotosíntesis:*

M. Robelin, INRA, *Ann. Agron.; Fourrages;* desde 1969.

— *en relación con la nutrición nitrogenada y mineral:*

S. Meriaux, INRA, *Ann. Agron.; Fourrages;* 1966 a 1974.

y en el futuro: G. Lemaire, INRA, et J. Salette, INRA, *Ann. Agron.; Fourrages.*

Fotosíntesis-respiración:

Y. Murata, *Proc. Crop Sci. Soc.,* Japan; 1963 a 1965.

J.L. Prioul, INRA, *Photosynthetica; Ann. Bot.;* desde 1971; tesis, Orsay, 1975.

K. Schäfer, *Z. Acker u. Pflanzenb.; Landw. Forsch.;* 1971 a 1972.

J. Woledge, *Grassl. Res. Inst. Ann. Rep.; Ann. Bot.;* desde 1969.

— *en relación con el rendimiento:*

E.L. Leafe, *Grassl. Res. Inst. ann. Rep.;* Congrès internat. Herbages; 1974-1975.

I. Rhodes, *J. Agric. Sci. Camb.;* Congrès Eucarpia; desde 1969.

---

(1) Los artículos citados al pie de página en los capítulos son mencionados aquí, o no, según que desborden, o no, el problema para el que han sido citados.

J.E. Scheehy, *Grassl. Res. Inst. ann. Rep.; Ann. Bot.; J. Exp. Bot.* desde 1975.
W.W. Wilhelm, *Crop Sci.;* desde 1978.
y en el futuro: M. Robelin, INRA, *Ann. Agron.*

Reservas y distribución del carbono en la planta:

A.L. Barta, *Agron. Abstracts; Plant Physiol.;* 1974 a 1976.

P.E. Clifford, *Ann. Bot.;* 1973 a 1977.

W.G. Colby, Congrès internat. herbages, desde 1966.

G.A. Jung, Congrès internat. herbages; *Crop Sci.;* 1974 a 1976.

W. Kühbauch, *Landw. Forsch.; Crop Sci.;* desde 1973.

C. Marshall, *Ann. Bot.; Exp. Bot.;* 1965 a 1968.

O. Pohjakallio, *Acta Agric. Scand.; Maatal. ja Kœtoim.;* Congrès Eucarpia; 1954 a 1962.

S.P. Smelov, *Sovietsk. Bot.; Bot. Z. SSSR; Vest. Sel'Skakoz Nauk;* 1939 a 1960.

R. Waite, *J. Sci. Food Agric.,* 1953 a 1957.

Nitrógeno: metabolismo y efecto fisiológico:

D. Blanc, INRA, *C.R. Acad. Sci.* Paris; *C.R. Acad. Agric.; Ann. Agron.; Ann. Physiol. Végét.;* desde 1958.

A.M. Blondel o Triboi (es la misma persona antes y después de casarse), INRA: *C.R. Acad. Sci.* Paris, desde 1973.

D.W.C. Cowling, *Grassl. Res. Inst. ann. Rep.; J. Agric. Sci. Cambridge;* 1968 a 1972.

P.J. Goodman *Rep. Welsh Plant Breed. Sta.; Ann. Bot.;* desde 1974.
y en el futuro: G. Lemaire; J. Salette, INRA, *Ann. Agron.*

— *y otros minerales:*

R.D. Williams, *Grassl. Res. Inst. Ann. Rep; Ann. Appl. Biol.; Ann. Bot.; Plant and Soil;* congrès internat. herbages; 1960 a 1970.

Efecto de una explotación sobre la nutrición de la pradera:

A. Davies, *J. Agric. Sci.,* Cambridge; *J. Brit. Grassl. Soc.;* desde 1965.

P. Mislevy, *Agr. J.,* desde 1977.

R.G. Simons, *J. Agric. Sci.,* Cambridge, 1972 a 1974.

Floración:

E.W. Bean, *Ann. Bot.; Euphytica; J. Agric. Sci,* Cambridge; 1964 a 1971.

F. Blondon, CNRS, *C.R. Acad. Sci.; C.R. Acad. Agric.;* desde 1962; tesis Doctor ingeniero, París, 1962; tesis de Estado, París, 1968.

D. Bommer, *Z. f. Acker u. Pflanzenbau; Z. f. Pflanzenzücht.;* 1959 a 1964.

D.M. Calder, *Nature,* London, 1961 a 1966.

A.K. Fedorov o Fyodorov según las traducciones, *Agrobilogija; Dokl. Akad. Nauk. SSSR.; Fisiol. Rasten; Izv. Akad. Nauk. SSSR; J. Genet. Biol. USSR; Rostlinna Vyroba;* 1953 a 1968.

A. Kleinendorst, *Jaarb. Inst. Biol. Scheik. Onderzœk,* Wageningen, 1965 a 1969.

V.F. Korjakina, *Dokl. Akad. Nauk. SSSR; Trudy Bot. Inst. V.L. Komarova;* 1957 a 1960.

Vida de los vástagos:

C.K. Ong, *Ann. bot.; J. Brit. Grassl. Soc.;* desde 1978.

Raíces:

P.S. Evans, *New Zeal. J. Agric. Sci.,* 1971 a 1973.

– *en relación con las reservas:*

H.K. Baker, *Agriculture,* London; *J. Brit. Grassl. Soc.;* 1957 a 1961.

J.T. Sullivan, *Plant Physiol.,* 1943 a 1953.

– *en relación con partes aéreas:*

A. Troughton, *Rep. Welsh Plant Breed. Sta.; Ann. Bot.; Ann. Appl. Biol.; J. Agric. Sci.,* Cambridge; *J. Brit. Grassl. Soc.; Nature,* London; *Plant and soil;* Congrès internat. herbages; desde 1955.

Potencial energético:

C. Demarquilly, INRA, *Fourrages,* desde 1962.

Calidad nitrogenada:

S.M. Hojjati, *Agron. J.,* 1972-1973.

Eficacia energética, calidad nitrogenada y contenido en minerales:

L. Gueguen, INRA, *Fourrages,* desde 1960.

L. Hedin, INRA, *Fourrages,* 1968-1969.

Calidad nitrogenada y contenido en glúcidos solubles:

E. Lefebvre, INRA, *Ann. Agron.; C.R. Acad. Sci.;* 1970 a 1973.

Fertilización nitrogenada:

S. Perigaud, INRA, *Bull. Techn. Theix; Fourrages;* 1974 a 1976.

M. Coppenet, INRA, *Ann. Agron.; C.R. Acad. Agric.; Fourrages;* desde 1962.

Fertilización nitrogenada:

I.V . Hunt, *J. Brit. Grassl. Soc.,* 1973 a 1975.

G. Lefebvre, INRA, *Ann. Agron.; C.R. Acad. Agric.;* 1961.

Ph. Planquaert, ITCF, *Fourrages,* desde 1973.

y en el futuro: G. Lemaire, INRA, J. Salette, INRA, *Ann. Agron; Fourrages.*

– *y fertilización fosfórica y potásica:*

M. Chevallier, SCPA, *Fourrages,* desde 1975.

Producción de semillas:

G. Evans, *Rep. Welsh Plant Breed. Sta.; Welsh. J. Agric.;* 1931 a 1959.

J.O. Green, *Grassl. Res. Inst. ann. Rep.; J. Brit. Grassl. Soc.;* 1955 a 1961.

P.D. Hebblethwaite, *J. Agric. Sci.,* Cambridge; *J. Brit. Grassl. Soc.;* desde 1978.

H.M. Roberts, *Rep. Welsh Plant Breed. Sta; J. Brit. Grassl. Soc.; C.R. ISTA;* 1958 a 1960.

A continuación damos la relación de investigadores cuyos trabajos hacen referencia a la vez, a numerosos aspectos de la biología de las gramíneas y de su explotación.

R.C. Anslow, *Grassl. Res. Inst. Ann. Rep.; J. Brit. Grassl. Soc.;* Congrès internat. herbages; 1961 a 1966.

J.P. Cooper, *Rep. Welsh Plant Breed Sta.; Ann. Bot.; Heredity; J. Agric. Sci.*

Cambridge; *J. Appl. Ecol.; J. Brit. Grassl. Soc.; J. Ecol.,* desde 1949.

B. Deinum, *Neth. J. Agric. Sci.,* desde 1971.

A. Gallais, INRA, *Fourrages,* 1967 y 1972, y *Mémoire de D.E.S.,* Poitiers, 1963.

M. Gillet, INRA, *Ann. Amélior. Plantes; Fourrages; C.R. Acad. Sci.* Paris; *C.R. Acad. Agric.;* Congrès Eucarpia; Congrès internat. herbages; desde 1961; tesis, Poitiers, 1970.

O.R. Jewiss, *Grassl. Res. Inst. Ann. Rep.; J. Brit. Grassl. Soc.;* desde 1970.

R. Knight, *Austr. J. Agric. Res.,* 1961 a 1970.

D.A. Lambert, *Grassl. Res. Inst. ann. Rep.; J. Agric. Sci.,* Cambridge; *J. Brit. Grassl. Soc.;* 1961 a 1970.

R.H.M. Langer, *Ann. Appl. Biol.; J. Agric. Sci.,* Cambridge; *J. Appl. Ecol.; J. Brit. Grassl. Soc.; Nature,* London; 1954 a 1964.

K.J. Mitchell, *New Zeal. J. Agric. Res.; New Zeal. J. Sci. Technol.; Physiol. Plant.;* 1953 a 1960.

C.J. Nelson, *Crop. Sci.,* desde 1975.

M.J. Robson, *Grassl. Res. Inst. ann. Rep.; Ann. Bot.; J. Appl. Ecol.;* desde 1968.

G.J.A. Ryle, *Grassl. Res. Inst. ann. Rep.; Ann. Appl. Biol.; Ann. Bot.; J. Brit. Grassl. Soc.; Nature,* London; congrès internat. Herbages; desde 1960; Ph. D. Thesis, 1960.

A.O. Taylor, *New Zeal. J. Bot.; Plant Physiol.;* 1971.

H. Thomas, *Rep. Welsh Plant Breed. Sta.; J. Agric. Sci.,* Cambridge; *J. Brit. Grassl. Soc.;* desde 1975.

D. Wilman, con acento particular sobre la fertilizac. nitrogenada, *J. Agric. Sci.,* Cambridge; *J. Brit. Grassl. Soc.;* Congrès internat. herbages; desde 1970.

D. Wilson, con un acento particular sobre la fotosíntesis-respiración, *Rep. Welsh. Plant Breed. Sta.; Ann. Appl. Biol.; J. Exp. Bot.; New Phytol.; New Zeal. J. Bot.;* desde 1969.

Indice alfabetico

Este índice no hace referencia a las palabras sino a las ideas. En un tema como el que nos ocupa dos sinónimos pueden emplearse en el texto indiferentemente; sería una lástima no remitir al lector más que a uno de los dos. Una misma palabra puede tener varios sentidos: sería absurdo remitir al lector a todos ellos sin distinción.

De algunos términos, recordamos, en cursiva, su definición.

Los números que se indican remiten a las páginas. Cuando hay una parte del libro especialmente dedicada a la idea en cuestión, los números están en negrita.